AutoCAD 2012 中文版建筑制图基础教程

林枫英　编著

清华大学出版社
北　京

内 容 简 介

这是一本兼顾理论与实务，内容完整的 AutoCAD 专业权威图书，随书附赠的光盘内容为本书所有源文件和相关的视频文件，使读者在学习与工作中更加得心应手。

本书是以高职高专机电类专业“十二五”规划教材的内容为主轴，同步结合 CAD(计算机辅助制图)软件等务实主题的教材，使学生在出校门前就以最符合现实状况的正确学习方向、最有效率的学习方式来学好图学和建筑制图。本书为用书老师提供了 PowerPoint 教学幻灯片文件、视频教学文件、教学幻灯片文件和图形文件，以及习题解答等资源。

本书分为两篇。前 5 章是第 1 篇，讲述图学和 AutoCAD 的基本操作。目的是创建绘图构思所需要的几何概念，以及熟悉 AutoCAD 软件工具的操作。第 2 篇为后 4 章，指导建筑专业的制图标准、制图惯例与识图。

本书适合建筑等相关行业的所有设计和制图人员，也是建筑本科或相关科系的最佳学习教材。

图书在版编目(CIP)数据

AutoCAD 2012 中文版建筑制图基础教程/林枫英编著. --北京：清华大学出版社，2012
ISBN 978-7-302-29442-9

Ⅰ. ①A…　Ⅱ. ①林…　Ⅲ. ①建筑制图—计算机辅助设计—AutoCAD 软件—教材　Ⅳ. ①TU204

中国版本图书馆 CIP 数据核字(2012)第 161343 号

责任编辑：张彦青　杨作梅
封面设计：杨玉兰
责任校对：周剑云
责任印制：何　芊

出版发行：清华大学出版社
网　　址：http://www.tup.com.cn，http://www.wqbook.com
地　　址：北京清华大学学研大厦 A 座　　**邮　　编**：100084
社 总 机：010-62770175　　**邮　　购**：010-62786544
投稿与读者服务：010-62776969，c-service@tup.tsinghua.edu.cn
质 量 反 馈：010-62772015，zhiliang@tup.tsinghua.edu.cn
课 件 下 载：http://www.tup.com.cn,010-62791865
印 刷 者：清华大学印刷厂
装 订 者：三河市新茂装订有限公司
经　　销：全国新华书店
开　　本：185mm×260mm　　**印　　张**：21.25　　**字　　数**：514 千字
附 DVD1 张
版　　次：2012 年 9 月第 1 版　　**印　　次**：2012 年 9 月第 1 次印刷
印　　数：1～4000
定　　价：43.00 元

产品编号：044221-01

前　言

随着我国工业进入国际化(与国际接轨)的状态，面对天真、内心如白纸般的学子们，身为教师的我们，有必要以现阶段的企业需要，对现有的教材作调整，以符合他们未来要进入的就业环境。

在这样的目标下，本书将以高职高专机电类专业“十二五”规划教材的内容为主轴，并融入以下两类务实主题。

1. 同步结合CAD(计算机辅助制图)软件实现图学与建筑制图

我们选择AutoCAD这套时下入门必学的CAD软件作为实现图学与建筑制图的软件。但不是等理论讲完再学它，而是边讲边应用。因为CAD软件也是根据图学和制图惯例来设计的，以现代的观点来说，它们不是需要分两个阶段来学习的个体，而是应该视为一体来对照学习。这样，才知道为什么CAD软件可以成功地取代三角板、量角器、丁字尺等制图用具，同时了解即便CAD软件所提供的绘图功能可以快速绘出精准的图形，但是也必须正确运用手工绘图所用的几何概念(即图学)。

2. 融入3D CAD软件的概念

本书内容虽然以2D绘图的主题为主，但是随着3D CAD软件功能的增强，现代的建筑制图流程已经有了些许变化。因此，本书将在传统建筑制图的主题中，加入现代建筑工程图面生产流程的描述。

本书是一本综合传统图学、建筑制图与CAD软件的现代建筑制图教材。我们根据传统的建筑制图内容来编写，但却是融合现代建筑业界的需求，让学子们在未来就业时，在概念和基本能力上能达到建筑专业用人的标准。

本书的主题都是基础的，只要是高职高专以上程度者，不论是在学校、培训班或是自学都可以使用，主要适用于所有建筑相关科系。下表介绍本书章节，并给出用书教师的上课时数的建议。

<table>
<tr><th rowspan="2">章</th><th rowspan="2">内　容</th><th rowspan="2">建　议</th><th colspan="2">建议授课时数</th></tr>
<tr><th>培 训 班</th><th>学　校</th></tr>
<tr><td colspan="3">几何图学篇</td><td rowspan="6">60小时</td><td rowspan="6">一学期

每周
3小时</td></tr>
<tr><td>1</td><td>几何图学和计算机辅助绘图</td><td>高职高专必教</td></tr>
<tr><td>2</td><td>AutoCAD 2012入门</td><td>高职高专必教</td></tr>
<tr><td>3</td><td>手工画图比不上的CAD功能</td><td>高职高专必教</td></tr>
<tr><td>4</td><td>用AutoCAD实现基本图学</td><td>高职高专必教</td></tr>
<tr><td>5</td><td>基本几何视图</td><td>高职高专必教</td></tr>
</table>

续表

<table>
<tr><th rowspan="2">章</th><th rowspan="2">内　容</th><th rowspan="2">建　议</th><th colspan="2">建议授课时数</th></tr>
<tr><th>培 训 班</th><th>学　校</th></tr>
<tr><td colspan="3">建筑制图篇</td><td rowspan="5">60 小时</td><td rowspan="5">一学期
每周
3 小时</td></tr>
<tr><td>6</td><td>认识建筑制图标准</td><td>高职高专必教</td></tr>
<tr><td>7</td><td>建筑工程图概论</td><td>高职高专必教</td></tr>
<tr><td>8</td><td>房屋施工图识图</td><td>高职高专必教</td></tr>
<tr><td>9</td><td>建筑专业的尺寸标注</td><td>高职高专必教</td></tr>
</table>

在上表中，本书分为两篇。前 5 章是第 1 篇，讲述图学和 AutoCAD 的基本操作。目的是创建绘图构思所需要的几何概念，以及熟悉 AutoCAD 软件工具的操作。第 2 篇为后 4 章，指导建筑专业的制图标准和惯例。

除此之外，本书为用书教师提供了教学光盘，此光盘将包含以下资源：

- 本书习题解答
- 本书教学幻灯片
- 本书的补充教材

注意：只要采用本书作为上课的教材，用书教师就可以到本工作室网站(www.dragon-2g.com)上，在本书的专属网页中下载教师光盘文件。然后，再 E-mail(dragon.dragon2@msa.hinet.net)给本工作室，询问该文件的解压密码(需提供教师身份证明)。

亲爱的读友！这是个讲求服务质量与顾客至上的时代，也是我们一直勉励自持的重要信念。事实上，这个信念已经得到广大读者的认同。工作室全体成员在此除了感谢您之外，并将继续出好书来报答各位！不论是龙震工作室，还是二代龙震工作室，开发的计算机书籍共同的特性有以下几点：

- 个性化的服务，理论与专业的完美组合。书中摒弃一般图书只注重理论功能介绍，而忽视读者本身专业需要的缺点，既介绍了软件功能的使用技巧，又结合了读者专业的特点，同时也注重现实的需求。
- 以图例形式来完成对操作过程的解说，避免使用冗长文字来破坏思考，是龙震工作室所著书籍的一贯特色。
- 以全步骤式图例配合重点视频。全步骤式的图例和视频教学互相搭配，让学习更有效率。
- 网站技术支持。凡是购买二代龙震工作室图书的读者，都可以通过“龙震在线”来获得最快捷的支持和服务。同时，网站的内容和服务方式也会不断改进。

读者可以通过以下工作室专属网站或电子邮件信箱来提出咨询。

龙震在线：http://www.dragon-2g.com

E-mail：dragon.dragon2@msa.hinet.net

本书在出版过程中，得到了清华大学出版社的大力协助，在此深表感谢。还要对广大支持我们的读者，致以十二万分的敬意和谢意，在本工作室图书出版的过程中，您的支持使我们所著书籍得以持续，也让我们提供的长期免费服务得以坚持！

二代龙震工作室

目　录

第1篇　几何图学篇

第 2 篇 建筑制图篇

第 1 篇

几何图学篇

第 1 章

几何图学和计算机辅助绘图

学完本章后，大家将惊异地发现：原来 CAD 的基本功能都是按图学的理论来设计的。这会让学子们对原本枯燥无味的图学产生兴趣，从而在学画图的初始阶段，就具备了完整且正确的几何概念。

具备基础的几何概念会影响到未来的立体建模能力，影响不可谓不大！然而，CAD 不只是取代手工绘图而已，它还有很多手工做不到的功能，以及计算机本身的优势。因此，在 20 世纪 80 年代个人计算机的功能突飞猛进后，就很顺利地被工程界所接受，从而引发了“制图界的宁静革命”！

在这样的情况下，将图学和 CAD 分开讲是不合适的，而将它们放在一起讲，才能够很快地将概念集成放入学子们的脑海中，并印象深刻！

1.1 几何图学概论

几何学有悠久的历史。最古老的欧氏(欧几里得)几何基于一组公设和定义，人们在公设的基础上运用基本的逻辑推理构建出一系列的主题。可以说，《几何原本》是公理化系统的第一个范例，对西方数学思想的发展影响深远。

一千年后，笛卡儿在《方法论》的附录《几何》中，将坐标引入几何，带来革命性进步。从此之后，几何问题就可以以代数的形式来表达。实际上，几何问题的代数化在中国数学史上是著名的解题方法。笛卡儿的发明创造，是否有东方数学的影响在里面，由于欠缺东西方数学交流史，尚不得而知。

由于欧几里得几何学的第五公设定义并不清楚，因此引起了历代数学家的争论。最终，由罗巴切夫斯基和黎曼(参见图 1-1)创建了两种非欧几何。从此，说起“几何”，一般指的就是欧氏几何和非欧氏几何，两者的差别只在于第五公设(Fifth Postulate)的定义。

信息补充站　几何学的五大公设

第一公设(First Postulate)：由任意一点到另外任意一点，可以画出直线。

第二公设(Second Postulate)：直线可以无限延长。

第三公设(Third Postulate)：以任意点为中心，以任意距离为半径可画出一圆。

第四公设(Forth Postulate)：凡直角都彼此相等。

第五公设(Fifth Postulate)：同平面内一条直线和另外两条直线相交，若在直线同侧的两个内角之和小于 180°，那么这两条直线经无限延长后，在一侧一定相交。因此，第五公设又称为“平行公设。它可以导出下述命题(Proposition)：

通过一个不在直线上的点，而且仅有一条不与该直线相交的直线。

长期以来，数学家们发现第五公设和前四个公设比较起来，显得文字叙述冗长，而且不是那么显而易见。有些数学家还注意到欧几里得在《几何原本》一书中，直到第二十九个命题中才用到，而且以后再也没有使用过。也就是说，在《几何原本》中可以不依靠第五公设而推出前二十八个命题。

因此，一些数学家提出，第五公设能不能不作为公设(Postulate)，而作为定理(Theorem)？能不能依靠前四个公设来证明第五公设？这就是几何发展史上最著名的，争论了长达两千多年的关于“平行线理论”的讨论。(数学断言顺序是公理→公设→命题→定理。所以，公设是命题、定理的逻辑源头；命题、定理部分则是公设逻辑推论的必然结果。不同的公设有不同的逻辑推论结果，也就会得到不同的理论系统。)

注：

(1) 公理(Axioms)是在任何数学学科中都适用，不需要证明的基本原理。公设(Postulate)则是在几何学中，不需要证明的基本原理，也就是现代几何学中的公理。

(2) 可以判断是正确的或错误的句子叫做“命题”(Proposition)。正确的命题称为真命题；错误的命题则称为假命题。有些命题可以从公理或其他真命题出发，用逻辑推理的方法判断它们是正确的，并且可以进一步作为判断其他命题真假的依据，这样的真命题就叫做“定理”(Theorem)。例如，运用公理“两角及其夹边分别对应相等的两个三角形全等”，可以得到定理“两角及其一角的对边分别对应相等的两个三角形全等”。

由于证明第五公设的问题始终得不到解决，人们逐渐怀疑证明的路子走得对不对？第五公设到底能不能证明？

到了 19 世纪 20 年代，俄国喀山大学教授罗巴切夫斯基在证明第五公设的过程中，他走了另一条路子。他提出了一个和欧式平行公理相矛盾的命题，用它来代替第五公设，然后与欧式几何的前四个公设结合成一个公理系统，展开一系列的推理。他认为如果这个系统为基础的推理中出现矛盾，就等于证明了第五公设。我们知道，这其实就是数学中的反证法。

欧几里得

罗巴切夫斯基

黎曼

图 1-1　欧几里得、罗巴切夫斯基与黎曼

但是，在他极为细致深入的推理过程中，得出了一个又一个在直觉上匪夷所思，但在逻辑上毫无矛盾的命题。最后，罗巴切夫斯基得出如下两个重要的结论。

(1)　第五公设不能被证明。

(2)　在新的公理体系中展开的一连串推理，得到了一系列在逻辑上无矛盾的新的定理，并形成了新的理论。这个理论像欧式几何一样是完善的、严密的几何学。

这种几何学被称为罗巴切夫斯基几何，简称“罗氏几何”。这是第一个被提出的非欧几何学。

几何学的现代化则归功于克莱因和希尔伯特等人(参见图 1-2)。克莱因在普吕克的影响下，应用群论的观点将几何变换视为特定不变量约束下的变换群。而希尔伯特为几何奠定了真正的科学公理化基础。几何学公理化的影响是极其深远的，它对整个数学的严密化具有极其重要的先导作用。它对数理逻辑学家的启发也是相当深刻的。简单地说，“几何就是使用图形来表达一个通过精密数学计算后的结果”。

克莱因

希尔伯特

图 1-2　克莱因和希尔伯特

几何最早的有记录的开端可以追溯到古埃及数学、古印度数学和古巴比伦数学，其年代大约始于公元前 3000 年。早期的几何学是关于长度、角度、面积和体积的经验原理，被广泛用于测绘、建筑、天文和各种工艺的实际制作中。在它们之中，有令人惊讶的复杂的原理，以至于现代的数学家很难不用微积分来推导它们。例如，埃及和巴比伦人都在毕达哥拉斯之前 1500 年，就知道毕达哥拉斯定理(勾股定理)；埃及人有正确的方形棱锥台(截头金字塔形)体积公式；而巴比伦早已拥有三角函数表。中国文明和其对应时期的文明发达程度应该是相当的，因此它可能也有同样发达的数学，但是没有那个时代的历史遗迹可以让我们确认这一点。可能是因为中国很早就使用无法永久保存的纸，而不是用陶土或者石刻来记录他们的成就。

“几何”(Geometric)这个词最早来自希腊语 γεωμετρία，由 γέα(土地)和 μετρεῖν(测量)两个词合成而来，指土地的测量，即“测地术”。后来拉丁语化为 Geometria。中文中的“几何”一词，最早则是在明代利玛窦和徐光启合译《几何原本》时，由徐光启所创(见图 1-3)。当时并未给出根据，后世一般认为“几何”可能是拉丁语化的希腊语 Geo 的音译，另一方面由于《几何原本》中也有利用几何方式来阐述数论的内容，所以也有可能是 Magnitude(大小、数值)的意思，所以一般认为几何是 Geometria 的音、意并译。

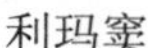
利玛窦　　徐光启

图 1-3　利玛窦和徐光启

20 世纪中叶以来，传统图学理论的研究已将画法几何与各种传统几何学(如平面几何、立体几何、非欧几何、罗氏几何、黎曼几何、解析几何、射影几何、仿射几何、代数几何、微分几何、计算几何和拓扑学等)互相渗透和融合，形成了各种画法几何学，如解析画法几何、画法微分几何、运动画法几何、多维画法几何、非欧画法几何等传统图学理论。

而和我们学习主题有关的是以下几个。

(1) 平面几何(2D Geometric)。就是指欧几里得几何，也就是本书第 3 章的内容。

(2) 立体几何(3D Geometric)。数学上，立体几何就是 3D 的欧几里得几何，一般作为平面几何的后续课程(详见本工作室已出版的 SolidWorks 或 Pro/ENGINEER 方面的系列书)。

(3) 工程图学(Engineer Graphics)。它是一门以图形为研究对象，用图形来表达专业设计思维的一门学科，也就是本书第 2 篇的内容。在工程技术界中由于“形”信息的重要性，工程技术人员均将工程图学作为其基本素质及基本技能之一来看待。如果看不懂“图”，那么在企业中就等于人没有了空气和水。

(4) 计算机图形学(Computer Graphics，CG)。它是利用计算机处理图形信息的一门学科，包括图形信息的表示、输入/输出显示、图形的几何变换、图形间的运算，以及人机交互绘图等方面的技术。计算机图形学既是一门学科(包括一些数学基础和理论)，又是一门技术(包括一些技巧和方法)。掌握此学科的理论和技术，就可以设计出与 CAD/CAM/CAE 相关的软件(1.2 节中说明)。AutoCAD 就是体现计算机图形学的典型软件。但是对我们来说，我们并非设计者，而是应用者。

1.2 CAD/CAM/CAE 概论

20 世纪 60 年代，当所谓的“计算机”(Computer)名词出现时，设计计算机最初的目的是用来对付科学家们最头痛的庞大数学运算和资料存储。换句话说，其实在那个时代，计算机是给专业的科学家使用的，普通人是难以窥知计算机全貌的。

因此可想而知：CAD 一定也是在那个时代最需要被用在计算机上的；因为科学家或专业工程师们非常需要将运算后的结果转化成图形或直接在计算机上设计或绘制工程图。所以，CAD 的概念最早就是由大计算机上转移下来的。

在那个年代中，可以使用 CAD 的人简直是屈指可数的。可是，您也不用羡慕这群天之骄子，怎么说呢？因为当时计算机才刚开始发展，体积大而运作速度慢，所以他们也用得很辛苦。即便如此，运用计算机的可行性已在当时被肯定了。因为就算计算机运作的速度较慢，也远比人工作业来得快且正确。因而，在 1970—1985 年期间，正是 CAD 开始发展的重要时期。

而对 CAD 的发展来说，1950 年中期所开始的程序化设计(就是如 FORTRAN 这类，现在通称的高级计算机程序语言)的诞生，使得软件设计师得以利用程序语言来设计更好用的软件，应该也是 CAD 的源头。像 AutoCAD 就是用 C 语言来写的。而我们也可以在 AutoCAD 中使用像 AutoLISP、Visual LISP、Visual Basic Application(VBA)或是 AutoC(ARX)等语言来补充 AutoCAD 的功能。这些都是拜高级语言的发展和进化所赐。

1958 年美国 Calcomp 公司发明了滚筒式绘图仪，而 GerBer 公司则研制出第一台平板式绘图仪。

20 世纪 60 年代初，美国的麻省理工学院史凯屈佩特教授，以 1955 年林肯实验室的 SAGE 系统所开发出的全世界第一支光笔(见图 1-4)为基础，提出了所谓“计算机图形”的研究计划。这个计划就是将一阴极射线管接至一台名为“旋风 1 号”(Whirlwind I)的计算机上，再利用一手持的光笔来输入资料，使计算机通过在光笔上的感应物来感应出在屏幕上的位置，并取其坐标值以将之存于内存中。

您看！以前的多困难，这个阴极射线管就是我们通称的计算机显示屏幕啦！那支光笔现在可能是更先进的鼠标、数字化仪或触笔。那计算机呢？如图 1-5 所示。

吓人吧！那时候的计算机庞大而且简陋，其功能比一台 IBM 286 计算机还要差很多！不过，无论如何，这个计划标志着 CAD 的起步。事实上，此计划还包含类似像 AutoCAD 这样的 CAD 软件，只是其在功能上的应用非常简单罢了。

图 1-4　全世界的第一支光笔

图 1-5　运行 CAD 系统的“旋风 1 号”计算机

1962 年，麻省理工学院(MIT)林肯实验室的 I.E.萨瑟兰德(I.E.Sutherland)发表了一篇题为“Sketchpad：一个人—机通信的图形系统”的博士论文，首次使用了“计算机图形学”(Computer Graphics)这个术语。

当计算机图形学的概念被提出且发表后，在美国，像通用汽车公司、波音航空公司这类的大公司，就开始自行开发出自用的计算机图形学系统。因为在当时，只有这样的公司才付得起发展所需的昂贵计算机设备费用和人力。

到了 20 世纪 70 年代，由于小型计算机费用已经下降，计算机图形学系统才开始于美国的工业界得以广泛的使用。在那时，比较有名的计算机图形学软硬件系统是迪吉多公司(Digital)一套名为 Turnkey 的系统，如图 1-6 所示。

图 1-6 Digital 的 Turnkey 计算机系统

当时第二次世界大战刚结束，在美国，他们的领土并非战场，所以在大战后，除了享有战胜的喜悦外，一切建设也有能力积极地进行，CAD 的系统也就在战后高科技军事技术的转移下，导入了建设所需的铁路、造船、航空等机械重工业。有名的 CADAM，就是 IBM 公司在此时期所开发出来应用于大型主机计算机系统上的 CAD/CAM 整合软件。也因为她出现得很早，系统又完整，所以就冠之以“CAD/CAM 之母”的美名。在 21 世纪的今天，CADAM 早已经顺利地由原本需要在大型主机系统上执行的环境，转移到个人计算机上执行了。IBM 还为她取了一个美丽的名字——Catia CADAM。

事实上，此时的 CAD 一词的意义应该是 Computer Aided Design，也就是“计算机辅助设计”！因为使用 CAD 的人多半是设计师，而应用软件的发展方向也都是着重在某专业的辅助设计上，所以自然被称为“计算机辅助设计”。可是我们现在所说的 CAD 一般却是指“计算机辅助绘图”(Computer Aided Drafting)。

这是因为现在的 CAD 使用者层面已扩大，已不局限于设计师使用。因此，自 1985 年以后，普遍就将 CAD 的名词通称为“计算机辅助绘图”，而另用“计算机辅助设计绘图”(Computer Aided Design & Drafting，CADD)名词来强调计算机辅助设计画图的功能。换句话说，由于时代科技和应用方式的演进，有些名词的意义也会因在各自领域范畴下越分越细而产生变化。所以，CAD 和 CADD 的名词也与 CAD 软件的类别划分有关联。

“计算机辅助分析”(Computer Aided Engineering，CAE)就是指专门用来协助工程设计分析的软件。在机械专业方面，但凡机构分析、结构分析、热力分析、流体分析、模流分析等都属于 CAE 范畴的软件。这些软件提供经验库，让设计师在制造前，就能发现可能有问题的设计，从而及早作设计上的改善。当前知名的大型软件，如 SolidWorks、UG、Pro/ENGINEER 和 Catia 等，都属于具备 CAD/CAM/CAE 等范畴的大型软件。

但是在建筑的 CAE 发展上，却顺利得多。原因是：建筑需要的结构分析和设计理论多半拥有固定的公式或惯例，所以非常适合设计成软件来用。例如，代表各种结构理论(政府认可)的土木结构计算和分析软件，配筋计算绘图软件等。

对建筑专业来说，计算机化的程度对该专业的效率和生存是非常重要的。其应用领域如下所述。

1. 图样生产

建筑图样主要有草图、平面施工图(含立面、剖面等图样)、三维效果图、结构图、配筋图等。要生产这些图样，需靠建筑设计师和绘图员脑力和体力的支出，其绘图工作量繁重，重复的操作多。所以，CAD/CAE 软件的应用，正是可以大量减轻他们在这方面负担和压力的重要工具。这也是本系列书的范畴。

2. CAD 在建筑专业的自动化应用程度很高

有很多 CAD 软件，都已将建筑设计的标准功能，如楼梯、门窗、墙柱等，包含在内。

3. 结构设计

这是建筑专业大量应用 CAE 软件的范畴。一般说来，低楼层数或透天厝等固定简单的建筑结构，建筑师自己可以做；高楼层的结构则由结构设计师做。而在生产结构计算书和图样时，就要依赖结构方面的 CAE 软件。结构方面的 CAE 软件不是随便用的，其使用的计算理论标准必须取得国家营建部门的认可，所以本土化程度很高，国外的软件不一定适用。此外，由于结构方面的计算机化程度高，一般的结构设计师都不愿将其使用的 CAE 软件提供出来，以避免竞争。结构设计分析软件通常是包罗很多设计分析项目的，一般可针对 RC、钢结构、板、基础、挡土墙等的设计分析。它应包含以下功能。

(1) 静态分析(Static Analysis)。含：2D/3D 线性、非线性分析。支持如梁、桁架、壳、板、弯曲、平面应力及 8 点方块件等对象。同时，可制作出完整或局部的弯矩分布图、结构体变位示意图，以及各种支撑分析。

(2) 动态分析(Dynamic Analysis)。含：自然频率、振态分析、反应频谱(Response Spectrum)分析、时间历程分析、谐合荷重分析等。

(3) 次要分析(Secondary Analysis)。含：断面受力及变位分布图和极限应力标示等。

(4) 荷重模式。含：集中载重、均布载重、线性、梯形荷重、温度、应力、支承变位、预力及固定端受力等模式。因此，可用来依所需要定义荷重方向、荷重作用位置，将实际面积荷重转换成杆件的单位面积荷重，根据标准或使用者定义来移动载重，依据规范来算出地震力分布，以及风力因子载重分布等。

(5) 钢材设计。含：内建符合知名标准的钢材定义，如 I 型钢、C 型钢、角钢、槽型钢、双角钢、组合断面、中空圆管等。同时，可支持标准检验、断面设计优化和钢结构焊接设计。

(6) 混凝土设计。可支持多种 RC 标准规范，提供梁、柱、板、基脚等设计，并支持混凝土配筋设计图和数据输出。

(7) 高级分析。含：静态、动态等线性/非线性分析，大变形、挫屈、裂缝、接触面滑动，3D 热传，疲劳破坏分析，以及土壤结构物影响分析等。

如上所述，可以看出：CAE 主要表现在设计方面。然而，和建筑方面相关的 CAE 软件，并不只是应用于结构分析计算，其他如有限元素分析、通风分析(如 FLOVENT)等，都是建筑 CAE 的范畴。

4. 成本估算和 MIS 管理

建筑专业比机械专业还要更重视和数据库的联结，这和建筑的实务流程有很大的关系。在建筑设计施工方面，房屋面积计算、材料表等，都是和数值计算有关的工作，所以如果能应用到数据库，那将能减少很多工作量，同时不易出错。在结构方面，它本身就是应用到数据库结构的软件。在营造工程方面，大批量的建材数据、建筑时程管理、采购管理等，都是直接和成本控制有关的管理。其数据库不但庞大，而且牵涉到多种管理系统，比较复杂，所以一般将其纳入 MIS(Management Information Systems，信息管理系统)的范畴。在国内，很多的大型建设公司都有自己的 MIS 系统，用来管理自己公司的项目，并提供有用的信息给决策者，以降低成本，并控制建筑项目的进程。就和机械专业在 CIM(Computer Integrated Manufacturing，计算机整合制造系统)中所遇到的难题一样，真正的 MIS 是理想化的，实际上很难完美办到，有些甚至只是将很多的单一系统摆在一起。要将建筑设计的图样数据，拿来直接和 CIM 系统联结更是困难。因此，CAD 建筑设计自动化和这种系统一般分属两个层面，是分开讲的；而建筑设计这边所计算提供的数据，则是建筑 CIM 系统一个很小的部分。

AutoCAD 是于 1982 年正式在国内出现的。其中历经多次的改版更新，从 v1.0、v1.17、v2.5、v2.6、R9～R14、2000、2000i、2004、2005 到今天的 2012 版。由于开发之初，AutoCAD 就是以 2D 平面为基础平台来设计的，所以在平面方面的功能比较齐全。AutoCAD 在全球 CAD 软件市场上的占有率还是很高的，其原因如下。

- 使用者基础稳固。
- AutoCAD 是一套罕见的开放式 CAD 软件。很多人都熟悉它，所以就可以在其上轻易地开发出其他适合自己用的功能，而且因为很多人都熟悉，所以基本的教育训练期短。

而我们也会因为以下的原因而必须学习 AutoCAD。

(1) 在现代设计或绘图的职场上，要求具备 CAD 操作应用已朝多软件方向发展，即求职者最好具备两种以上，普遍用于该专业的 CAD 软件。而 AutoCAD 经常是指定的软件之一。

(2) 很多 CAD 软件的技术难度较高，如 Revit、ArchiCAD、ARC+等。它们需要用户具备一定基础后，才比较容易上手，而 AutoCAD 是迈向学习其他 CAD 软件的最佳启蒙软件。

1.3 CAD 的专属设备

对建筑专业来说，有两种设备是学生阶段可能用不到的，那就是代表输入设备的数字化仪，以及代表输出设备的大型绘图仪。

1.3.1 数字化仪

数字化仪(类似手写识别板)是一种点取效率更胜于鼠标的点取设备。通常需要描图的工作都会用到。对建筑专业来说，使用图 1-7 所示的大型数字化仪来描绘地形图更为方便，这也是其他专业所没有的。对机械专业来说，12 英寸的数字化仪就够用了。

图 1-7　大型数字化仪和一般小型数字化仪

数字化仪和鼠标的差别在于界面操作的便利性。即对数字化仪来说，所有 AutoCAD 的任何命令都设计在平面的图板上，只需单击一次，即可运行所需功能，不太依赖屏幕上的菜单或工具栏界面。而运行一样的命令，使用鼠标就必须搭配菜单或工具栏界面，至少需单击 2～4 次，才能运行一个命令。

1.3.2　大型绘图仪

要打印 AutoCAD 的工程图，正规的做法应该是使用大型绘图仪。但是一般使用者私人不可能用大型绘图仪，或是只是为了要出草图等原因，拿一般的喷墨打印机来出图的情况很多。当然，有些大型绘图仪的出图功能，并非所有的喷墨打印机都具备。如果您要以打印机来当做绘图仪出图，选购时，要询问厂商以下事项(如果您在意这些功能)。

(1)　可否在 AutoCAD 中，控制打印不同粗细的线宽。如果不行，为了让出图能有粗细层次，您就必须在 AutoCAD 中，用 LWEIGHT 命令来设置线宽，或是直接在图层(LAYER 命令)中设置线宽。

(2)　可否切割出图，以将一张 A0 的图纸分成 6～9 张来出。

(3)　可否有配合 AutoCAD 的驱动程序，以打印出在 AutoCAD 中，CTB 文件里所指定的颜色。

(4)　绘图仪的精度一般是以笔移动的最小值来决定的。

在绘图仪业界中，素有“绘图仪之王”称号的就是 HP，如图 1-8 所示。HP 主导绘图仪的驱动程序标准 HP-GL/2，很多其他厂家的绘图仪都遵奉此标准。这种大型绘图仪通常都可以在 AutoCAD 上配合使用。

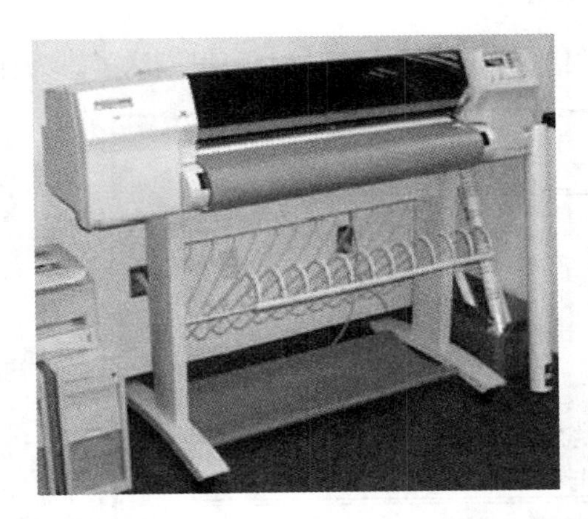

图 1-8　用于建筑的大型的 HP A0 尺寸专业彩色喷墨绘图仪

1.4　CAD 画图取代手工画图的项目

只要是画图，早期都是由手工绘图开始的。CAD 萌芽以后，就开始了所谓的“制图宁静革命”。为什么 CAD 软件可以完全取代手工绘图？本节将给出答案。

1.4.1　画图板与丁字尺的取代

在手工画图中，当然一定要有一块板子用来铺图纸，那就是“画图板”(或称“制图桌”)。画图板上的丁字尺只是用来画水平线的。单独的丁字尺是有尺头的，后来配合有固定滚轮式的制图桌，就省去了尺头。这类的丁字尺都必须配合三角板来画垂足线与固定角度的斜线。后来，附有“角度调整盘”与 L 形丁字尺的万能画图仪问世了(如图 1-9(左)所示)！如此一来，靠着任意旋转刻有精密角度的“角度调整盘”，这种画图板不用三角板就能画出任意角度的斜线。换句话说，三角板在这种高级制图桌上被淘汰了。

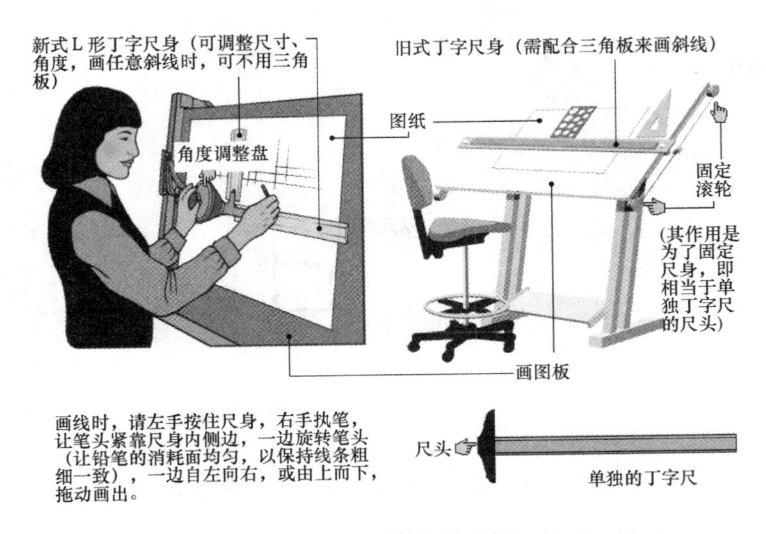

图 1-9　手工画图里的画图板与丁字尺

到了 CAD 画图的时代，画图板、丁字尺都可以淘汰了。为什么呢？可参照图 1-10。

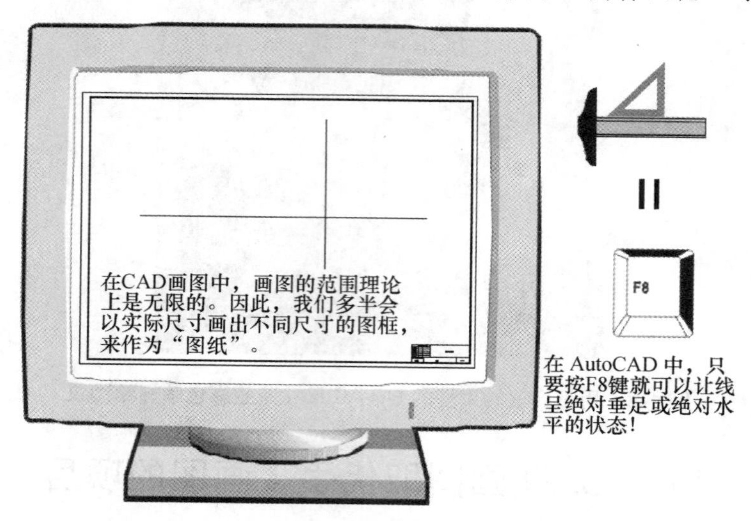

在CAD画图中，画图的范围理论上是无限的。因此，我们多半会以实际尺寸画出不同尺寸的图框，来作为“图纸”。
F8
在 AutoCAD 中，只要按F8键就可以让线呈绝对垂足或绝对水平的状态！

图 1-10　AutoCAD 画图里的画图板与丁字尺

1.4.2　橡皮擦与擦线板(或称“消字板”)的取代

在手工画图中，图或线画错了就要用橡皮擦来处理，这是很费力的工作，尤其是上完墨又要修改时。又因为怕在擦拭的同时，一并擦除了不应该擦的线条，所以就需要配合一片薄薄的铁片——“擦线板”。如图 1-11(左)所示，在“擦线板”上布有许多形状不一的空洞，让欲擦除的线条或文字出现在空洞区域，就可以擦去这些线条或文字，又可以避免擦去不该擦的内容。

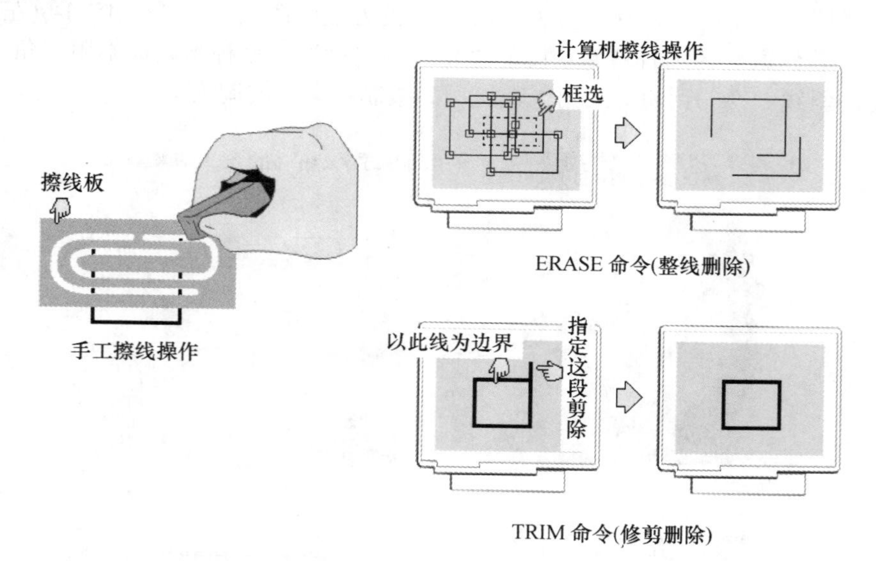

图 1-11　手工与 AutoCAD 画图的橡皮擦

但是在 AutoCAD 软件中，对整段删除来说，可以使用 ERASE 命令，再配合一些不同的选择模式，就可以不留痕迹、轻松快速地删除指定的线条图形或文字。对局部删除而言，可以使用 TRIM 命令来指定修剪边界与哪一段要剪除。这也是 CAD 画图优于手工画图的例证之一。

1.4.3　基本几何图形的取代(圆规或各种圈圈板)

在手工画图中，“圆规”是我们最常用也是最熟悉的制图工具。就是因为常用到很多如圆、椭圆、矩形、梯形和多边形这类的基本图形，所以，制图仪器的制造商就将常用的基本图形制造成如图 1-12 所示的各种“圈圈板”(或称“万用板”)，来方便手工画图使用。这类“圈圈板”虽然画小图形好用，但是如果要画更大的图形，圆形的部分就要靠大型圆规，而其他图形就要靠其他大型制图仪器和几何作图法了。不过，即便使用大型圆规，倘若要画的圆还超出大型圆规的最大范围，那就麻烦了。当然，使用 AutoCAD 软件画图靠的是工具命令和自动的数学计算，就不会有手工画图这种困扰。

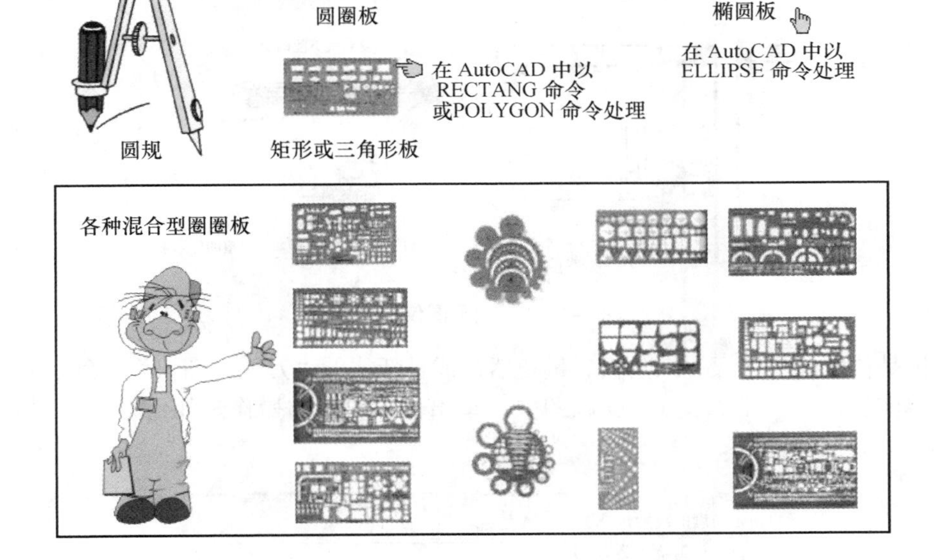

图 1-12　圆规与各种圈圈板

1.4.4　三角板与量角器的取代

前面我们曾提及：以丁字尺配合三角板或量角器来绘制斜线比较麻烦，因此，才会有“改良型三角板”与所谓“万能画图仪”的出现。对“改良型三角板”来说，这种三角板是可以随嵌在其中的角度盘来旋转，借以画出任意角度的斜线，如图 1-13 所示。

对“万能画图仪”而言，我们只要旋转画图仪上的“角度调整盘”就可以绘出任意角度的线条，如图 1-14 所示。

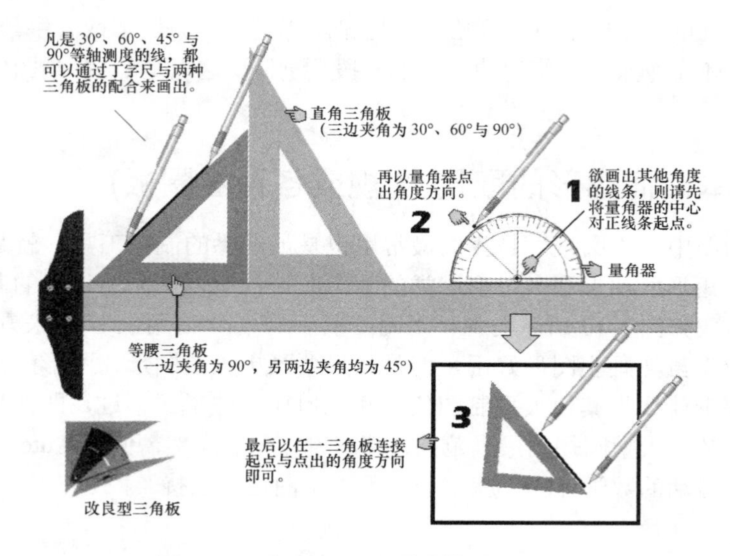
凡是30°、60°、45°与90°等轴测度的线，都可以通过丁字尺与两种三角板的配合来画出。
直角三角板
（三边夹角为30°、60°与90°）
再以量角器点出角度方向。
2
1
欲画出其他角度的线条，则请先将量角器的中心对正线条起点。
量角器
等腰三角板
（一边夹角为90°，另两边夹角均为45°）
3
最后以任一三角板连接起点与点出的角度方向即可。
改良型三角板

图 1-13　手工画图的三角板操作法

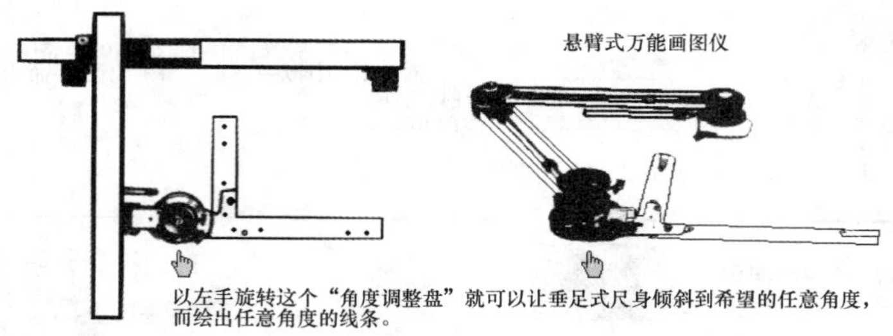
轨道式万能画图仪
悬臂式万能画图仪
以左手旋转这个“角度调整盘”就可以让垂足式尺身倾斜到希望的任意角度，而绘出任意角度的线条。

图 1-14　万能画图仪的操作法

不论是传统的丁字尺、三角板、量角器，或是新式的“万能画图仪”，到了 CAD 画图中，一律淘汰出局。那么在 CAD 画图中，画出任意斜线的操作是如何办到的呢？可参照图 1-15。

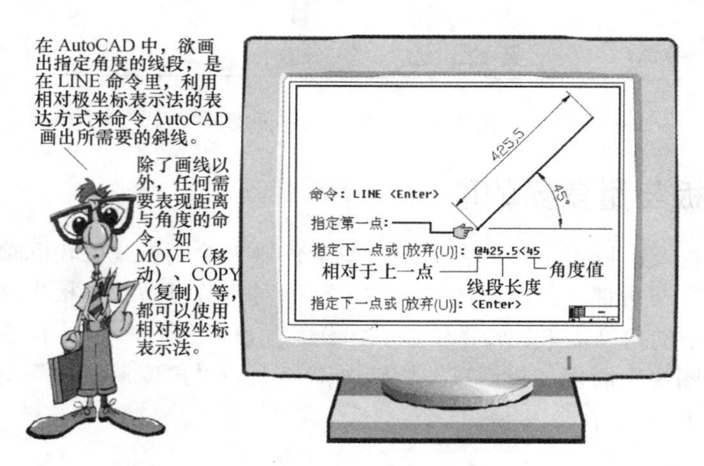
在 AutoCAD 中，欲画出指定角度的线段，是在 LINE 命令里，利用相对极坐标表示法的表达方式来命令 AutoCAD 画出所需要的斜线。
除了画线以外，任何需要表现距离与角度的命令，如 MOVE（移动）、COPY（复制）等，都可以使用相对极坐标表示法。
425.5
45°
命令：LINE <Enter>
指定第一点：
指定下一点或 [放弃(U)]：@425.5<45
相对于上一点
角度值
线段长度
指定下一点或 [放弃(U)]：<Enter>

图 1-15　在 AutoCAD 中画出任意斜线的操作

1.4.5 分规的取代

在手工画图中，分规就是用来固定一指定距离，然后再用它测量倍增距离的工具。如图 1-16(左)所示，图样上有一段已知长度的线段，现在，要测量出一段三倍此线段的距离，就可以使用分规先测量已知长度的线段，然后固定，再以分规一足旋转 180°，固定此足，再以另一足旋转 180°，反复 3 次，就可以测量出一段三倍此线段的距离。此时，在图样上被分规所戳破的小孔，就是画图的定位点。

在 CAD 画图中，如图 1-16(右)所示，精密的等距或等分动作，可以通过命令来完成。同时，还可以完成分规所办不到的曲线等距或曲线等分。

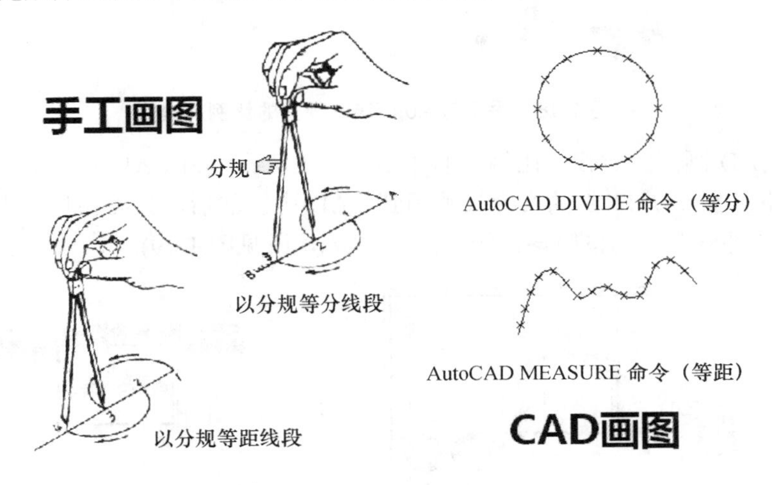

图 1-16 手工与 AutoCAD 画图的分规

1.4.6 曲线板与可挠曲线规的取代

在手工画图中，曲线板就是用来方便绘制不规则曲线的(见图 1-17)。在 AutoCAD 画图中，使用 SPLINE 一个命令就可完成。同时，SPLINE 命令所绘出的曲线种类是可以千变万化的；而曲线板就只能使用固定的曲线造型，所以才使用可挠曲线规来绘制任意曲线。

图 1-17 手工与 AutoCAD 画图的曲线板或可挠曲线规操作

1.4.7 比例尺的取代

在手工画图中，因为要将各种图形画到范围有限的图框内，所以，有必要将图形实际的尺寸按比例先做长度换算。例如，一张比例为 1∶100 的图，其意义是将实际的图形尺寸缩小 100 倍后，画入图框中。比例尺就是用来方便操作者量度缩放尺寸的工具(见图 1-18)。

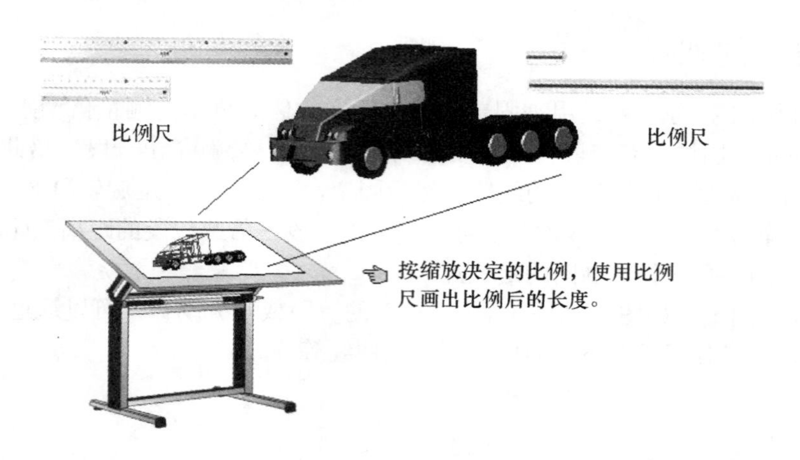

比例尺
比例尺
按缩放决定的比例，使用比例尺画出比例后的长度。

图 1-18 手工与 AutoCAD 画图的比例尺操作

到了用 CAD 画图的时代，比例尺的作用就消失了。因为 CAD 画图的画图范围可以很大，我们一律将图形以 1∶1 的实际尺寸画到 CAD 中。然后，只要在打印出图时，指定比例值，CAD 软件就会自动按照该比例将图形缩放输出(见图 1-19)。

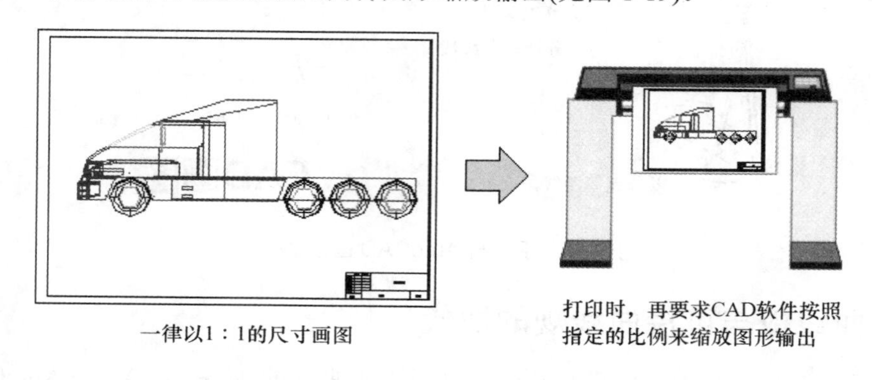

一律以1：1的尺寸画图
打印时，再要求CAD软件按照指定的比例来缩放图形输出

图 1-19 AutoCAD 画图的比例操作

需要注意的是，AutoCAD 中的 SCALE 命令，是用来实际缩放图形的，与图纸比例的概念无关！

1.4.8 字规的取代

在手工画图的时代，为统一符号、英文字和数字的字体，就会使用字规。早期的字规是一条像比例尺的长条板，但后期则使用塑料的字规板(如图 1-20 所示)，而且字体的内容较多样化。通常，旧式字规都搭配特殊设计的针笔来书写，而塑料的字规板则以一般针笔来书写即可。

但是这样的字规只能应付符号、英文和数字，对于图样上需要的中文字就没有办法了！所以，以前的制图员一定要练仿宋体字(因为图样规定以仿宋体字来当做工程字)，甚至还有仿宋体字的比赛和认证。但是现在都已随 CAD 软件的应用而进入历史。

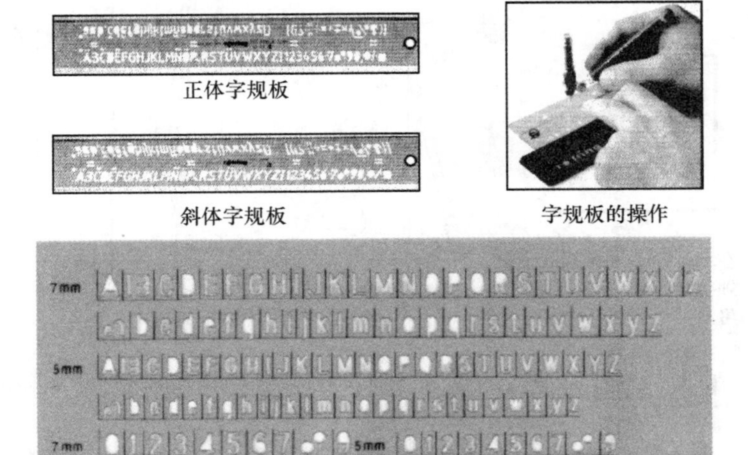

图 1-20　手工画图的字规与操作

在 AutoCAD 中，字规就是 STYLE 命令(定义中英文文字样式)，而写字时则使用 DTEXT 或 MTEXT 命令(见图 1-21)。在 CAD 画图中的文字样式均采用 TrueType 格式的字体，这类文字格式在字体缩小或放大时，不会因为变形而产生锯齿。

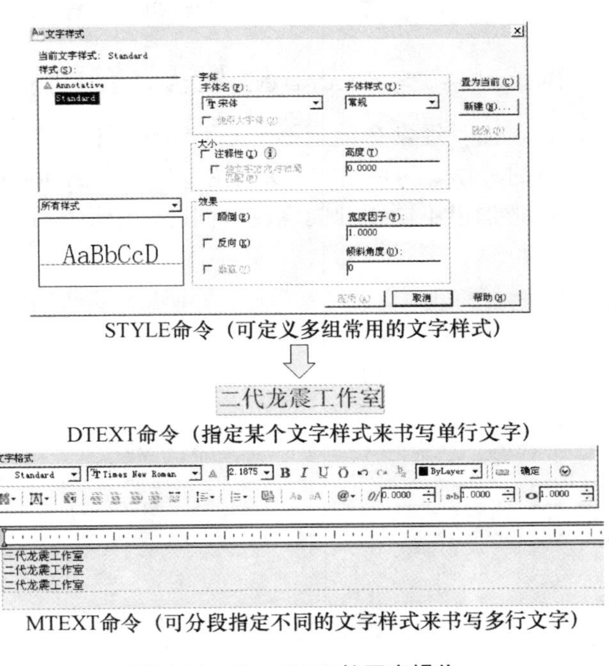

图 1-21　AutoCAD 的写字操作

1.4.9　上墨调线粗细的取代

手工绘图并不只是用铅笔绘图，在确认图样后还经常要使用粗细不同的鸭嘴笔(后来被针笔所取代)来上墨，目的是让轮廓线条更清楚、更有层次，如图 1-22 所示。

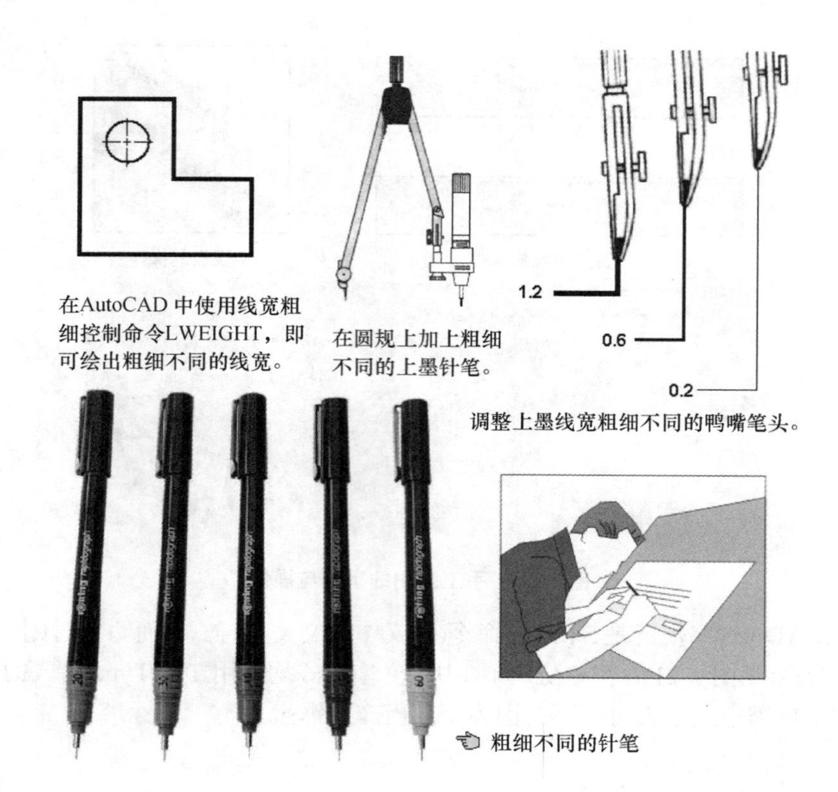

在AutoCAD 中使用线宽粗细控制命令LWEIGHT，即可绘出粗细不同的线宽。
在圆规上加上粗细不同的上墨针笔。
1.2
0.6
0.2
调整上墨线宽粗细不同的鸭嘴笔头。
粗细不同的针笔

图 1-22　手工与 AutoCAD 画图的上墨调线粗细操作

上墨的工作非常辛苦，而且经常会由于不小心而沾污图样，导致前功尽弃，修改更是麻烦，是绘图者比较畏惧的工作。但使用 CAD 画图以后，在 AutoCAD 中只要一个命令，就可以对任意的轮廓或图形加以不同粗细的宽度。同时，上墨的工作也因为由绘图仪或打印机处理，而无此流程了！

习　　题

一、是非题

1. 最古老的几何是欧氏(欧几里得)几何。（　）
2. 简单地说，几何就是使用图形来表达一个通过精密数学计算后的结果。（　）
3. 手工画图中的丁字尺和画图板，在 AutoCAD 中可以通过按 F3 键来取代。（　）
4. 手工画图中的擦线板(或称“消字板”)，在 AutoCAD 中可以使用 TRIM 命令来取代。（　）
5. 在电脑画图中，画圆、画方形、画椭圆等操作，都可以用一个命令功能来取代手工画图的各种圈圈板，但是却和手工画图一样，无法画出很大的圆、方形或椭圆。（　）
6. 在 AutoCAD 计算机画图里，使用 STYLE 命令来取代手工画图时代字规盒的设计。（　）
7. 在计算机画图里，通常将尺寸先按比例缩放后，再执行命令画图。（　）

二、选择题

1. 欧氏几何和非欧氏几何，两者的差别只在第五公设(Fifth Postulate)，以下何者是第五公设的定义？(　　)

　A. 通过一个在直线上的点，而且仅有一条不与该直线相交的直线
　B. 通过一个不在直线上的点，而且仅有一条不与该直线相交的直线
　C. 通过一个不在直线上的点，而且仅有两条不与该直线相交的直线
　D. 通过一个在直线上的点，而且仅有两条不与该直线相交的直线

2. 在手工画图中，上墨画粗细的操作，在 AutoCAD 中如何取代？(　　)

　A. 使用 WEIGHT 命令　　B. 使用 LINEPEN 命令
　C. 使用 OFFSET 命令　　D. 使用 LWEIGHT 命令

3. 在手工画图中，分规、曲线板和可挠曲线规操作，在 AutoCAD 中如何取代？(　　)

　A. 使用 DIVIDE、SPLINE 命令
　B. 使用 BHATCH、PLINE 命令
　C. 使用 DIVIDE、ARC 命令
　D. 使用 MEASURE、PLINE 命令

4. 以下哪些 AutoCAD 命令相当于手工画图里的“写字”动作？(　　)

　A. LTEXT　　B. MTEXT　　C. DTEXT　　D. STYLE

三、实作题

1. 试述几何学的五大公设的内容。
2. 公理和公设有何不同?
3. 何谓 CAD、CAM、CAE 和 CADD?
4. 手工画图里的比例尺操作，在计算机画图中，如 AutoCAD，要如何取代?

第2章

AutoCAD 2012 入门

AutoCAD 是入门必学的 CAD 软件，多数企业都已经将其视为在学校阶段就应该具备的基本能力。本章将指导学子们很有效率地认识它的界面，以及相关的基本操作。

本章是为后续章节的 CAD 操作做准备的，因为在讲完理论后，就是要用 AutoCAD 来实现了。

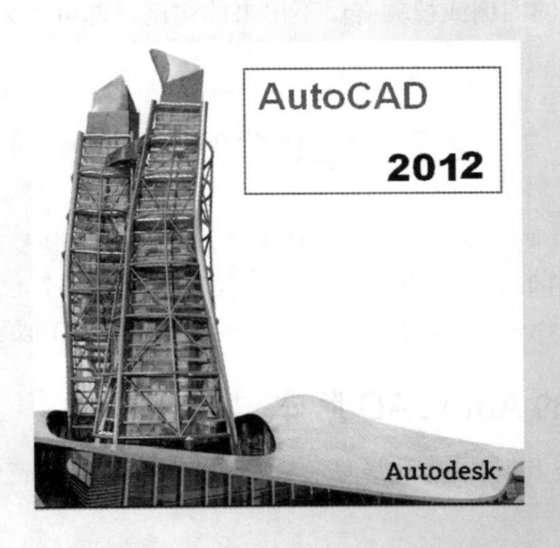

2.1　本书图例与视频文件说明

本工作室所著图书的特色一向是以操作式的图例为主，基本上，读者按图例都可以做出，但视频文件确实在辅助学习上有一定的作用，所以本工作室也开始对有必要的重点范例，加上视频操作文件。

然而，按我们的教学经验，视频文件并不是万能的，过度依赖视频文件来学习 CAD 软件操作，会有以下缺点。

(1) 视频文件无法概括完整的学习。视频文件只是学习的一部分，它不能像书一样概括完整的知识。

(2) 视频文件不应太长。太长的文件占的空间太大；同时，冗长的声音也会干扰学生的注意力和本身的思考能力。

(3) 模仿式的操作不能称为真正的学习。视频文件所显示的方法，只能说是众多的方法之一，是片面的，如果学生只会依样画葫芦，换个题目仍束手无策(教学经验告诉我们经常如此)，对学习是毫无帮助的！

因此，只有将教学内容形于文字图例，再辅之以视频，才是两全其美的。本工作室的读者必须知道，我们提供的视频操作文件是辅助书中图例的。在这种情况下，我们在决定视频文件是否有声音时，取决于书中是否有详细说明。同时，也会在视频文件的文件名中，注明所用软件的版本号和有无声音。

而针对改版频繁，但内容却乏善可陈的 AutoCAD 来说，本书中的图例和视频文件会遵循以下的特别原则。

(1) AutoCAD 每年一版的新版都有一个特色，就是改变界面图标的配色与位置。这会导致新书改版的最繁重工作就是换掉图例的界面。这部分我们会尽量改，但是有时候，如果单击图标的位置和前一版一样，或是很容易在旁边找到，那该图例就不换(沿用旧版)。

(2) 视频文件也是一样，新功能一定会用新版本来做视频，但是如果操作都一样，只是界面位置稍有不同，那么界面位置可参照书中图例，该视频仍会沿用旧版，而在视频文件的文件名中，会注明所用软件的版本号。

总之，如果看我们的图例或视频有做不出来的实例，都可以来 E-mail 询问，我们都会答复改进！

2.2　AutoCAD 概论

AutoCAD 自问世以来，因为起步早、使用者众多，同时很多老师也都能教，所以，一般考虑 CAD 入门的软件时，都会想到它。而当我们要使用一个 CAD 软件工具，搭配图学几何概念来绘出一张符合专业要求的建筑工程图时，AutoCAD 似乎也成为最好的选择。

2.2.1　本书采用的 AutoCAD 版本

AutoCAD 的版本众多，其编号从最早的 v1.0 版开始，到 v2.6 版止，然后又以 Release9(R9

版)来编，编到 Release14(R14 版)截止。最后，从 2000 年起，放弃之前的编号法，一律以公元年份为版本编号，从 AutoCAD 2000 版到当前最新的 2012 版。而且从 2004 版以后起，最新版本通常提前一年问世。

本书将以最新版的 2012 版为主，但是和 2007 版以后的版本相比，只是操作界面略有不同。因为 AutoCAD 从 2000 版以后，传统的命令更改得并不多，操作原理和基本操作更是相同。所以，即便使用 AutoCAD 的旧版本(2007 版以后)，也一样可以使用本书。

2.2.2 AutoCAD 2012 版的主操作窗口

从 AutoCAD 2009 版起，仿效 Office 式的界面，AutoCAD 的主操作窗口又有一些变化(但命令功能还都相同)。AutoCAD 2012 版基本上继承了 2009 的界面。为了了解新版 AutoCAD 的主操作窗口，可先参照图 2-1 所示的基本界面。

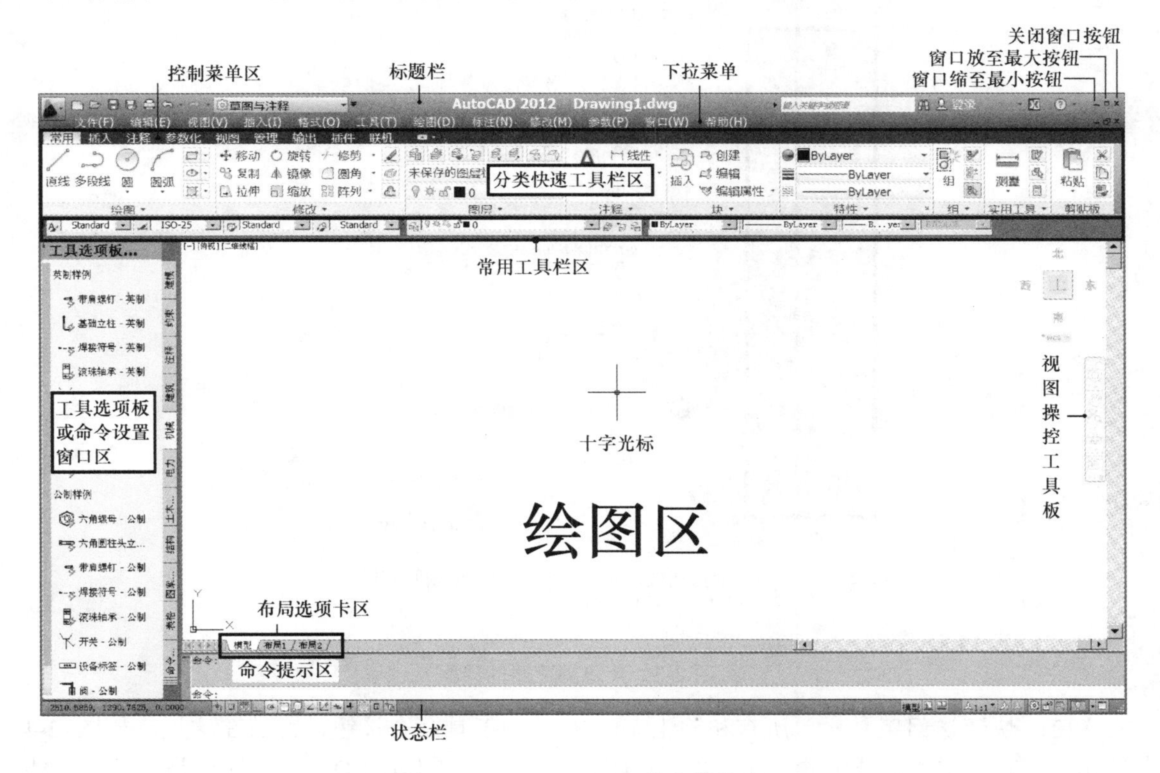

图 2-1 AutoCAD 2012 的主操作窗口

本节的重点操作示范，可参照以下的视频教学文件：

本书范例光盘 (A)Samples(gb)\ch02\avi 目录下的 Interface_2012_有声.avi。

图 2-1 所示的界面在 CAD 软件中有逐渐流行的趋势，目前新版的 AutoCAD、SolidWorks 等，都改为这类操作界面的设计。下面分节说明图 2-1 的界面组件。

1. 标题栏

如图 2-2 所示，带有 AutoCAD 2012 - [文件名]字样的条形区域里，包含以下四个组件。

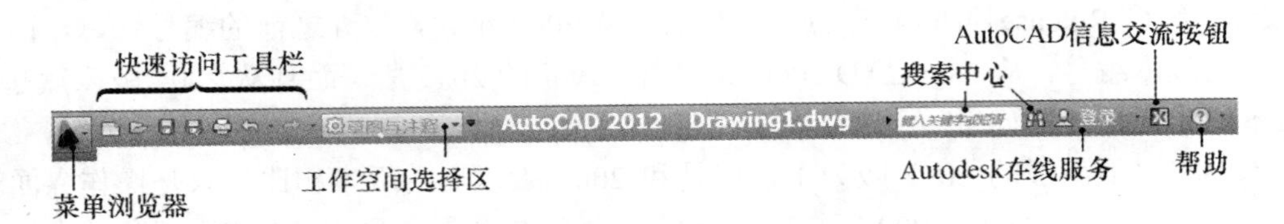

图 2-2　标题栏区

(1) 菜单浏览器。如图 2-3 所示，AutoCAD 2012 将以前下拉菜单中的命令，以及系统环境设置按钮都归纳到这里；如果操作过 Word 2007，将会发现这部分的设计是完全相同的。

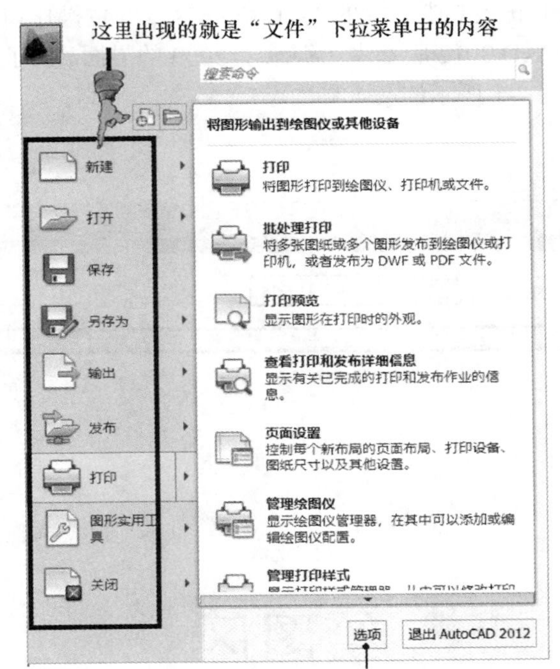

图 2-3　菜单浏览器的界面

(2) 快速访问工具栏。所有和输出/输入有关的工具命令按钮，都放在这里，如图 2-4 所示。如新建文件、调用文件、存盘、打印、放弃(U)和重做(REDO)等，这已是常见的软件界面设计。

(3) 工作空间选择区。AutoCAD 的界面趋多元化以后，为了让不同时期加入的用户快速使用他们熟悉的界面，就设计出所谓的“工作空间”，来供用户选择他们想要的操作界面；同时也有助于快速整理弄乱或遗失的界面，如图 2-5 所示。

(4) (搜索中心)。通过在左侧框中输入关键字(或短语)可以搜索信息。输入关键字或短语后，按 Enter 键或单击按钮后，就会出现 AutoCAD Exchange 窗口，以显示相关的“帮助”主题、文章或信息。

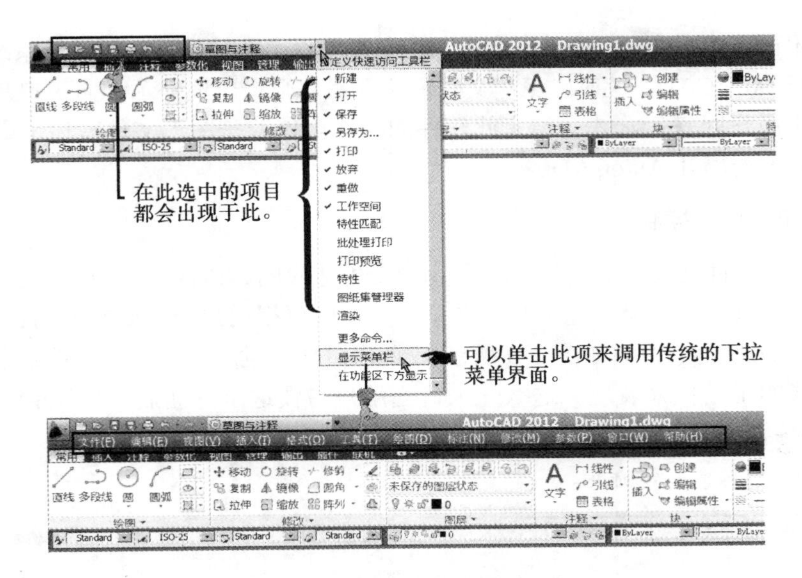

图 2-4　快速访问工具栏的操作

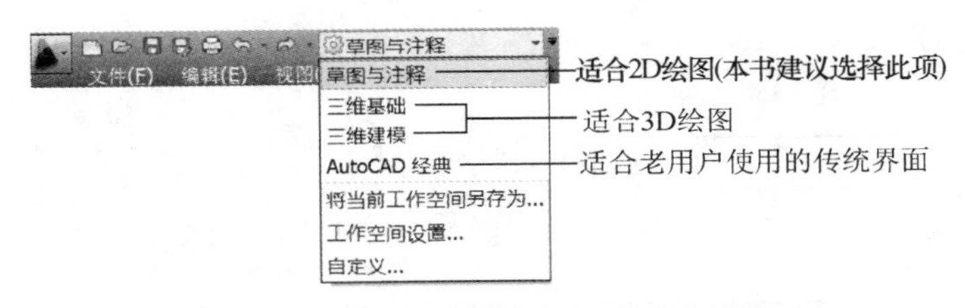

要使界面不乱动，可以选取屏幕右下角状态栏内的选项来锁定。

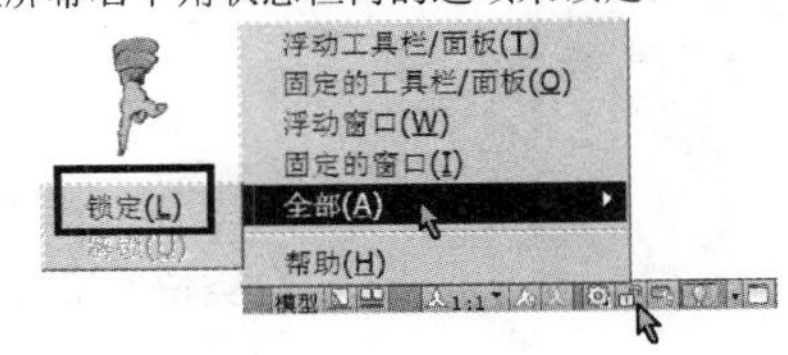

图 2-5　选择工作空间的操作

2. 窗口控制

窗口控制按钮通常有两组。一组位于窗口最右上角处，专门用来控制系统窗口；而另一组的位置则是在其下，专门用来控制图形文件窗口。

(1) 窗口放至最大按钮(□)。位于窗口最右上角处。单击此按钮后，如果是系统窗口，工作窗口将被放大至全屏幕。倘若是图形文件窗口，则绘图区窗口将被放大至系统窗口。然后，此按钮将变为窗口还原按钮(□)。

(2) 窗口还原按钮(□)。位于窗口最右上角处。单击此按钮后，工作窗口将还原回上一次的尺寸大小及位置。然后，此按钮将变为窗口放至最大按钮(□)。

(3) 窗口缩至最小按钮(□)。位于窗口最右上角处。单击此按钮后，如果是系统窗口，工作窗口将被缩小至 Windows 的任务栏上(屏幕底部)。倘若是图形文件窗口，则绘图区窗口将被缩小至系统窗口左下角处。

(4) 关闭窗口按钮(X)。位于窗口最右上角处。单击此按钮后，如果是系统窗口，将结束工作而离开 AutoCAD。此时，工作文件尚未存盘，则将出现提示询问用户是否存盘的确认窗口，并于用户回答后，才会结束此软件的操作。倘若是图形文件窗口，则用来结束关闭该文件，但不会离开 AutoCAD。

3. 菜单和工具栏控制

这部分是新界面变化较大的地方，是我们要先适应的。该部分常用的有以下 3 个组件，但是默认常驻的只有“分类快速工具栏区”，其他则可视用户的需要来调用。

(1) 分类快速工具栏区(如图 2-6 所示)。此区将所有的 AutoCAD 工具命令分类后，再用另一种方式的工具栏来表现。这么一来，当用户习惯这个界面后，传统的下拉菜单和工具栏就不一定需要了！

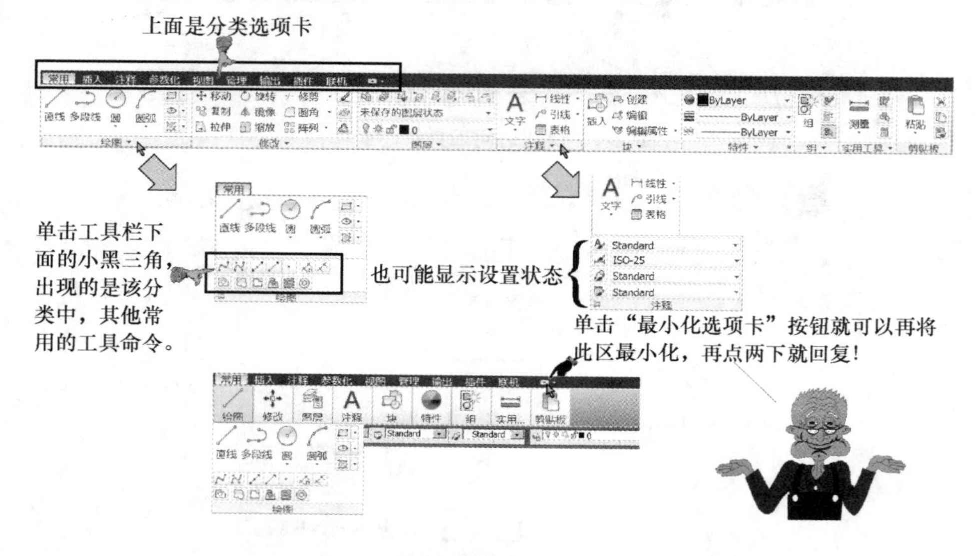

上面是分类选项卡
单击工具栏下面的小黑三角，出现的是该分类中，其他常用的工具命令。
也可能显示设置状态
单击“最小化选项卡”按钮就可以再将此区最小化，再点两下就回复！

图 2-6 分类快速工具栏区的操作

(2) 下拉菜单区。传统上，下拉菜单区是表现软件所有工具命令的地方。现在，由于有了“分类快速工具栏区”的设计，所以在 AutoCAD 2012 版中，默认状态是不出现下拉菜单区的。当然，在用户尚未熟悉它之前，则可通过图 2-3 和图 2-4 所示的方式来调用它。

(3) 工具选项板或命令设置窗口区。

如图 2-7 所示，在绘图区的两边，都可以用来摆放工具选项板或命令设置窗口。使用的时机是：当要在一段时间内使用工具选项板或命令设置窗口时，就可以将工具选项板或命令设置窗口，像摆放常用工具栏那样，将其拖到绘图区的两边。

工具选项板是从 AutoCAD 2004 版起新增的功能。AutoCAD 为了改善鼠标的单击效率，就开发出工具栏，但受限于屏幕的范围，工具栏也不能大量地充斥于屏幕，于是就再想出选项板这样的组件来装载更多的命令或块；特别是选择块的作用。默认的部分就是可以让你在此直接选择块图形来插入，或选择常用的填充图案。但这只是一个样板，主要是让用户将自己常用的功能归纳到这里。

图 2-7　工具选项板或命令设置窗口区

到了 AutoCAD 2005 版以后，可包含于选项板中的对象越来越多，包括最常使用的块、剖面线样式、图像、实面与渐变填充、宏(包括 LISP 与 ARX 程序)以及命令工具等。

4. 命令提示区

如果熟悉命令的话，也可以直接在命令提示符后输入命令。此区默认是三行，可以看到有关的操作信息。如果要改变此区的大小，可将鼠标指针移至此区的边框上，当指针变成双向箭头时，再按下鼠标左键上下拖拉，待拖至合适位置后，就可以更改此区所显示的行数了。

命令提示区在 2005 版以后也可以变透明了！如图 2-8 所示，将提示区变浮动以后，通过在命令提示区上右击，选择“透明度”命令，就可以让浮动的命令提示区窗口变为透明。

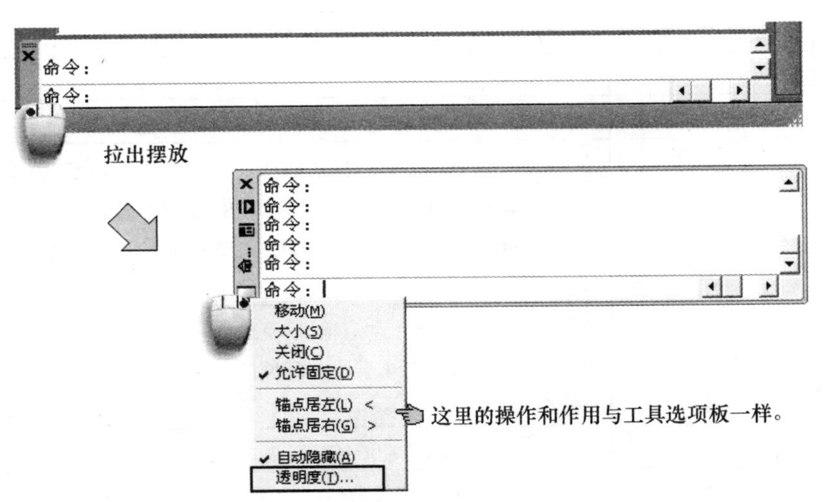

图 2-8　命令行的透明设置

5. 状态栏

AutoCAD 的“状态栏”与 Windows 系统的“任务栏”用意是相同的，都是用来显示目前的操作状态或快速工具。如图 2-9 所示，AutoCAD 2012 已经让状态栏区变得更“复杂”了！但不是每个都常用。

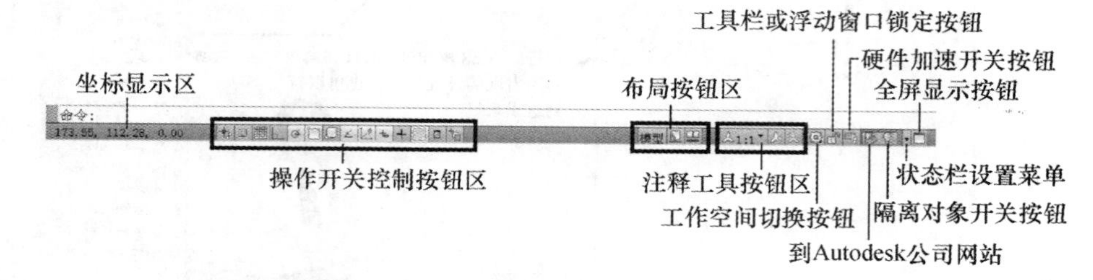

图 2-9　状态栏区的内容

下面将介绍每个组件。

(1) 坐标显示区。当光标在绘图区中滑动时，光标中心点的绝对坐标值就会显示在此区中。

(2) 操作开关控制按钮区。此区各图标的意义如表 2-1 所述。

表 2-1　状态栏中的开关按钮及其意义

图　标	开关钮名	意　义
	推断约束	可以在创建和编辑几何对象时，自动应用几何约束
	捕捉	即 Snap 模式，表示栅格捕捉开关显示
	栅格	即 Grid 模式，表示栅格开关显示
	正交	即 Ortho 模式，表示正交(即保证绝对的垂直或水平)模式的开关显示
	极轴追踪	即 Polar Tracking 模式，表示极轴追踪模式开关显示
	对象捕捉	即 Object Snap Object 模式，表示对象捕捉开关显示
	三维对象捕捉	即三维对象捕捉开关。三维部分非本书范围
	对象捕捉追踪	即 Object Snap Tracking 模式，表示对象追踪开关显示
	动态 UCS	通过打开动态 UCS 功能，然后使用 UCS 命令定位实体模型上某个平面的原点，就可以轻松地将 UCS 与该平面对齐。如果打开了栅格模式和捕捉模式，它们将与动态 UCS 临时对齐。栅格显示的界限会自动设置
	动态输入	即 DYnamic iNput(动态输入)模式。它会在光标附近提供一个命令界面，来帮助用户专注于绘图区域的操作，而不用再依赖传统的命令提示区
	线宽	即开关线宽显示的功能按钮
	透明度显示	显示/隐藏透明度开关按钮
	快捷特性	用来设置使用快捷特性的一些选项，如捕捉和自动追踪的条件等
	选择循环	选择循环切换按钮

这些开关按钮都是通过用户直接选取后，以出现“浮”、“陷”效果来表示打开或关闭的。“陷”表示打开，“浮”则代表关闭。请自行验证一下。

对于状态栏上那些不常用的按钮，可以通过图 2-11 所示的操作来关闭。

(3) 布局按钮区。从 R14 版起，AutoCAD 就新增了“布局”功能。但严格说来，“布局”是为了 AutoCAD 的 3D 功能而设的，在 2D 方面唯一可应用的，就是设置“同一图样但比例不同”的“布局”。而本书只讲 2D，所以只需用到默认的“模型空间”。

(4) 注释工具按钮区。此区有三个按钮，主要的是“注释比例”。注释比例是一个与模型空间、布局视口和模型视图一起保存的设置。当我们将注释性图素添加到图形中时，它就会根据该比例设置进行缩放，并自动以正确的大小显示在模型空间中。这牵涉到布局视口的功能，在本书中不会提及。

(5) 工作空间切换按钮。如图 2-5(上)所示，工作空间是由分类组织的菜单、工具栏、选项板和功能区控制面板组成的集合。通过它，用户可以很快地在需要的绘图环境中工作。使用工作空间时，只会显示和所需绘图环境相关的菜单、工具栏和选项板。另外，工作空间还可以自动显示功能区，即带有特定任务的控制面板的特殊选项板。重点操作如图 2-10 所示。

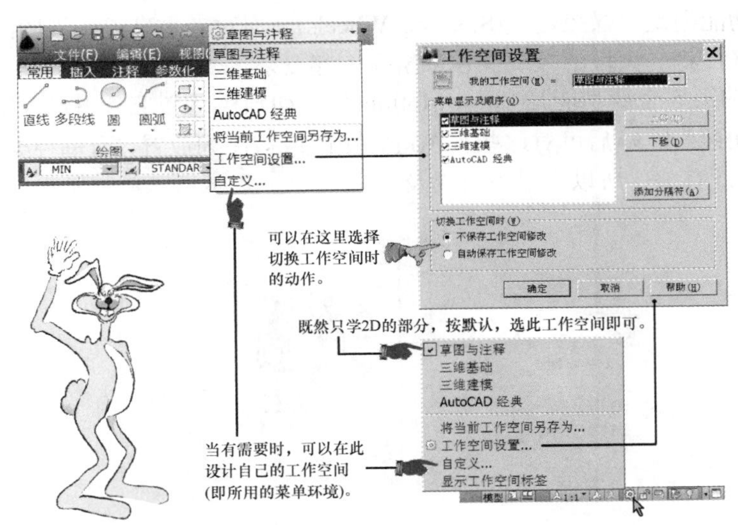

图 2-10 工作空间按钮的操作

(6) 工具栏或浮动窗口锁定按钮。如图 2-5(下)所示，可以选择指定或全部的工具栏或浮动窗口来锁定。已经锁定的工具栏或浮动窗口就不会被删除或移动。

(7) 硬件加速开关按钮。开关图形适配器中的加速性能，以让 3D 模型的显示更为快速。只要图形适配器可支持，默认值为开。

(8) 到 Autodesk 公司网站按钮。

(9) 隔离对象开关按钮。可通过隔离或隐藏对象的选择，来控制对象的显示。

(10) 状态栏控制。用来控制状态区中的组成分子(工具按钮图标)显示，如图 2-11 所示。

(11) 全屏显示按钮。单击此按钮后，会以最大的绘图区来显示图样。

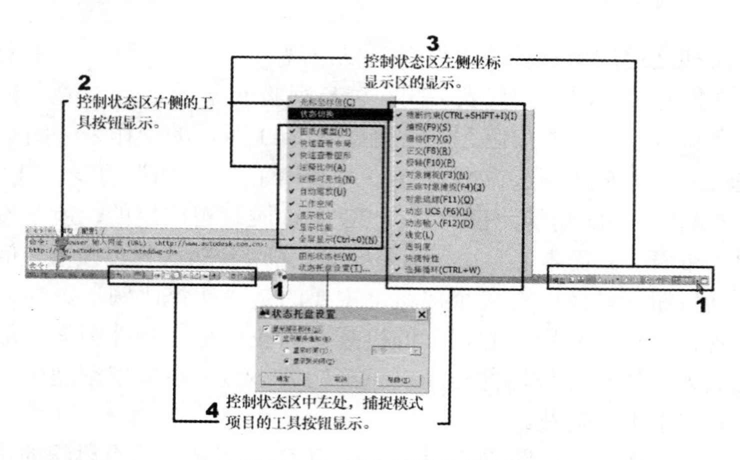

图 2-11　状态栏设置操作

6. 视图操控工具板

本区是操作中最常用的工具，在 2011 版时，原本被放在下面的状态栏中；到了 2012 版时，被改到屏幕右侧独立存在。其中，最常用的就是 PAN(平移)和 ZOOM(缩放)等老命令。比较特殊的新功能则是“操控轮”(Steering Wheels)，但对老手来说，视图的缩放和平移基本上越单纯越好，将一大堆的控制操作都挤在一起复杂化，并不见得实用。

图 2-12 中的第 5 个新功能是 Show Motion(显示动画)。通过它，用户可以录制多种类型的视图(称为“快照”)，随后可对这些视图进行更改或按序列放置，而每种类型都是唯一的。但是由于这和 3D 有关，所以本书不会提及。

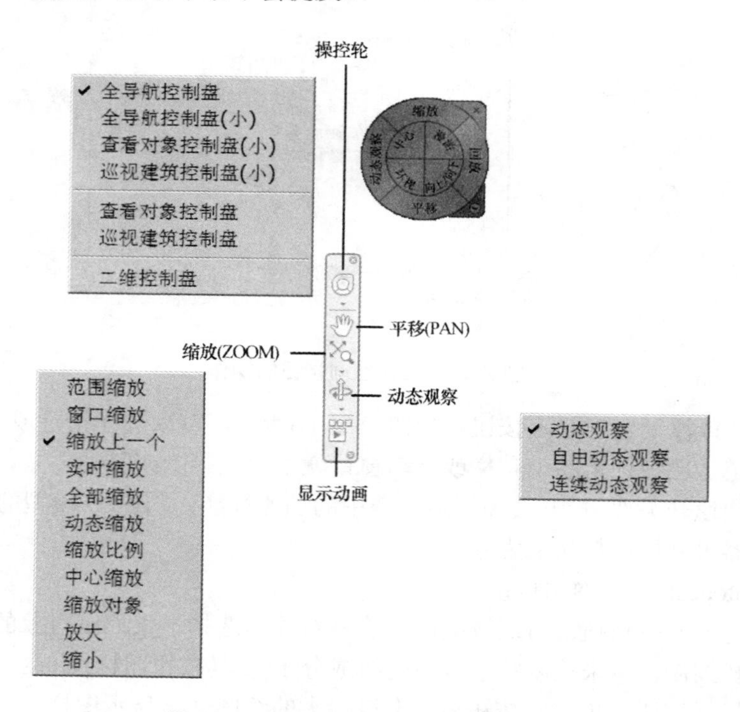

图 2-12　视图缩放控制按钮区的内容

最后，在操作界面方面，我们建议初学者的是如图 2-13 所示的布置。建议采用的内容和理由如下：

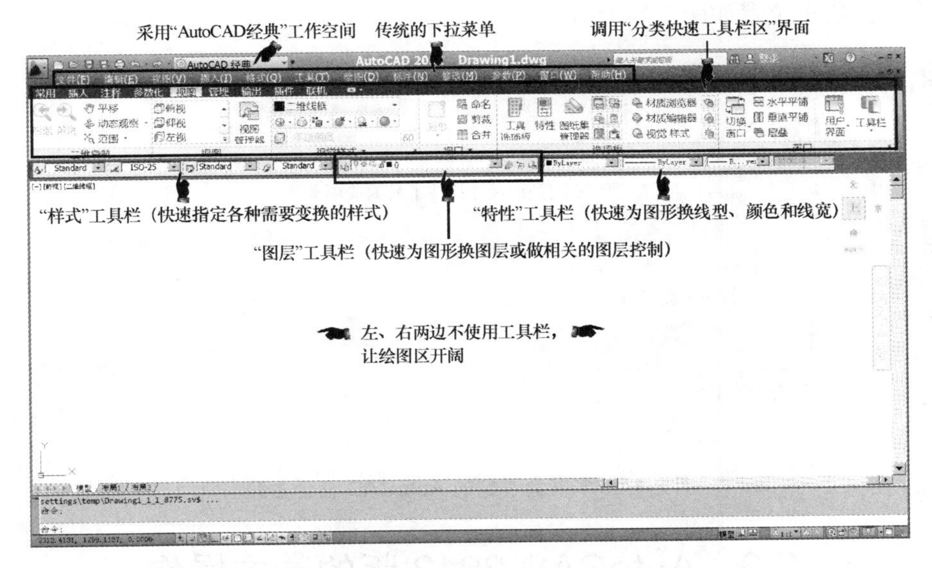

图 2-13　建议用户采用的主操作窗口布置

(1) 采用“AutoCAD 经典”工作空间。因为适合画 2D 图样，同时包含传统的下拉菜单。菜单式的界面比较一目了然，也方便书中讲述命令位置的说明。

(2) 输入 RIBBON 命令，调用最新的“分类快速工具栏区”界面。

(3) 在上工具栏处仅保持“样式”、“图层”与“特性”等工具。有经验的操作者通常会喜欢这三个可以有效帮助操作效率的工具栏(这将在稍后的操作视频中介绍)。

(4) 左、右两边不使用工具栏，让绘图区尽量开阔。

2.2.3　本书中用到的 AutoCAD 命令范围

对本书来说，图学和建筑制图的主题只需用到 AutoCAD 2D 方面的功能即可。但是 AutoCAD 还有很多功能，例如，不太成熟的 3D 功能和一些高级的主题，它们都被集成在图 2-1 所示的主操作窗口界面中。

所以，在没有任何导航的情况下学习 AutoCAD，势必会被很多功能选项所迷惑，不知从何下手！因此，本节将先说明本书要用到的 AutoCAD 命令工具所在，以让用户在学习时，能有一个清晰的方向。

本书将介绍的 AutoCAD 工具，除本章要讲的基本操作工具以外，主要还有以下 8 项。

(1) 系统设置工具。

(2) 绘图工具。

(3) 绘图约束工具。

(4) 测量工具。

(5) 编辑工具。

(6) 定义图层和制作块的工具。

(7) 尺寸标注工具。

(8) 打印工具。

命令工具所在位置如图 2-14 所示。

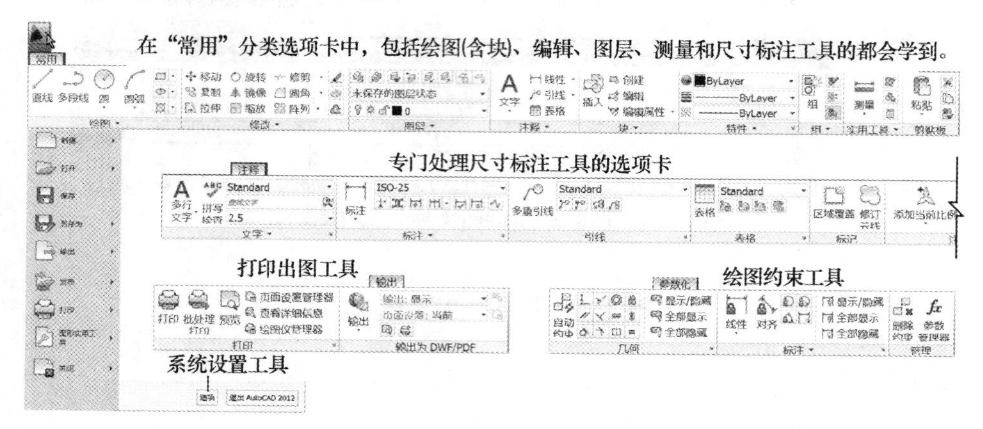

图 2-14　本书会讲到的 AutoCAD 命令主题

2.3　AutoCAD 2012 版的基本操作

在用户开始 AutoCAD 中文版操作之前，有必要先了解有关操作设备的按键定义及其效果，以及它与画面窗口搭配时的使用方式。首先来了解键盘上有关 AutoCAD 的按键定义。键盘的实物示意如图 2-15 所示。

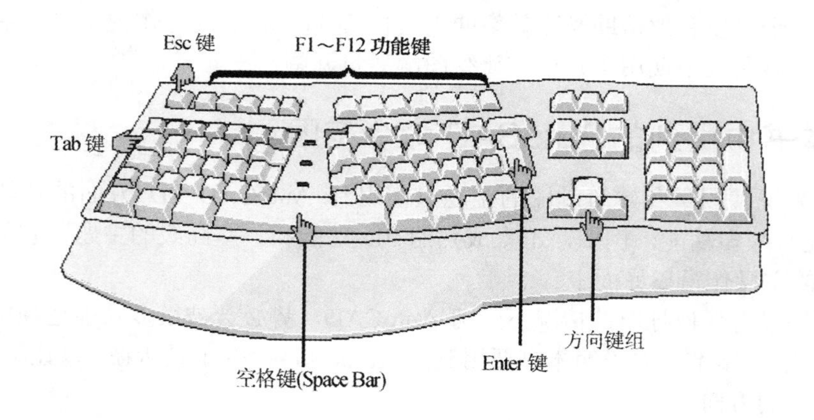

图 2-15　键盘实物示意图

2.3.1　键盘按键定义说明

在图 2-15 中，仅标示出表 2-2 所欲说明的按键。在表 2-2 中，将详述常用的按键。本小节的重点操作示范，可参照以下的视频教学文件：

本书范例光盘(A)Samples(gb)\ch02\avi 目录下的 keyboard_2012_有声.avi。

表 2-2　常用的 AutoCAD 键盘按键定义说明

按键名称	按键用途
F1	帮助键。按下此功能键相当于输入 HELP 命令。将出现一个标准的 Windows 帮助窗口。因此，其操作与 Windows 中的操作方式相同。按此键与选取“帮助”下拉菜单中的“帮助”选项，以及在窗口右上角单击图标的效果是一样的
F2	图形和命令屏幕切换键。此功能键可在 AutoCAD 的图形屏幕和文字屏幕之间作切换。所谓图形屏幕就是当前操作的绘图区域，而文字屏幕则是以窗口方式来显示绘图操作过程的屏幕；因此，可于此看见最近几次运行绘图命令的过程。当按下 F2 键时，将出现类似下图所示的文字屏幕窗口。 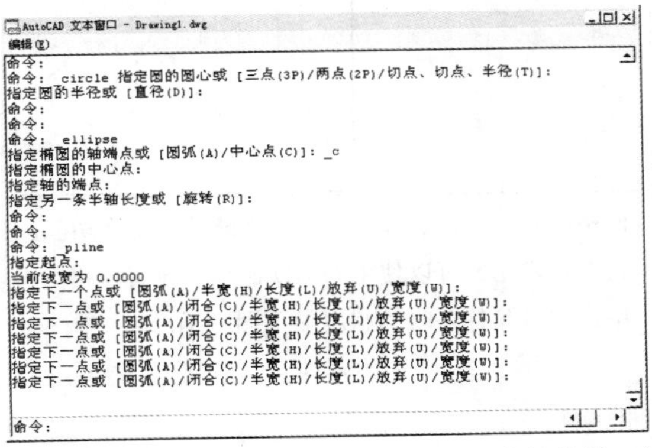 欲关闭此文字屏幕，仅需再次按下 F2 键即可，它也是一个切换键；意即按 F2 键即至文字过程屏幕，再按 F2 键就又会回到图形屏幕中
F3	对象捕捉开关键如下图所示。单击图标或按 F3 功能键后，就会以在对象捕捉中所指定的捕捉项目，自动对图形进行捕捉。这是很常用的开关键 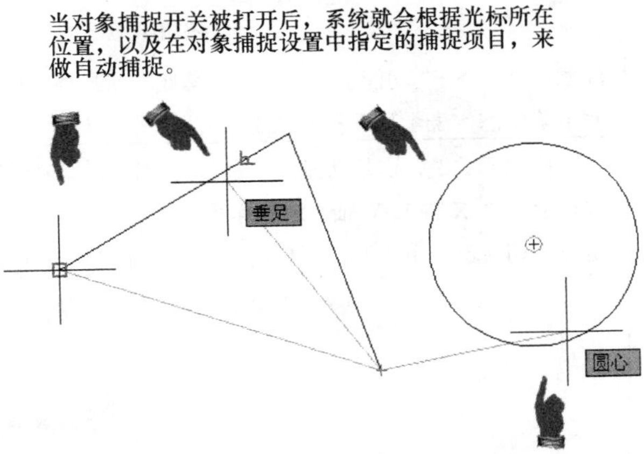 当对象捕捉开关被打开后，系统就会根据光标所在位置，以及在对象捕捉设置中指定的捕捉项目，来做自动捕捉。 垂足 圆心 (光标位置在圆上，但捕捉到的是圆心) 注意：当按下 F3 功能键时，位于屏幕底端状态栏上的“正交模式”按钮()会变为蓝底的下陷状态，表示处于打开状态

续表

按键名称	按键用途
F5	等轴测方位切换键。在绘制等轴测图模式时(使用 SNAP 命令来设置)，当要绘出一等轴测的椭圆图形(操作时选 I 模式)时，切换“等轴测平面 左”、“等轴测平面 上”、“等轴测平面 右”等 3 种情况时使用。连续按下此功能键 3 次，就可轮流切换这三种模式。操作效果如下图所示。 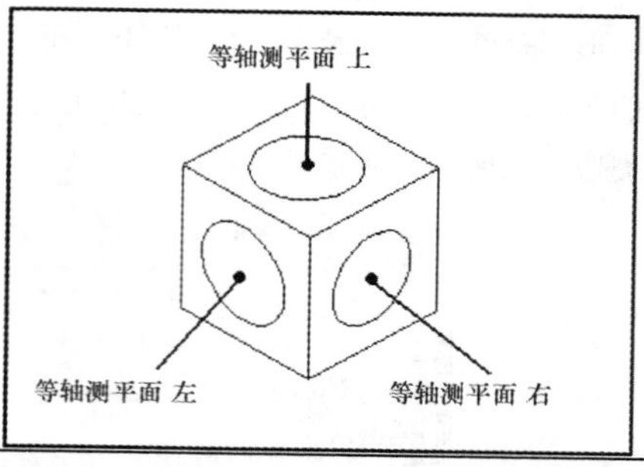 等轴测平面 上 等轴测平面 左 等轴测平面 右
F7	栅格显示开关键。用户可以按该键显示栅格功能。栅格可以用来定位，但是根据经验，它并不常用。可以使用 GRID 命令来设置栅格距离。它也是一个切换键，单击开，再单击关。其打开时的状况如下图所示。 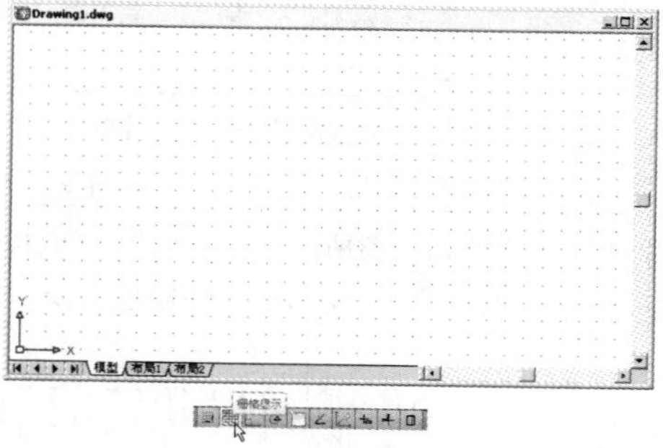 注意：当按下 F7 功能键时，位于屏幕底端状态栏上的“栅格显示”按钮会变为蓝底下陷状态，表示处于打开状态
F8	正交模式开关键，这是功能键中最常用的按键。当此按键被打开时，由起始点发出的线均会垂直 X 轴或 Y 轴。这在作垂直线时很有用，是绘图时不可或缺的功用。它也是一个切换键，单击开，再单击关。其开关时的图形如下面两图所示。 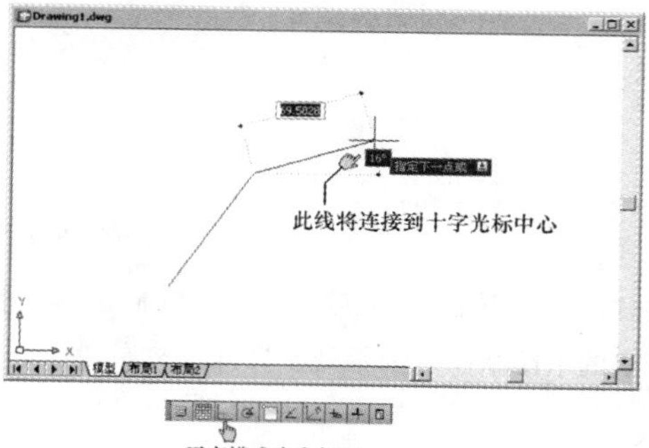 此线将连接到十字光标中心 正交模式尚未打开

续表

按键名称	按键用途
F8	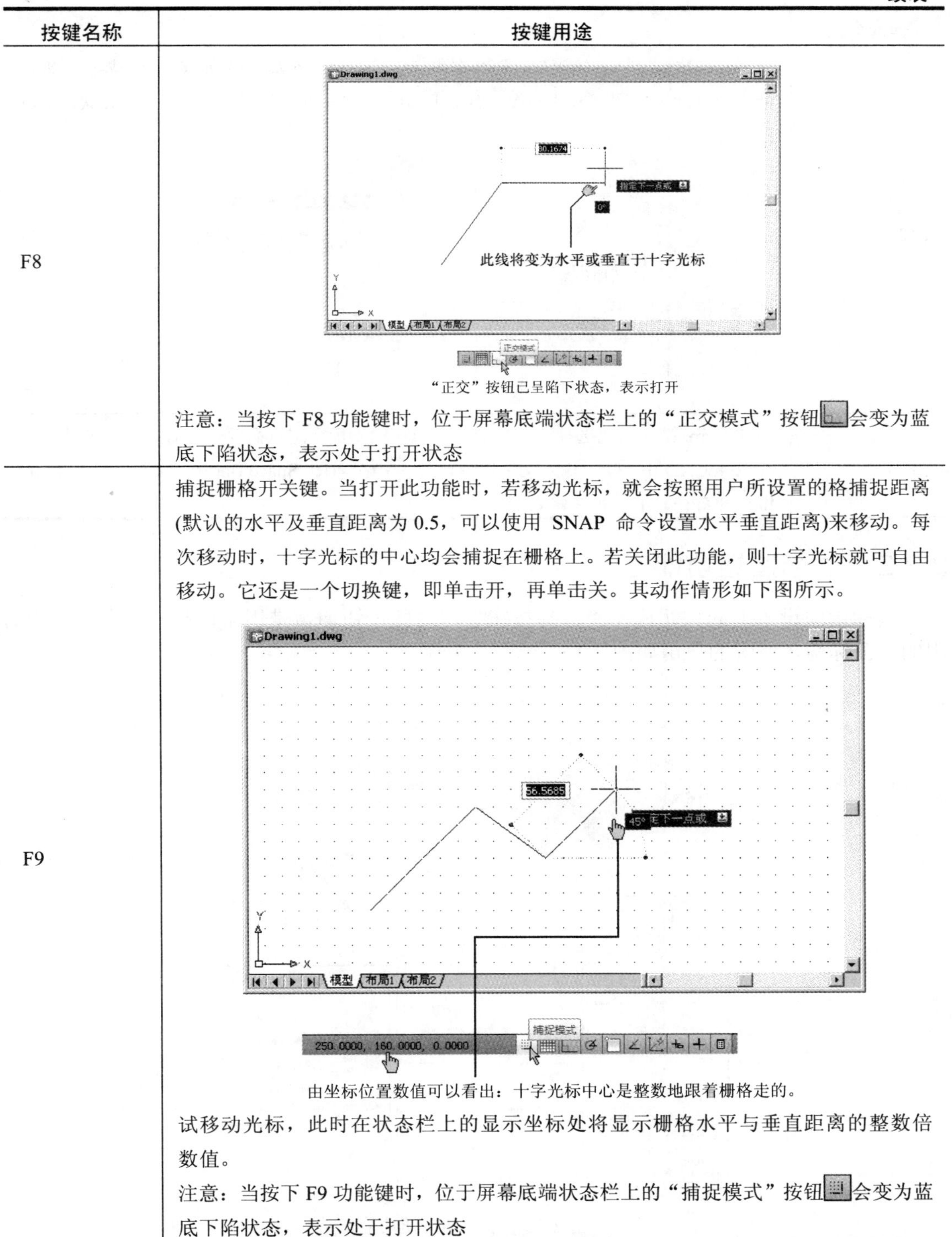 “正交”按钮已呈陷下状态，表示打开 注意：当按下 F8 功能键时，位于屏幕底端状态栏上的“正交模式”按钮会变为蓝底下陷状态，表示处于打开状态
F9	捕捉栅格开关键。当打开此功能时，若移动光标，就会按照用户所设置的格捕捉距离(默认的水平及垂直距离为 0.5，可以使用 SNAP 命令设置水平垂直距离)来移动。每次移动时，十字光标的中心均会捕捉在栅格上。若关闭此功能，则十字光标就可自由移动。它还是一个切换键，即单击开，再单击关。其动作情形如下图所示。 由坐标位置数值可以看出：十字光标中心是整数地跟着栅格走的。 试移动光标，此时在状态栏上的显示坐标处将显示栅格水平与垂直距离的整数倍数值。 注意：当按下 F9 功能键时，位于屏幕底端状态栏上的“捕捉模式”按钮会变为蓝底下陷状态，表示处于打开状态

续表

按键名称	按键用途
F12	这个功能键叫“动态输入”。它会在光标附近提供一个如下图所示的命令界面，来帮助用户专注于绘图区域的操作，而不用再依赖传统的命令提示区。所以，其默认值就是打开的 (需依赖传统命令提示区的操作提示) 指定椭圆的轴端点或 [圆弧(A)/中心点(C)]: 指定轴的另一个端点: 指定另一条半轴长度或 [旋转(R)]: 打开前 指定另一条半轴长度或 46.5564 (不需依赖传统命令提示区的操作提示) 动态输入 打开后
Enter	即 Return 键。当已选择一个功能选项或移动光标至定点而要运行时，均可按此键。在 AutoCAD 中，除了输入文字以外，按下空格键(即 Space Bar 键)也等于按下 Enter 键。此键在本书中也经常表示成 ↵ 。

2.3.2 鼠标按钮功能

鼠标指向设备上的按钮称作“选择按钮”，这些按钮通常是用来选择点或屏幕菜单时用的。鼠标与各按键的作用如图 2-16 所示。

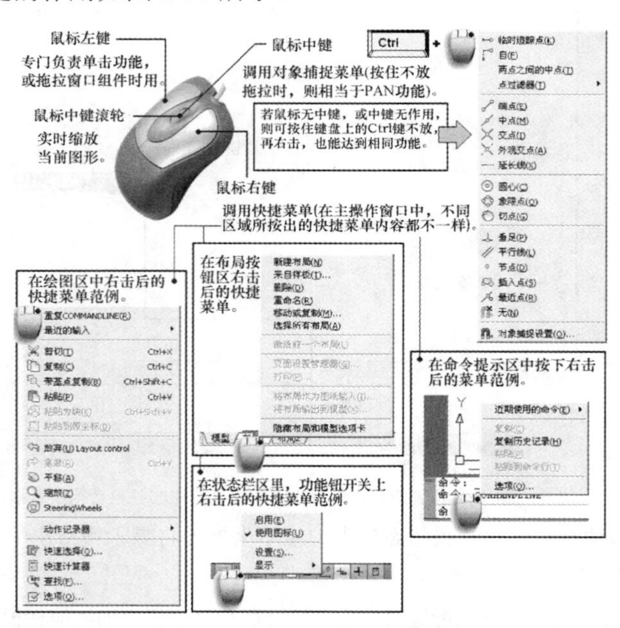

图 2-16　鼠标的按钮功能

应注意，并非所有三键鼠标的中键在 AutoCAD 中都有效，购买前可询问厂商如果您不希望右击后出现快捷菜单，而希望如同 R14 旧版那样，右击就等于按下 Enter 键，则可于命令提示区下输入：SHORTCUTMENU，并将此变量设为 0 就可以了！

2.3.3 自动命令完成功能和最近输入功能

1. 自动命令完成功能

很多人可能和龙震老师一样，对于那些经常使用的命令，连想都不用想就可以用 AutoCAD 命令行输入的方式，将命令敲出来。但是，对于用得少的命令，有时会想不出它的拼写，特别是我们本来就不是英文专家。

AutoCAD 从 2004 版以后，就提供了自动命令完成功能，可以迅速让用户输入不常用的命令。在命令提示区中，用户可输入系统变量或命令(包括 ARX 程序定义的命令和命令别名)的前几个字母，然后按 Tab 键来遍历所有的有效命令。例如，在命令提示区中输入 MO，然后连续按 Tab 键，就可以在所有以 MO 开头的命令中查找需要的命令。

2. 最近输入功能

在连续使用 AutoCAD 命令时，用户会发觉同样的资料要重复输入很多次。就算您多么喜欢敲键盘，重复的数据输入也会降低效率，而且经常出错。为了减少出错和节约时间，用户可使用 AutoCAD 的“最近输入功能”，来访问最近使用的数据，包括点、距离、角度和字符串等。

可以在命令提示区中，按“↑”、“↓”键，或在右键快捷菜单中选择最近输入项。最近使用值与上下文有关。例如，在命令行提示输入距离时，最近输入功能将显示之前输入过的距离。当在旋转命令中提示输入角度时，之前使用的旋转角度将会被显示出来。

用户也可以通过 INPUTHISTORYMODE 系统变量来控制最近输入功能的使用。

2.3.4 AutoCAD 的命令提示操作

经常性的操作失误，就是因为操作者没有注意在命令提示区中，AutoCAD 询问您要什么，而您答复的经常不是该命令要的。AutoCAD 从 2006 版起所改良的命令提示操作功能，已可大幅地降低操作失误的几率。

需要指出的是：AutoCAD 的命令提示操作。在选择命令后，系统会在命令提示区中给出提示语句和操作者沟通，操作者必须根据提示语句来回答其问题，命令才能继续下去。所以，当单击某个命令或功能图标后，就必须注意命令提示区所显示的提示语句是什么。

这种交互操作方式，将导致在图形中绘制和编辑对象时，用户经常要阅读和响应显示于命令提示区中的提示。如果忘了阅读命令提示区，可能会漏掉一些重要的选项，最后可能导致结果出错。尽管这种人机交互接口是必需的，但却转移了人的注意力。这会使没有养成习惯的初学者经常出现操作失误。

前面在谈到 F12 这个功能键时，就已提到：在 AutoCAD 2009 版以后，新的动态输入设置可让用户直接在鼠标单击处快速激活命令、读取提示和输入值，而不需要将注意力分散到绘图区以外的地方。用户可在创建和编辑几何图形时，动态查看标注值，如长度和角度等。通过按 Tab 键，还可在这些值之间做切换。AutoCAD 的新旧命令的提示操作对比如图 2-17 所示。

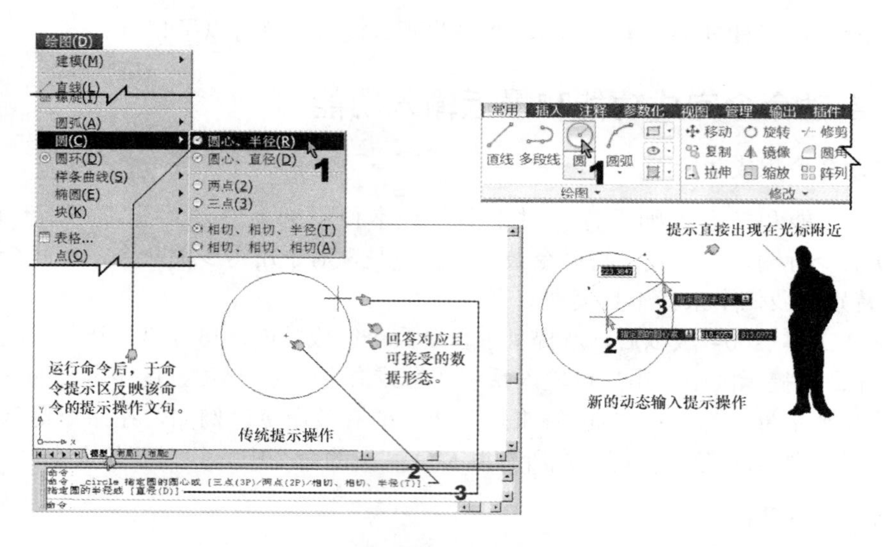

图 2-17　AutoCAD 的新旧命令提示操作对比

在这样的操作设计下，用户将会发现：在 AutoCAD 2006 以后，命令提示区将被用得越来越少。不过，长久以来，命令提示区已是 AutoCAD 最基本的一部分，不用担心，它暂时还不会很快被扔掉。

2.3.5　AutoCAD 的选择方式

为什么我们要先介绍 AutoCAD 的选择方式呢？很简单，相信大家都能理解：计算机是很笨的，您不告诉它要选什么图形来做什么动作，它怎么帮您画图？因此，所谓“选择方式”，就是指一些可以快速选择特定图形的方法。其用意在于告诉计算机：图形已选择好，请根据某命令的要求，对这些图形做必要的动作。熟悉 CAD 的选择方式，可以有效提升绘图效率。

AutoCAD 将根据以下小节的方法来达到选择图形的目的。本小节的重点操作示范，可参照以下的视频教学文件：

本书范例光盘 (A)Samples(gb)\ch02\avi 目录下的 Select_Object_2012_有声.avi。

下面详述标准的选择功能。

大多数的 AutoCAD 编辑命令都会要求用户在一些图形中，选出一个或一些图形来加以处理，这些图形的集合就被称为“选择集”(Selection-Set)，可使用交互式的方式将图形加入选择集，或由选择集中剔除图形。

当在图样上选取图形时，AutoCAD 将以虚线所形成的“虚像”来显示所选择的图形，以方便识别。当命令提示区出现如下提示语句时，就是要使用选择方法的时候了。

```
选择对象:
```

然后，屏幕上的十字光标就变成一个活动的小方格，来让用户单击图形。选完后，通常要再按 Enter 键，以告诉计算机：“我们已选好了，就这些。”(注意：这是初学者经常忽略的)

我们将小方格称为“图形选择标的框”(Object Selection Target)。此小方格可以直接运行 PICKBOX 命令来设置它的大小。

在“选择对象：”提示语句后，可以使用表 2-3 所述的几种选项来选择图形。

表 2-3　AutoCAD 的图形选择方式

选择方式	性　质	意　义
直接选取	直接选取	这又称为“图形指向”(Object Pointing)。AutoCAD 将立即扫描整个图，来寻找经过此点的图形。所以，最好不要选取到多个图形的交点，因为用户无法预测 AutoCAD 会选择哪一个图形。若要选择实体填充或是有宽度的多段线，请记得要单击边线部分，而不是中间的实心部分，这样才可选到。 到了 2009 版以后，当光标掠过图形上时，图形会反白，这样就可以直观地看到要选的是哪个，而且会出现一个翻动器来翻动反白的图形。这样，在没选前，可以知道所选的对不对
最后(Last)	输入选项	输入 L 来回答“选择对象：”的提示语句后，就可以运行此功能。此选项用来选择运行此功能前，最后画的那个图素
窗选(Windows)	直接选取或输入选项	以左上右下的方式直接选择所有图形。以输入 W 来回答“选择对象：”提示语句的方式较少用 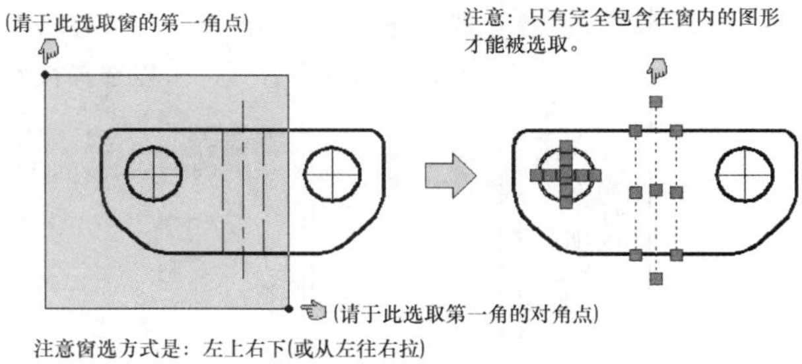 (请于此选取窗的第一角点) 注意：只有完全包含在窗内的图形才能被选取。 (请于此选取第一角的对角点) 注意窗选方式是：左上右下(或从左往右拉)
框选(Crossing)	直接选取或输入选项	以右上左下的方式直接“开框”选择的方式来选择被窗跨过的所有图形。换句话说，它的选择效力要比“窗选”大。以输入 C 来回答“选择对象：”提示语句的方式较少用 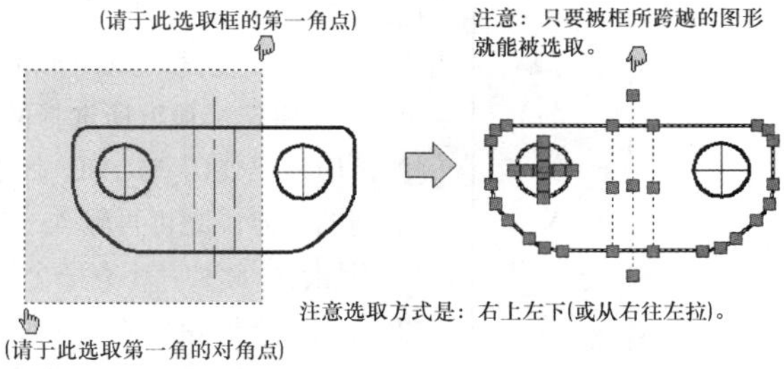 (请于此选取框的第一角点) 注意：只要被框所跨越的图形就能被选取。 注意选取方式是：右上左下(或从右往左拉)。 (请于此选取第一角的对角点)

续表

选择方式	性　质	意　义
多边形窗选(Windows Polygon)	输入选项	当输入 WP 来回答“选择对象：”的提示语句时，就可以运行此功能。这个选项类似“窗选”，但是它允许用户选择某一不规则区域内的图形，而这个区域将类似一多边形。以选择围绕在所选择的图形周围的点，来定义这个选择区域 这个多边形可以是任意形状，但边线不能交叉。这意味着不能让这个多边形穿越它自己，也不能放一顶点在现存的多边形区间内。AutoCAD 能自动将最后一点围起来，所以这个多边形永远都是封闭的 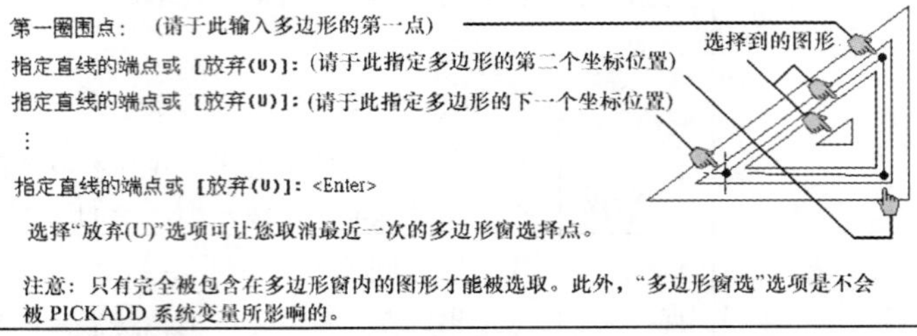 第一圈围点：（请于此输入多边形的第一点） 指定直线的端点或 [放弃(U)]：(请于此指定多边形的第二个坐标位置) 指定直线的端点或 [放弃(U)]：(请于此指定多边形的下一个坐标位置) ⋮ 指定直线的端点或 [放弃(U)]：<Enter> 选择到的图形 选择“放弃(U)”选项可让您取消最近一次的多边形窗选择点。 注意：只有完全被包含在多边形窗内的图形才能被选取。此外，“多边形窗选”选项是不会被 PICKADD 系统变量所影响的。
多边形框选(Crossing Polygon)	输入选项	当输入 CP 来回答“选择对象:”的提示语句时，就可以运行此功能。此选项的功能与“框选”一样，而操作方式则与“多边形窗选”相同
栏选(Fence)	输入选项	当输入 F 来回答“选择对象：”的提示语句时，就可以运行此功能。此选项与“多边形框选”选项类似，所不同的是：它不围成一封闭的多边形。使用这个方式，可以选择被此围栏线所穿越的长串图形 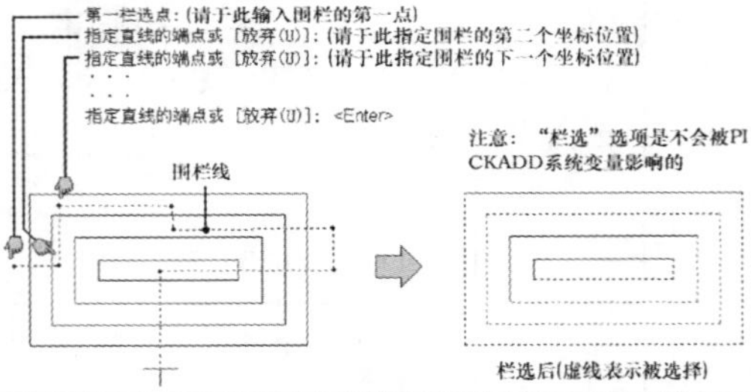 第一栏选点：(请于此输入围栏的第一点) 指定直线的端点或 [放弃(U)]：(请于此指定围栏的第二个坐标位置) 指定直线的端点或 [放弃(U)]：(请于此指定围栏的下一个坐标位置) . . . . . . 指定直线的端点或 [放弃(U)]：<Enter> 围栏线 注意：“栏选”选项是不会被PICKADD系统变量影响的 栏选后(虚线表示被选择)
ALL	输入选项	输入 ALL(不可使用缩写)可选择图形文件中所有的图素，包括在冻结或捕捉图层中的图素
前次(Previous)	输入选项	当输入 P 来回答“选择对象：”的提示语句时，就可以运行此功能。当用户经常需要在同一组图形中重复几个编辑功能时，为了方便操作，AutoCAD 将记忆最近所选择的一个选择集，只要输入 P 就可再选择它。例如，用户已使用 MOVE 命令移动过某些图形，而立刻又想再将它们移到别的地方，则可再输入一次 MOVE 命令，并输入 P 来快速地选择同一组图形。此外，还有一个仅产生一个选择集的 SELECT 命令，可使用 P 选项来告诉随后的命令使用这个选择集。此外，当用户变换空间时，不管是由模型空间改变到图纸空间或是由图纸空间改变到模型空间，这个选择集都会被清除。注意：任何将图形删除的动作，也会将最近的一个选择集清除

续表

选择方式	性　质	意　义
删除(Remove)	输入选项	当输入 R 来回答“选择对象：”的提示语句时，就可以运行此功能。您可以使用此选项来剔除已选择的图形。一般说来，选择图形的过程将起始于“加入”模式，即新指定的图形将被加入选择集中。输入 R 后，即可切换至“删除”模式。此时，“选择对象：”的提示语句将变为“删除对象：”，然后，就可自选择集中选择欲剔除的图形
加入(Add)	输入选项	当于“删除对象：”模式下输入 A 时，就可以运行将选择图形加入选择集的功能。同时，提示语句将回到“选择对象：”下
U (Undo)	输入选项	当输入 U 来回答“选择对象：”的提示语句时，就可以运行此功能。当不小心在选择集中加进了某些图形，运行 U 选项可恢复到前一状态。每用一次 U，AutoCAD 即回至最近的状态一次
Esc 键	功能按键	此控制键将使选择过程中止并放弃选择集，同时将所有反白的图形复原
Enter 键	功能按键	上述的选项处理完之后，“选择对象：”或是“删除对象：”的提示语句将再度出现，此时可再度处理选择集中的内容。若对现在选择集内的内容满意，则只需在“选择对象：”或是“删除对象：”的提示语句后按下空格键或 Enter 键，即可结束选择的动作，而继续运行该编辑命令的正式功能

所以，当了解了上述的图形选择方式后，以后在本书中只要有出现“选择对象：”提示语句的地方，都可以在此提示语句后，使用表 2-3 所述之一，或混用其中数项的方式来选择图形。

2.4　图样的缩放和平移

计算机画图所用的画图区域再怎么大，也都只是一个比一般图纸还小的屏幕。所以，画面缩放的命令操作对 CAD 的初学者来说是很重要的。为了避免经常在绘图屏幕中迷失方向，应先了解画面缩放的操作。ZOOM 和 PAN 命令的调用界面如图 2-18 所示。

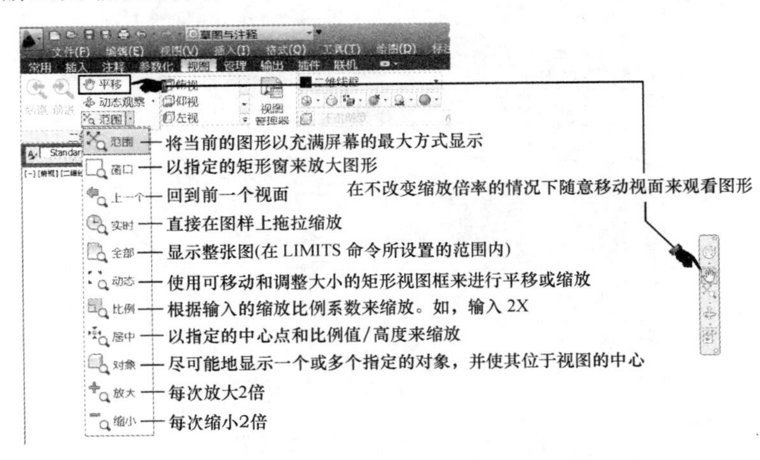

图 2-18　调用 ZOOM、PAN 命令的方法和选项

本节的重点操作示范，可参照以下的视频教学文件：

本书范例光盘 (A)Samples(gb)\ch02\avi 目录下的 zoom_pan_2012_有声.avi。

信息补充站　　AutoCAD 的透明命令

很多和视图有关的命令是“透明”命令。所谓“透明”，就是在某一命令运行中，仍然可以同步使用的命令。这些命令多属和视图缩放有关的命令，如 ZOOM、PAN 等命令。

因此，“透明”(Transparent)命令，就是可以穿插在其他命令中同步运行的命令。例如，在画线的同时，该线的终点不在屏幕所见的范围内，那就需要在不跳出运行 LINE 命令的同时，又要使用 ZOOM 或 PAN 命令来做画面的缩放或移动。所以，在 LINE 命令下又运行 ZOOM 或 PAN 命令时，就会发现系统会自动在 Zoom 或 Pan 命令前加“'”，这些可以在命令名前加 '符号的，就属透明命令。

本信息补充站重点操作示范，可参照以下的视频教学文件：

本书范例光盘(A)Samples(gb)\ch02\avi 目录下的 Transparent _2012_有声.avi。

2.5　AutoCAD 2012 版的系统设置

在进入 AutoCAD 画图以前，有一些系统环境设置是很重要而必须先设好的。本节将介绍在平面画图中，必须先知道的系统环境设置。

2.5.1　十字光标的长短设置

默认的十字光标长度值为屏幕宽的 5%。可按如下步骤来变更设置。

(1)　单击图 2-14 所示“系统设置工具”处的“选项”按钮。

(2)　再拖动图 2-19 所示黑框处的滑块来调整。

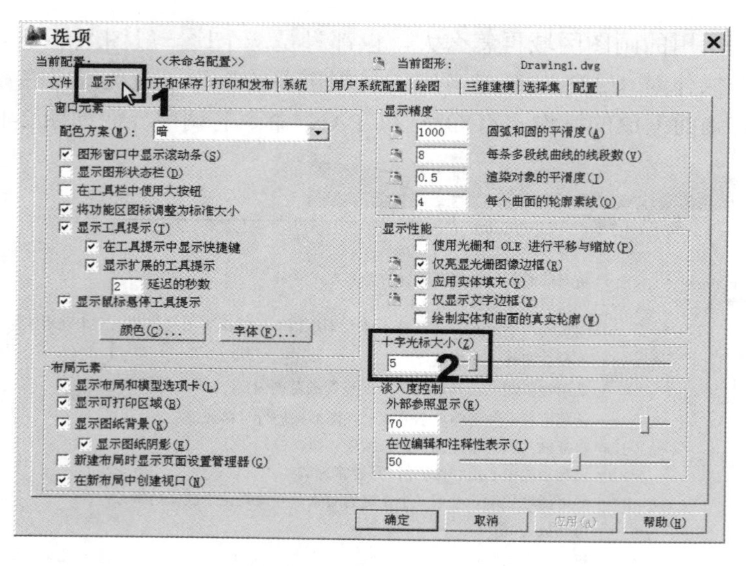

图 2-19　十字光标的长短设置

2.5.2 调整绘图区的背景颜色

默认的全黑背景在窗口作业下反而碍眼，如要变换绘图区的背景颜色，可按请如下步骤操作。

(1) 单击图 2-14 所示“系统设置工具”处的“选项”按钮。

(2) 再按图 2-20 所示的操作来调整。

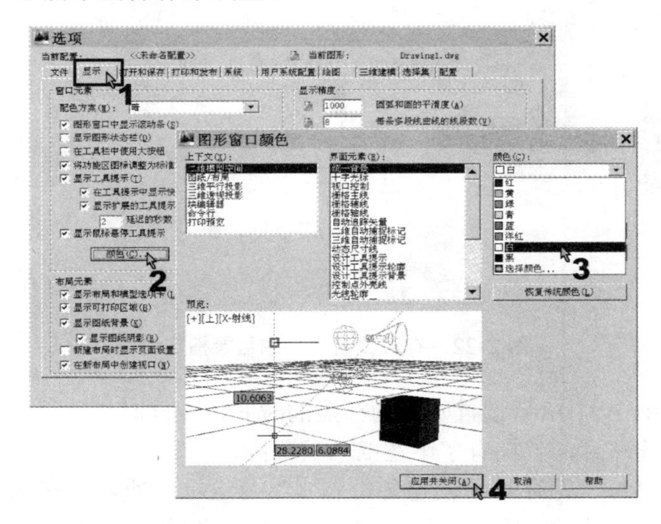

图 2-20 调整绘图区的背景颜色

2.5.3 设置图形文件自动备份的时间、修改备份的图形文件名和密码

您希望多久让 AutoCAD 自动将正在编辑的图形文件存盘一次？如果出现意外，又要如何使用这个自动备份文件？可按如下步骤设置与操作。

(1) 单击图 2-14 所示“系统设置工具”处的“选项”按钮。

(2) 再按图 2-21 所示来设置存盘时间。

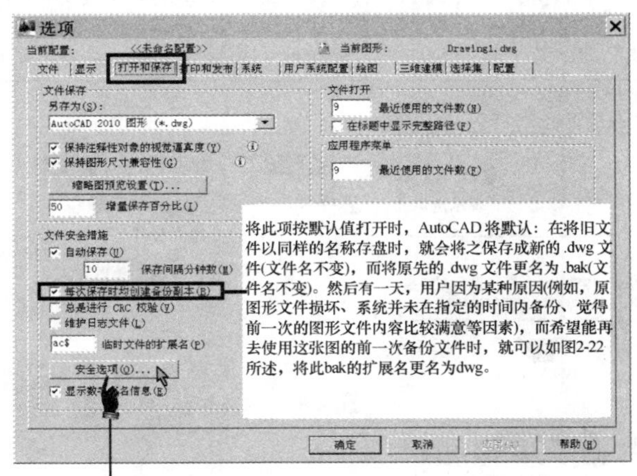

选项
将此项按默认值打开时，AutoCAD 将默认：在将旧文件以同样的名称存盘时，就会将之保存成新的 .dwg 文件(文件名不变)，而将原先的 .dwg 文件更名为 .bak(文件名不变)。然后有一天，用户因为某种原因(例如，原图形文件损坏、系统并未在指定的时间内备份、觉得前一次的图形文件内容比较满意等因素)，而希望能再去使用这张图的前一次备份文件时，就可以如图2-22所述，将此bak的扩展名更名为dwg。
注意：点取此钮可以设置文件密码(详见图2-25)。

图 2-21 设置自动存盘时间

注 意

存放临时文件的目录如图 2-22 所示，如果需要，也可以在此变更。

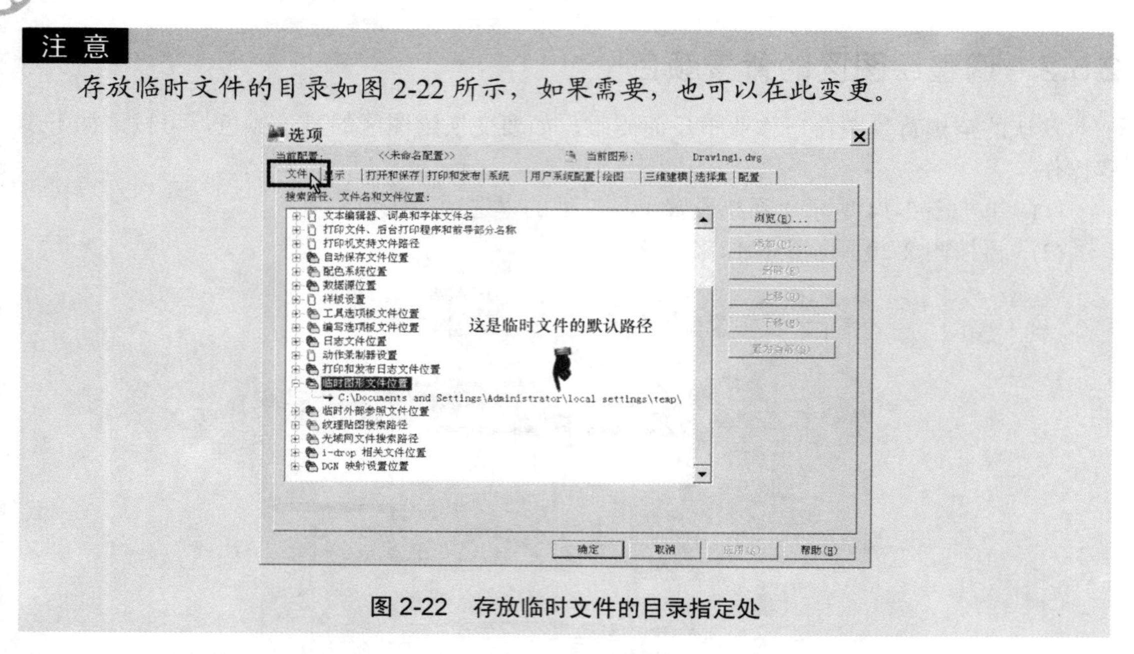

图 2-22　存放临时文件的目录指定处

(3) 当用户按图 2-21 所示设置好自动存盘的时间，并同时按默认选中“每次保存时均创建备份副本”复选框时，就拥有了下述的两层保障。

① 因为选中“每次保存时均创建备份副本”复选框，所以，在保存图形文件的目录里中就会拥有两个同名称的 .dwg 文件与 .bak 文件。当母文件(.dwg)因为其他原因而无法使用时，就可以将 .bak 扩展名更名为 .dwg。

② 由于设置了自动存盘的时间，所以，根据默认值，AutoCAD 将在 C:\Documents and Settings\Administrator\Local Settings\temp\目录中存放这些扩展名为 .sv$ 的自动备份文件。其中，路径中的 Administrator 是目前使用这台计算机的用户名称。一旦出现意外，只要将这些文件的 .sv$ 扩展名更名为 .dwg 即可。

(4) 无论是上述哪一种状态，都可以依据本步骤范例来更名。不过，首先要让我们在 Windows 窗口下能看见文件的完整文件名(此设置可参照本节视频文件)。然后，再按图 2-23 所示操作。

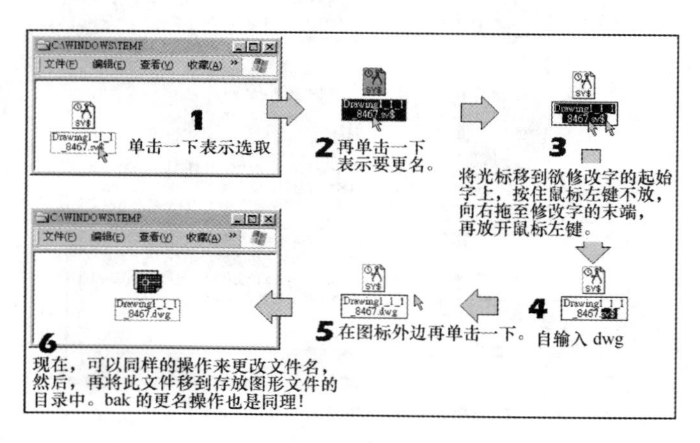

图 2-23　更改备份图形文件名的操作

本节的重点操作示范，可参照以下的视频教学文件：

本书范例光盘 (A)Samples(gb)\ch02\avi 目录下的 save_setup_2010_有声.avi(本操作同 2010 版)。

2.5.4 变更圆与圆弧的显示分辨率

在 AutoCAD 中，精密的圆与弧图形显示是以无限多边形的方式来处理的。但是为了加快显示速度，圆与弧的默认值并不以无限多边形来表现，而以多边形的方式来显现。因此，就让很多的初学者误以为 AutoCAD 不精确。其实，这只是在显示上让圆与弧的轮廓看起来像多边形而已，并不影响实际的打印效果。如果您实在“看不过去”，则可按如下步骤设置修改。

(1) 单击图 2-14 所示“系统设置工具”处的“选项”按钮。

(2) 再按图 2-24 所示来修改。

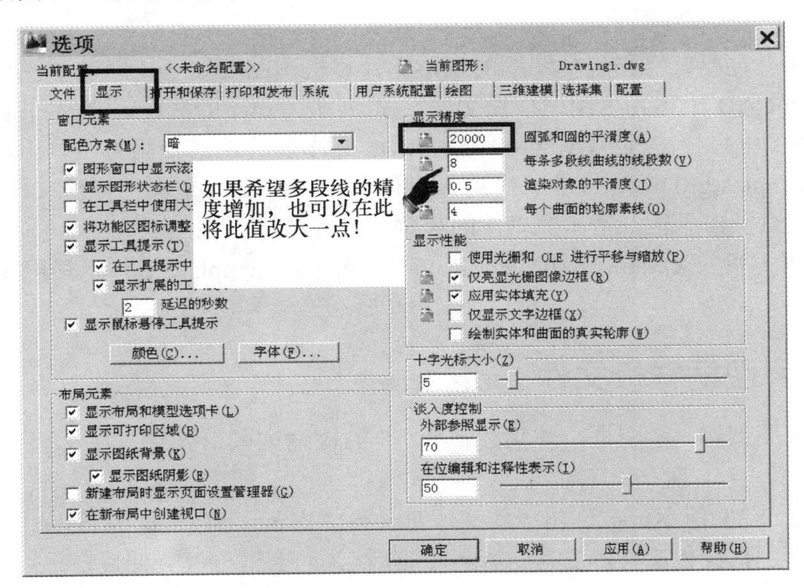

图 2-24 变更圆与圆弧显示分辨率的操作

可以在“圆弧和圆的平滑度”文本框中输入的有效值是 1～20 000。当然，也可以用 VIEWRES 命令来修改。

2.5.5 为图形文件加密码

AutoCAD 能为图形文件加密码，请按如下步骤设置与操作。

(1) 单击图 2-14 所示“系统设置工具”处的“选项”按钮。

(2) 再按图 2-25 所示为图形文件加密码。

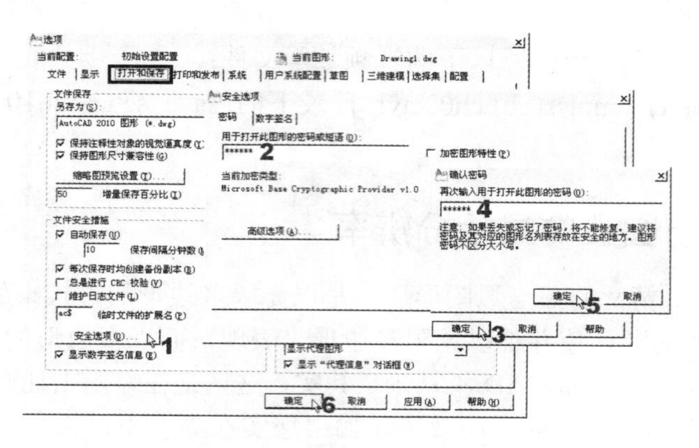

图 2-25　为图形文件加密码的设置

2.6　使用图框样板文件

手工画图一定要有一张包含图框的纸，而计算机画图要如何使用图框图纸呢？这个图框图纸在 AutoCAD 中称为“图框样板文件”(扩展名为.dwt 的文件)。在本书中，将为用户提供 5 个 “图框样板文件”(A0.dwt～A4.dwt)。本节将介绍其使用方法。用户可在本书范例光盘 (A)Samples(gb)\ch02 目录下找到 A0.dwt～A4.dwt 这 5 个图框样板文件。

本节的重点操作示范，请参照以下的视频教学文件：

本书范例光盘 (A)Samples(gb)\ch02\avi 目录下的 template_2010_有声.avi(本操作同 2010 版)

2.6.1　调用图框样板文件

假设现在要调用 A1 图框，然后要以 1∶5 的比例来画这张图，那么可按照以下步骤操作。

(1) 如图 2-26 所示，在创建一新文件时，将(A)Samples(gb)\ch02 目录下的 A0.dwt～A4.dwt 这 5 个图框样板文件，复制到 AutoCAD 默认的图框样板文件目录下。同时，立刻选取 A1 图框。

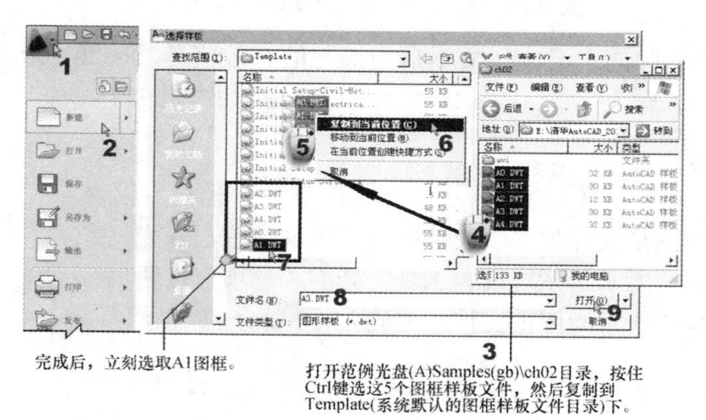

完成后，立刻选取A1图框。
打开范例光盘(A)Samples(gb)\ch02目录，按住Ctrl键选这5个图框样板文件，然后复制到Template(系统默认的图框样板文件目录)下。

图 2-26　将图框样板文件复制到默认的目录下

(2) 这样，当以后新建文件时，就可以在图 2-27 所示的“选择样板”窗口中，选取合适的图框样板文件来画图了！

(3) 还没完呢！接下来要解决比例的问题。为了丢弃比例尺，就要以 1∶1 的比例来画图。现在，本图的比例是 1∶100；因此，应按照如下的命令流程，运行 SCALE 命令，将图框放大 100 倍：

```
命令:  SCALE   <Enter>
选择对象:  (在此选择整个图框)
选择对象:  <Enter>  (结束选择)
指定基点:  0,0 <Enter>
指定比例因子或  [复制(C)/参照(R)] <1.00>: 100 <Enter>
```

注 意

我们以 (0,0) 点为缩放基点来放大此图框，这是因为当初创建图框时，早就考虑到图框的左下角点最好是原点(0,0)，以方便后面的其他操作。

(4) 放大图框后，再单击图 2-18 中 ZOOM 命令中的“范围”选项来查看整个画面。这时，对初学者来说，放大前后的图样简直就一模一样(因为屏幕还是这么大)，如图 2-27 所示。唯有当移动光标时，才发现屏幕左下角的坐标变动数字加大了。

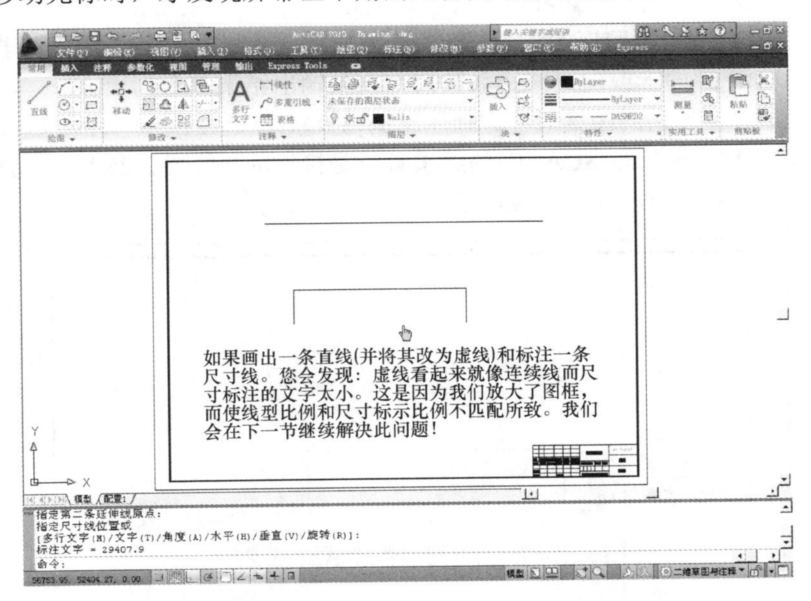

图 2-27　调用 A1 图框样板文件的初步结果

2.6.2　LTSCALE 和 DIMSCALE 命令

随着用户按照画图比例的不同来缩放图框后，还有两个隐藏的系统变量是要随着图框缩放比例来调整的。它们就是 LTSCALE 和 DIMSCALE 命令。

LTSCALE(线型比例系数)的默认值是 1，这个数字在 AutoCAD 默认的环境下，能清楚地表现出用户所画出的各种线型，但是因为图框被放大或缩小了以后，如果让线型比例系数还维持在 1 的状态下，那么一条中心线，可能就会因为线型比例未调整，而看起来像一条连续线。同理，专管尺寸标示比例的 DIMSCALE 也同样有这种情形。问题是：对这两个命令而言，当前的画图比例究竟要将它们调整为多少，才是合适值呢？可思考按照下述步骤处理。

(1) 先将图框以所要用的画图比例缩放(使用 SCALE 命令)。

(2) 在图样上画一些中心线、虚线以及标注一些尺寸线等。

(3) 确定 LTSCALE 和 DIMSCALE 命令中的数值，以下是我们的建议值(以 mm 为单位)：

A0 图纸的 DIMSCALE(或 LTSCALE)＝ 2.3 × 画图比例(实际缩放比例)

A1 图纸的 DIMSCALE(或 LTSCALE)＝ 1.8 × 画图比例(实际缩放比例)

A2 图纸的 DIMSCALE(或 LTSCALE)＝ 1.5 × 画图比例(实际缩放比例)

A3 图纸的 DIMSCALE(或 LTSCALE)＝ 1.0 × 画图比例(实际缩放比例)

A4 图纸的 DIMSCALE(或 LTSCALE)＝ 0.5 × 画图比例(实际缩放比例)

A5 图纸的 DIMSCALE(或 LTSCALE)＝ 0.3 × 画图比例(实际缩放比例)

(4) 运行 REGEN 命令。

(5) 查看图样上的线条和尺寸标注是否恰当。如果目视不恰当，再重复步骤(3)～(4)，并向上或向下修正系数值，直到目视结果满意为止。

(6) 将图样输出打印机或绘图仪，查看实际的图样输出结果是否恰当；若不恰当，仍重复步骤(3)～(4)，并向上或向下修正系数值，直到输出结果满意为止。

(7) 记录下现在使用的图框尺寸、画图比例以及 LTSCALE 和 DIMSCALE 的结果数值。一般 LTSCALE 和 DIMSCALE 的结果数值是接近的，如图 2-28 所示。所记录下来的值就是经验值，以后如有同样的情况，沿用此经验值即可。

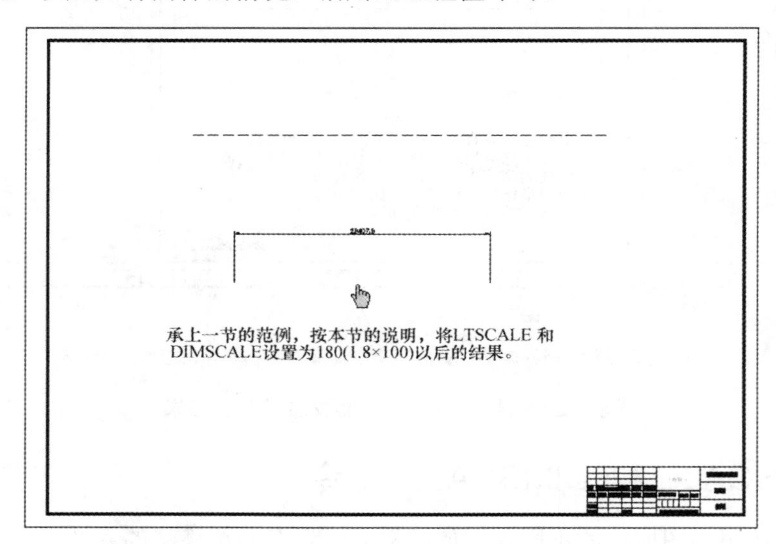

图 2-28 调整线型比例和全局尺寸标注比例后的结果

这样，才算完成绘图环境的布置。本书后续章节的实例操作，都是在这样的环境下来画的。

2.7 AutoCAD 的 2D 打印

本节将讲述 AutoCAD 中的打印功能。这也是读者在学完本书后，将绘图成果输出的重要操作之一。本节的重点操作示范，可参照以下的视频教学文件：

本书范例光盘 (A)Samples(gb)\ch02\avi 目录下的 Print_2010_有声.avi(本操作同 2010 版)。

2.7.1 安装打印机或绘图仪

一般的 AutoCAD 初学者很少有机会接触到大型的绘图仪，所以多数是以一般的喷墨或激光打印机打印。

如果使用的是大型的绘图仪，那么在它的使用手册中，将会有适合 AutoCAD 的驱动程序和安装步骤，读者只需按照向导进行安装即可。使用大型的绘图仪，读者可以使用 AutoCAD 中的设置控制硬件。

一般的喷墨或激光打印机是配合 Windows 操作系统进行安装，少数机种会特别附上配合 AutoCAD 的驱动程序。因此，这里要注意的是：读者的打印机能做到什么程度、最大能打印什么尺寸的纸张、是否可以控制笔宽等问题，只需运行 PLOT 命令，在“打印”窗口中选取“打印设备”标签，再选取打印设备的名称，单击“特性”按钮，即可得出答案。一般来说，廉价的彩色喷墨打印机不能控制笔宽，但是功能较多的大型绘图仪则会因为有合适的 AutoCAD 驱动程序，可以控制笔号、笔宽等功能。

所以，打印的第一个步骤就是按安装手册说明，在 Windows 下安装打印机或绘图仪。

2.7.2 创建打印样式表

可使用 STYLESMANAGER 命令来创建打印样式表。打印样式表的作用是什么呢？有经验的 CAD 用户都知道：除了单机用户以外，一般企业或设计单位都是许多人共同使用打印设备，但是当使用的人数越多时，打印的环境就越复杂，经常会因不同的图形需要，如线宽的粗细、打印的线型、以线条颜色来控制笔号等，而有不同的需求。

这也就意味着打印设备的管理更重要。为了提高绘图效率，AutoCAD 从 R14 版以后，就将原本单纯打印的 PLOT 命令功能复杂化。除了增加网络环境的打印设备硬件设置外，最重要的新增功能就是 STYLESMANAGER 打印样式的管理器命令。这个命令能让用户将他们多变的打印需求，设置保存为多组打印样式文件(*.ctb 文件)。然后，在打印时，选择合适的打印样式来使用。

创建打印样式表的过程如下。

(1) 按如图 2-29 所示来运行“管理打印样式”。

(2) 打开“打印样式表编辑器”对话框。如图 2-30 所示，我们主要针对“表格视图”选项卡来进行编辑。

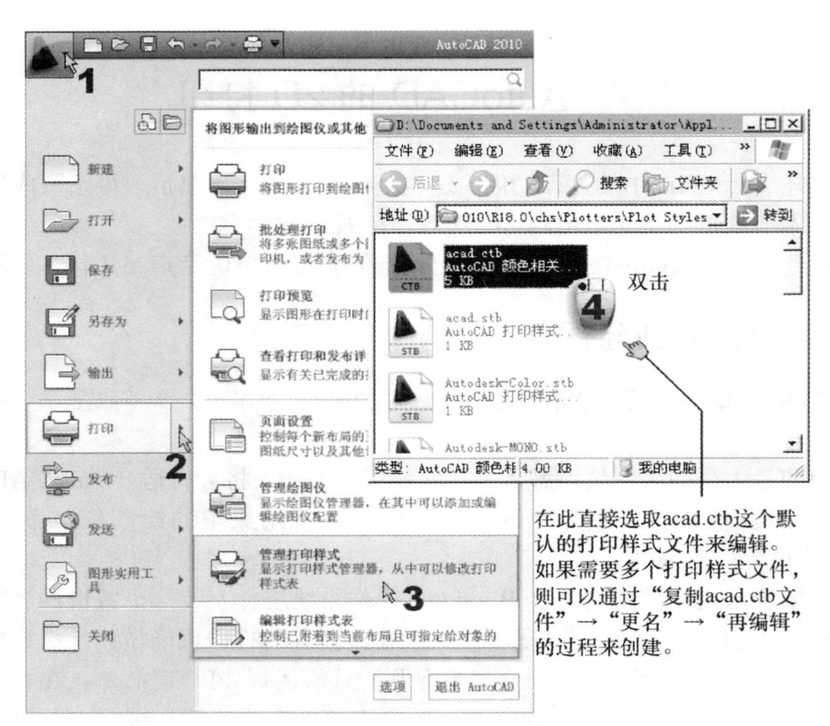

图 2-29　运行“管理打印样式”

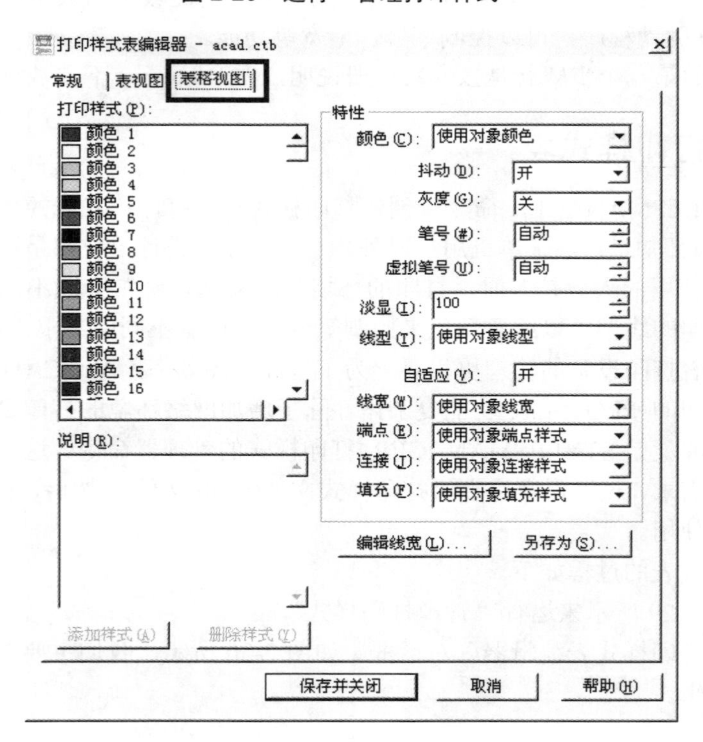

图 2-30　“表格视图”选项卡中的各选项

这里的设置原则上应按照图层的规划(主要是笔宽和颜色的定义)来做比较好，我们会在

第 4 章再次提到。在此，仅说明各选项的意义。

- “打印样式”列表框。列出所有的 255 色打印色彩。
- “颜色”下拉列表框。可以在此指定图形要打印的颜色。一般按默认值选择“使用对象颜色”选项。如果在此指定打印样式颜色，则该颜色将在打印时取代原图形的颜色。选择“其他”选项，还可以选取更多的颜色。
- “抖动”下拉列表框。在读者的打印设备支持渐近色打印的情况下，就可以使用“抖动”功能，使圆点图案呈递减颜色，这样打印色彩效果会更加丰富。如果读者的打印设备不支持渐近色，那么系统将忽略此抖动设置。默认值为“开”。由于关闭抖动可使暗色更加明显，所以当读者有此用途时，可在此选择“关”选项。
- “灰度”下拉列表框。在读者的打印设备支持灰度打印的情况下，就可以使用“灰度”功能，将图形的颜色转变成灰色。默认值为“关”，即在输出打印的颜色上使用 RGB 值。
- “笔号”微调框(仅用于笔式绘图仪)。在笔式绘图仪上，可以使用此微调框指定在左边“打印样式”列表框中所选对象颜色使用的图笔。有效的笔号输入范围是 1～32。默认值为“自动”。
- “虚拟笔号”微调框(仅用于非笔式绘图仪并设置为使用虚拟图笔)。在非笔式的绘图仪(如喷墨式绘图仪)上指定 1～255 的虚拟笔号仿真笔式绘图仪。默认值为“自动”。
- “淡显”微调框。“淡显”的意思就是指打印墨水的强度，其有效值为 0～100，0 为白色，100 为当时墨水的最深色。
- “线型”下拉列表框。可在此指定图形打印的线型。通常按照默认值选择“使用对象线型”选项。如果在此指定打印样式线型，那么在打印时该线型将会取代该图形的线型。
- “自适应”下拉列表框。默认值为“开”，即系统在打印时会按照线型比例自动调整。建议此项设置为默认值。
- “线宽”下拉列表框。设置打印时所使用的线宽，此项设置极为关键。默认值为“使用对象线宽”(只有在原图中已将图形设置线宽时，才有按照默认值设置的可能)。在绘图时，根据需要将图形设置不同的线宽其实是一种错误的方法，正确的做法应该是：“用颜色区别线宽”。
- “端点”下拉列表框。可在此指定系统提供的各种线端点样式并进行打印。一般按照默认值选择“使用对象端点样式”选项。
- “连接”下拉列表框。可在此指定系统提供的各种线结合样式并进行打印。一般按照默认值选择“使用对象连接样式”选项。
- “填充”下拉列表框。可在此指定系统提供的各种填充样式并进行打印。一般按照默认值选择“使用对象填充样式”选项。

2.7.3 正式打印出图

当正式打印时，可按图 2-31 所示来运行 PLOT 命令。

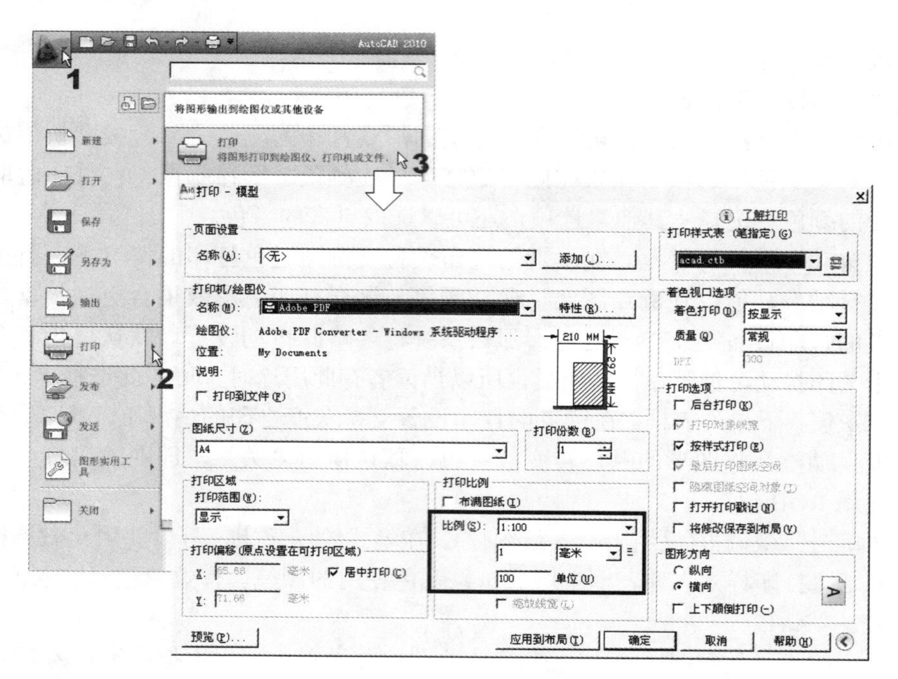

图 2-31　打印操作

在图 2-31 中，各步骤的操作意义如下所述。

(1)　“图纸尺寸”选项组。在此决定打印所用的图纸尺寸和单位。

(2)　“打印机/绘图仪”选项组。在此指定一台实体的打印机或绘图仪，或是一个如 pdf 等格式的输出。

“打印到文件”复选框。若要将打印的内容写成一个文件，则选中此项，然后指定存盘的文件名以及路径。

(3)　“打印区域”选项组。在此决定打印的区域。有下述几种选项可供选择。

- “窗口”选项。该选项是最常用的选项之一。选择此选项后，可以暂时回到 AutoCAD 的图形上，然后用“窗选”的方式指定打印范围。
- “范围”选项。按照 ZOOM 命令下的“范围”(Extend)选项所显示的最大图形范围进行打印。
- “图形界限”选项。按照 LIMITS 命令所指定的范围进行打印。
- “显示”选项(默认值)。该选项是最常用的选项之一，它按照当前所显示的图形区域进行打印。

(4)　“打印比例”选项组。该选项组的设置与否对打印比例是否正确十分重要。有下述两个选项可供选择。

- 当希望将所画的图形布满整张图纸时，即可在“比例”下拉列表框中选择“按图纸空间缩放”选项。这种方式的实际比例将由计算机自动计算。
- 当希望控制打印的比例时，直接在输入框中输入所需的比例。根据本章 2.6.1 小节中所提到的范例，假设要输出的这张图，当初所设的比例是 1∶100，那么图框也一定放大了 100/1=100(倍)。

(5)　“打印偏移”选项组。在此区域内决定打印时，喷墨口(或图笔)和图纸原点的偏移距离。一般选中“居中打印”复选框。

(6) “打印选项”选项组。在此选项组内决定打印时的其他条件选项。有以下几个选项可供选择。

- “后台打印”复选框。指定是否要在后台处理打印。
- “打印对象线宽”复选框。当读者的图形上有“设置线宽”项时，可在此指定在打印时是否要打印出这些设置的线宽。
- “按样式打印”复选框。指定是否使用先前所设置的打印样式进行打印。
- “最后打印图纸空间”复选框。AutoCAD 的 R12～R14 版本，通常先在图纸空间进行打印，而 AutoCAD 2000 以后的版本，则先在模型空间进行打印。选择了此项，即表示要先打印模型空间。
- “隐藏图纸空间对象”复选框。当要打印图纸空间的图形时，决定是否进行隐线消除操作。
- “打开打印戳记”复选框。显示“打印戳记”对话框。于此可指定要应用于打印戳记的图形信息。
- “将修改保存到布局”复选框。指定是否要将 “打印”对话框中所做的修改保存到布局中。

(7) “图形方向”选项组。在此决定打印的图形方向。

(8) “打印样式表 (笔指定)”选项组。在此指定要使用的打印样式文件。

(9) “预览”按钮。当所有的设置完成后，若要预览详细的打印内容，则单击此按钮即可。

2.7.4 打印问题集

由于很多用户身边可使用的 CAD 设备资源缺乏，在 AutoCAD 打印上缺少经验，打印时就会产生很多问题。本小节针对打印时出现的问题、原因以及处理原则说明如下，希望能对读者有所帮助。

问题 1：为什么无法打印线条的粗细？

可能的原因如下。

(1) 打印设备无法提供。

(2) 欲以图形颜色控制粗细，但是打印样式表中的设置不匹配。

处理原则如下。

(1) 使用线宽命令 LWEIGHT，直接在图样上将需要的线条加粗。当然，这样会增加绘图负担，所以如果有能力，还是尽量使用较好的打印设备。

(2) 参见 2.7.2 节。

问题 2：为什么打印后比例不正确？

可能的原因如下。

(1) 用户在绘图时所使用的图框与比例不正确。

(2) 打印时所设置的比例不正确(图 2-31 黑框处)。

处理原则如下。

(1) 按前面 2.6 节的介绍，设置正确的图框。

(2) 按图 2-31 所示的说明设置。

问题 3：为什么所画出的虚线在打印后变成了直线？

可能的原因：读者没有正确地设置 LTSCALE 值。

处理原则：按 2.6.2 小节的说明设置。

问题 4：为什么只打印出一半图形？

可能的原因如下。

(1) 打印区域设置不正确。

(2) 绘图原点的偏移距离设置不正确。

处理原则如下。

(1) 在图 2-31 中的“打印区域”选项组中选“窗口”项，以窗选的方式来选取要打印的范围。同时，在打印前先单击“预览”按钮预览。

(2) 实际量一下偏差多少，然后调整修正图 2-31 中“打印偏移”选项组中的 X 和 Y 值。

问题 5：为什么在图形输出打印后，文字都不见了？

可能的原因如下。

(1) 可能是文字所在的图层被冻结了。

(2) 分派给文字的打印颜色被误设为白色。

处理原则如下。

(1) 运行 LAYER 命令或直接在“对象特性”工具栏中，将冻结图层重新打开。

(2) 修改打印颜色。

问题 6：已经发送文件打印命令，但是打印机为什么没有动静？

可能的原因如下。

(1) 打印设备与计算机间的连线没有连接好。

(2) 安装或选取了错误的驱动程序。

处理原则如下。

(1) 首先测试打印机的自我测试是否正常，再检查联机。

(2) 安装或选取正确的驱动程序。

问题 7：已经在图样上使用 LWEIGHT 命令加粗线条，但是打印后，线没有加粗，为什么？

可能的原因如下。

(1) 图 2-31 中的设置没设好。

(2) 打印样式表单中没有指定。

处理原则如下。

(1) 在图 2-31 中的“打印选项”选项组中选中“打印对象线宽”复选框。

(2) 设置正确的打印样式表单。

2.8 初学者在 CAD 绘图中的误区

初学者在计算机绘图中最容易犯以下几种错误。

(1) 没有比例概念，不在绘图初始时使用图框，而在图形绘制完成后才加入图框。

解决方法：如 2.6 节所述，在进入 AutoCAD 之前就选用合适的图框，并按照该节的说明将 1∶1 绘图的环境调好。

(2) 将应该处于同一水平或垂直的两条直线的位置放错。

解决方法：因为在具体操作中，初学者没有养成使用捕捉功能的习惯，所以在 AutoCAD 中需养成使用捕捉功能的习惯(第 3 章说明)。

(3) 不善用图层(Layer)功能。

解决方法：当编辑复杂图形时，可按照本书第 4 章的介绍来设置和控制图层，以突显被编辑图形。

(4) 不使用 EXPLODE 命令分解 “关联性”的尺寸线。

解决方法：CAD 软件独特的“关联性”概念是手工绘图所没有的。所谓“关联性”，就是 CAD 软件借以“牵一发而动全身”的主要利器，这使得操作者的编辑可以“联动”地修改其他相关的图素。这对改图的目的来说，是很方便的。但是有时候也会因为不希望联动，而有像 EXPLODE 这样的命令来让操作者“破坏”联动。在尺寸标注方面，尺寸值和实际尺寸是关联性的，当标注的轮廓改变时，尺寸值就会自动联动改变。所以，应该尽量保持它的联动性，不要随意去破坏这个联动。

(5) 在零件表的格框中，各行文字不对齐且压线。

解决方法：先在零件表的其中一格中写出大小合适的文字段，然后运行 ARRAY 命令将文字进行复制，最后再使用 DDEDIT 命令编辑其他文字。

(6) 线和线，弧和弧，或线或弧相连接时，没有准确地连接好。

解决方法：因为在操作中，初学者没有养成使用捕捉功能的习惯，所以在 AutoCAD 中需养成使用捕捉功能的习惯。捕捉功能的具体操作，可参照本书第 3 章。

(7) 重复画线。

解决方法：当切断线时，无须再运行 LINE 或 PLINE 命令，而是要尽量使用 EXTEND 或 LENGHTHEN 命令进行延伸。同时，直接选取夹点进行拉伸操作也可以实现该效果。

习　题

一、是非题

1. AutoCAD 2012 版的操作界面重心已改为在下拉菜单下面的“快速分类工具栏”。 (　　)
2. 在 AutoCAD 中，要在比例不变的情况下平移画面，可以使用 ZOOM 命令。 (　　)
3. “左手管键盘，右手掌鼠标(或数字化仪光标器)”是标准的 CAD 操作姿势。 (　　)
4. 通过 ZOOM 命令就可以对图形作实际的缩放。 (　　)
5. 运行 CONFIG 命令后，其中的“系统”选项卡，是可以更改十字光标长短的地方。 (　　)
6. 在 AutoCAD 的选择模式中，使用“窗选”所选到的图素效用要比“框选”大。 (　　)
7. 在 AutoCAD 中，所谓“透明”(Transparent)命令，就是可以穿插在其他命令中同步运行的命令。在命令名前加 ' 符号的，就属透明命令。 (　　)

二、选择题

1. 以下何者可以在 AutoCAD 中调出捕捉菜单？(　　)

   A. Ctrl + 鼠标左键　　B. Ctrl + 鼠标中键
   C. Ctrl + 鼠标右键　　D. 以上皆可

2. 以下何者是按下鼠标右键的效果？(　　)

   A. 选择图形　　B. 调出捕捉菜单
   C. 调出下拉菜单　　D. 调出快捷菜单

3. 下述哪一个命令选项绝对可以用来看到整张图形？(　　)

   A. ZOOM 命令的 Limits 选项(实际范围)
   B. ZOOM 命令的 All 选项(全部)
   C. ZOOM 命令的 Preview 选项(前次)
   D. ZOOM 命令的 Window 选项(窗选)

4. 在何处可以将画图区的背景颜色改为白色？(　　)

   A. CONFIG 命令→“打开和保存”　　B. CONFIG 命令→“文件”
   C. CONFIG 命令→“显示”　　D. 以上皆非

5. 在何处可以为 AutoCAD 图形文件设置密码？(　　)

   A. CONFIG 命令→“打开和保存”→“安全选项”
   B. CONFIG 命令→“文件”→“安全选项”
   C. CONFIG 命令→“显示”→“安全选项”
   D. 以上皆非

6. 以下有关“图框样板文件”的描述，哪一项是正确的？(　　)

   A. 它与一般的 .dwg 文件性质相同

B. 图框样板文件的扩展名是 .dwt

C. 它可以存储如图层、线型、尺寸标注形式等系统设置

D. 以上皆是

7. 下述哪一项是使用 LTSCALE 与 DIMSCALE 命令的理由？(　　)

A. 为了增加绘图效率，所以要执行它

B. 为了让文字与线宽因为图框的缩放，而相对调整变化

C. 为了让线型与尺寸标示因为图框的缩放，而相对调整变化

D. 以上皆是

8. 以下有关打印样式文件的叙述，哪一项是错误的？(　　)

A. 此文件可以帮助我们设置各颜色的打印笔宽

B. 有了这个文件以后，打印设置就变得单纯了

C. 此文件的扩展文件名为 .clb

D. 设置好几组打印样式文件，将可弹性地针对不同情况与需求来打印

9. 已经将打印文件送出打印，但是打印机没有动静(打印机没问题)，这可能是(　　)。

A. 打印设备与计算机间的联机没接好

B. 硬盘故障

C. 安装或单击了错误的驱动程序

D. 以上皆是

10. 为什么打印后无法打印线条的粗细？可能的原因是(　　)。

A. 打印设备无法提供

B. 在 AutoCAD 里的设置不对

C. 图形颜色没有配合

D. 以上皆是

11. 为什么所画出的虚线，打印后会变成直线？(　　)

A. 打印设备无法提供

B. 没有正确地设置 LTSCALE 值

C. 图形线型没有配合

D. 以上皆非

三、实作题

1. 说明常用的 AutoCAD 的选择模式，以及它们的重要性。
2. BAK 文件是什么？说明将一个 BAK 文件更名为 DWG 文件的方法。
3. 试述 AutoCAD 打印样式表文件的作用。
4. 试说明使用图框样板文件的操作过程。
5. 试述初学者在计算机画图中的误区和解决方法。

第3章 手工画图比不上的CAD功能

本章将介绍一些手工画图中没有，而AutoCAD中独有的绘图工具或功能。学会这些，会对用户提高CAD绘图效率帮助很大。它们是:

- 对象捕捉(Object Snap)
- 夹点(Grip)
- 图层(Layer)
- 块(Block)
- 输入文字
- 画表格

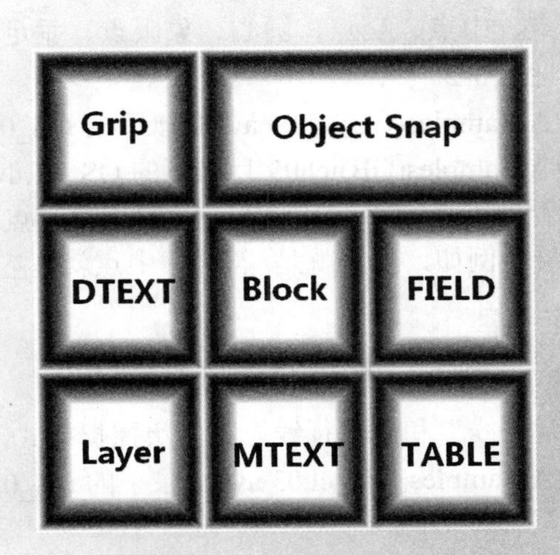

3.1 捕捉的概念

计算机绘图将制图桌整个缩到一个小小的屏幕里，那么如何在一个小屏幕上精确地抓到指定的一点？因此，“对象捕捉”(Object Snap)的功能是任何 CAD 软件都有的特色，几乎所有的 CAD 软件都必须配备此功能，只是各自表现捕捉的方式不同而已。

要在 AutoCAD 中调用捕捉功能时，在按下 Ctrl + 鼠标右键(或鼠标中键)后，就会立刻出现一个如图 3-1 所示的快捷菜单，此菜单就是“随机性”的捕捉菜单。

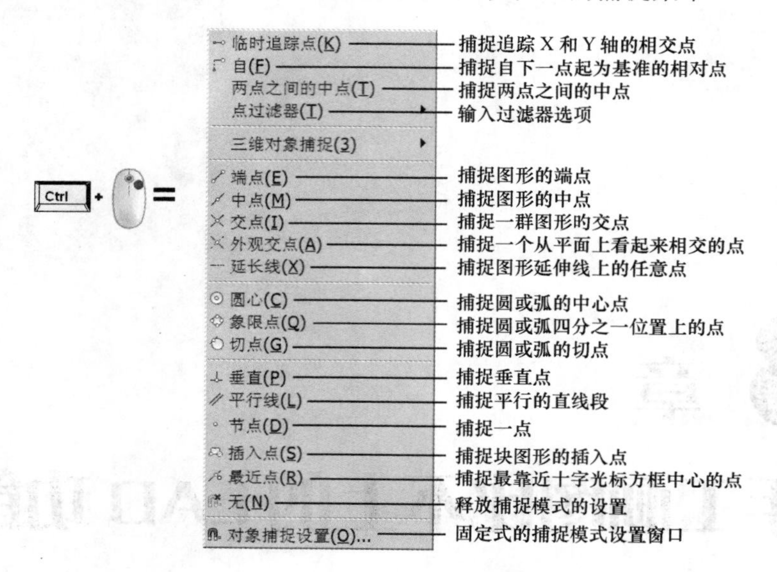

图 3-1 “对象捕捉”快捷菜单的内容

3.1.1 实际操作

1. 操作实例 1——一般的捕捉模式

练习目的：练习端点、中点、交点、圆心、象限点、垂足、切点、节点、插入点和最近点等捕捉模式，操作见图 3-2。

本范例视频文件：(A)Samples(GB)\ch03\avi 目录下的 OS_01_2012_有声.avi。

本范例练习文件：(A)Samples(GB)\ch03 目录下的 OS_01.dwg。

在视频文件中，会看到当光标移到某位置上，附近有某点符合所指定的捕捉模式时，就会出现捕捉模式的记号。例如，交点就是×符号；中点就是△符号等。这将有助于用户识别与确认。

2. 操作实例 2——“延长线”和“平行线”等捕捉模式

练习目的：练习“延长线”和“平行线”等高级捕捉模式，操作见图 3-3。

本范例视频文件：(A)Samples(GB)\ch03\avi 目录下的 OS_02_2009_有声.avi。

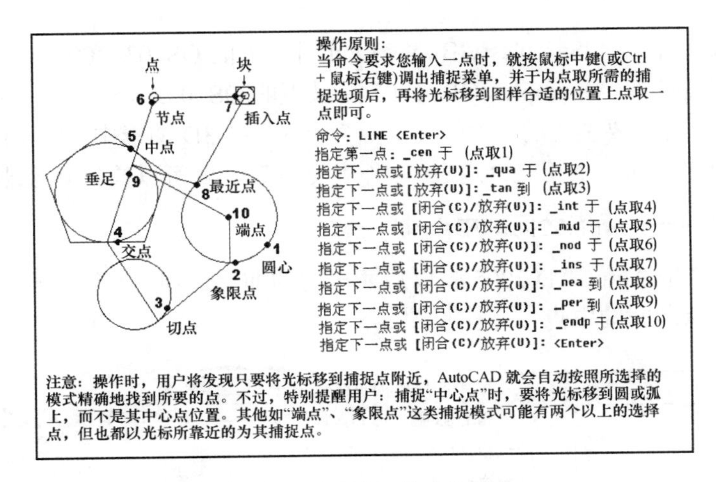

图 3-2　一般捕捉模式的操作

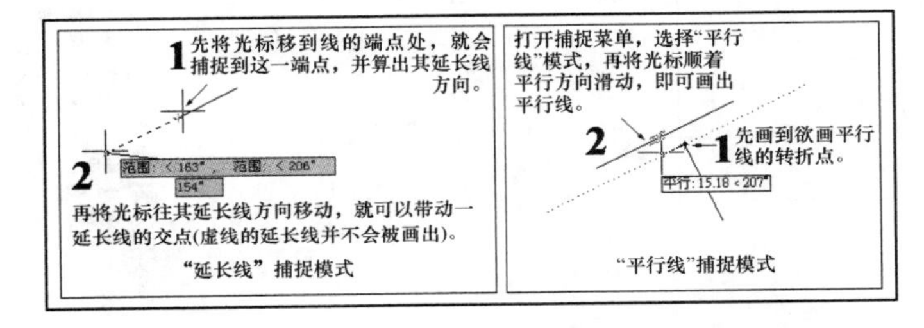

图 3-3　“延长线”、“平行线”捕捉模式操作图例

3. 操作实例 3——“外观交点”、“临时的追踪点”和“自”等捕捉模式

练习目的：练习“外观交点”、“临时的追踪点”和“自”等高级捕捉模式，操作见图 3-4。

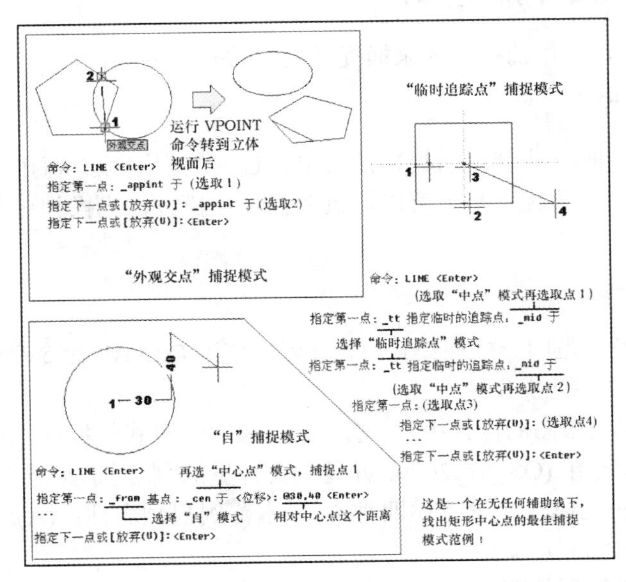

图 3-4　“外观交点”、“临时追踪点”、“自”等模式的操作

本范例视频文件：(A)Samples(GB)\ch03\avi 目录下的 OS_03_2009.avi。

本范例练习文件：(A)Samples(GB)\ch03 目录下的 OS_03.dwg

在图 3-4 中，特别要说明的是“外观交点”模式。在 3D 图形中，由于两图形高度不同，从上视图看来相交，其实不相交。通过 “外观交点”，就可以捕捉其投影交点。

4. 操作实例 4——两点之间的中点捕捉模式

练习目的：这是 AutoCAD 2005 版以后才出现的捕捉选项。无须创建任何辅助线，就可以快速捕捉到两点之间的中点，操作见图 3-5。

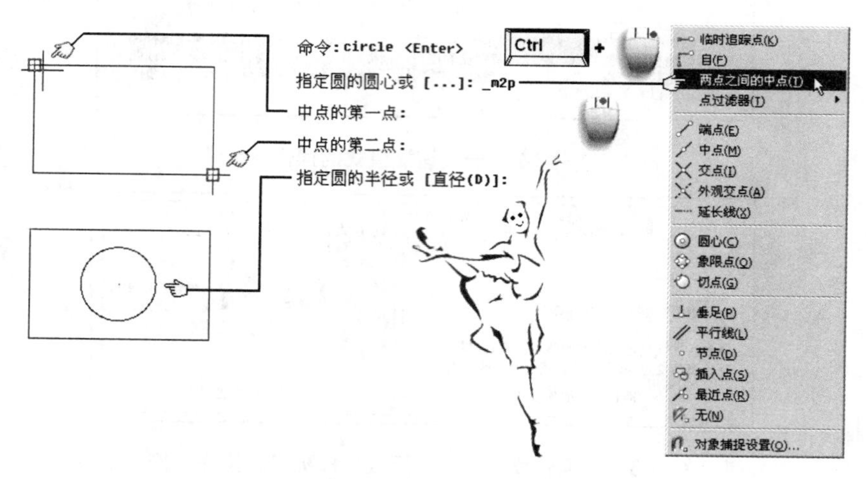

图 3-5 “两点之间的中点”捕捉选项的操作

本范例视频文件：(A)Samples(GB)\ch03\avi 目录下的 OS_04_2009.avi。

3.1.2 捕捉模式的两种应用

在 AutoCAD 中，启用捕捉模式来捕捉点的方法有下述两种。

1. 随机式的捕捉

其特色是要用到时，才调用捕捉快捷菜单，选择捕捉选项。每用一次就要调用捕捉快捷菜单一次。这种方式的优点是：可以随机变换捕捉模式，当操作过程需要经常变换捕捉模式时比较方便。

2. 固定式的捕捉

当需要的捕捉模式是同一捕捉模式时，就可以使用 OSNAP 命令来固定捕捉模式，这样比较方便(本节稍后说明此操作)。

但是请注意：在一张图的操作中，不会一直需要“随机式的捕捉”或“固定式的捕捉”；所以，两者需要搭配运用 (OS_03_2009.avi 视频文件里的“临时追踪点”示范操作就是一例)。

要运行固定的捕捉模式，有下述四种方式(本范例视频文件：(A)Samples(GB)\ch03\avi 目录下的 OS_05_2010.avi)。

- 选择“工具”下拉菜单“草图设置”选项，切换到“对象捕捉”选项卡。
- 在按下鼠标中键(或 Ctrl+鼠标右键)所出现的快捷菜单中，选择“对象捕捉设置”

命令，再切换到“对象捕捉”选项卡。

- 直接于命令提示符后输入：OSNAP <Enter>。
- 将光标移到状态栏中的“对象捕捉”按钮上，右击并在随后出现的快捷菜单中选择“设置”命令。

接着出现的设置对话框如图 3-6 所示，就是我们在第 2 章讲过的设置对话框。

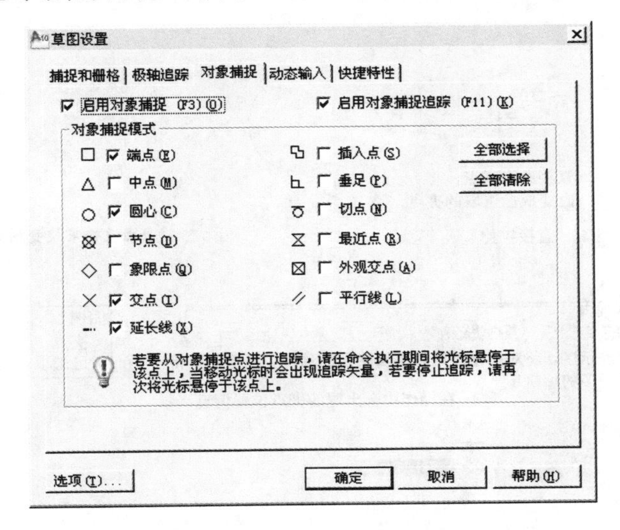

图 3-6 捕捉设置窗口

在对话框中挑选所需的固定捕捉模式(可复选)，但是不要设得太多！因为设得越多，就表示系统在光标每移动一下时，就要去找图样上是否有符合指定要捕捉的点。在复杂的图样下，这会使速度变得很慢。一般的原则是：尽量选择常用但捕捉性质差距较大的选项，如插入点和象限点，而切点和象限点的性质则相近。

3.2 夹点的作用

从 AutoCAD R14 版以后，在一般情况下，只要使用直接选取、窗选或框选三种操作方式之一，就可以预选择图形，不必等到出现“选择对象：”提示语句时才选择。而如果已预先选取欲编辑的图素，那么在该出现“选择对象：”提示语句的地方，就不会再要求用户选择图素了。

在这种情况下，被选择的图素上都会出现一个或一群小方格。这个小方格，美国人将它称为“夹点”(Grip)。了解了夹点的操作，会提升用户的操作效率。

使用夹点来选择图素的操作方式与以前的习惯一样，可以按下鼠标上的选择键来一个一个地选，也可以窗选。被选到的图素将在图素的编辑点上出现小方格，同时图素将变为虚像。当要清除夹点时，只需按 Esc 键即可。事实上，夹点的运用范围并不是那么狭隘。下面将详细说明它的用途与设置方式。

当选择图素并出现夹点后，可以编辑一个或一组夹点。下面通过对图形进行拉伸(Stretch)、移动((Move)、旋转(Rotate)、缩放(Scale)以及镜像(Mirror)等操作来练习。

编辑时，应先选择图素，然后将十字光标中心移到所要编辑的夹点上，按下单击键，即可选择此夹点并实体填充。如果要选择一个以上的夹点，则可在单击第一个夹点以前按住 Shift 键，一直到单击所有要编辑的夹点后，再松开 Shift 键即可。然后，再将十字光标中心移到拉伸基点的夹点上，并按下选择键即可开始拉伸动作。您将会感觉到：当十字光标中心移到夹点附近时，就会被“吸”过去，所以不用担心点不准。综合性的操作示意图如图 3-7 所示。

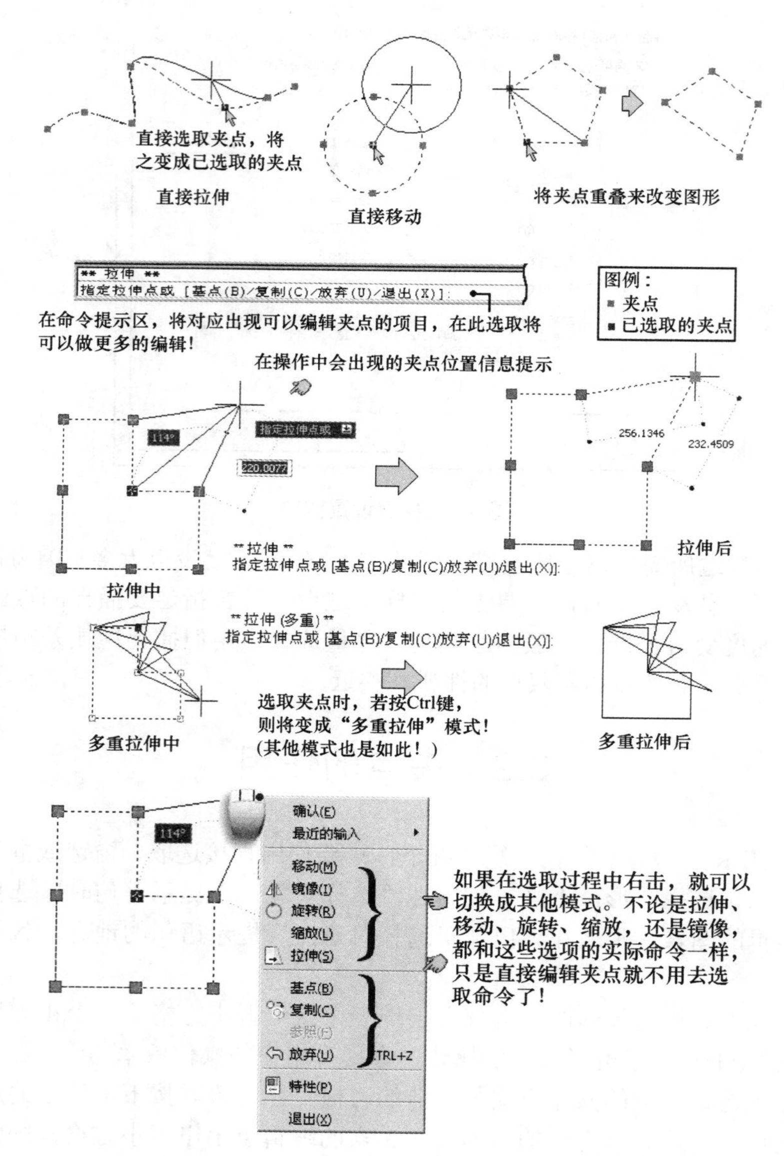

图 3-7　夹点的拉伸操作

本范例视频文件：(A)Samples(GB)\ch03\avi 目录下的 Grip_2009.avi。

3.3 图层的概念

图层(Layer)是 CAD 画图中一项重要特色，因为这是手工画图没有的功能。所谓“图层”就像多张完全透明而且重叠的纸，可以将具有同样性质的图形画在同一张透明纸上。这样，从外表看来，和单张图纸没什么不同；但是用分层(透明纸)来画的图，计算机可以控制的点就多了！举例如下。

(1) 控制图层开关、冻解。可以通过开关图层来控制图形的显示或隐藏。等于是将透明图纸做抽离或插回的动作。

(2) 控制图层的整体属性变化。可以通过图层的定义，一次性设置或变更整个图层的属性。如定义图层的颜色、线型、线宽或是否打印等。

3.3.1 图层的规划

在使用图层前一定要先作详尽的规范。例如，在第 2 章时所用的图框样板文件中，就已做好表 3-1 所示的图层规划。在其中，定义了图层名、颜色、线型和线宽等特性。

表 3-1 图层、线型和颜色规划表

图层名称	搭配颜色	搭配线型	线宽/mm	作　用
轮廓	黑色	实线	0.5	放置轮廓图形
实线	棕色	实线	0.3	放置中实线
细实线	蓝色	实线	0.15	放置细实线
虚线	红色	虚线	0.2	放置虚线
剖面线	蓝色	实线	0.15	放置剖面线
文字	蓝色	实线	0.15	放置文字
尺寸线	蓝色	实线	0.15	放置尺寸线
中心线	红色	点划线	0.2	放置中心线
……	……	……	……	……

在正常情况下，我们会将不同特性的图形先画在一层上，然后在画图告一段落后，再使用 PROPERTIES 命令将应该画在不同图层上的图形逐一分派到对应的图层上。这样对以后要编辑或针对图层颜色来分派图笔时，就很方便。

3.3.2 图层的设置操作

下面将按照表 3-1 的规划，以图 3-8 来示范如何创建图层，并分派图层的颜色、线型和线宽等。

选择“格式”下拉菜单中的“图层”命令，或在“图层”工具栏上单击图标，或直接在“命令：”提示符下输入：LA <Enter>，就可以运行该命令。

本范例视频文件：(A)Samples(GB)\ch03\avi 目录下的 Layer_Set_2010_有声.avi。

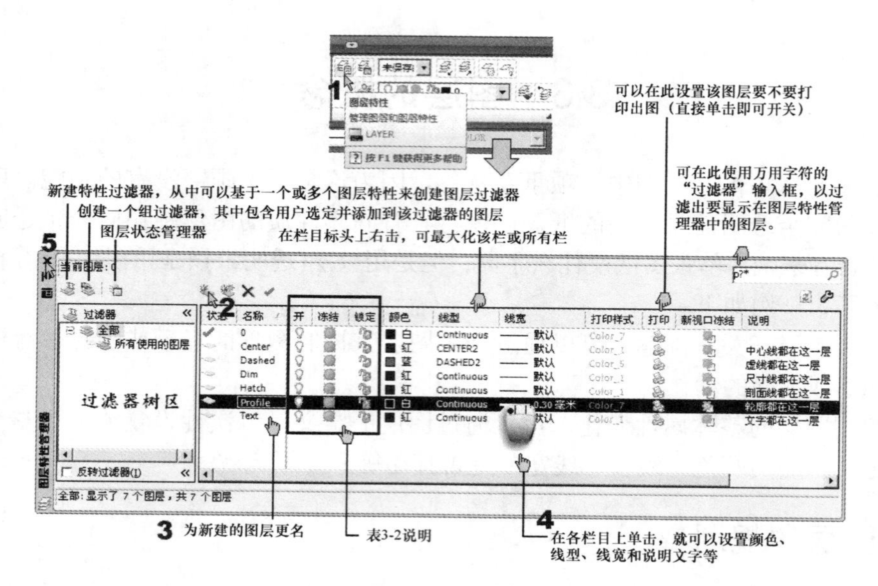

图 3-8　LAYER 命令的设置操作

通过图 3-8 可发现：只要先于列表中选择欲设置的图层，再将光标移到该图层欲修改设置的栏位上，单击一下，就可以于随后出现的设置窗口中设置修改项目了。

如果按第 2 章中的说明，使用我们提供的图框样板文件来画图，那么这些图层的定义就已经都设置好了，所以要学的是如何增加或修改更多的定义。

现在要通过如图 3-9 所示的图层特性来操控图层，以让读者了解要如何利用图层。

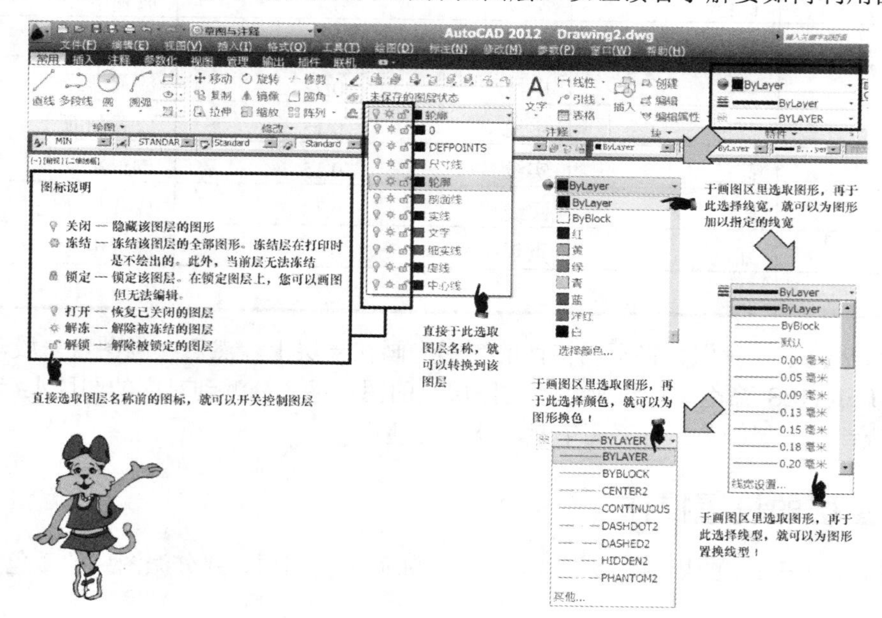

图 3-9　图层的开关操作

完成上述的设置和开关动作后，下面将说明“关闭”、“打开”、“冻结”、“解冻”、“锁定”和“解锁”等开关项目的特性，如表 3-2 所示。

表 3-2　图层开关项目特性表

项　目	图　标	功　能	差　别
关闭		将指定层的画面隐藏，使之看不见	关闭和冻结的区别仅在于运行速度的快慢，后者将比前者快。当不需要观察其他层上的图形时，可将其冻结，以增加 ZOOM、PAN 等命令的运行速度。 锁定层上的图素是可以看见的，但无法编辑，其运行 ZOOM、PAN 命令时的速度和关闭相同
冻结		将指定层的全部图形予以冻结，并消失不见。注意：冻结层在绘图仪画图时是不绘出的。另外，当前层是不能冻结的	
锁定		将一图层锁定。在锁定层上，您可以画图但无法编辑	
打开		将已关闭的层恢复，使层上的图形重新显示出来	打开是针对关闭而设的，解冻则是针对冻结而设的；同理，解锁则针对锁定。三者仅是各自相对的命令而已
解冻		将冻结层解冻，使层上图形重新显示且可继续画图	
解锁		将锁定层解除锁定，以使图形可再编辑	

3.3.3　ByLayer 和 ByBlock 名词的解说

以后，不管是要换线型、换颜色或是换线宽，都会看到有 ByLayer 和 ByBlock 两个名词。这些设置项到底是什么用意呢？分述于下。

1. ByLayer(按层)

选择此选项，就是表示希望图线的颜色、线宽或线型是按照图层本身定义的，很单纯的字面意思。这样设置的好处就是只要去改变图层本身的定义，那该图线也会自动配合，不需逐一去改。

2. ByBlock(按块)

同理，选择此项，就是表示希望图线的颜色、线宽或线型是按照块图形本身定义的。意即：将块插入图样后，不论图块在哪一个图层，块图形里的图线，其颜色、线宽或线型都会继承块图形本身的定义。

换句话说，如果选择上述两者以外的颜色、线宽或线型，那么该图线的颜色、线宽和线型将是独立的，不会随着图层或块图形的颜色、线宽或线型变换而改变。

3.4　块 的 概 念

块(Block)其实就是图形复制器。在一张图中，如果必须重复绘制，而且还有尺寸上的大大小小变化的图形，就有制作成“块”的需要。

在 AutoCAD 中，有两种制作块的命令，分别是 BLOCK(创建块)和 WBLOCK(创建全局块)。基本上来说，这两个命令只是其所保存的形式不同而已。如下所述。

(1)　BLOCK，存在于某一特定图形文件中。如果块图形不需要提供给其他人享用，而且是仅在某一张图中所特有的；同时，又因为它在这张图中的用量很大，必须使用 COPY

命令或 ARRAY 命令复制很多个，在这样的情况下，就要考虑使用 BLOCK 命令来创建这种块图形了。

(2) WBLOCK，以独立图形文件(DWG 文件)的形式存在。如果图形本身属标准共通的图形，很多人都会用到，那么就可以通过 WBLOCK 命令将它们制作成独立的 DWG 文件；这样，就可以将这些全局块图形复制给其他人使用。

需要知道的是，BLOCK 图形有可能包含在 WBLOCK 之中，而 BLOCK 是绝对不包含 WBLOCK 的。下面将说明相关的命令。

3.4.1 BLOCK(创建块命令)

使用 BLOCK 命令可以将已存在图形全部或某部分制成“块”图形。

1. 运行方式

(1) 分类快速工具栏区：“常用”→“块”→[图标]。

(2) 下拉菜单：“绘图”→“块”→“创建”。

(3) 工具栏：“绘图”里的[图标]。

(4) 命令提示符：BLOCK、BMAKE。

2. 窗口选项说明

“块定义”的操作方法见图 3-10。

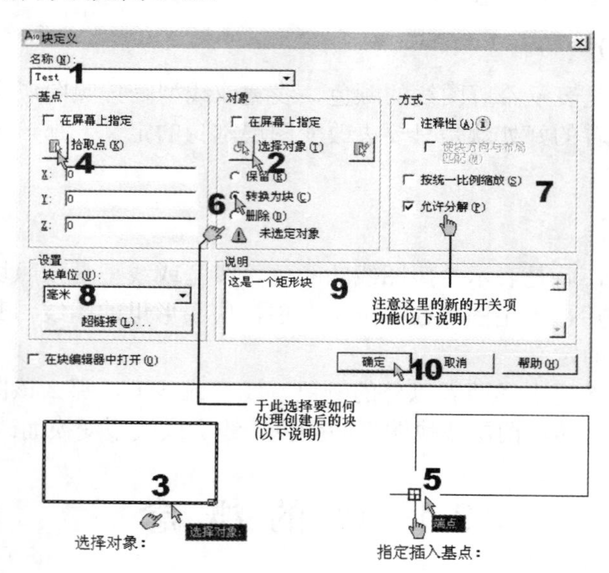

图 3-10 创建块的操作窗口

图 3-10 中的选项补充说明如下。

(1) “名称”下拉列表框。可于此输入块的名称(可以使用中文名称)。

(2) “保留”选项。将该图形制作成块后保留原图形。一般在还要制作类似的块图形时，会选择此项。

(3) “转换为块”选项。将该图形制作成块后立刻转换为块。在临时制作块图形的情况下，这是最常见的，所以列为默认选项。

(4) “删除”选项。将该图形制作成块后立刻删除。在先要制作块图形，但于稍后才要插入应用时，会选择此项。

(5) “按统一比例缩放”复选框。指定是否按统一比例来缩放块图形。选中此复选框后，在插入时就不会再询问 Y、Z 方向的比例。

(6) “允许分解”复选框。指定块参照是否可以被分解。

(7) “在块编辑器中打开”复选框。设置是否要在用户单击“确定”按钮后，在块编辑器中打开当前的块定义。如果要将此块图形定义为“动态块”，就可以选中此项。

3.4.2 WBLOCK(创建全局块命令)

WBLOCK 命令可帮用户将图形全部或局部保存于磁盘中，也可将所创建的块转变为图形文件。

1. 运行方式

命令提示符：WBLOCK。

2. 窗口选项说明

“写块”对话框中的选项说明见图 3-11。

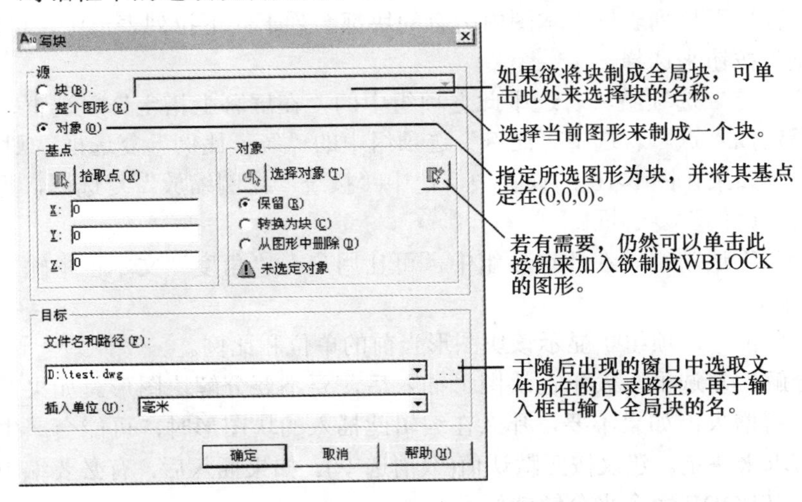

图 3-11　创建全局块的操作窗口

此窗口的操作其实和前述的 BMAKE 命令大同小异，只是因为全局块也是图形文件，所以会要求输入块的文件名和欲保存的目录路径。

3.4.3 INSERT(插入块命令)

使用 INSERT 命令可以将创建好的块(或全局块)插入图形中。

1. 运行方式

(1) 分类快速工具栏区：“常用”→“块”→[图标]。

(2) 下拉菜单：“插入”→“块”。

(3) 工具栏：“插入”里的。

(4) 命令提示符：INSERT。

2. 窗口选项说明

插入块的操作对话框如图 3-12 所示。

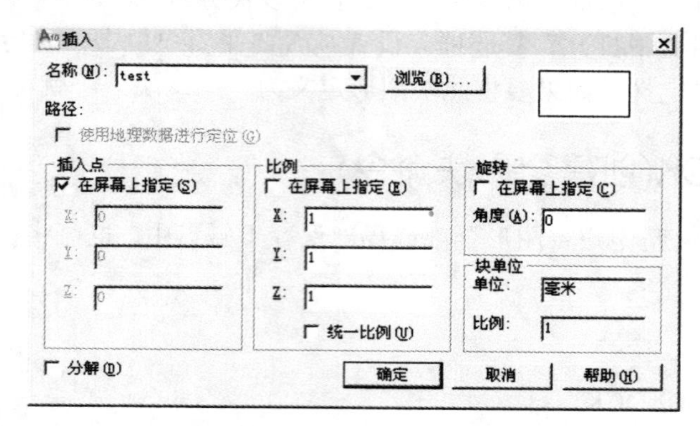

图 3-12　插入块的操作对话框

图 3-12 中各选项的意义说明如下。

(1) “名称”下拉列表框。本图内所有的块都会列于此下拉列表框中，可以直接选取，或单击“浏览”按钮来选择。

(2) “插入点”选项组。若选中此选项组中的“在屏幕上指定”复选框，就可以让您返回图样上指定插入点。若选中“比例”选项组中的“统一比例”复选框，则不用指定 Y、Z 方向的比例。如果在图 3-10 的设置中，选中“按统一比例缩放”复选框，那么就会于此默认选中“统一比例”复选框。

(3) “旋转”选项组。在此选项组中，可让用户在“角度”文本框中输入插入后的旋转角度(非零者)。

(4) “块单位”选项组。显示该块图形当前的单位和比例。

(5) “分解”复选框。表示在块图形插入后，要不要分解块图形。如果要，那么这张图的文件容量将增大；如果不要，那么在编辑此插入的块图形时，可能会产生困扰。这可按照用户的需求来决定。建议按照默认值(取消选中)。如果插入后，有必要编辑此块图形的话，再使用 EXPLODE 命令来分解就好了。

一切设置均无误后，即可单击“确定”按钮。然后，命令提示符区将出现：

```
指定插入点或 [基点(B)/比例(S)/旋转(R)/预览比例(PS)/预览旋转(PR)]:
```

可于上提示语句后，指定此块图形的插入点。

3.4.4 实作范例

按照本节所述，综合练习所有制作块图形命令。

本范例练习文件：范例光盘(A)Samples(GB)\ch03 目录下的 Furniture_Table.dwg。

本范例视频文件：范例光盘(A)Samples(GB)\ch03\avi 目录下的 Furniture_Table_Block_

2009.avi。

本范例完成文件：范例光盘(A)Samples(GB)\ch03 目录下的 Furniture_Table_finish.dwg。

1. 第一阶段(制作块图形)

本阶段欲将绘制好的图形制作成块图形，并将之插入图样。可按照下述步骤进行。

(1) 首先，于画图屏幕中，按先前强调的正确画图习惯，使用 AutoCAD 的绘图命令和相关编辑命令，将餐桌主体图形和一张椅子图形画到合适的图层上，如图 3-13 所示。

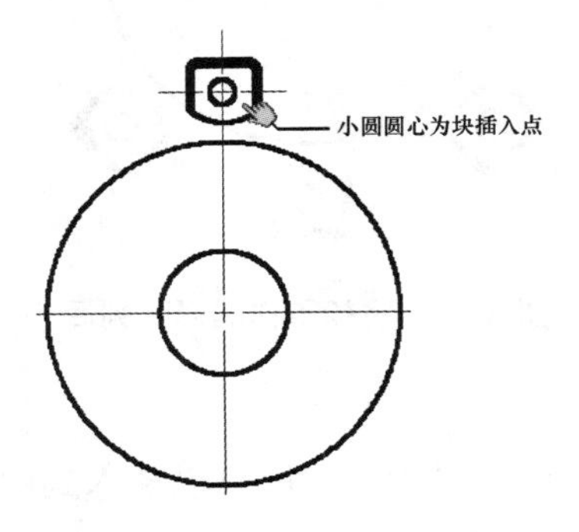

图 3-13 椅子块图形的绘制

(2) 根据图 3-13 所示的插入点，再使用 BLOCK 命令将此椅子图形制作成图块图形。BLOCK 的设置如图 3-14 所示。

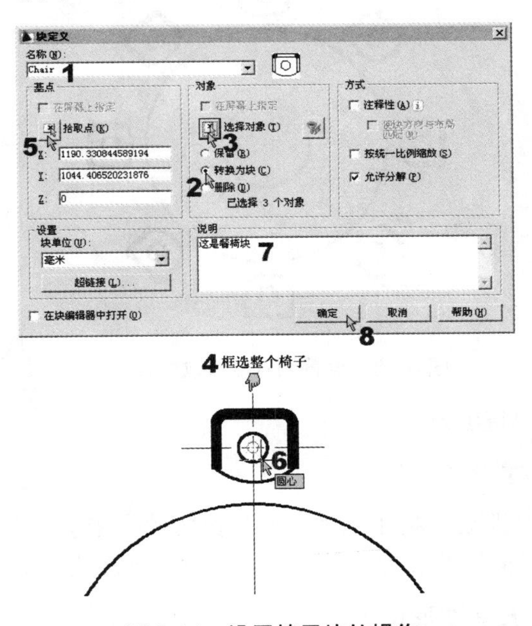

图 3-14 设置椅子块的操作

单击“确定”按钮后，椅子就直接转变为块，但制作过程已经完成。

(3) 现在，应使用 ARRAY 命令(注意，视频中示范的阵列操作是旧界面，ARRAY 命令的新操作方式，可参照第 4 章的 ARRAY_C_2012_有声.avi 视频)来将椅子图形作圆形阵列了。完成效果如图 3-15 所示。

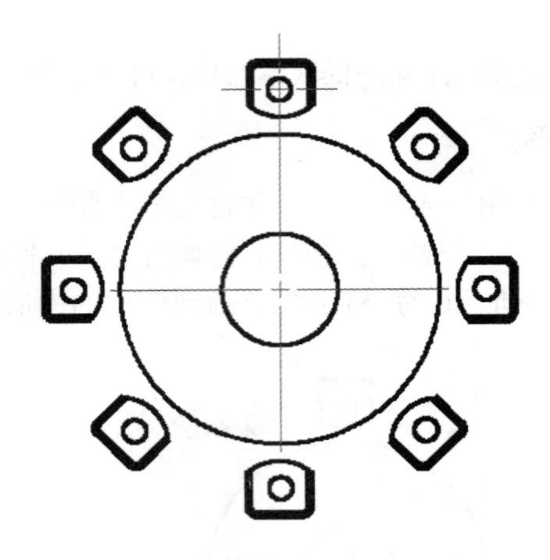

图 3-15　将椅子作圆形阵列后

2. 第二阶段(修改块图形)

由于块图形经常会修改，所以本阶段希望能将已插入到图样上的块图形一次修改完成。可按照下述步骤进行。

(1) 使用 INSERT 命令将 Chair 块图形调回来以作修改。设置窗口如图 3-16 所示。

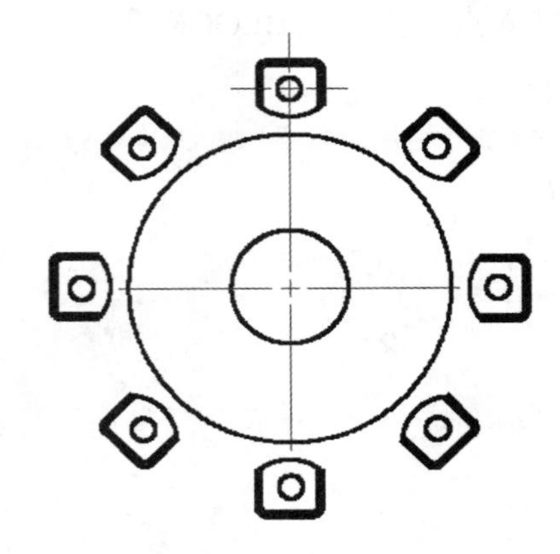

图 3-16　设置插入欲修改的椅子块

(2) 在命令提示区中将出现：

```
指定块的插入点: (请于图样上选取插入点)
```

(3) 现在，我们要修改这个椅子图形。例如，将椅子中央的圆形改为五边形。然后，再使用 BLOCK 命令，以同样的名称和插入点，再制作一次块图形，如图 3-17 所示。

3. 第三阶段(制作全局块图形)

修改完成以后，图样上的这个图形就可以用来制作全局块图形了。所以，本阶段希望能将此圆桌加上椅子的图形制作成全局块图形。可按照下述步骤进行。

(1) 在硬盘根目录下先创建一名称为“全局块”的目录，以方便专门用来放置创建好的全局块图形文件。

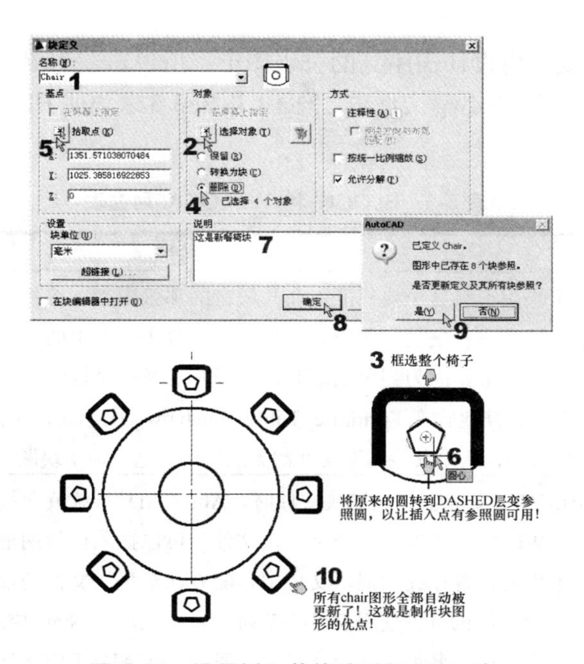

图 3-17　设置插入并修改后的 chair 块

(2)　于命令提示符后输入：

命令: WBLOCK　　<Enter>

(3)　将出现图 3-18 所示的窗口。

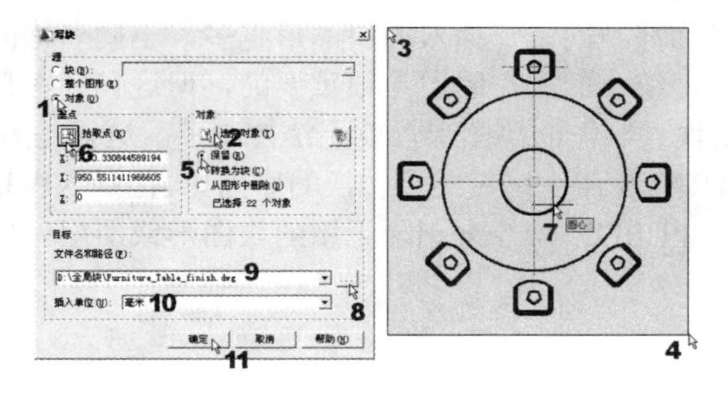

图 3-18　创建全局块的设置操作

按如上指定各必要的条件后，单击“确定”按钮即可。

(4)　此时，AutoCAD 已经在 D 盘根目录下的“全局块”目录中，创建了一个名称为“Furniture_Table_finish.dwg”的全局块图形文件了。

(5)　以后，就可在其他图形文件中，使用 INSERT 命令来调出这个“Furniture_Table_finish.dwg”全局块文件了。

4. 范例分析

通过以上的实例练习应知道：先制作椅子块图形是因为它必须大量绘制，而且被修改的机会大。这张椅子块图形并非公用性图形，只是这一餐桌图形的陪衬而已。因此，椅子块图形 chair 是依附在全局块 Furniture_Table_finish.dwg 文件中的。而圆桌加上 8 张椅子构成一餐桌，则是建筑或室内设计需用到的公用图形。所以，就有必要制作成全局块图形，并存在 Furniture_Table_finish.dwg 文件中。下面再用表 3-3 来说明 BLOCK 命令和 WBLOCK 命令的应用。

表 3-3　BLOCK 和 WBLOCK 用途表

命令名称	用　途
BLOCK	创建一个块图形且这个块只能用在其所在的那张图上。这种以块所创建的图形，可能其公用性较少或者仅是一些组合图形中的一分子。以上面所说明的范例而言，椅子和圆桌是组合图形。因为列出圆阵时，椅子需要是一个块图形，所以我们创建一个椅子的块图形。它被包含在 Furniture_Table_finish.dwg 图形文件中。除非这个文件被整个插入其他图样中，否则其他图形文件都无法使用到这个椅子块图形。
WBLOCK	以 WBLOCK 命令创建全局块文件时，AutoCAD 系统就会按照所给予的文件名称创建一个 DWG 图形文件。这个全局块文件，可以插入任何图形中。因此，此时椅子的块图形本来就包含在此全局块文件中，随着此全局块文件的插入，当然它也就一起随之插入。所以，也可以使用 INSERT 命令来插入这个 chair 块图形来使用或修改。 由于全局块的扩展名也是.dwg，它和一般 AutoCAD 工作文件的差别在于：全局块文件会将其内所有图形当做一个图素，而一般 dwg 文件的内部图素则是分离的。如果将全局块插入图样后，因为编辑需要又立刻使用 EXPLODE 命令将其分解，那就会让在该图样上的全局块变回一般 dwg 的分离状态了(但原来的全局块源文件不会受影响)

在插入块或全局块的同时，它所在的图层状态也会一起插入。如果这些图层名称的定义和用户原来的图层名称都不同，那插入的块图形越多，不同名称的图层累积就会越多。虽然，创建块图形时约定统一的所在图层是很重要的，但这只有在只用自己定义的块图形时有用，如果大量采用他人制作的块图形，就无法控制了。这就是为什么我们会在第 4 章最后一节讲到用 LAYTRANS 命令来做图层转换的原因。当因插入图块而导致图层众多杂乱时，可使用前面讲过的 PURGE 命令来删除无用的块图形或图层，以降低图形文件本身的容量。

5. 查询规范的制作

当制作了很多的全局块图形文件后，就必须有一份查询规范可用来提供相关的全局块图形文件信息，给同事或他人使用。如此，大家才会知道在使用 INSERT 命令时，块名称要回答什么、插入点在哪里。表 3-4 就是可参照的查询规范内容。

表 3-4　简单的块资料查询规范制作范例表

块 名 称	块 图 形	备　注
圆形餐桌	将所制作的块图绘于此	
连座沙发	将所制作的块图绘于此	
衣柜	将所制作的块图绘于此	
……	……	……

注 意

插入点的设置位置关系到将来将此全局块图形插入图样时的方便与否。不合适的插入点，会增加日后作插入比例缩放计算上的困扰；而块图形应按照实际尺寸以 1∶1 的比例来绘制。

3.4.5 动态块

块图形的应用虽然方便，但是它有一个很大的问题，就是由于它是全局的，只能全局同步地来缩放，所以无法应付同样外形，但是内部规格不同的图形。在 2006 版以前，通常建议读者使用 VLISP/VBA/ARX 这类可用于 AutoCAD 的程序设计来做；或是将块分解，再来编辑其中的图形。前者学习难度较高，不是人人能做；后者则总是麻烦，且分解(EXPLODE 命令)后，就会增加图形文件容量，因而丧失了块的意义。

2006 版以后新增的“动态块”功能，简单地说，其原理类似 Pro/E 的参数设计功能。这个功能可让用户弹性地编辑图形外观，而不需要分解它们；同时还可以在插入块后，按实际的设计需要，指定变量部分的尺寸值。

事实上，我们期待此功能已很久，这个功能的出现虽然不能完全取代原本需要仰赖 VLISP/VBA/ARX 的程序设计，但是一定会引发 AutoCAD 程序设计的学习热潮！对大多数用户来说，这将是一个迟来的好消息；无疑，这个功能也将是鼓舞很多 AutoCAD 的老用户将版本升级的动力，同时也会让很多软件厂商相继开发出各种专业用的动态块来卖给用户。

动态块是利用夹点的特性，来让用户可以在操作时更轻松地更改图形中的动态块参照。因此，当我们插入一动态块之后，就可通过自定义夹点或自定义特性来变化图形。应先了解表 3-5 所显示的夹点意义。

表 3-5 自定义夹点的意义

No	夹点类型	图 例	意 义
1	标准	■	可往平面内的任意方向发展
2	线性	►	按规定方向或沿某一轴往返移动
3	旋转	●	围绕某一轴旋转
4	翻转	➧	单击可翻转动态块参照
5	对齐	➨	平面内的任意方向。如果在某个对象上移动，则可让动态块自动捕捉到该对象上，或与该对象的线条对齐
6	查询	▼	单击可显示可变的设计条件项目列表

可按照下述步骤和图例来操作动态块。

(1) 我们将调出一些 AutoCAD 提供的建筑动态块。假设我们要插入一个最常见的平面“门”的动态块。首先调出工具选项板，再按图 3-19 所示操作(本范例视频文件：(A)Samples(GB)\ch03\avi 目录下的 Dynamic_Block_2010.avi)。

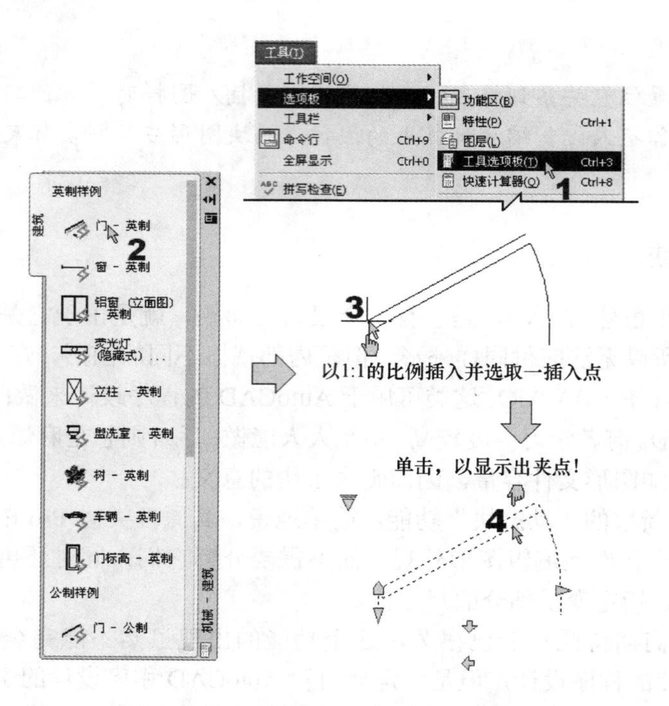

图 3-19　插入平面门动态块的操作

(2)　按图 3-20 所示来编辑修改该动态块。根据表 3-5，这个动态块有四种编辑点，分别是：2(线性)、4(翻转)、5(对齐)和 6(查询)等夹点。

以这个平面门动态块来说，我们发现整个夹点的功能就是平面门的设计条件。因此，这个动态块基本上吻合专业上的设计条件。很多类似的建筑零件都可按此原则来设计。

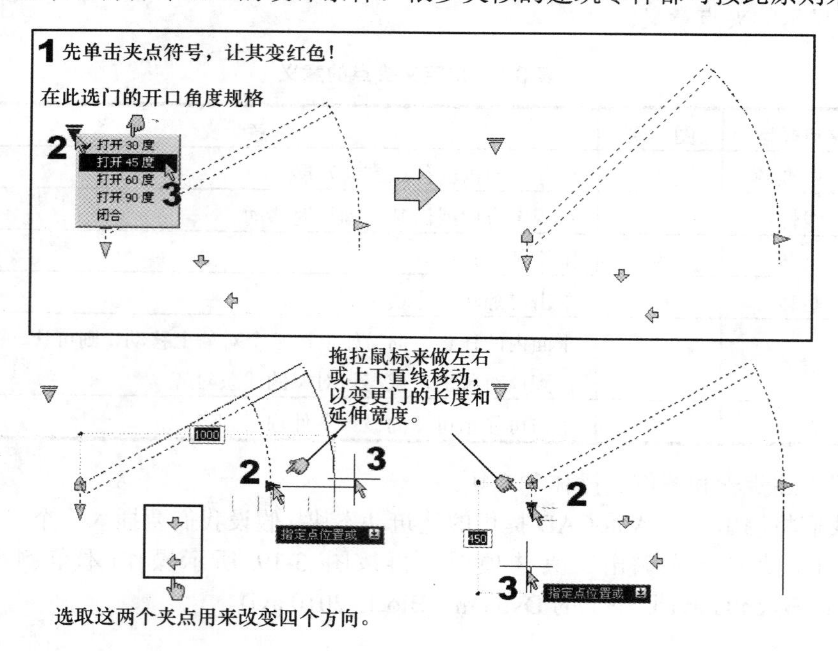

图 3-20　编辑平面门动态块的操作

注 意

(1) 可在选取动态块后右击，选择“重置块”命令。如果重置了某个动态块，该块将恢复在块定义中指定的默认值。但如果已分解了一个动态块，或按非统一缩放的条件缩放了某个动态块，它就会丢失其动态特性。

(2) 某些动态块会被定义为：只能将块中的几何图形编辑为在块定义中指定的特定大小。在使用夹点编辑块参照时，将出现一标记来显示在该动态块的有效值位置。如果将该动态块特性值改为不同于其定义中的值，那么参数将会调整为最接近的有效值。例如，块的长度被定义为 4、6、8。如果试图将距离值改为 10，将会导致其值变为 8，因为这是最接近的有效值。

(3) 在默认情况下，动态块的自定义夹点的颜色与标准夹点的颜色不同。可以使用 GRIPDYNCOLOR 系统变量来自定义夹点的显示颜色。

(4) 图 3-20 中还有一个“对齐”夹点。当您将动态块移动到图中的其他图形附近时，动态块会自动贴齐到这些对象上，如图 3-21 所示。

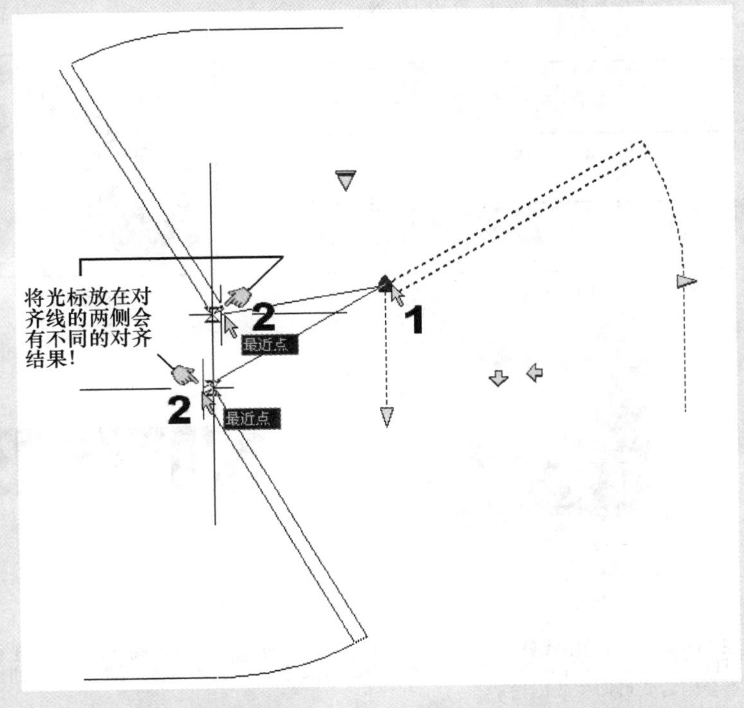

图 3-21　对齐的操作

(5) 表 3-5 中的 1(标准)是最基本的。而选取此标准夹点后，凡是前面我们提过的夹点编辑功能(如移动、缩放、拉伸、旋转等)都能操作，右击后所出现的快捷菜单中都有它们的选项。

3.5 AutoCAD 的输入文字功能

和输入文字相关的功能也是手工画图比不上 CAD 软件的地方。本节将详细说明这些命令功能。

3.5.1 原理

首先，应先了解 CAD 有关字体功能的设计思考。就如我们本书所强调的，CAD 的设计概念其实来自手工画图，然后再增加一些计算机方面的优势而成。输入文字的功能也不例外，首先，AutoCAD 使用 STYLE 命令来创建字体文件，这就相当于手工画图里不同字体的字规盒，然后再以 DTEXT 或 MTEXT 命令来切换所需要的字体文件，以及写字，手工与 AutoCAD 的写字比较见图 3-22。很多初学者因为不知道要先将用到的字体创建成字规盒(即字型文件)，所以经常找不到字体可切换。

正体字规板

斜体字规板

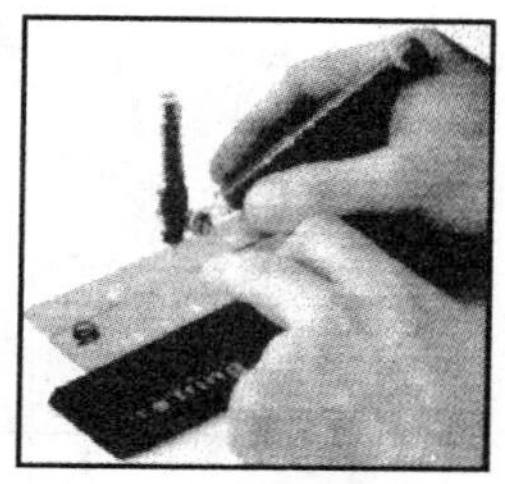

字规板的操作

在 AutoCAD 里的字规就是 STYLE 命令(定义字)，而输入文字时则使用 DTEXT 或 MTEXT 命令。在计算机绘图里均使用 TrueType 字体，这类字体在缩小或放大时，不会因为变形而生成锯齿。

图 3-22 手工与 AutoCAD 的输入文字命令

3.5.2 STYLE 命令(AutoCAD 的字规命令)

STYLE 命令就是用来定义文字样式(字规)的。也就是说，要自己先定义好常用的几组文字样式，这样就等于有了好几组字规可用一样。所以，通常我们会按制图标准里的规定来定义中文字体和英文字体各三组。有了文字样式后，就可以在正式的输入文字命令中切换使用。图 3-23 所示的就是 STYLE 命令的选取位置和操作(本范例视频文件：(A)Samples

(GB)\ch03\avi 目录下的 Style_2010.avi)。

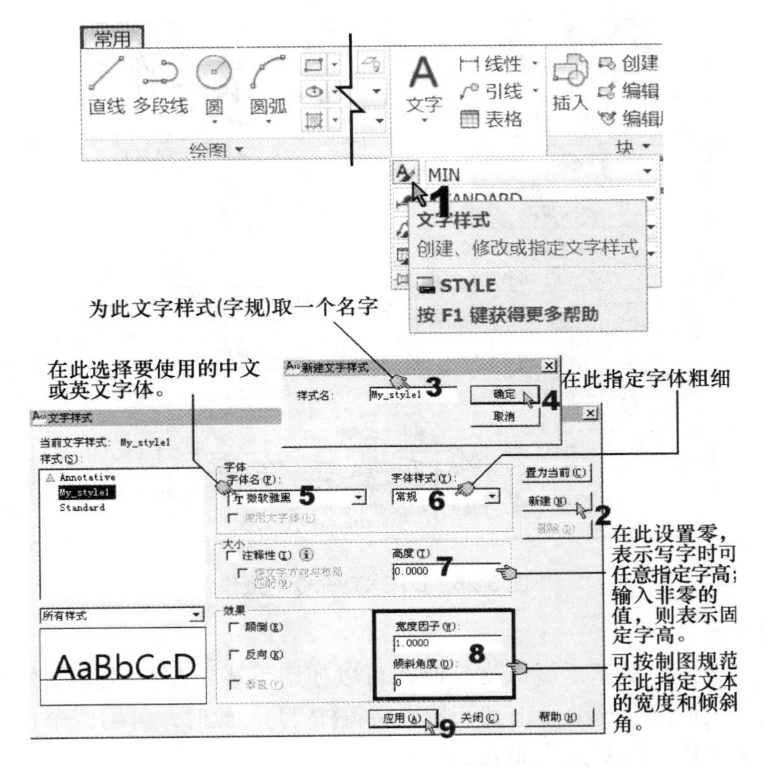

图 3-23　AutoCAD STYLE 命令的选取位置和设置操作

3.5.3　AutoCAD 的输入文字命令

在 AutoCAD 中和输入文字有关的命令是 DTEXT 和 MTEXT。现分述如下。

1. DTEXT(单行文字命令)

使用 DTEXT 命令，在由键盘输入文字时，可以立刻在屏幕上看到所输入的文字。可使用退位键来编辑文字，也可以一次输入多行文字。当要单纯写入一些文字，字数不会很多，且不会用到很特殊的字符时，就应该使用 DTEX 命令来完成图样写字工作，操作见图 3-24。

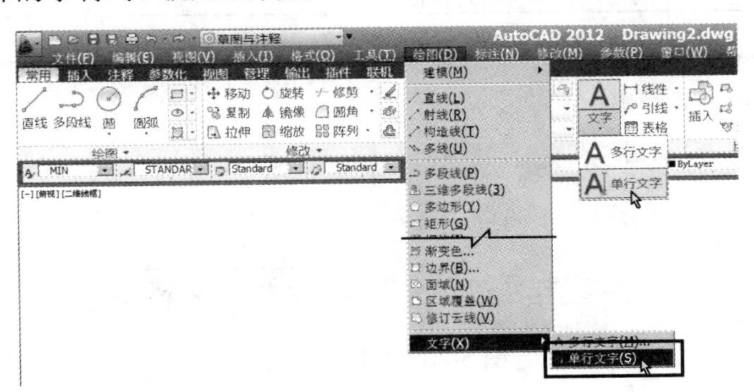

图 3-24　DTEXT 命令的选取位置

实作范例如图 3-25 所示。

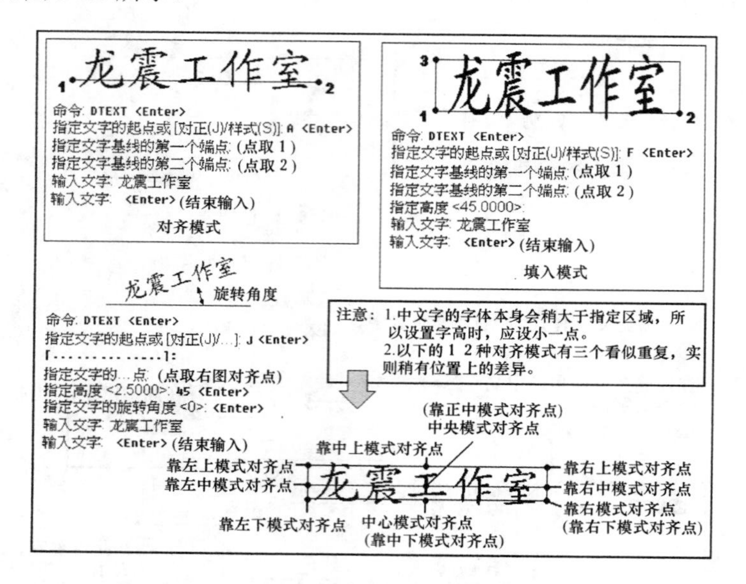

图 3-25 DTEXT 命令的操作

注意事项如下。

(1) 在“文字：”提示后输入文字时，可以使用下述控制符号及特殊字符。有时需要将文字加上底线或顶线或是要绘出某一特殊字符(符号)；此时，可用两个百分比符号 (%%) 来控制这些特殊工作。控制方式如表 3-6 所示。

表 3-6 DTEXT 命令用的控制字符定义表

控制符号	意义
%%o	开始/关闭顶线模式
%%u	开始/关闭底线模式
%%d	绘出“度”的符号
%%p	绘出“正/负”的误差容许符号
%%c	绘出“圆直径”的尺寸符号
%%%	绘出“一个”百分比符号
%%nnn	绘出字符号码为 nnn 的字符

例如，输入下列字符串：

```
%%u 祝您生日快乐 %%o 并 %%u 愿合家平安快乐 %%o
```

绘制结果如图 3-26 所示。

祝您生日快乐 并 愿合家平安快乐

图 3-26 特殊符号范例

顶线及底线可同时绘出，而在字符串尾端时，此两种模式将自动关闭。

(2) 在使用 STYLE 命令设置多组文字样式时，以前必须在输入文字前先使用“样式”选项来切换；但在 2006 版以后，就可以直接按图 3-25 底部的图例所示的快速操作切换。

(3) 要快速修正已经写到图样上的文字，以前我们会建议使用 DDEDIT 命令或 PROPERTIES 命令。但现在直接双击使用 DTEXT 命令所写的文字，即可直接编辑。

(4) DTEXT 与 TEXT 的不同之处在于：DTEXT 的显字方式就像打字机一样，立刻见到效果；而 TEXT 则要将字全部输入后才会显示。

(5) 当输入中文字时，可按 Ctrl+空格键来调出中文输入法。

(6) 通过在 STYLE 命令中，指定以@符号开头的字体名称，即可用来设置具有垂直方向的文字形式。

2. MTEXT(多行文字命令)

和 DTEXT 相比，MTEXT 在处理大量文字或不同字体的文字时，会更有效率。它用来绘制可多行编辑的字符串，此字符串可以使用 DDEDIT 命令来编辑。以此命令所写成的字符串将成为 MTEXT 图素；这种性质的字符串，在移动与复制的速度上要较传统的 DTEXT 文字稍快且较具编辑弹性。当要写的字很多，或是会用到一些特殊字符时，则建议使用 MTEXT 命令来完成图样写字工作，操作见图 3-27。

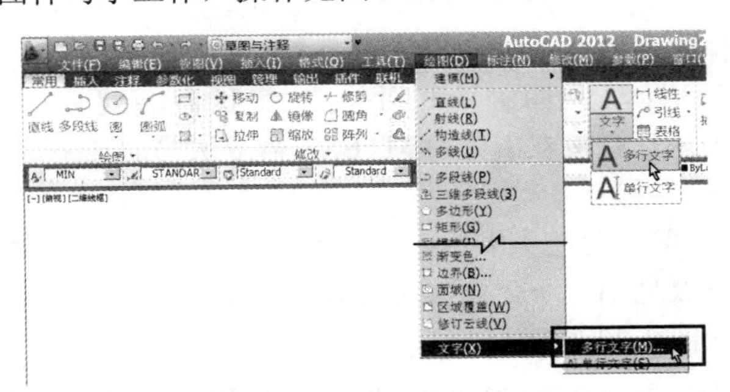

图 3-27 MTEXT 命令的选取位置

实作范例如图 3-28 所示。

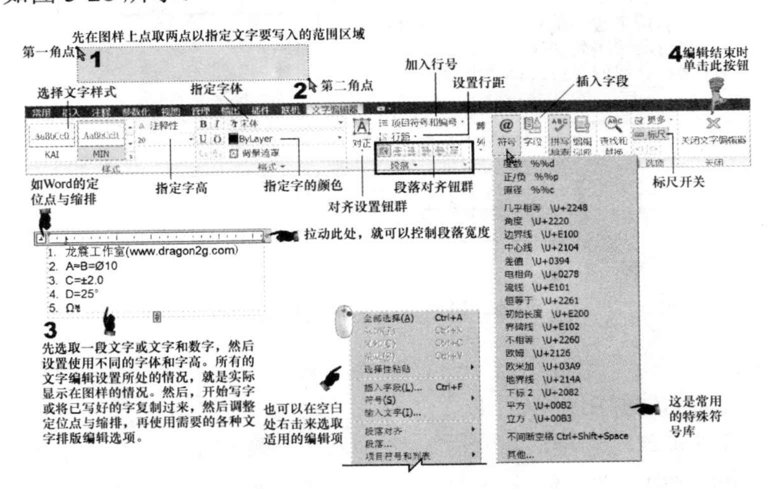

图 3-28 多行文字编辑器窗口操作

使用 MTEXT 命令的注意事项如下。

(1) MTEXT 命令可以在指定的写入条件下、固定的范围内，写出所需的多行文字。通常用于输入文字内容比较多的时候。所以，可以在运行 MTEXT 所出现的窗口中，根据需求来设置各式各样的写字条件，以满足实际需求。建议使用以下两种方式：

- 将文字内容先在 Word 里(或 Windows 的“记事本”)写好后复制，然后再粘贴至 MTEXT 编辑器。
- 先使用字处理软件将欲写入的内容存为一个文本文件(最好使用 Windows 所附的“WordPad”文字处理软件，并将之存成 RTF 文本文件格式)，再选取“输入文字(X)”选项可快速加载此文件。

(2) 当需要将文字变更为大写时，只要反白所需文字(或按 Ctrl +A 组合键选取全部)，再右击，然后从快捷菜单中选择 “变更大小写”→“大写”命令即可。

(3) 通过在 STYLE 命令中，指定以@符号开头的字体名称，即可用来设置具有垂直方向的文字样式。

(4) 当要于多行文字里输入特殊符号或字符时，可按如图 3-28 所示操作。如果还有找不到的符号，可选择“符号”菜单下的“其他”命令来找。

(5) 写完字后可以按如图 3-28 所示单击最右边的“关闭”按钮，确定并结束 MTEXT 命令，但直接单击图样空白处更快!

(6) 要快速修正已经写到图样上的字，以前我们会建议使用 DDEDIT 命令或 PROPERTIES 命令。但现在直接双击使用 MTEXT 命令所写的文字，即可直接编辑 MTEXT 文字。

(7) 说明文字(技术要求)是绝大多数的图形中重要的部分，一般都是用数字或字母作为项目的开头排列的。在某些情况下，它们可能要包含小的说明项，又要使用另外的字母或数字，或项目符号，如图 3-29 所示。

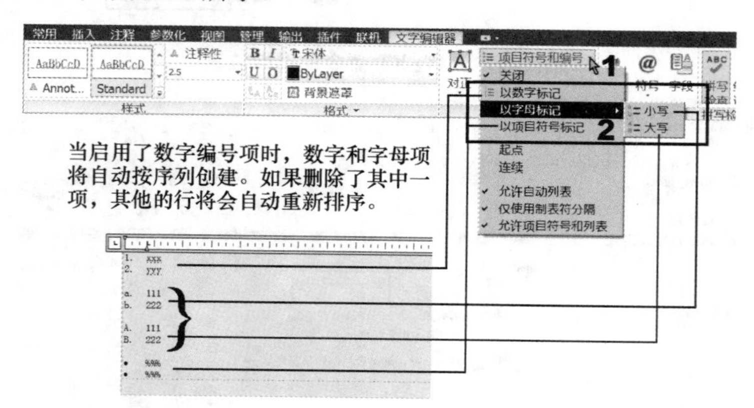

图 3-29　说明文字的项目编号操作

同理，如果输入的是一个特殊的字符，如连字符(-)或星号(*)，那么以该符号开头的项目符号列表，将自动创建并用于以后的行中。

(8) 新的“背景遮罩”选项，可让“文字输入区”具有指定颜色的背景，如图 3-30 所示。也可以使用 PROPERTIES 命令(特性)，将背景遮罩加入 MTEXT 中。

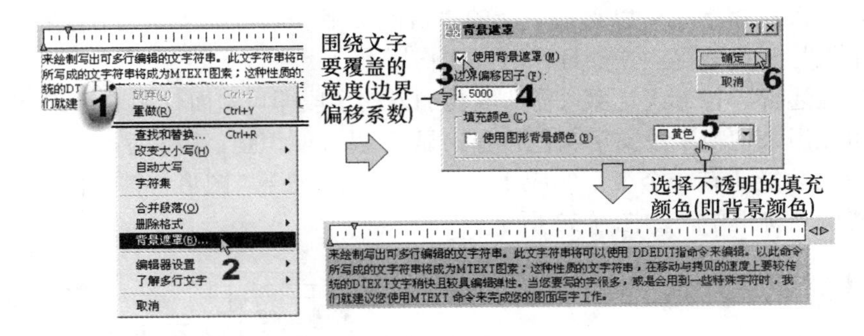

图 3-30 “背景遮罩”选项的操作

3.5.4 FIELD(插入字段命令)

AutoCAD 还可以让用户从预定义的字段列表中选取字段。可以将这些字段插入文字对象、属性或表格中。有以下两种方式可以插入字段。

(1) 当提示用户在 MTEXT、DTEXT、ATTDEF 和 BATTMAN 中输入文字时，在快捷菜单中选择“插入字段”命令。其中，某些命令还有“插入字段”命令，如图 3-31 所示。

(2) 当提示用户在 MTEXT、DTEXT、ATTDEF 和 BATTMAN 中输入文字时，按 Ctrl+F 组合键即可。

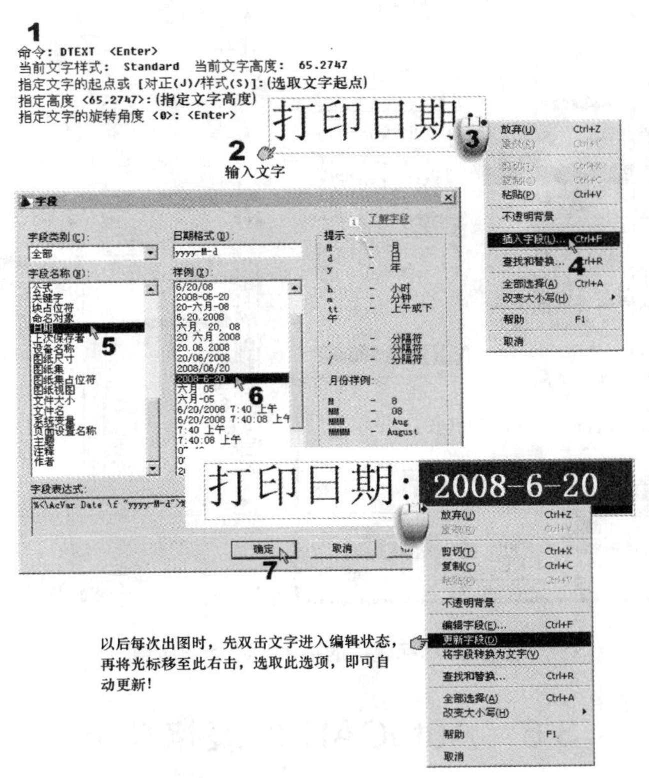

图 3-31 插入字段的操作

事实上，字段就相当于可以自动更新的“智能文字”。可以按如上方法将字段数据用于日期、图纸编号、标题等，并于打印时发生作用。

无论采用上述哪一种方式，都只需选取要加入的字段即可。而使用 FIELDDISPLAY 系统变量，还可以用来切换字段文字灰色背景的显示(以方便识别字段文字)。

插入字段的功能还有一个很好的应用点，那就是：配合“图形特性”的信息输入，将其用于标题栏的名称框中，如图 3-32 所示。

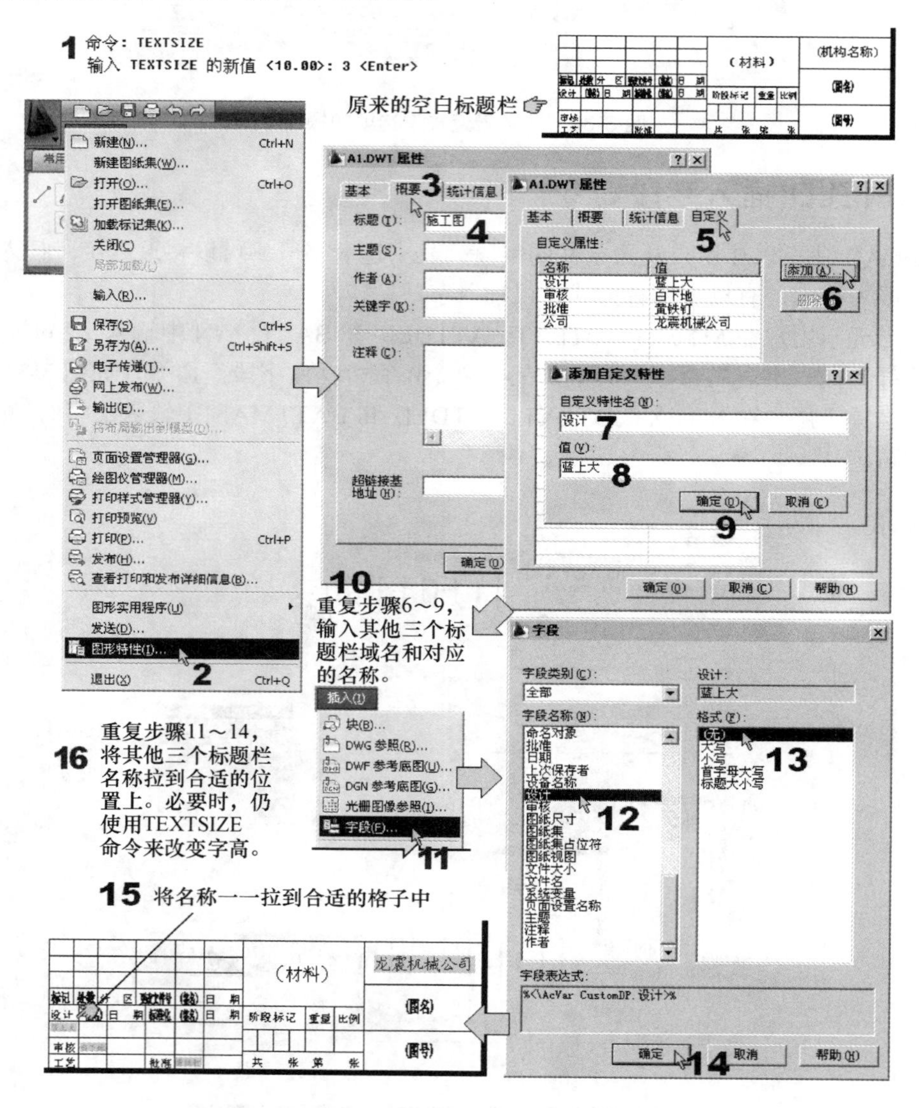

图 3-32　标题栏的插入字段功能应用

3.6　AutoCAD 的表格功能

画表格本身没什么，但是在 AutoCAD 中所画表格可以有计算功能，同时还可以转换成

Excel 电子表格格式，这用手工画图就办不到了！

3.6.1 TABLE 命令

TABLE 命令用来在图形中插入空表格。其选取位置和设置如图 3-33 所示。

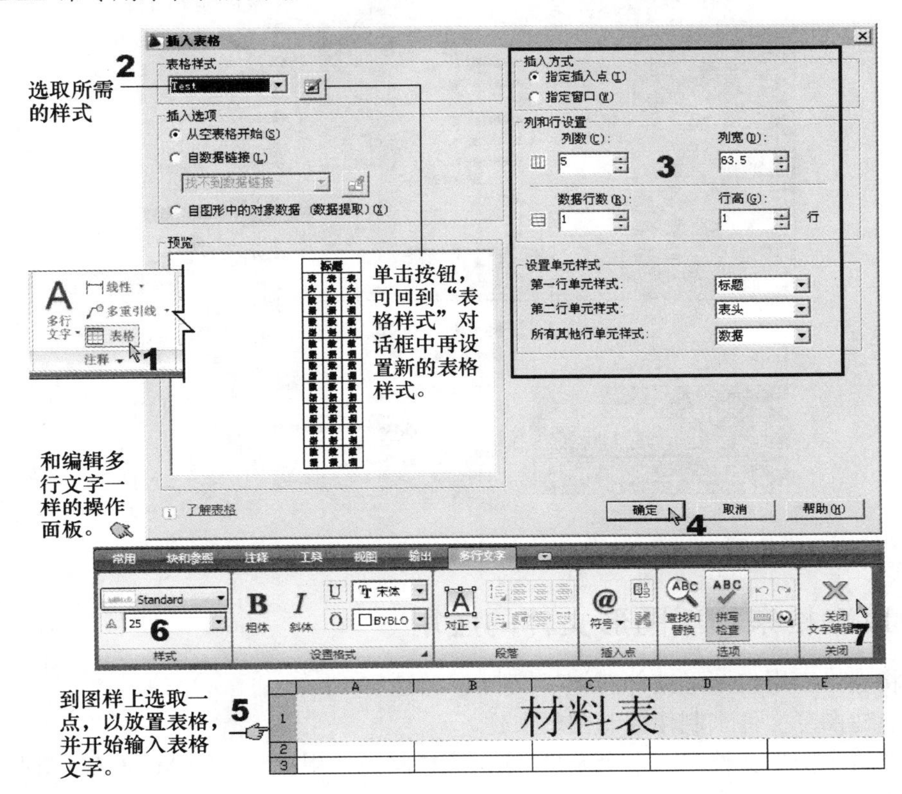

图 3-33 创建表格并输入文字的操作

使用 TABLE 命令的注意事项如下。

(1) 使用 Tab 键和方向键，就可以在表格间移动。

(2) 双击某个单元格，就可以使用 MTEXT 编辑器来输入文字。

(3) 可以通过快捷菜单来插入字段和符号。

(4) 右击任一表格，可通过快捷菜单来插入图块，还可合并表格、插入和删除列等。

(5) 也可以于单击表格后，拖拉夹点来修改表格位置、列宽和行高。

3.6.2 输入 Excel 表格

如果用户的表格已在 Excel 中建好，那么就可以在 AutoCAD 中输入这个 Excel 表格。要注意的是：Excel 表格输入后，就会被转换成 AutoCAD 的表格图素，然后可以按 3.5 节所讲的方法来编辑。打开范例光盘中，(A)Samples(GB)\ch03 目录中的“安居工程新建住宅数量统计表.xls”文件，按图 3-34 所示的操作来练习此功能。

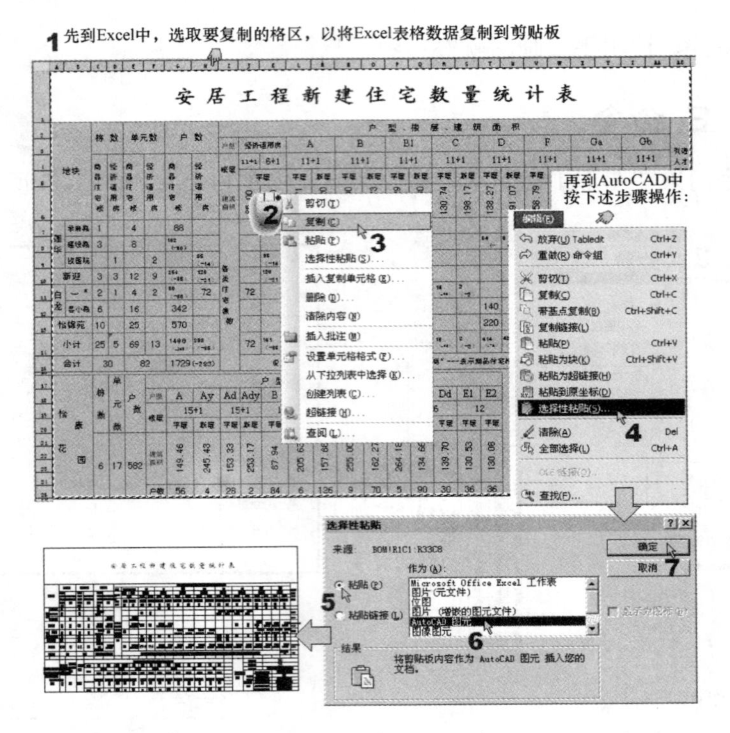

图 3-34 输入 Excel 表格的操作

3.6.3 以表格来加载图形文件的应用

可以将表格应用在图形文件的加载控制上，方法如下。

(1) 新建图形文件来制作控制图形文件。

(2) 在这个图形文件中画一个表格。这个表格将包含用户所有的 AutoCAD 图形文件名。应在各表格中写上图形文件名。

(3) 如同设计网页一样，使用“插入”下拉菜单下的“超链接”选项，来将其链接该名称的 DWG 图形文件。

(4) 以后，只要在打开该控制图形文件后，按住 Ctrl 键，并单击某个图形文件名，就可以自动打开该图形文件来编辑了。

(5) 要反向将表格导出成 Excel 格式，可参照 3.6.5 小节内容。

3.6.4 运行表格数据的计算

工程图也经常需要进行一些计算，同时将结果以列表的方式显示在图样中。当然，现在用户也可以按如图 3-34 所示，将 Excel 电子表格中的计算直接复制到 AutoCAD 中，但是对后续的编辑修改需要来说，还是有直接的计算功能为好。

从 2006 版以后，就可以直接在 AutoCAD 里这样做了。可按下述步骤操作。

(1) 先按图 3-33 设置所要的表格样式。本例将关闭列标题和标题的设置。

(2) 输入表格文字并编辑表格。按图 3-35 所示操作。

(3) 再创建相关的表格公式。这部分的操作和 Excel 非常相像，可按图 3-36 所示操作。

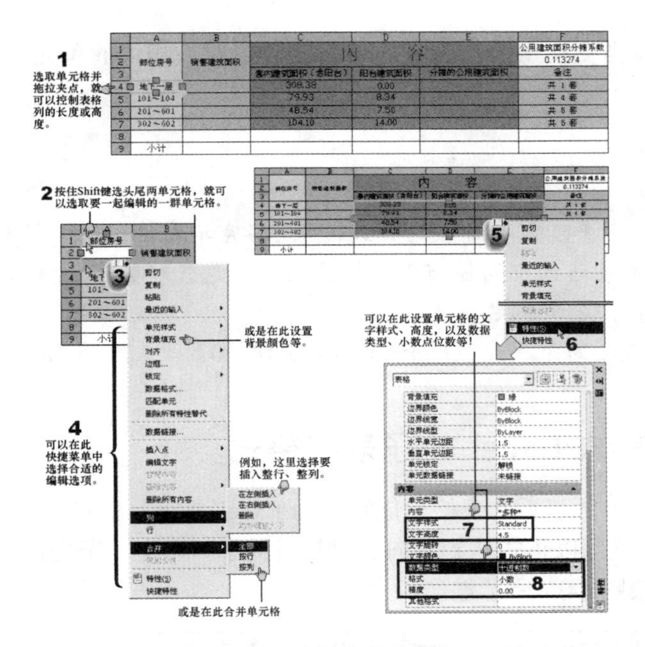

图 3-35　编辑表格的操作

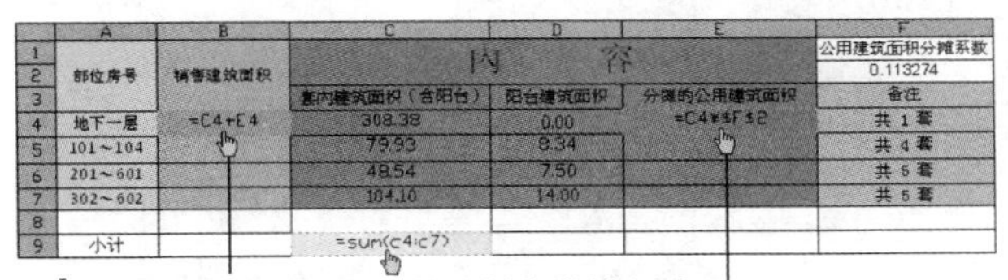

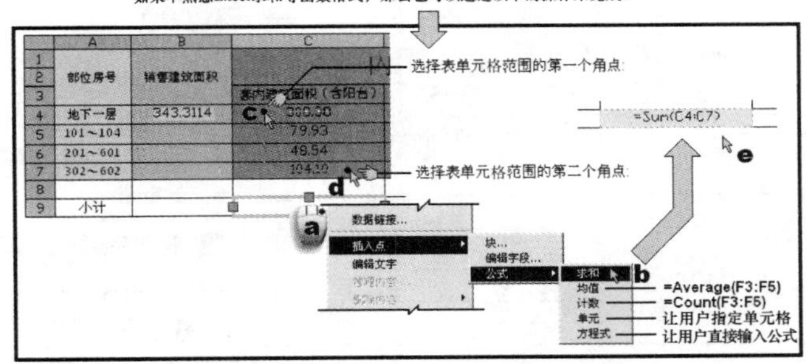

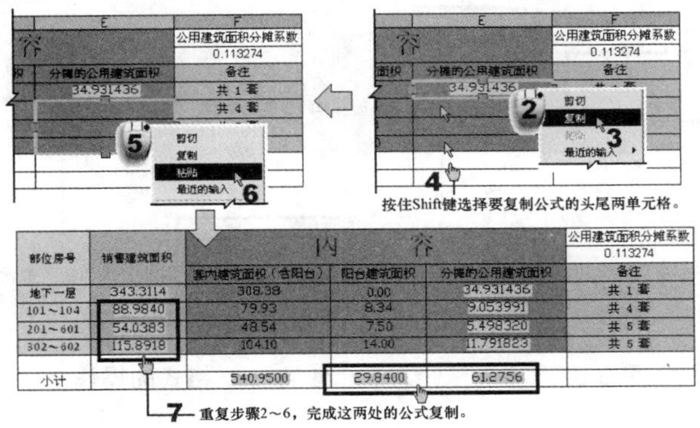

图 3-36　表格的计算操作

和 Excel 一样，当变换了涉及公式的单元格数值时，相关的单元格数值就会自动变化修正。

注 意

(1) 公式必须以等号(=)开始。

(2) 用于求和、求平均值和计数的公式，将忽略空单元格以及未解析为数值的单元格。

(3) 如果在算术表达式中的任何单元格为空，或包含非数字数据，或使用了不合法的字符，则将以 # 符号显示错误。

(4) 本范例完成图为范例光盘(A)Samples(GB)\ch03 目录下的 Table_A.dwg 文件。

3.6.5 将表格转成 Excel 电子表格格式

自 AutoCAD 2008 版以后，表格也能够转为 Excel 的 csv 格式了。这么一来，在 Excel 和 AutoCAD 之间，就可以正式达到双向交流的目的了！以上一节完成的 table_A.dwg 文件为例来做示范，可按图 3-37 所示操作。

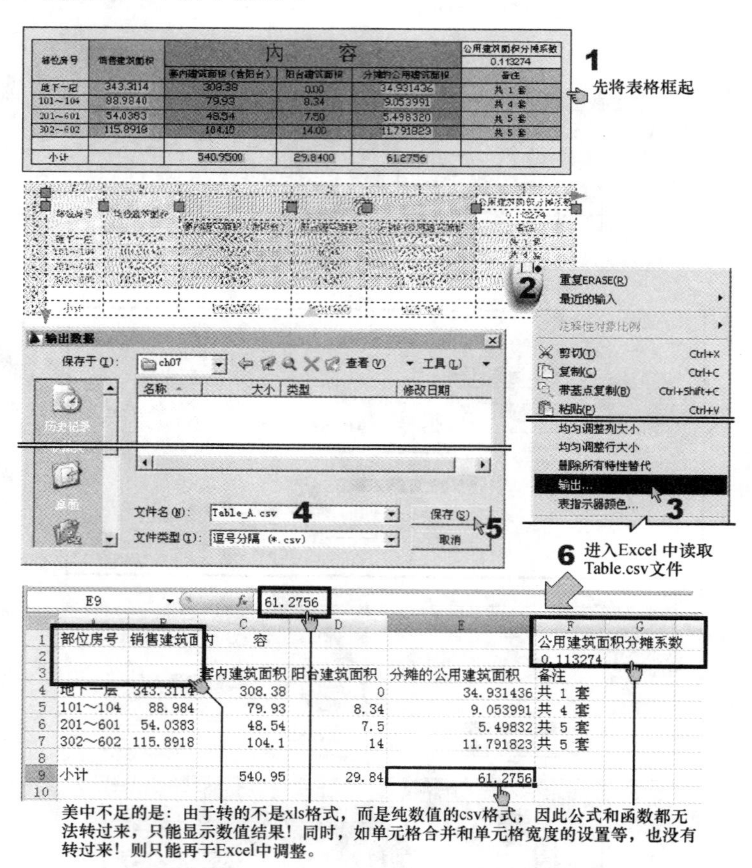

图 3-37 将表格转为 Excel 的 csv 格式的操作

3.6.6 其他的表格编辑技巧

从 2008 版以后，表格的可编辑性更多样化。本小节将介绍这些编辑技巧。

(1) 利用字段功能来变更单元格格式，操作见图 3-38。

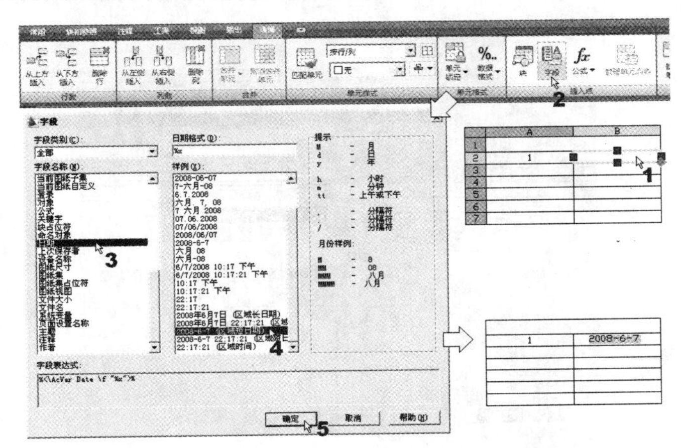

图 3-38 变更单元格格式的操作

(2) 表格的自动编号，操作见图 3-39。

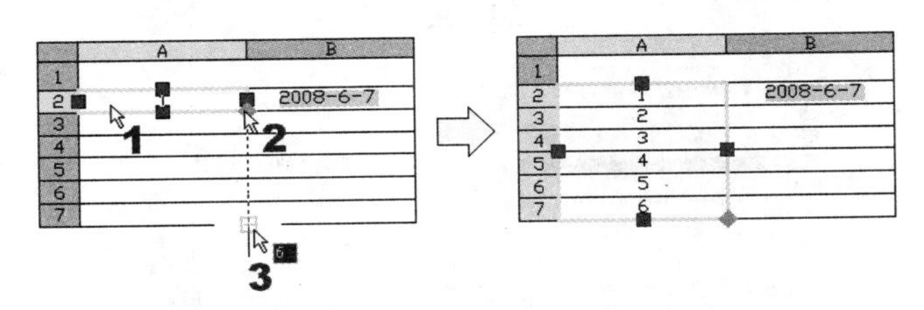

图 3-39 表格的自动编号的操作

(3) 切断并移动表格，操作见图 3-40。

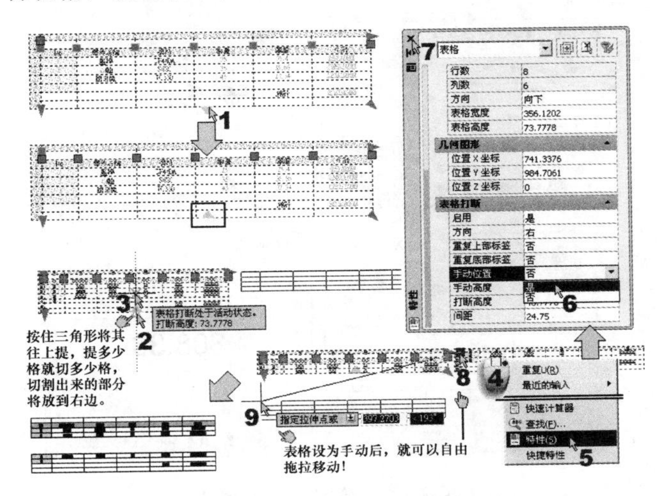

图 3-40 切断并移动表格的操作

在 2008 版以后，可以将表格数据链接至 Excel 电子表格文件中。数据链接可以包含至整个工作表、单一单元格或一系列单元格。仍以上一节完成的 Table_A.dwg 文件，并配合放在同一目录的 Data_A(gb).xls 文件为例来做示范。假设这个单元格中的数字，来自某一个 Excel 文件里的某单元格。同时，当该 Excel 文件的该单元格内数字改变时，AutoCAD 的这个表格也要自动更改。可按图 3-41 所示操作。

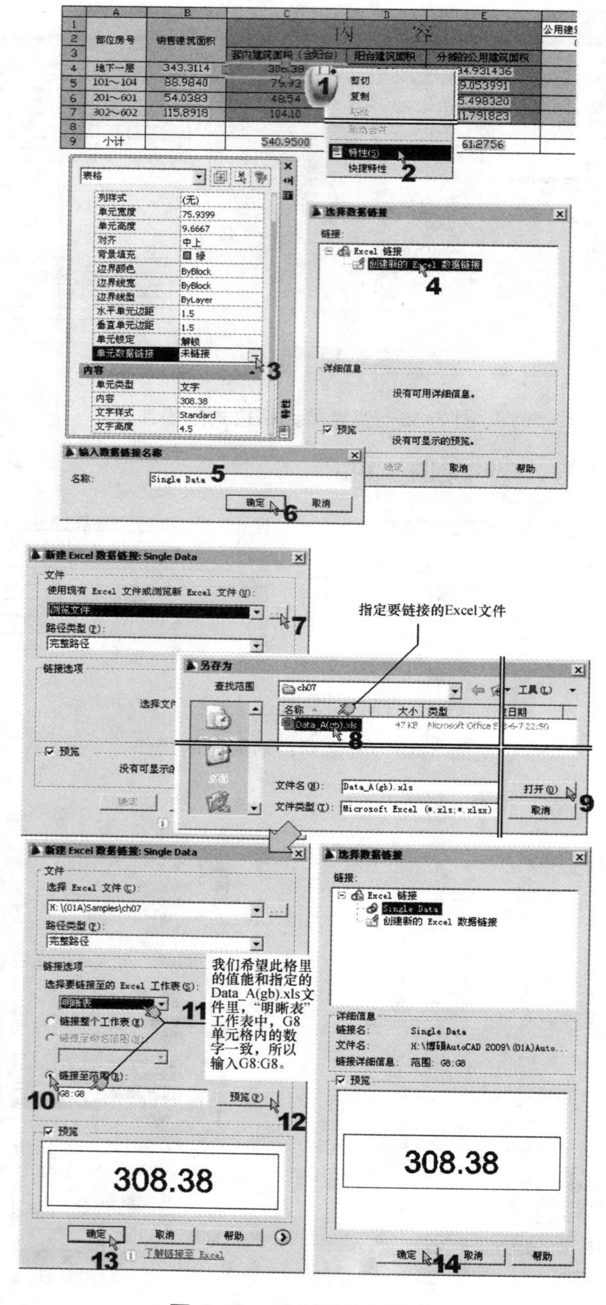

图 3-41　数据链接的操作

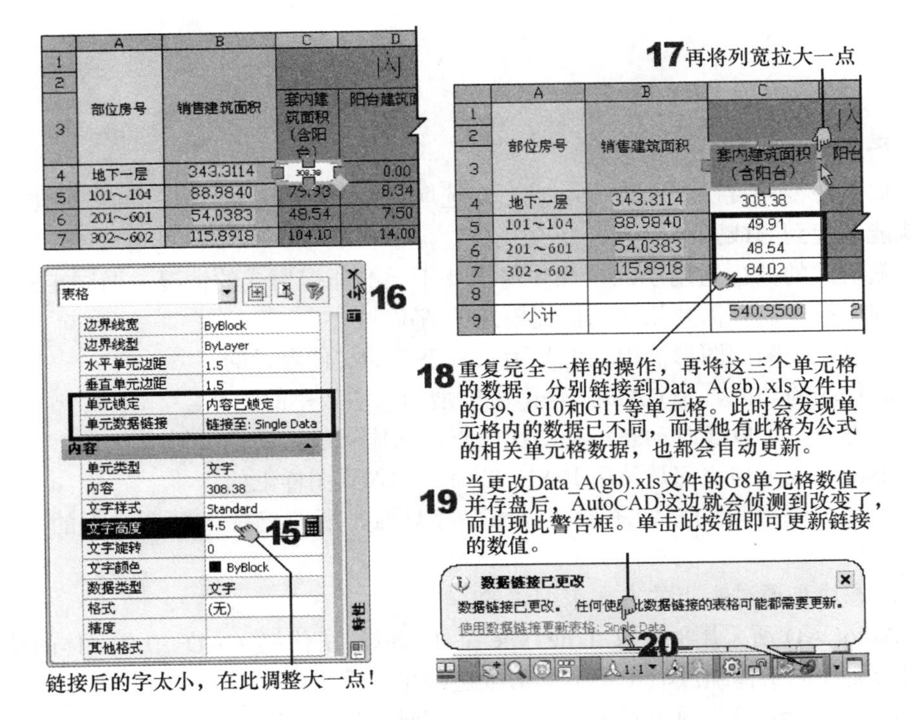

图 3-41　数据链路的操作(续)

同理，如果要链接整个 Excel 文件的内容，那就在图 3-41 所示步骤号 10 处，选中“链接整个工作表”单选按钮；如果要链接一个已命名范围，那就选中“链接至命名范围”单选按钮；倘若要链接一块数个单元格范围，那就选中“链接至范围”单选按钮，并输入一个单元格范围，如 F3:H8。

本范例完成文件：范例光盘(A)Samples(GB)\ch03 目录下的 table_data_connect_a.dwg。

习　题

一、是非题

1. 如果想要捕捉圆或弧的中心点，在选取“圆心”捕捉选项后，再单击圆或弧的中心点，就能捕捉到圆或弧的中心点。（　）
2. 随机式的捕捉适用于同一操作但需要不同的捕捉模式的情况；而固定式的捕捉，则适用于同一操作而且需要相同的捕捉模式的情况。（　）
3. 计算机画图的图形捕捉功能是用来减小图形文件容量的。（　）
4. 制作块的功能，是 CAD 软件中用来增加绘图效率的工具。（　）
5. 动态块是可以随时动态移动的块图形，它比一般块要弹性得多。（　）
6. 不论块或全局块都是使用 INSERT 命令插入到图样上的。（　）
7. 当用户修改块的原始图形并以原名存盘后，所有已插入到图样上的同名块都会变更。（　）
8. 动态块是通过夹点的方式来编辑的。（　）
9. AutoCAD 所采用的中文 TrueType 字体可以解决传统 CAD 中文字体的缺点，即不会膨胀图形文件，字体缩放后也不会变形或边缘生成锯齿状。（　）
10. 冻结层在绘图仪画图时是不绘出的。同时，当前层是不能冻结的。（　）
11. 关闭图层和冻结图层的区别仅在运行速度的快慢，而前者将比后者快。（　）
12. 从 Excel 中插入到 AutoCAD 中的表格，是完全兼容而且可以编辑的。（　）

二、选择题

1. 以下有关捕捉功能的叙述，何者为非？（　）
   A. 它有很多模式，最常用的，如锁住端点、交点、圆弧中心点、垂足点、圆弧四分之一点等
   B. 它在准确地抓到需要的图形点方面，对操作者很有帮助
   C. 它也可以用来准确地复制和移动图形
   D. 以上皆非
2. 以下何者不是可以在 AutoCAD 中用来画平行线的命令？（　）
   A. COPY + F8 键　　B. OFFSET
   C. PARALLEL　　D. MOVE
3. 有关夹点的功能，以下叙述何者为非？（　）
   A. 就是针对图形顶点来编辑的命令
   B. 通过快速的拉动夹点，就可以变更图素顶点的位置
   C. 用来增加图素的顶点，以增加它的平滑度
   D. 也可以用来复制或旋转图形
4. 以下何者是可以定义在图层中的？（　）
   A. 线宽　　B. 颜色　　C. 线型　　D. 以上皆是

5. 以下何者可以在 DTEXT 命令的操作中写出“圆直径”符号？(　　)
   A. %%o　　B. %%c　　C. %%d　　D. %%p
6. 制作块和全局块的命令分别是(　　)。
   A. BMAKE 和 INSERT　　B. WBLOCK 和 BMAKE
   C. BMAKE 和 WBLOCK　　D. BLOCK 和 WBLOCK

三、实作题

1. 以实例叙述 AutoCAD 捕捉功能的重要性。
2. 试述 BLOCK 和 WBLOCK 的区别。
3. 试述在 AutoCAD 中对文字的处理原理。

第4章

用AutoCAD实现基本图学

本章将正式进入基本几何图学的学习。在学习基本图学主题的同时，也要练习如何使用AutoCAD来实现它。因此，大家会在不知不觉中学会AutoCAD中主要的绘图和编辑命令。

这种学习方式与一般将传统图学和AutoCAD分开独立学习的方式效果完全不同！本书的方法主角是图学，AutoCAD是工具，两个一起学才能将概念连接起来。

另外，本章还会练习到AutoCAD 2010版新增的“几何约束”和“尺寸约束”工具。熟悉这类工具，可作为未来学习3D CAD软件时的入门知识。

学完本章后，几乎所有的图形均有能力绘出。同时，学子们也可以通过本章的习题，补学到以文字来解释的几何学理。在正式的数学课程中，通常先讲学理，再辅之以简单的说明图，而本书则直接先以图形应用来学习切入，无形中大家都已会应用，然后再以问题方式来让大家思考学理；这么一来，概念就根深蒂固了！

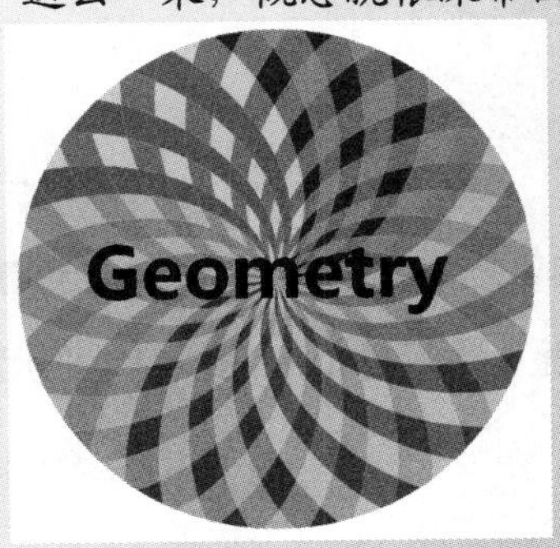

4.1 AutoCAD 的画图和编辑命令

在了解了前面章节所介绍的 AutoCAD 基本操作和其特性以后，本章要开始画图了！如果不加入几何概念的话，画图的命令是很简单的。因此，本章将采用最新的美式教法，用启发式的图例来学习真正的几何绘图，相信会带给学子们耳目一新的感觉。

本章中将学到的 AutoCAD 画图和编辑命令如图 4-1 所示。

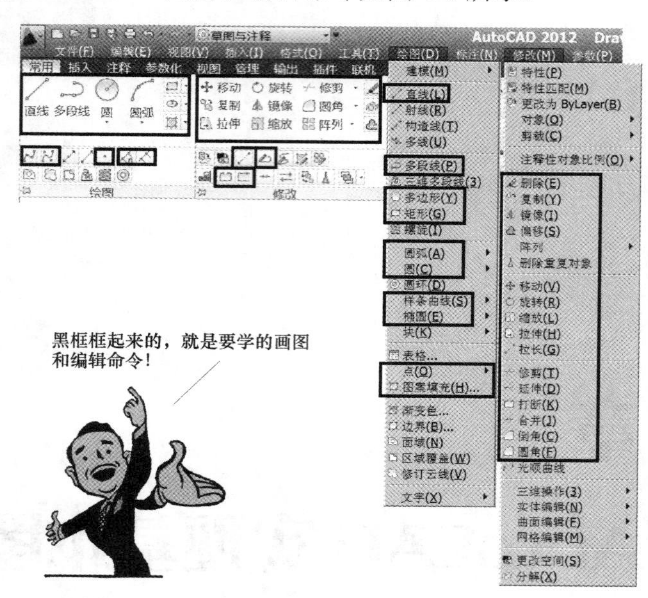

图 4-1 本章要学的 AutoCAD 的画图和编辑命令

4.2 画图最基本的动作——画线

如果你在学画工程图以前以为画线很简单，那学过本章以后，就知道这句话是否正确了，画线命令位置见图 4-2。

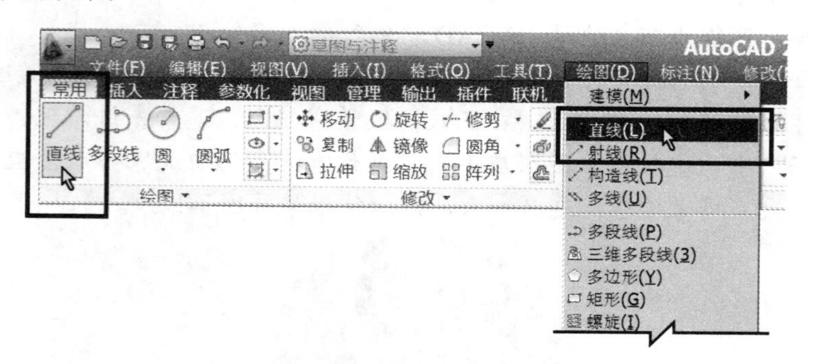

图 4-2 AutoCAD 画线的命令位置

“画线很简单”这句话表面上的确是正确的，因为利用 AutoCAD 的 LINE 命令，只要点取线的起点和终点，就可以轻易画出一条直线。但是要画一条精确的线，要怎么画呢？

在画出一条精确的线之前，应先具备以下概念。

1. 坐标系的概念

例如，像图 4-3 这么简单的两条线，你会怎么精确地画出？凡是工科的学生，一定会立刻想到笛卡儿(也称“直角坐标系”)平面坐标系的应用。

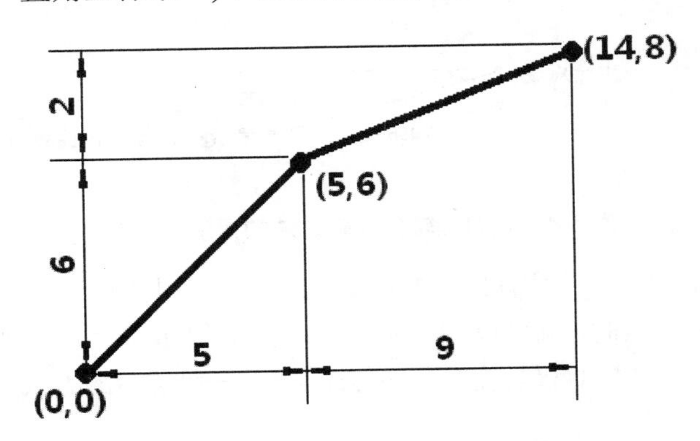

图 4-3　笛卡儿坐标系的画线示例

1637 年，法国人笛卡儿(Rene Descartes)创立了直角坐标系。他用平面上的一点到两条固定直线的距离来确定点的距离和位置，同时也用坐标来描述空间上的点。如图 4-3 所示，(5,6)就是坐标的表示法，即表示 X 轴的长度为 5，而 Y 轴的长度为 6。若出现负值，则表示反方向。

AutoCAD 为了配合这种坐标表示法，只需用户在输入点的提示符后输入：5,6 <Enter>，就可以很精准地选取此点。要画出图 4-3 所示的两条线，在 AutoCAD 里只要按如下所示输入即可。

本范例视频文件：(A)Samples(GB)\ch04\avi 目录下的 LINE_01_2010.avi。

```
命令: LINE <Enter>
指定第一点: 0,0 <Enter>
指定下一点或 [放弃(U)]: @5,6 <Enter>
指定下一点或 [放弃(U)]: @9,2 <Enter>
指定下一点或 [闭合(C)/放弃(U)]: <Enter>
```

其中，一开始输入前面没有@符号的“0,0”就称为“绝对坐标输入法”，表示要从坐标点(0,0)点开始的意思；而输入“@5,6”是“相对坐标输入法”，@代表“相对上一点”，即(0,0)点，再位移(5,6)的意思。因此，在第三点处输入“@9,2”，就是指相对(5,6)点，再往 X 轴位移 9，往 Y 轴位移 2 的意思。

坐标式的输入法经常用于已知 X 轴和 Y 轴的距离的情况。但是在各种工程图样中，经常已知的是线的长度和角度。在这种情况下，普遍采用的是图 4-4 所示的“相对极轴坐标输入法”。

@距离<角度

表示相对上一点的意思

所以，@3.4569<−15.5862的意思就是距离上一点3.4569，角度为−15.5862处的一点。

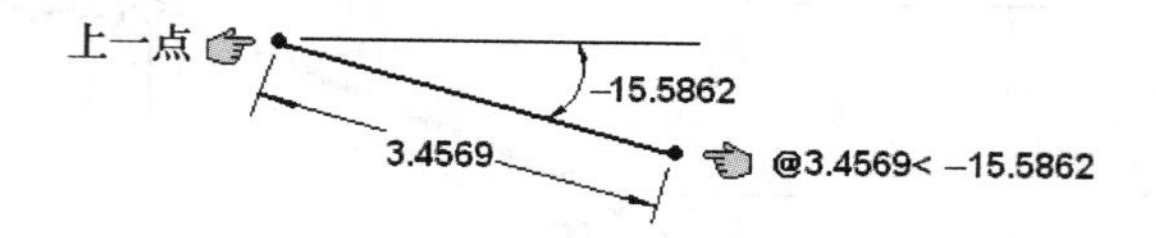

图 4-4　相对极轴坐标输入法的语法示意图

相对极轴坐标输入法也是使用最多的输入法。除了使用捕捉工具来精确地抓住一点以外，当需要精确地给予一点时，就可以在提示输入一点的提示符后，以“绝对坐标输入法”、“相对坐标输入法”、“相对极轴坐标输入法”，或三者混用的方式来指定一精确点。

2. 零点的概念

就是基准角度的设置。在还没有参考本例的视频文件以前，可先看看是否可以轻易地画出图 4-5 所示的线图形。整个图都是由线所组成的，看来也没什么，但是如果画不出来或是要画很久才完成，那么就应知道对几何绘图来说，还尚未入门，或是到目前所学的只是皮毛而已！

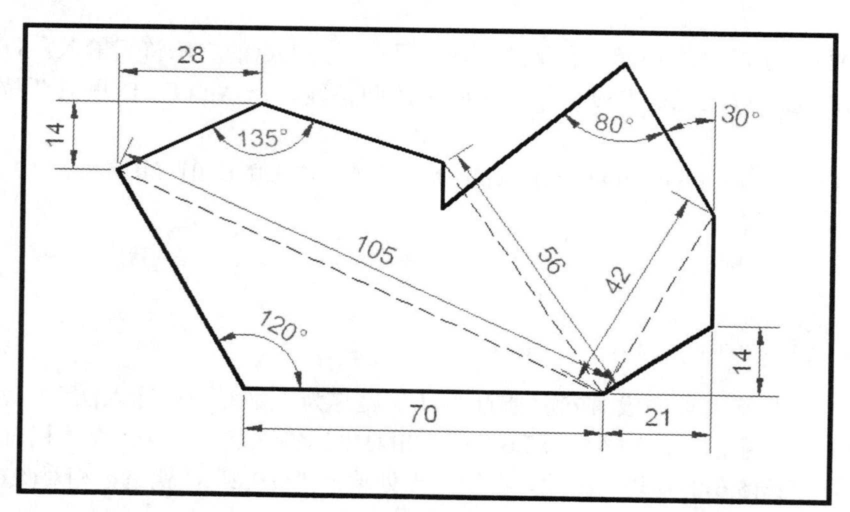

图 4-5　应用到零点概念的范例图

在图 4-5 中，是否能看出不好画的因素在哪里？答案是，在于某些线条的尺寸得标注！尺寸标注在于体现已知条件，以这样的有限的已知条件，导致几何概念不强的人，无法输入正确的线端点位置。

那么为什么要这样标注呢？既然使用计算机画出来了，为何不对这些线标注得多一点呢？原因是你有没有发现图 4-5 中的尺寸值多是整数的。通常按设计理念而来的图面就是这样，设计师在设计时，在关键处的假设数字不会是有一堆小数点的数字。如果非要标注方便画图的尺寸，就会出现小数点值，这样容易生成误差。例如，右下角那处标注 21(水平)和 14(垂直)等数值的斜边，非要标出该线线长，那一定会有小数点。事实上，这些线利用几何画法就可以求得，根本不需要知道它的长度。一般只要确定线的方向和角度就可以了，事后还可以使用 TRIM 和 FILLET 这类的命令来修剪。

好了！让我们将焦点转回来！原来为了方便绘图，在 AutoCAD 中，坐标的零点也是可以改的！所有 CAD 软件的标准都是以笛卡儿坐标系为准的，即以零度为计算角度的起始点。可以于运行 UNITS 命令后，通过图 4-6 所示的方式来变更。

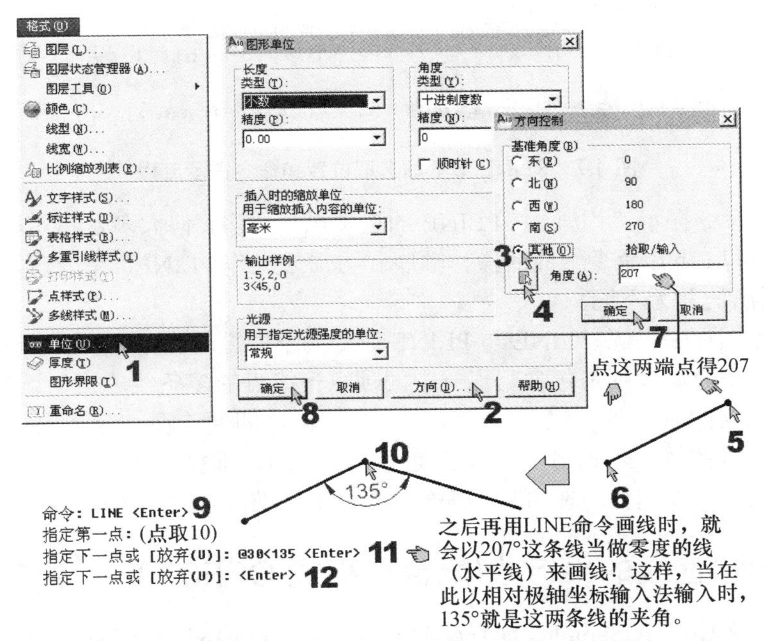

图 4-6　AutoCAD 变更零点(基准角度)

要完成图 4-5 的图形，可以参照以下视频文件操作。

本范例视频文件：(A)Samples(GB)\ch04\avi 目录下的 LINE_02_2009.avi。

本范例完成文件：(A)Samples(GB)\ch04 目录下的 Datum_Angle.dwg。

想不到光是一个画线就有这样深入的概念吧！不过，这是值得的！因为这些基础概念一旦具备后，后面的命令就真的简单了。所以，以下各小节就开始以实作的方式，来指导大家熟练地在 AutoCAD 中绘出各种几何图。

4.2.1　LINE 和 PLINE 命令的差别

与一般 CAD 软件不同，AutoCAD 用来画线的命令有两个：一个就是前面讲的 LINE 命令，另一个则是称为“多段线”的 PLINE 命令。其命令点取位置和命令提示流程如图 4-7 所示。

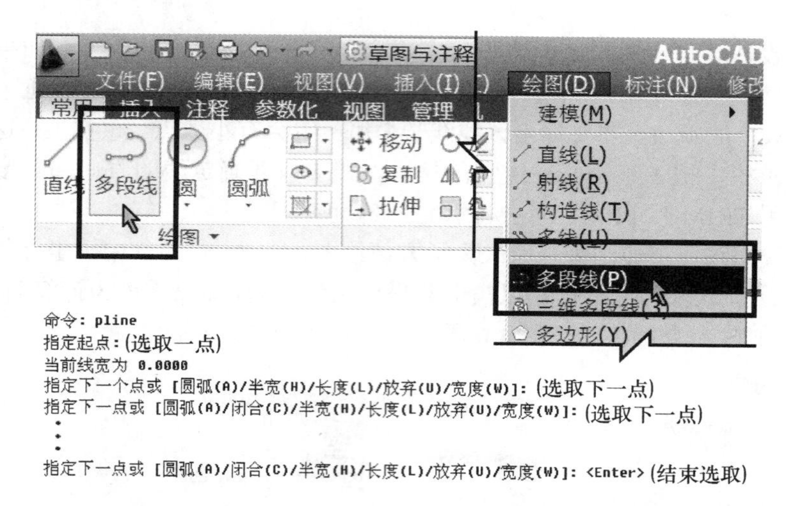

图 4-7　PLINE 命令的选取位置和命令提示流程

如图 4-7 的命令提示流程所示，PLINE 的选项虽然很多，但大多是不实用的。对初学者来说，建议使用和 LINE 命令一样的操作顺序和习惯来操作 PLINE。完成后，其外表和使用 LINE 命令所画出的并无不同。

那两者的差别在哪里呢？LINE 与 PLINE 命令的不同之处在于：前者是一条包含起点和终点的单纯线段；而后者则是包含起点→中间顶点→终点的多条线。换句话说，LINE 命令所生成的线是独立的，一条线就是一条线，如画两次，即便连在一起，也算是两条线；而 PLINE 命令所生成的线，不论多少，只要是一次画出的，都算一条！

那有何差别呢？差别体现在事后的编辑上！稍后在图 4-10 中即可看出。

4.2.2　画已知直线的平行线(配合捕捉或 OFFSET 命令)

本范例视频文件：(A)Samples(GB)\ch04\avi 目录下的 LINE_OFFSET_2010.avi。

画平行线是最基本的线几何。在第 3 章的图 3-3 已经示范过如何使用捕捉操作来画并行线了！但是那种方法无法指定平行线间的准确距离(除非再配合捕捉一个已事先画好的辅助点)。

因此，将在此介绍图 4-8 所示的 OFFSET 命令。

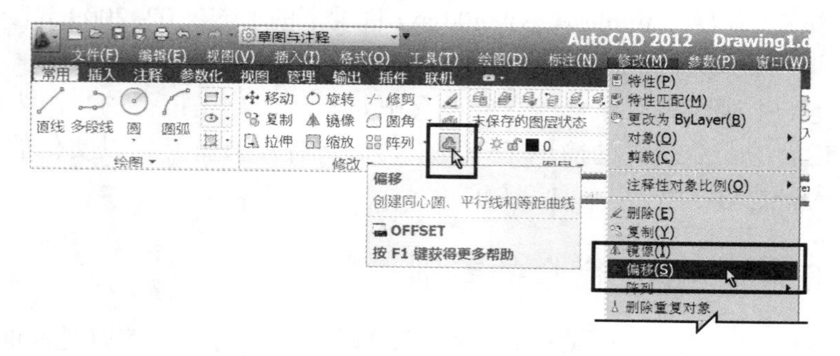

图 4-8　OFFSET 命令的选取位置

通过图 4-9 的操作，就可以轻松地绘出一个指定距离的平行线。

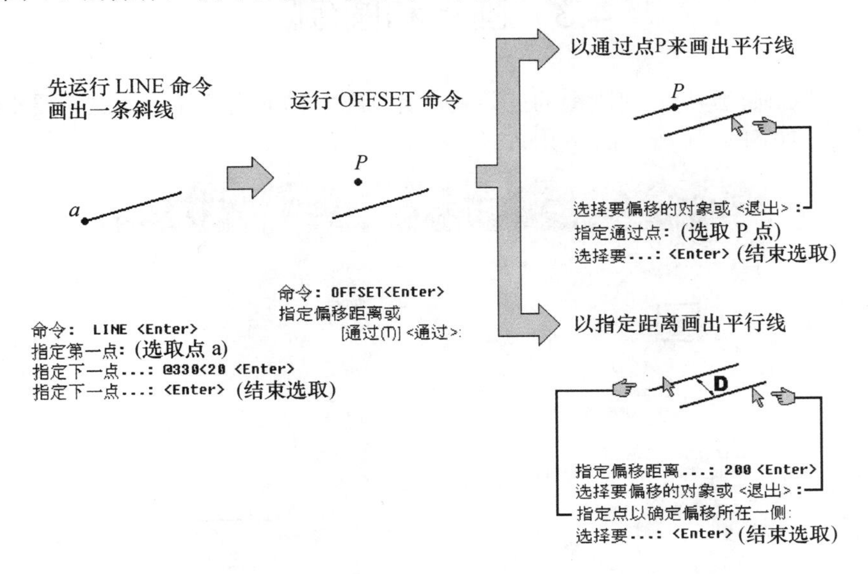

图 4-9 画已知直线的平行线

应注意的是，对使用 LINE 和 PLINE 命令所画的线作偏移 OFFSET，会有如图 4-10 所示的不同结果。

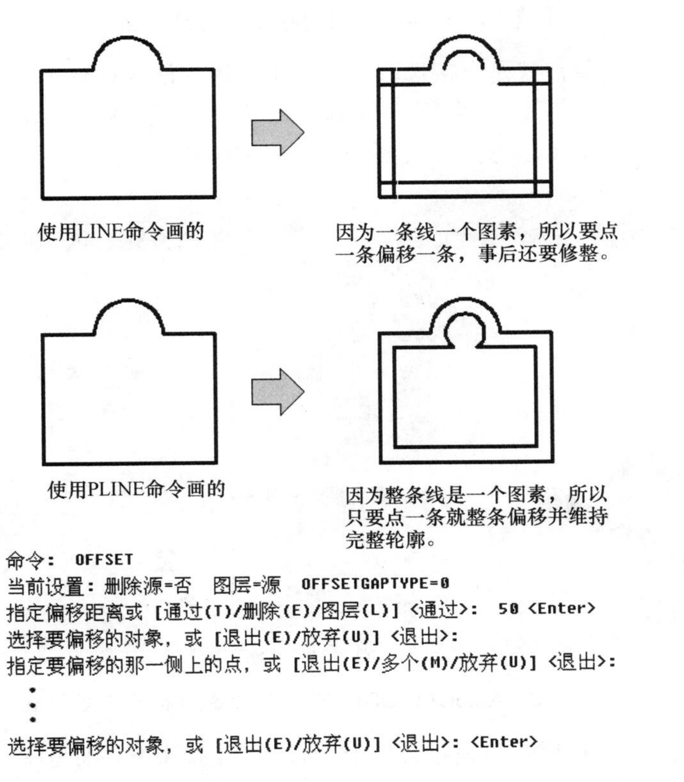

图 4-10 对 LINE 和 PLINE 线作偏移(OFFSET)所得到的不同结果

4.3 画点和圆(弧)

由于点、线、圆(弧)是几何画图的三要素，所以在实作前需要先说明这三要素的命令位置。首先，可参照图 4-11 所示的 POINT 命令。

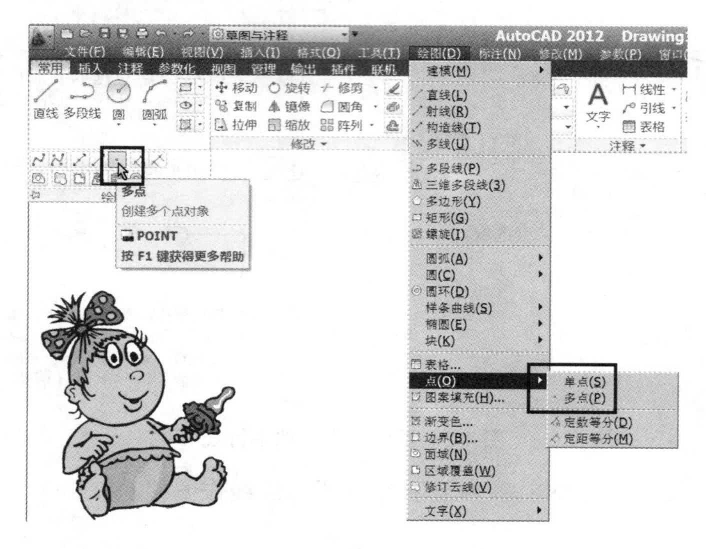

图 4-11　AutoCAD 画点的命令选取位置

POINT 命令很简单，就是直接选取或使用坐标输入法来精确指定位置即可。由于点通常用于辅助性的图素，所以不太好在屏幕上看出，于是 AutoCAD 又设计了一个名为 DDPTYPE 的透明命令，以改变点显示的样式，如图 4-12 所示。

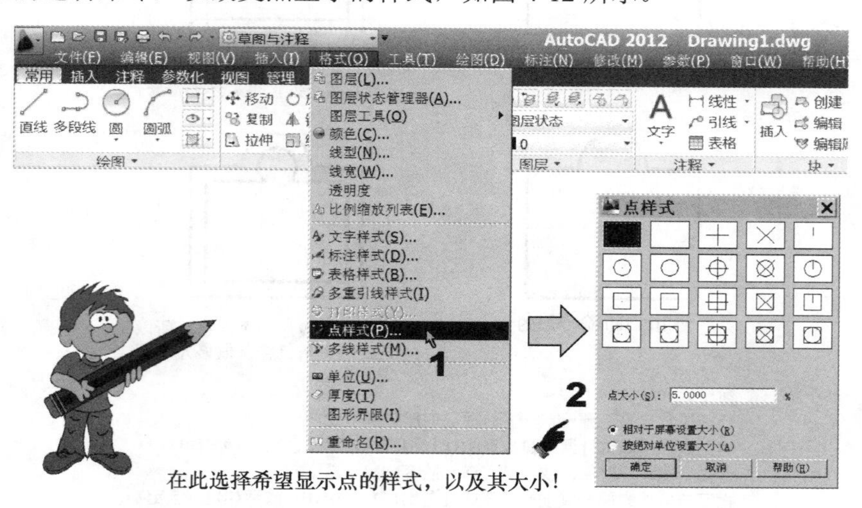

图 4-12　AutoCAD DDPTYPE 的命令(点样式)选取位置

这些命令的操作，在后续的视频文件中都有示范。接下来，则是图 4-13 所示的 CIRCLE 命令。

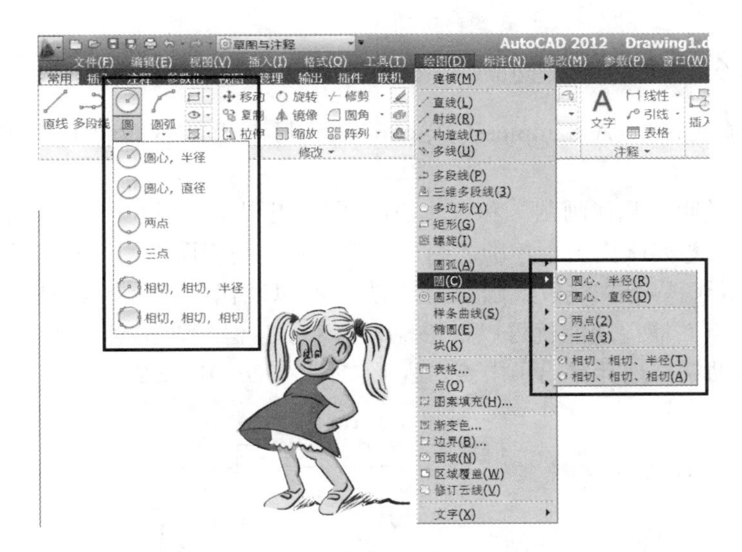

图 4-13　AutoCAD 画圆的命令选取位置

从图 4-13 中可以看出，通过 CIRCLE 命令，可以选取“两点(或三点)”来画圆，也可以“圆心，半径(或直径)”这样的条件来画圆。只要用过圆规，这些都是可以想象的。但是“相切，相切，半径”(即选两圆来画两圆的切圆)和“相切，相切，相切”(即选三圆来画三圆的切圆)就是手工画不出来的功能了！这些，在稍后的小节中都有范例。

那么画弧呢？事实上，弧是圆的一部分，所以通常和圆一起讲。当我们要画一个精确的弧，一定是先画圆再去截。因此，AutoCAD 的 ARC 命令，初学者多数时候只需用到“三**点**”或“起点、端点、半径” 画弧即可。其命令选取位置如图 4-14 所示。

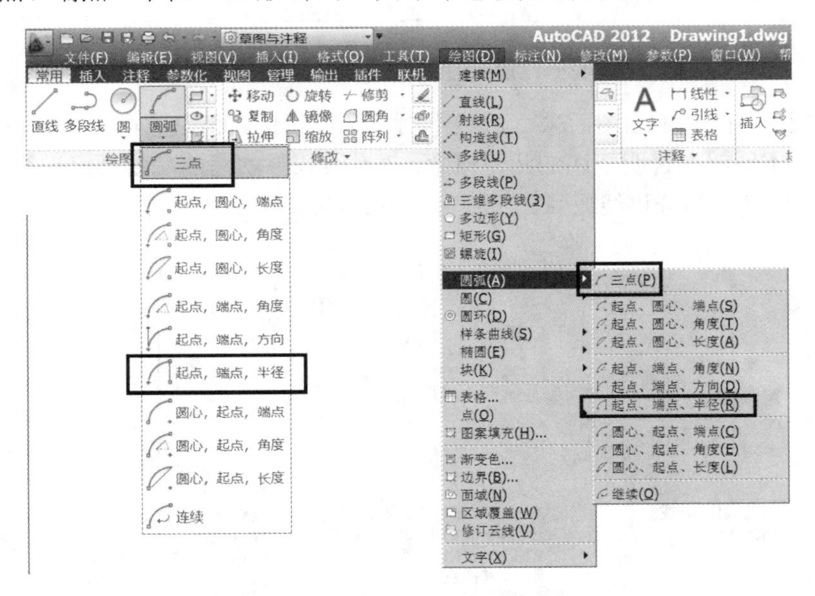

图 4-14　AutoCAD 画弧的命令选取位置

为什么要先讲画圆和画弧？因为点、线、圆(弧)是几何画图三要素，加入圆和弧的要素后，就会有以下各小节的几何主题可学了！

4.3.1　两等分一线段或圆弧

本范例视频文件：(A)Samples(GB)\ch04\avi 目录下的 Geo_01_C_2010.avi，Geo_01_2010.avi。

本节将详细说明“几何画图”和“一般画图”的区别。在过去，因为手工画图是不精准的，所以，如果想要画出一个精准的图形，就一定要使用图形间的几何关系来求得。

就以本小节要两等分一线段或圆弧的目的来说，以现代CAD的软件技术，只要如图4-15所示，使用“中点”捕捉功能就可以很快地画出来了！但是这完全没有用到几何概念，只是因为计算机帮助精准地计算出了中点。视频文件：Geo_01_C_2010.avi。

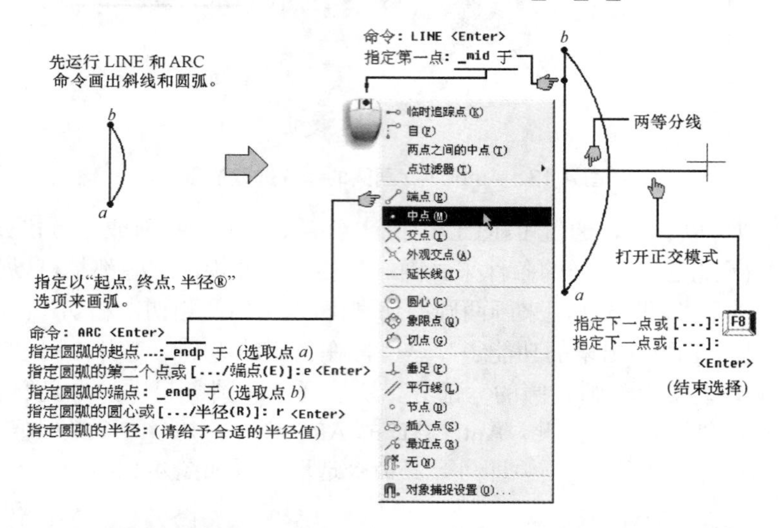

图 4-15　两等分一线段或圆弧的操作(靠 CAD 现成功能的画法)

几何画法多半由手工画图而来，虽然不用计算机帮忙，但是它是设计的基础概念！如图4-16所示，本例就在说明下述的几何概念：“在线或弧的两端点处画出半径相同的两圆，其相交点的连线必定等分该线或弧。”视频文件：Geo_01_2010.avi。

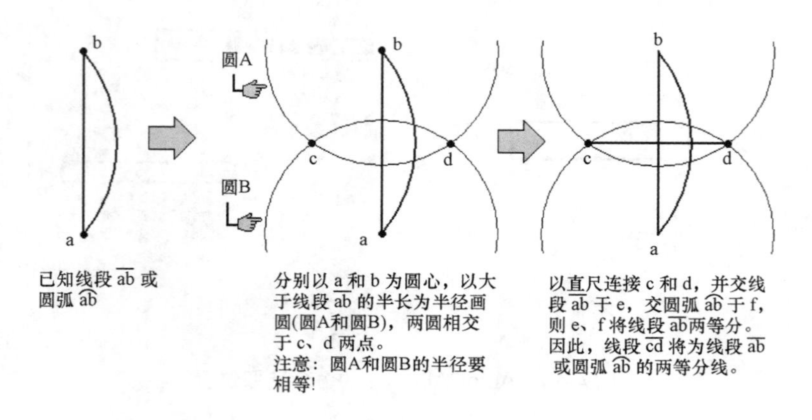

图 4-16　两等分一线段或圆弧的操作(几何画法)

4.3.2 ERASE、 BREAK、TRIM 和 EXTEND 命令

现在，虽然点、线、圆(弧)已经学过了，但是为顺利进行后续各小节的实作，我们不得不在此加入一些必要的编辑命令。就好像在手工画图时，总要用到擦线板和橡皮擦一样。

1. ERASE 命令

删除命令的操作很简单，即运行此命令，再选择想要删除的图素即可，其位置见图 4-17。其操作技巧在于配合 2.2.5 小节学过的选择方式。因为图面复杂时，如何选到要删除的图素就是一个技巧。在以下的视频文件中，会给出较多合适的示范。

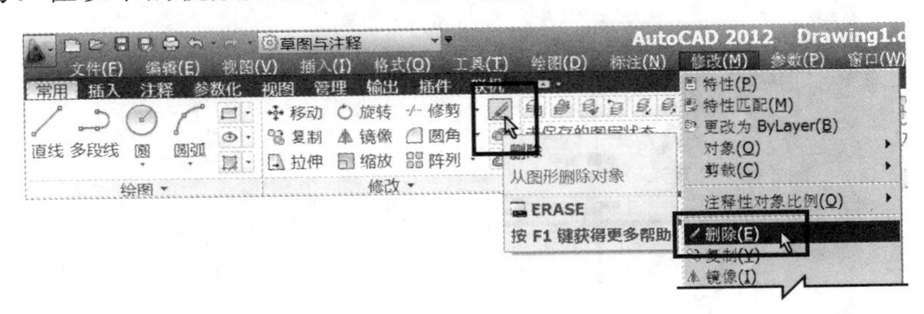

图 4-17 ERASE 命令的位置

本范例视频文件：(A)Samples(GB)\ch04\avi 目录下的 ERASE_01_2009.avi，ERASE_02_2009.avi。

2. BREAK 命令

BREAK 命令是修剪图形的两个主要基本命令之一。运行此命令后，只要点两点，就可以剪去这两点间的线段或圆段(弧段)，命令位置见图 4-18。但是应注意：如视频文件所示范，对圆来说，顺时针或逆时针的点取两点，会造成不同的剪去效果。

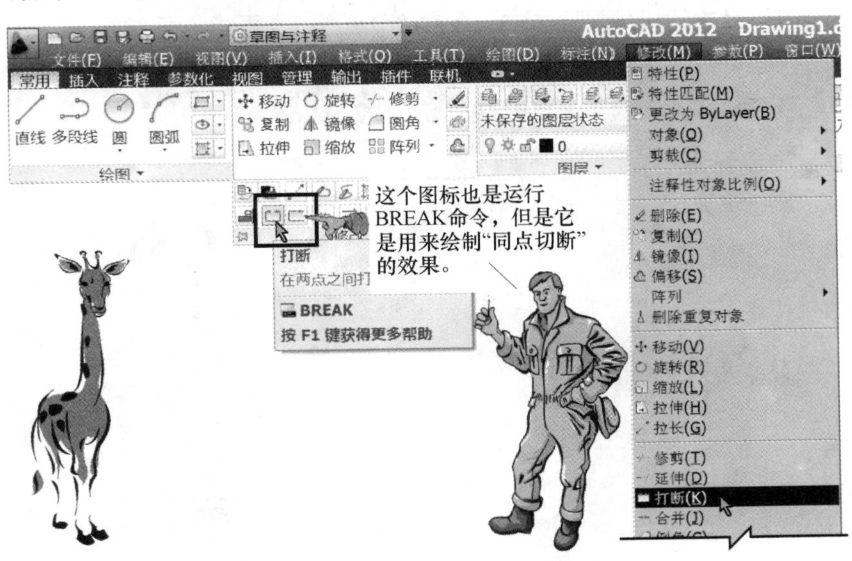

图 4-18 BREAK 命令的位置

本范例视频文件：(A)Samples(GB)\ch04\avi 目录下的 BREAK_2010.avi。

3. TRIM 命令

TRIM 是修剪图形的两个主要基本命令之一，其选取位置见图 4-19。运行此命令后，要先指定当做修剪边界的线段(弧段)，按 Enter 键确认边界后，再指定要剪除的图形。这个命令要比 BREAK 有弹性，功能也比较强！

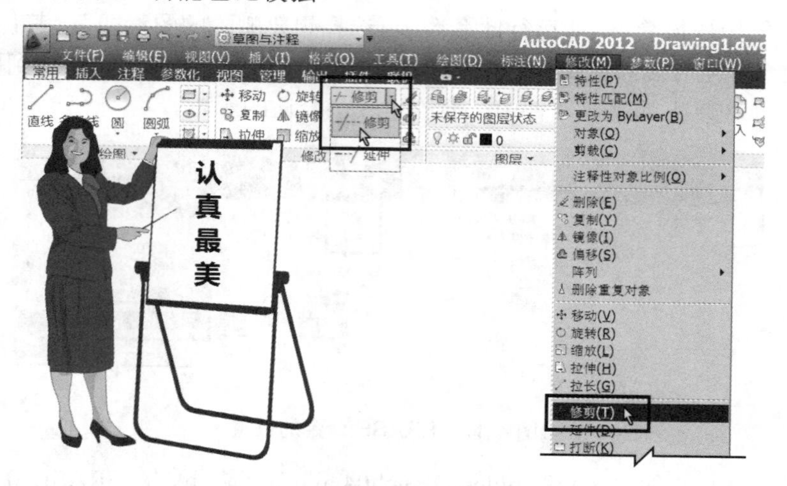

图 4-19 TRIM 命令的选取位置

本范例视频文件：(A)Samples(GB)\ch04\avi 目录下的 TRIM_01_2009.avi～TRIM_04_2009.avi。

4. EXTEND 命令

“延伸”是修剪的反意。因此，它的操作逻辑和 TRIM 命令类似。运行此命令后，要先指定当做延伸边界的线段(弧段)，按 Enter 键确认边界后，再指定要延伸的图形(见图 4-20)。

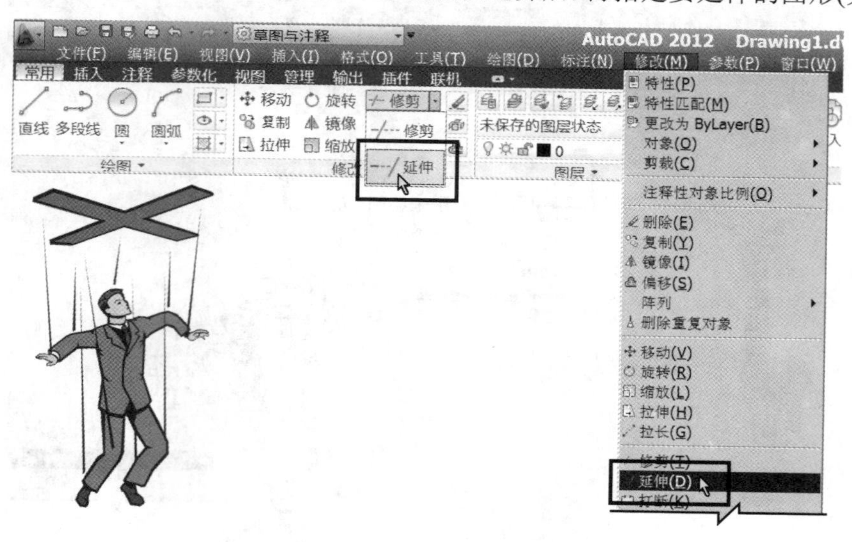

图 4-20 EXTEND 命令的选取位置

本范例视频文件：(A)Samples(GB)\ch04\avi 目录下的 EXTEND_01_2009.avi，EXTEND_02_2009.avi。

4.3.3 两等分一角

本范例视频文件：(A)Samples(GB)\ch04\avi 目录下的 Geo_02_C_2010.avi，Geo_02_2010.avi。

同样的，要两等分一角，也有两种画法。一是如图 4-21 所示，利用 CAD 软件功能的画法。视频文件：Geo_02_C_2010.avi。

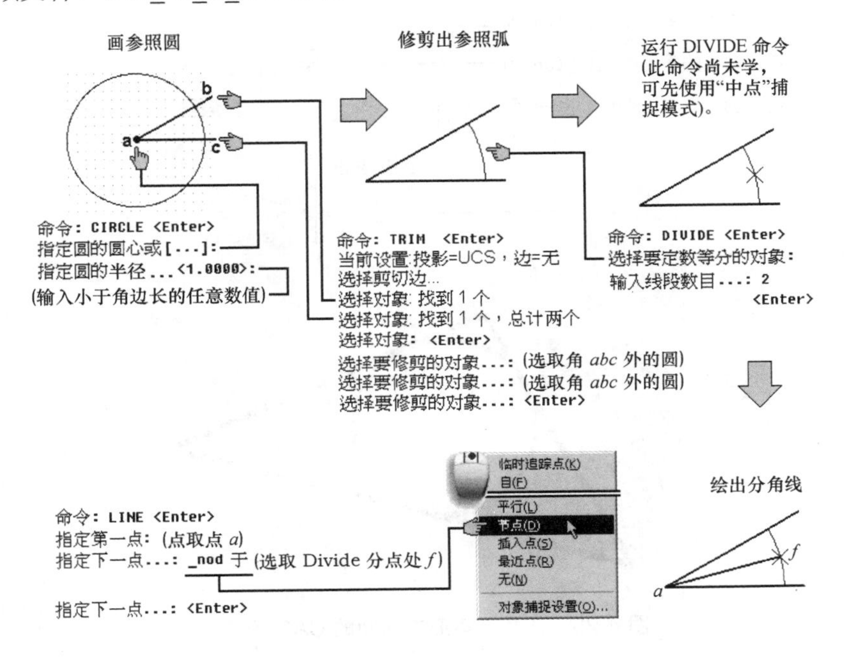

图 4-21　两等分一角的操作(靠 CAD 现成功能的画法)

为什么在图 4-21 中不用“中点”捕捉模式来画呢？因为“中点”捕捉只能应付两等分的情况，如果遇到的是三等分、四等分或任意等分的情况呢？而稍后我们要学的 DIVIDE 命令，都可以应付这些状况，所以虽然还没学到，但是使用 DIVIDE 命令才是正确的做法。

另一个则是如图 4-22 所示的几何画法。视频文件：Geo_02_2010.avi。

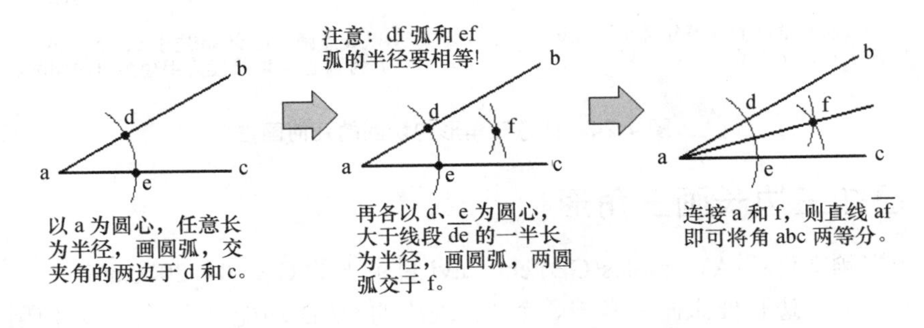

图 4-22　两等分一角的操作(几何画法)

4.3.4 画三角形的内切圆

本范例视频文件：(A)Samples(GB)\ch04\avi 目录下的 Geo_03_C_2010.avi，Geo_03_2010.avi。

要绘出任意三角形中的内接圆，在 AutoCAD 中的现成命令，就是如图 4-23 所示，CIRCLE 命令中的“相切，相切，相切”选项。视频文件：Geo_03_C_2010.avi。

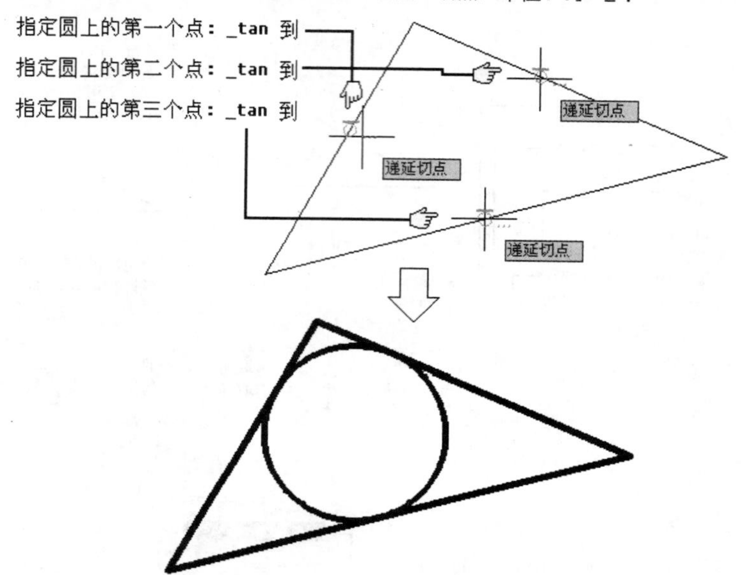

图 4-23 任意三角形内切圆的 CAD 画法

而其几何画法，则如图 4-24 所示。视频文件：Geo_03_2010.avi。

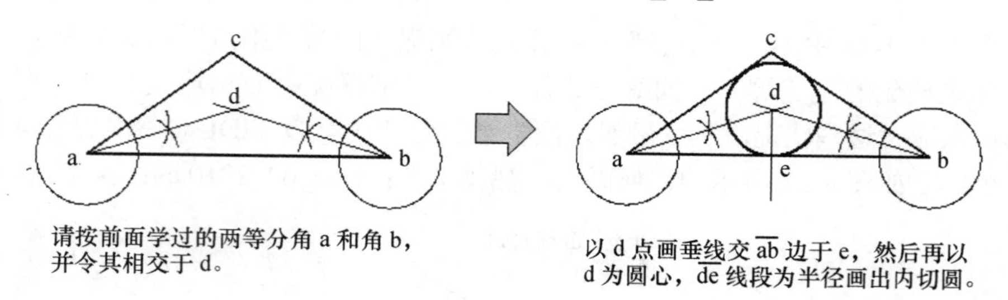

图 4-24 任意三角形内切圆的几何画法

4.3.5 已知三边长画三角形

本范例视频文件：(A)Samples(GB)\ch04\avi 目录下的 Geo_04_2010.avi。

已知三角形三边长要来画三角形，就没有现成的 CAD 功能可用了。必须使用几何画法。要用到的命令是：CIRCLE 和 LINE。要配合的捕捉模式则是：“端点”和“交点”。其画法如图 4-25 所示。

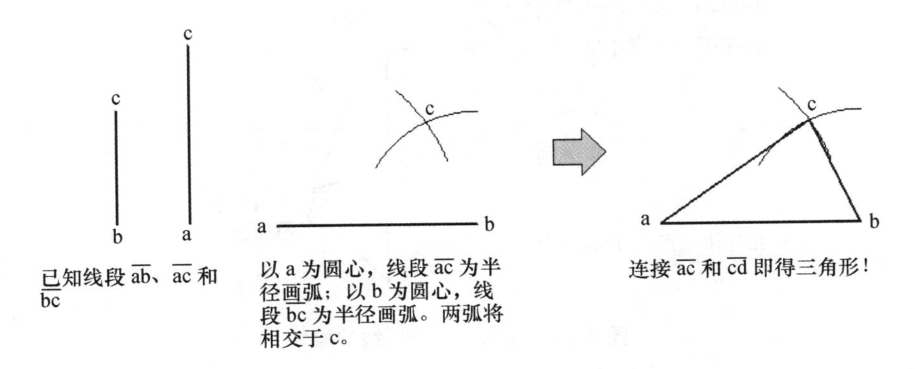

图 4-25　已知三边长画三角形的几何画法

4.3.6　从圆外一点画圆的切线

本范例视频文件：(A)Samples(GB)\ch04\avi 目录下的 Geo_05_C_2010.avi。

有些图形由几何画法可求得，但是有些则只能靠 CAD 的功能才能画出精确的图形来！“切线”正是这类图形。当然，并不是以几何方式画不出切线来，而是无法精确地找到切线点。因为切线点必须根据线和圆的相对位置，通过数学计算来得到。这部分是计算机的强项。

如图 4-26 所示，以 LINE 命令配合“切点”捕捉模式，就可以快速绘出圆外一点的切线。

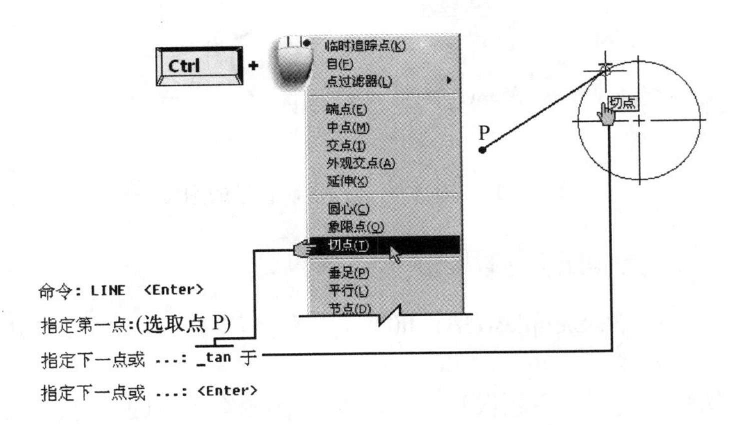

图 4-26　从圆外一点画圆切线的操作

4.3.7　画两圆的内公切线

本范例视频文件：(A)Samples(GB)\ch04\avi 目录下的 Geo_06_C_2010.avi。

同 4.3.6 小节所述，以 LINE 命令配合两次的“切点”捕捉模式，就可以快速绘出两圆内公切线，如图 4-27 所示。

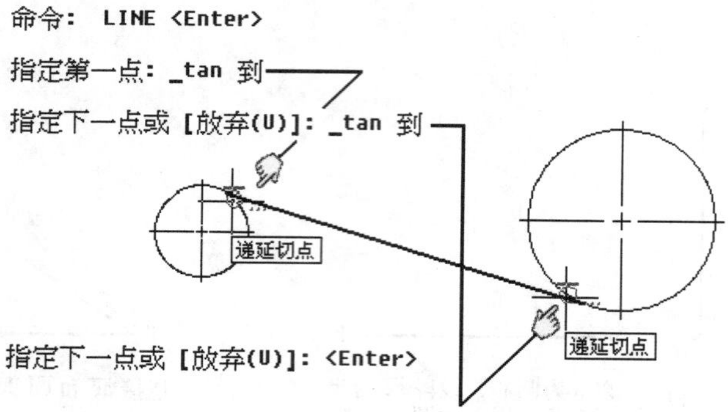

命令： LINE <Enter>
指定第一点：_tan 到
指定下一点或 [放弃(U)]：_tan 到
递延切点
递延切点
指定下一点或 [放弃(U)]：<Enter>

图 4-27 画两圆内公切线的操作

4.3.8 过线外一点画切于直线的圆弧

本范例视频文件：(A)Samples(GB)\ch04\avi 目录下的 Geo_07_2009.avi。

要过线外一点，画出切于直线的圆弧，就是标准的几何画图主题。只是要配合 LINE、OFFSET、CIRCLE 和 TRIM 等命令来画，如图 4-28 所示。

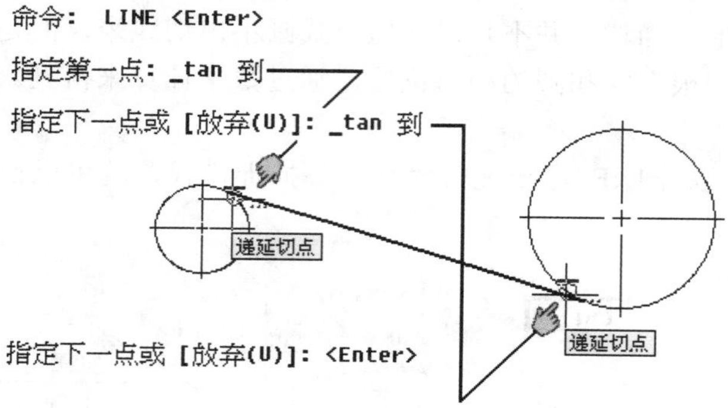

命令： LINE <Enter>
指定第一点：_tan 到
指定下一点或 [放弃(U)]：_tan 到
递延切点
递延切点
指定下一点或 [放弃(U)]：<Enter>

图 4-28 过线外一点画出切直线的圆弧

4.3.9 画两已知圆间的内切弧

本范例视频文件：(A)Samples(GB)\ch04\avi 目录下的 Geo_08_C_2010.avi，Geo_08_2009.avi。

这个代表“切弧”的几何主题很有意思！CAD 画图有现成的功能，很好画，但是也有应用到几何概念的画法，画出来的也一样精确。先看图 4-29 所示的 CAD 画法。视频文件：Geo_08_C.avi。

注 意

在图 4-29 中，决定内切弧半径的数值要合理，否则就会因所输入的半径不合理而画不出来！

其几何画法如图 4-30 所示。视频文件：Geo_08.avi。

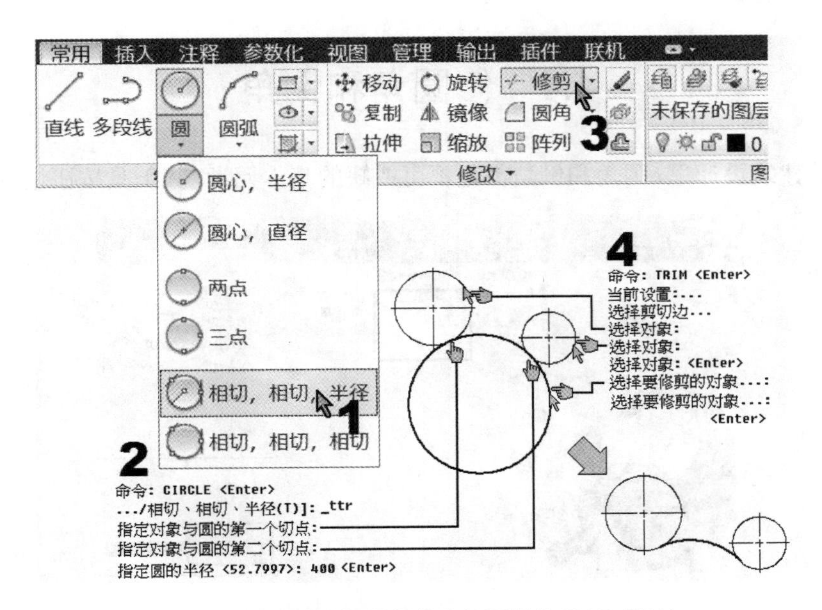

图 4-29 画两已知圆间的内切弧操作(CAD 画法)

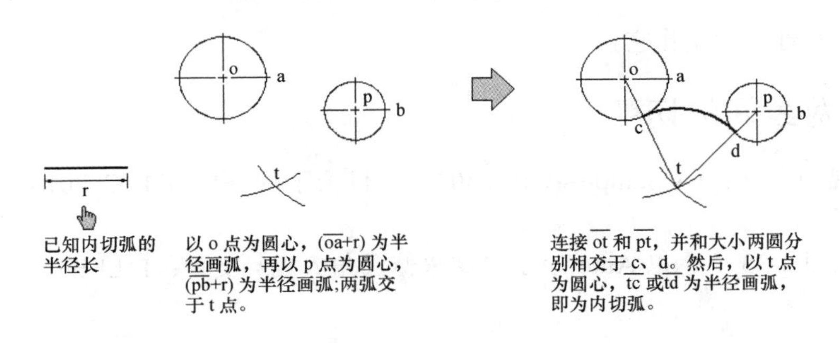

o
a
p
b
r
t
c
d
已知内切弧的半径长
以 o 点为圆心，(oa+r) 为半径画弧，再以 p 点为圆心，(pb+r) 为半径画弧;两弧交于 t 点。
连接 ot 和 pt，并和大小两圆分别相交于 c、d。然后，以 t 点为圆心，tc 或td 为半径画弧，即为内切弧。

图 4-30 画两已知圆间的内切弧(几何画法)

4.3.10 画一已知圆和一线间的内切弧

本范例视频文件：(A)Samples(GB)\ch04\avi 目录下的 Geo_09_2009.avi。

以几何画图的概念，配合 LINE、OFFSET、CIRCLE 和 TRIM 等命令来画圆和线的内切弧，如图 4-31 所示。

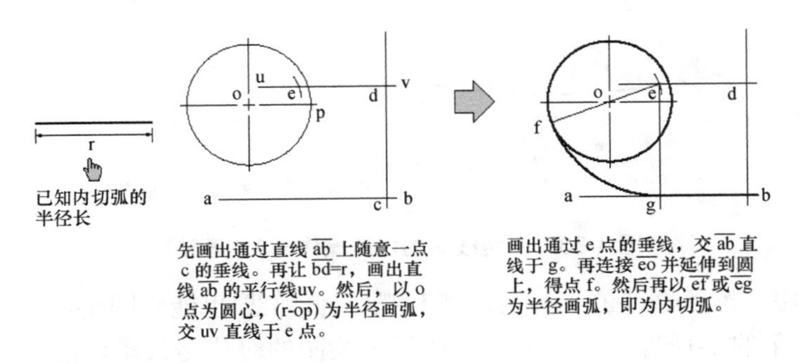

图 4-31 画一已知圆和一线间的内切弧

4.4　修圆角和倒角

在我国的建筑设计里，圆角和倒角都是不可或缺的基本元素，其工具按钮位置见图 4-32。

图 4-32　FILLET 和 CHAMFER 命令的选取位置

本节就来和你一起实作它们。

4.4.1　画两线间的切弧

本范例视频文件：(A)Samples(GB)\ch04\avi 目录下的 FILLET_C_2010.avi，FILLET_2009.avi。

首先，按图 4-33 所示以 AutoCAD 画法来修圆角。视频文件：FILLET_C_2010.avi。

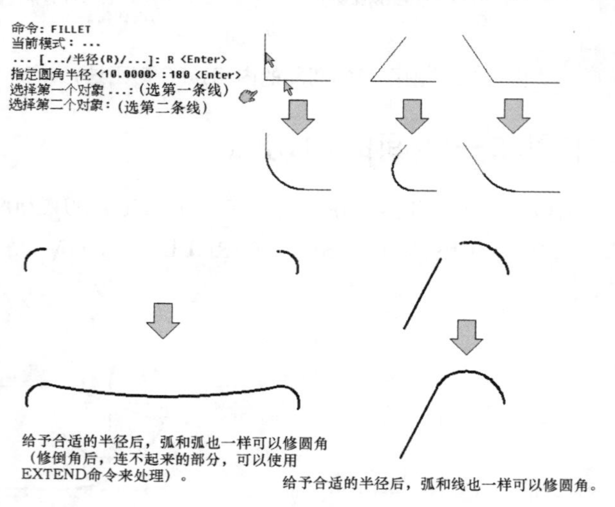

图 4-33　画两线间的切弧操作(CAD 画法)

在图 4-33 中，给予合适的半径后，弧和弧(或弧和线)也能修圆角。但是当两弧的距离相距较远时，圆角的半径势必会很大；这在手工绘图的时代是很难画的，因为可能没那么大的圆规，同时圆心位置可能也在图纸之外。所以，必须知道，CAD 画图有它的好用之处，而几何图学也有其重要性，两者都应学好！

接着，则是在不同情况的两线间修圆角的几何画法，如图 4-34 所示。视频文件：FILLET_2009.avi。

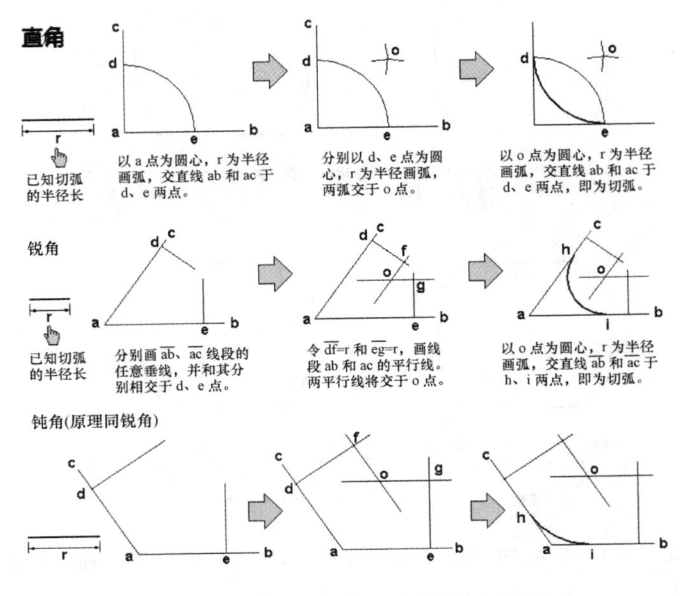

图 4-34　画直两线间的切弧操作(几何画法)

4.4.2　画两线间的倒角

在两线间画倒角和画圆角的操作是一样的，只是条件不同。要指定的不是圆角半径，而是希望在两边线处所截掉的距离值，如图 4-35 所示。

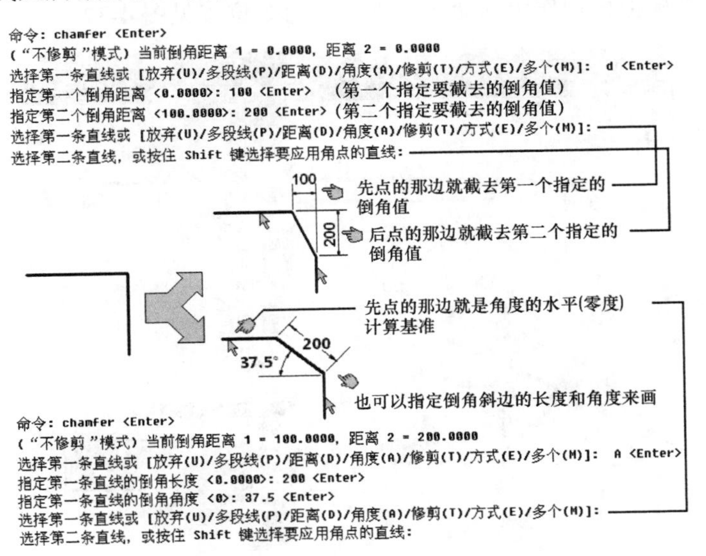

图 4-35　画两线间的倒角

本范例视频文件：(A)Samples(GB)\ch04\avi 目录下的 CHAMFER_2010.avi。

如图 4-36 所示，圆角和倒角也有图 4-10 一样的“LINE 和 PLINE 情结”。本范例视频文件：(A)Samples(GB)\ch04\avi 目录下的 FILLET_CHAMFER_2010.avi。

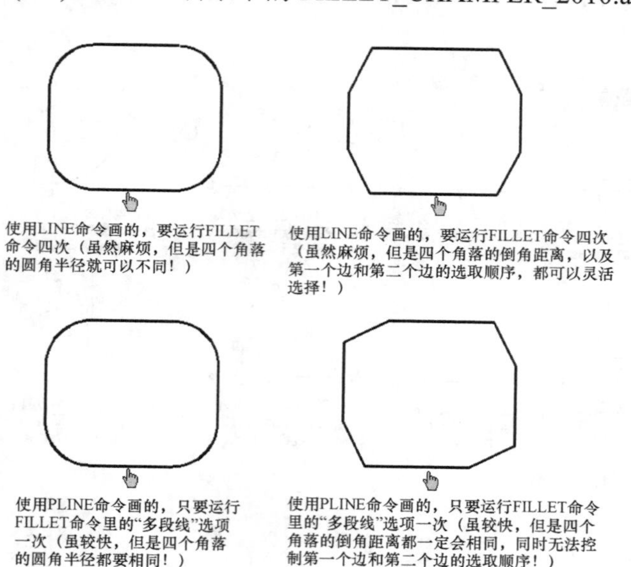

使用LINE命令画的，要运行FILLET命令四次（虽然麻烦，但是四个角落的圆角半径就可以不同！）
使用LINE命令画的，要运行FILLET命令四次（虽然麻烦，但是四个角落的倒角距离，以及第一个边和第二个边的选取顺序，都可以灵活选择！）
使用PLINE命令画的，只要运行FILLET命令里的“多段线”选项一次（虽较快，但是四个角落的圆角半径都要相同！）
使用PLINE命令画的，只要运行FILLET命令里的“多段线”选项一次（虽较快，但是四个角落的倒角距离都一定会相同，同时无法控制第一个边和第二个边的选取顺序！）

图 4-36　对 LINE 和 PLINE 线作 FILLET 和 CHAMFER 所得到的不同结果

4.5　定数等分和定距等分

还记得第 1 章图 1-16 的那个分规吗？CAD 画图在这方面设计出了人工画图无法比拟的功能。对 AutoCAD 来说， POINT 命令中的 DIVIDE(定数等分)和 MEASURE(定距等分)两个命令，就是用来模拟分规作用的命令工具，其命令位置见图 4-37。

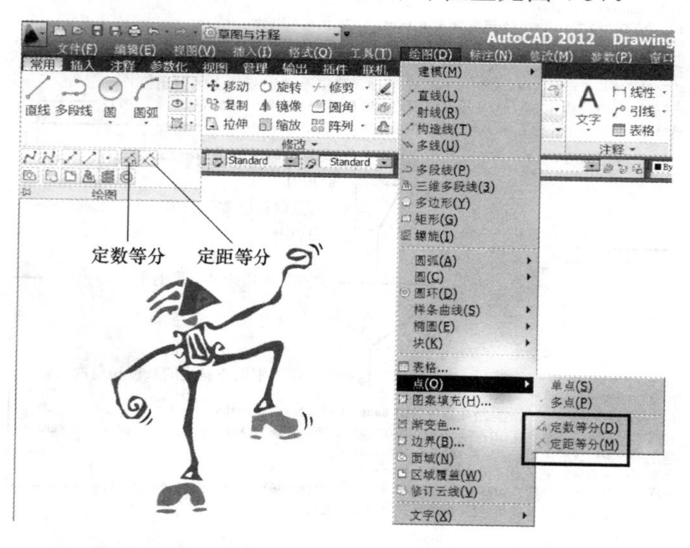

图 4-37　DIVIDE 和 MEASURE 命令的选取位置

4.5.1 任意等分一角(线段)

本范例视频文件：(A)Samples(GB)\ch04\avi 目录下的 Geo_10_C_2010.avi。

前面曾做过两等分，而本小节将使用 DIVIDE 命令来实作任意等分。图 4-38 示范的是七等分角的操作。

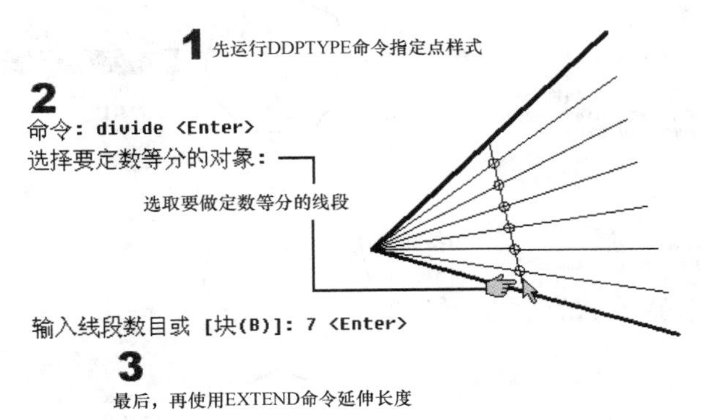

图 4-38 任意(七)等分一角(线段)的操作

注 意

代表定距等分的 MEASURE 命令，操作方式也相同，只是要指定多少长度为一等分。因为通常都会有余数(即不足一等分)，因此多用于测试，应用的场合远比 DIVIDE 少。

4.5.2 任意等分一圆弧或曲线

本范例视频文件：(A)Samples(GB)\ch04\avi 目录下的 Geo_11_C_2010.avi。

在手工画图中，规则弧线的等分或许还可以通过分角来等分，但是对曲线的等分就办不到了。如图 4-39 所示，示范九等分一圆弧或曲线。

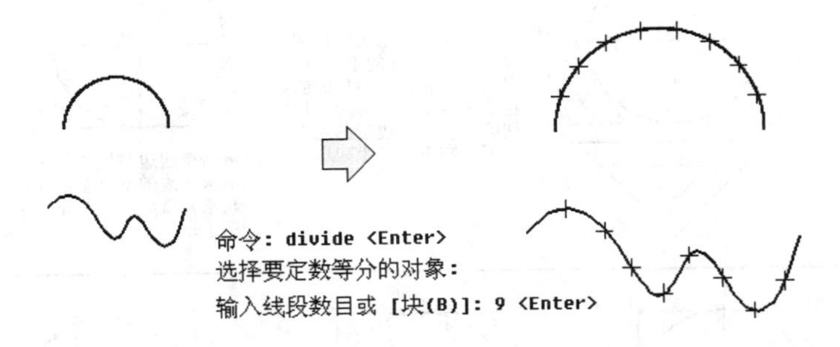

图 4-39 任意(九)等分一圆弧或曲线的操作

4.6 画 多 边 形

使用几何手法来画多边形，一直是几何画图中的标准主题。用 AutoCAD 的专门命令工具当然可以很容易地绘出任意边数的多边形(如图 4-40 所示)，但是训练我们几何作图思考才是主要的目的，因此，本节将主要针对多边形的几何作图。

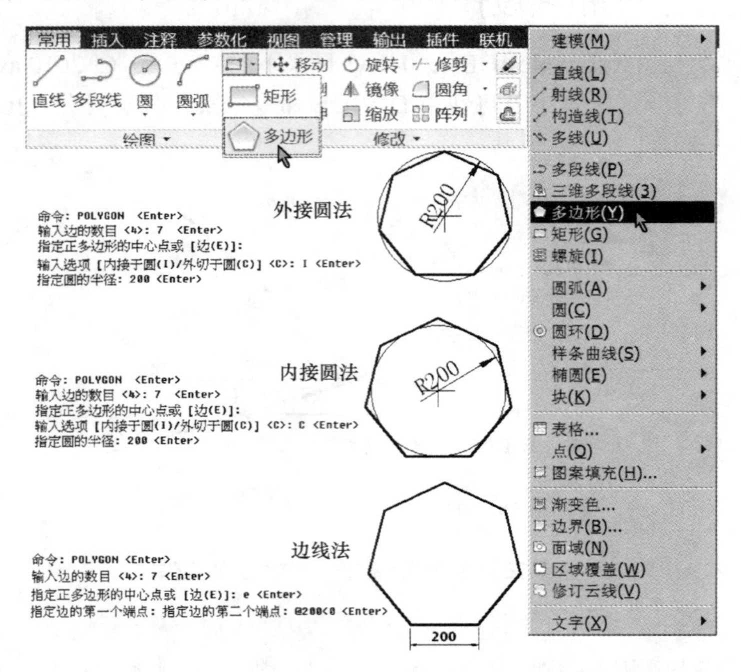

图 4-40　PLOYGON 命令的选取位置和绘图示例

4.6.1　内切圆的几何画法

本范例视频文件：(A)Samples(GB)\ch04\avi 目录下的 Geo_12_2009.avi(以八边形为例)。

在图 4-41 中，将以几何的内切圆法，示范画正六和正八边形。

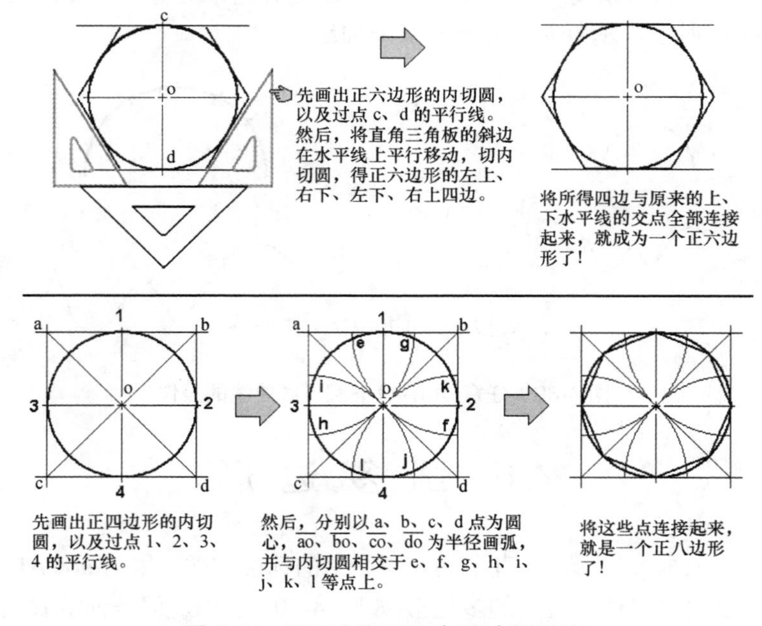

c
o
d
先画出正六边形的内切圆，以及过点 c、d 的平行线。然后，将直角三角板的斜边在水平线上平行移动，切内切圆，得正六边形的左上、右下、左下、右上四边。
o
将所得四边与原来的上、下水平线的交点全部连接起来，就成为一个正六边形了！
a 1 b
3 o 2
c 4 d
先画出正四边形的内切圆，以及过点 1、2、3、4 的平行线。
a 1 b
e g
i k
3 o 2
h f
l j
c 4 d
然后，分别以 a、b、c、d 点为圆心，ao、bo、co、do 为半径画弧，并与内切圆相交于 e、f、g、h、i、j、k、l 等点上。
将这些点连接起来，就是一个正八边形了！

图 4-41　画正六和正八边形(内切圆法)

4.6.2 外接圆的几何画法

本范例视频文件：(A)Samples(GB)\ch04\avi 目录下的 Geo_13_2010.avi(以九边形为例)。

在图 4-42 中，将以几何的外接圆法，示范画正六、正五和正九边形。

先画出正六边形的外接圆。然后，再分别以a、b点为圆心，以ao、ob为半径画出两辅助圆，并交外接圆于点c、d、e与f。

连接a、c、d、b、f与e点，即成一正六边形。

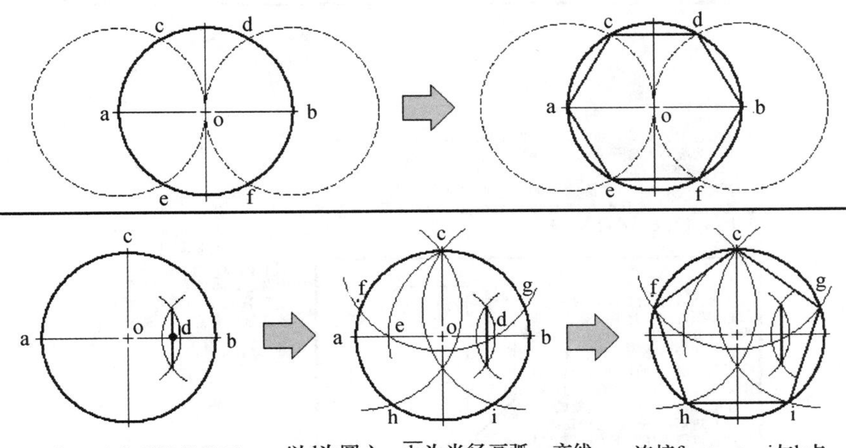

先画出正五边形的外接圆。然后，画出线段$\overline{ob}$的中垂线，交线段$\overline{ab}$于d。

以d为圆心，$\overline{dc}$为半径画弧，交线段$\overline{ab}$于e；再以c为圆心，$\overline{ce}$为半径画弧，交外接圆于f、g；再以 f 为圆心，$\overline{fc}$为半径画弧，交外接圆于h；最后以g为圆心，$\overline{gc}$为半径画弧，交外接圆于i。

连接f、c、g、i与h点，即成一正五边形。

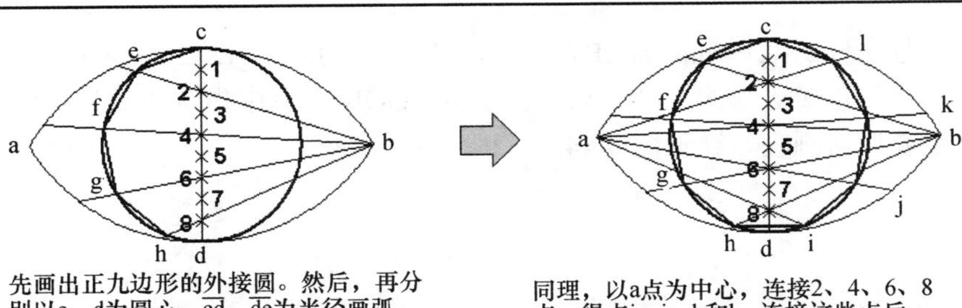

先画出正九边形的外接圆。然后，再分别以c、d为圆心，$\overline{cd}$、$\overline{de}$为半径画弧，并相交于a、b。接着，将线段$\overline{cd}$九等分，并令其2、4、6、8点与b点相连，同时再延伸到外接圆上，得点e、f、g与h。请连接这些点！

同理，以a点为中心，连接2、4、6、8点，得点i、j、k和l。连接这些点后，就会得到正九边形。注意：这种几何画法可以得到任意正多边形。

图 4-42 画正六、正五和正九边形(外接圆法)

4.6.3 边线的几何画法

本范例视频文件：(A)Samples(GB)\ch04\avi 目录下的 Geo_14_2009.avi(以七边形为例)。

在图 4-43 中，将以几何的边线法，示范画正六、正七和正八边形。

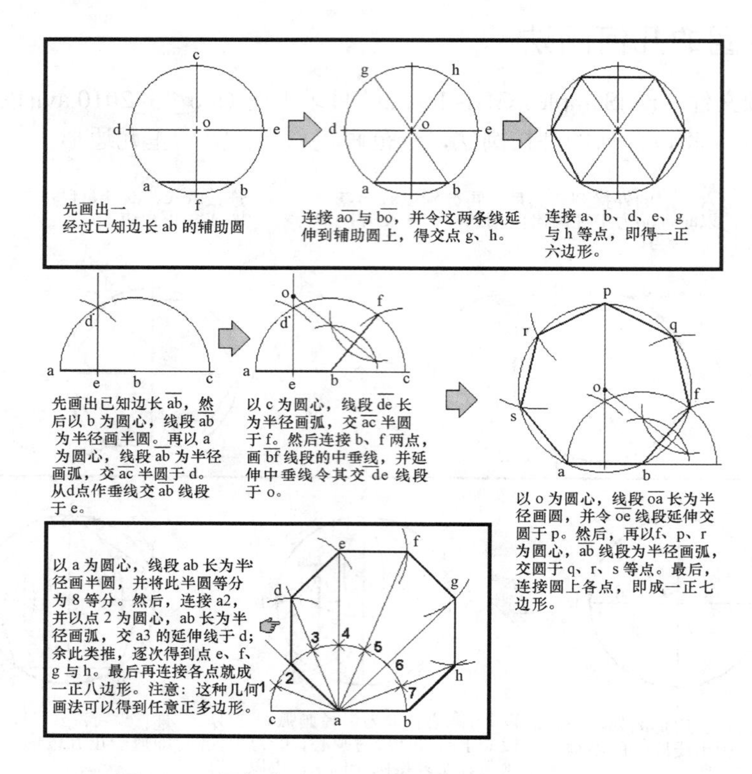

图 4-43　已知多边形一边长，画正六、七、八边形

4.6.4　已知一边长画正三角形

本范例视频文件：(A)Samples(GB)\ch04\avi 目录下的 Geo_15_2009.avi。

正三角形也是正多边形的一种。只要在 POLYGON 命令中指定边数为 3 即可绘出。但是其几何作图要如何画呢？详见图 4-44。

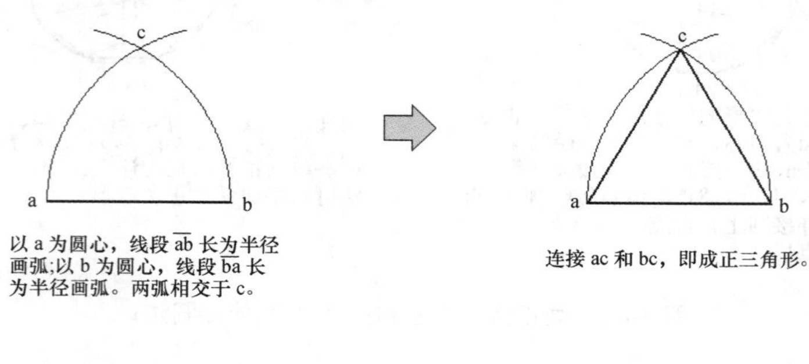

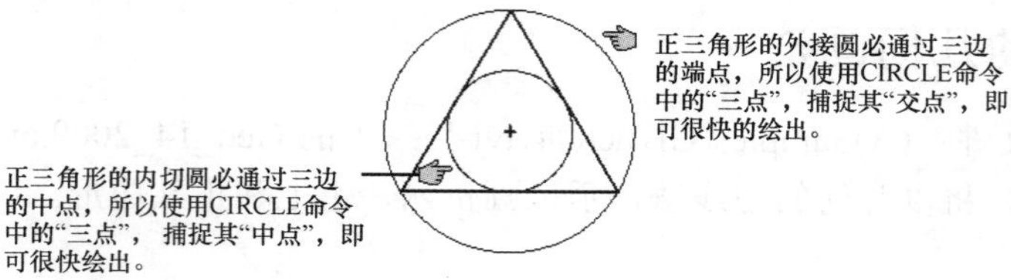

图 4-44　已知一边长画正三角形和其内切圆与外接圆的操作

按图 4-44 所示的操作原理，使用 AutoCAD CIRCLE 命令中的现成选项，来画任意三角形的外接圆都是很容易的！但是如果要以几何画法来画出任意三角形的外接圆，在根本不知道外接圆圆心在何处的情况下，你画得出来吗？可参照图 4-45。

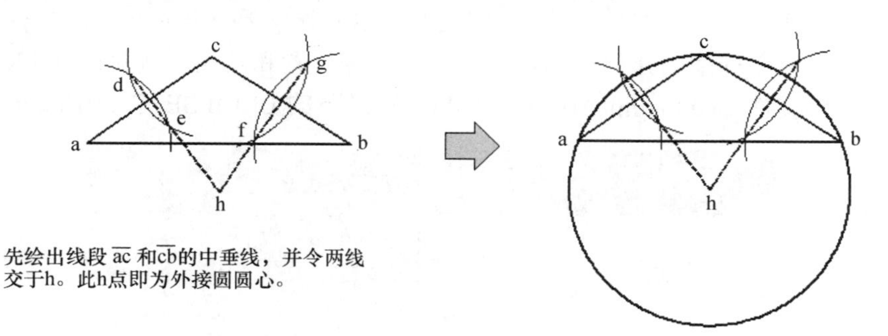

c
g
d
e
f
a
b
h
先绘出线段 ac 和cb的中垂线，并令两线交于h。此h点即为外接圆圆心。
c
a
b
h
以h点为圆心，ha为半径，绘出外接圆。

图 4-45　任意三角形外接圆的几何绘法

本范例视频文件：(A)Samples(GB)\ch04\avi 目录下的 Geo_16_2010.avi。

4.6.5　求多边形的圆心

本范例视频文件：(A)Samples(GB)\ch04\avi 目录下的 Geo_17_2010.avi。

画多边形时，并不会将内切圆或外接圆绘出，所以如果要在 AutoCAD 中找出多边形的圆心，最快的方法就是绘出内切圆或外接圆，然后再于其他命令中配合使用“圆心”捕捉模式来捕捉圆心。

那么几何作图法呢？类似图 4-45，可以参照图 4-46 来找到多边形的圆心。

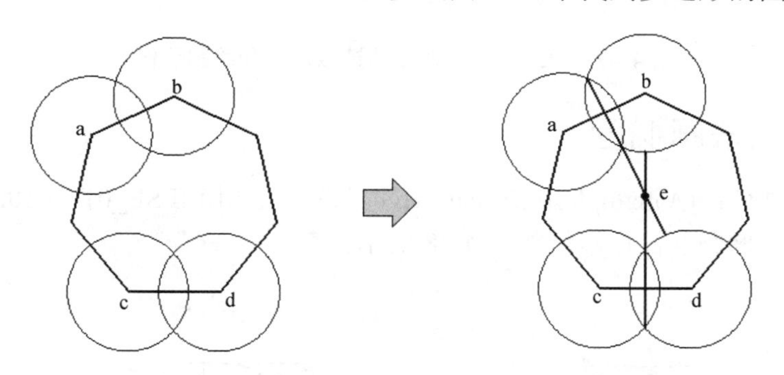

b
a
c
d
b
a
e
c
d
先随意找多边形的任意两边来求其中垂线。
令两中垂线延伸相交，即得多边形圆心。

图 4-46　求多边形圆心的几何作图法

4.7　画　椭　圆

椭圆也是几何图学中主要的基本主题之一。因为它让学子们知道了原来所有的几何图学本身都是数学的体现！

椭圆的数学公式为

$$\frac{x^2}{a^2}+\frac{y^2}{b^2}=1$$

本章仍然介绍使用 AutoCAD 现成的 ELLIPSE 命令工具，以及几何作图的方式来画椭圆。用户会发现通过几何作图的方法和使用 ELLIPSE 命令所画出的椭圆，会有一些差异；因此，重点仍然放在椭圆的几何作图过程上。其命令位置和绘图示例见图 4-47。

本范例视频文件：(A)Samples(GB)\ch04\avi 目录下的 ELLIPSE_C_2010.avi。

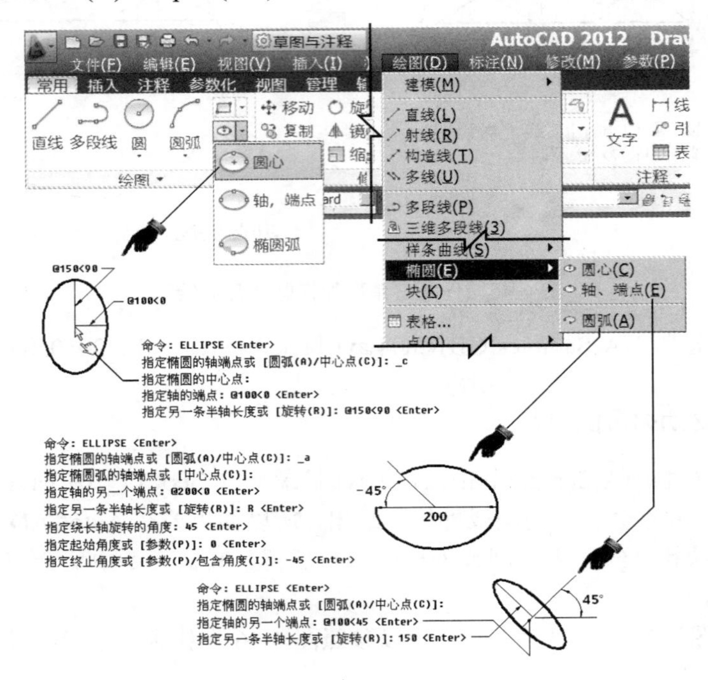

图 4-47　ELLIPSE 命令的选取位置和绘图示例

4.7.1　中心点法画椭圆

本范例视频文件：(A)Samples(GB)\ch04\avi 目录下的 ELLIPSE_01_2010.avi。

以中心点法画椭圆的操作示例如图 4-48 所示。

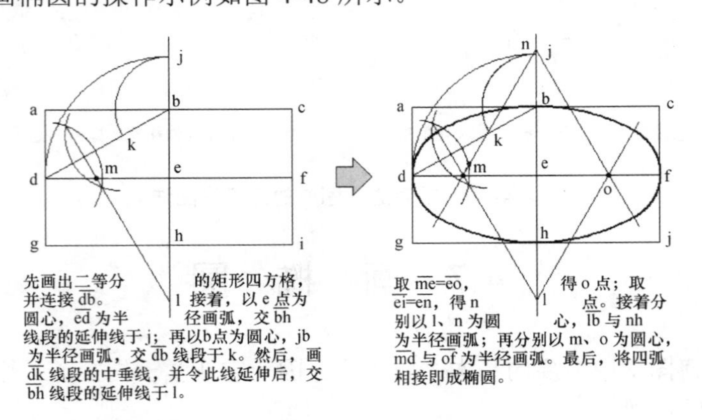

图 4-48　以中心点法画椭圆

4.7.2 画内切于菱形的椭圆

内切于菱形的椭圆的画法如图 4-49 所示。

本范例视频文件：(A)Samples(GB)\ch04\avi 目录下的 ELLIPSE_02_2009.avi。

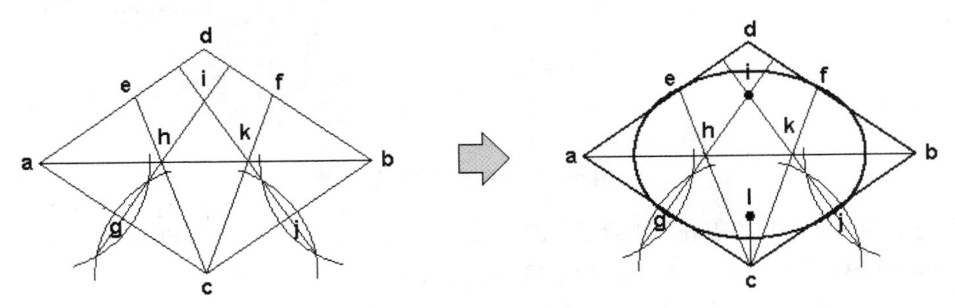

绘出菱形后，分别画出 $\overline{ac}$、$\overline{cb}$ 线段的垂线，并使其和 $\overline{ab}$ 线段相交于 h、k 点，并继续延伸再相交于 i 点。然后，连接 $\overline{ch}$、$\overline{cf}$ 线段，并分别使其延伸到 $\overline{ad}$、$\overline{db}$ 边，得 e、f 点。

分别以 h、k 为圆心，$\overline{he}$ 和 $\overline{kf}$ 为半径画弧。再让 $\overline{di}=\overline{cl}$，然后分别以 i、l 为圆心，$\overline{ig}$ 和 $\overline{le}$ 为半径画弧。最后，将四弧相接即成椭圆。

图 4-49　画内切于菱形的椭圆(几何作图)

4.8 画 双 曲 线

双曲线(Hyperbola)的数学公式为

$$\frac{x^2}{a^2}-\frac{y^2}{b^2}=1$$

当一动点和两定点间的距离差恒为一常数时，该动点所生成的曲线即为双曲线。此时，该定点称为“焦点”，连接两定点的直线即为其“轴线”；切曲线于无穷远处的直线，则称为该曲线的“渐近线”。双曲线有两条渐近线，且双曲线全部都在渐近线两对顶角之内。在画双曲线的技法中，有以下两项主题。

(1) 已知双曲线的两焦点和顶点来画双曲线。

(2) 过一已知点来画等轴双曲线。

4.8.1 PEDIT 命令的应用

在介绍双曲线前，必须先学会 PEDIT 命令的使用法。PEDIT 命令有以下几方面的主要应用。

(1) 将首尾相连的 LINE 结合为 PLINE 线(因为有时候用 PLINE 比较方便编辑)。

(2) 将 PLINE 变为平滑的样条曲线(SPLINE)。这也是本节要强调的。

PEDIT 命令的位置如图 4-50 所示。

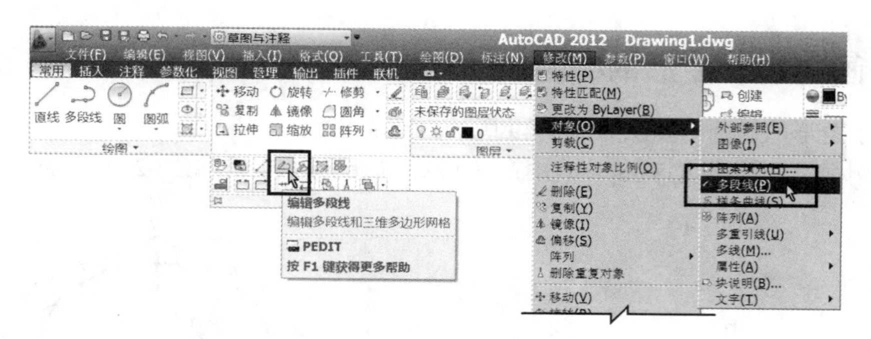

图 4-50　PEDIT 命令的位置

要将首尾相连的 LINE 结合为 PLINE 线，可参照图 4-51 的操作。视频文件：(A)Samples(GB)\ch04\avi 目录下的 PEDIT_01_2010.avi。

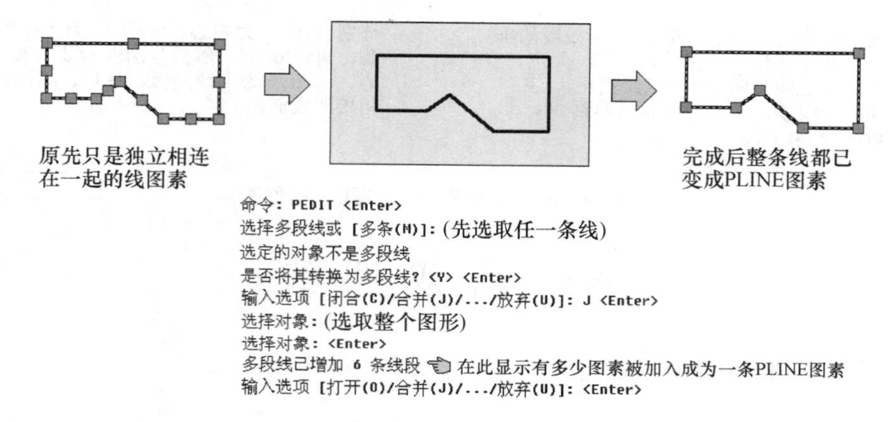

图 4-51　将首尾相连的 LINE 结合为 PLINE 线的操作

而将 PLINE 编辑为平滑的样条曲线(SPLINE)，则参照图 4-52 的操作。视频文件：(A)Samples(GB)\ch04\avi 目录下的 PEDIT_02_2010.avi。

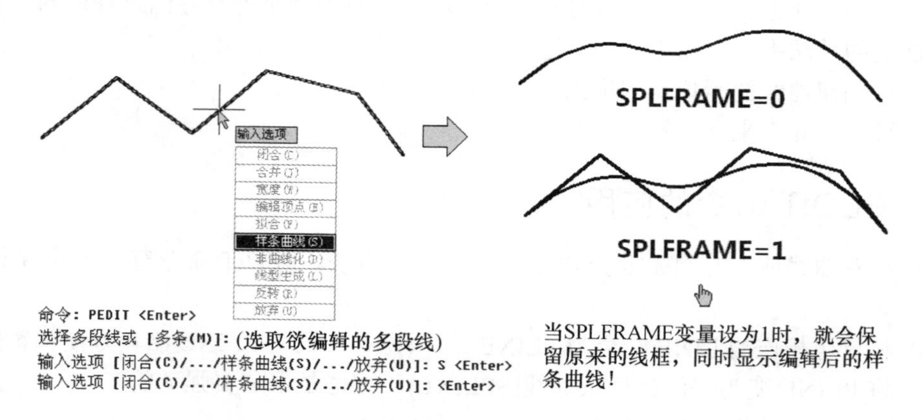

图 4-52　将 PLINE 编辑为平滑的样条曲线的操作

信息补充站　　**样条曲线的常识**

“样条曲线”就是通过一系列顶点的光滑曲线。其中，“非均匀有理 B 样条曲线”(Non Uniform Rational B-Spline，NURBS)，是一种应用较广泛的样条曲线(如图 4-53 所示)。它不仅能够用于描述自由曲线和曲面，而且还提供包括能精确表达圆锥曲线曲面在内，各种几何体的统一表达式。

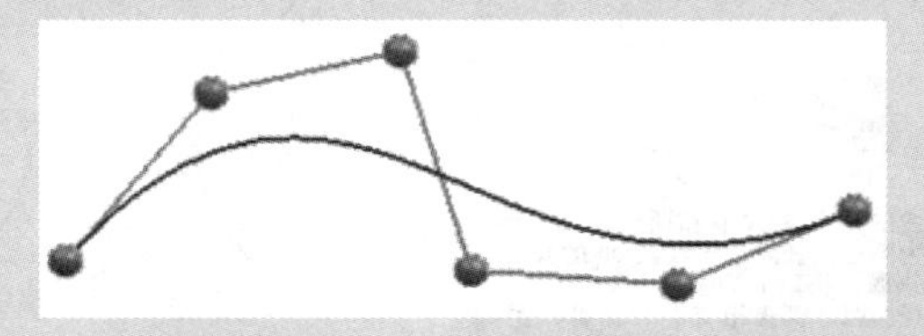

图 4-53　NURBS 曲线

对 NURBS 曲线来说，Non-Uniform(非均匀)是指一个控制顶点的影响力的范围不统一，能够改变。当创建一个不规则曲面的时候，这一点非常有用！而 Rational(有理)是指每个 NURBS 物体都可以用数学表达式来定义。B-Spline(B 样条)是指用路线来构建一条曲线，在一个或更多的点之间以内插值来替换。

简单地说，NURBS 就是专门做曲面物体的一种造型法。NURBS 造型总是由 NURBS 曲线和曲面来定义的，所以要在 NURBS 曲面内生成一条有棱角的边是很困难的。就是因为这一特点，可以用它做出各种复杂的曲面造型和表现特殊的效果，如人的皮肤、面貌或流线型的跑车等。

1983 年，SDRC 公司成功地将 NURBS 模型应用到实体造型软件中，NURBS 已经成为计算机辅助设计及计算机辅助制造的几何造型基础，得到了广泛应用。

AutoCAD 的样条曲线命令，也是使用这种 NURBS 数学模型来创建的。

在将 PLINE 转变为其他曲线方面，PEDIT 还有一个常用的“拟合”选项，其运行效果如图 4-54 所示。

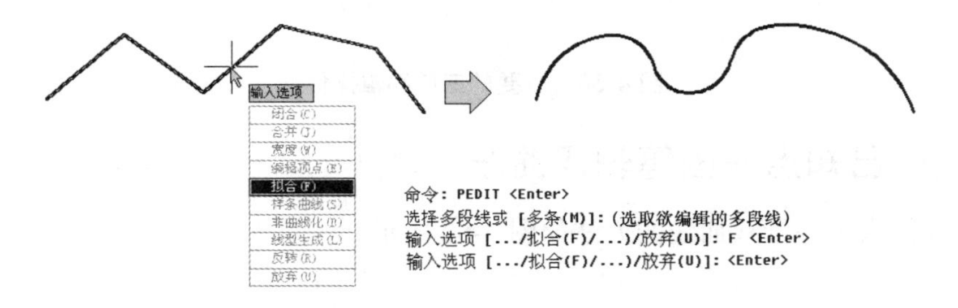

图 4-54　PEDIT 命令中的“拟合”选项效果

“拟合”和“样条曲线”有什么区别呢？“拟合”是使用圆弧来拟合多段线(由圆弧连接每对顶点的平滑曲线)。所以，曲线必定按切线方向通过多段线的所有顶点。但是如前所述，“样条曲线”是使用多段线的顶点来作为近似 B 样条曲线的曲线控制点或控制框架。该曲线必通过起点和终点，但并不一定通过中间的顶点。在框架上的控制点越多，曲线上斜率就越大，同时会生成二次和三次拟合样条曲线的多段线。

4.8.2 已知双曲线的两焦点和顶点来画双曲线

本范例视频文件：(A)Samples(GB)\ch04\avi 目录下的 Hyperbola_2009.avi，绘制方法见图 4-55。

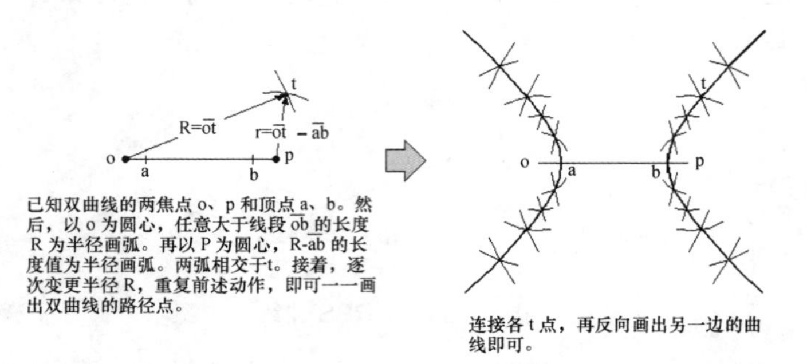

图 4-55 已知双曲线的两焦点和顶点来画双曲线

对 CAD 画图说，图 4-56 所示为重要的三段编辑。

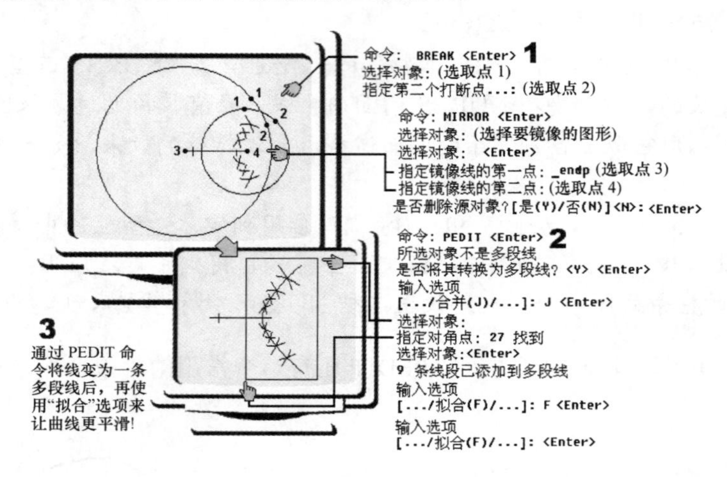

图 4-56 重要的三段编辑操作

4.8.3 过一已知点来画等轴双曲线

过一已知点来画等轴双曲线的方法如图 4-57 所示。

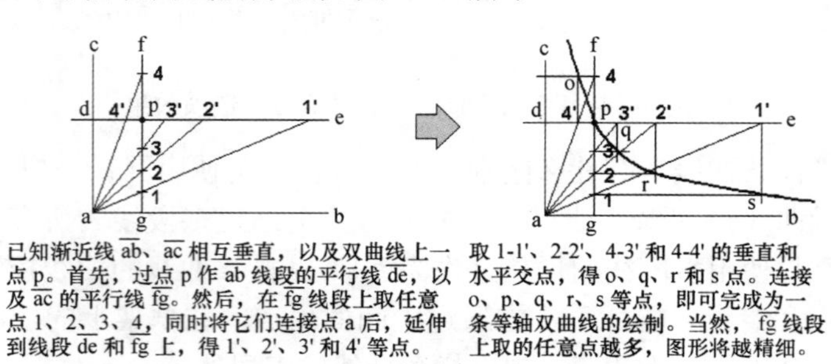

图 4-57 过一已知点画等轴双曲线

4.9 画抛物线

抛物线(Parabola)为圆锥曲线或二次锥线的一种。其数学公式为。

$$x^2 = 4cy$$

它就是一动点和一定点、一定直线的距离恒相等时，该动点所生成的轨迹。而此定点我们称为“焦点”，定直线则称为“准线”。在画抛物线的技法中，有以下两项主题。

(1) 已知抛物线的焦点和准线画抛物线。

(2) 已知抛物线的深度和宽度画抛物线。

4.9.1 已知抛物线的焦点和准线画抛物线

已知抛物线的焦点和准线画抛物线的方法如图 4-58 所示。

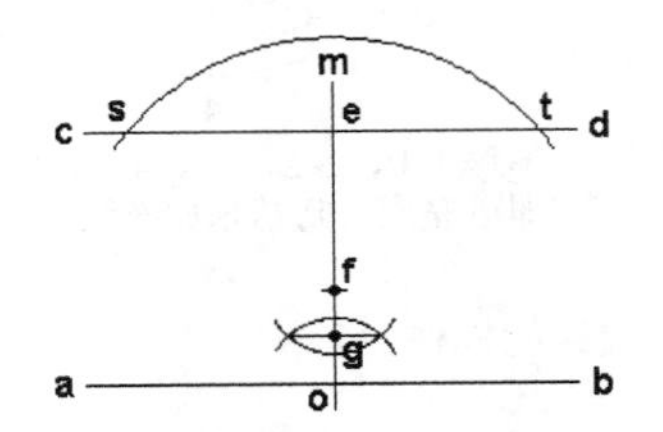

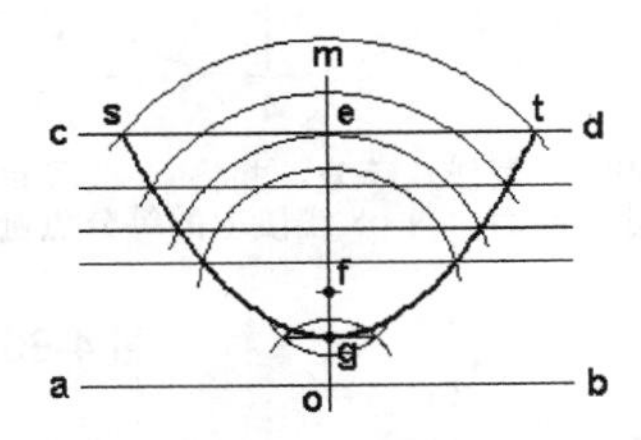

已知抛物线的准线 $\overline{ab}$ 和焦点 f。首先，画准线 $\overline{ab}$ 且过 p 点的垂线 $\overline{mo}$。然后，画出 $\overline{fo}$ 的中点 g(g 即为抛物线的顶点)。然后，在 $\overline{mo}$ 线段上任取一点 e，画出平行线段 $\overline{ab}$ 且过 e 点的线段 $\overline{cd}$。再以 f 为圆心，$\overline{eo}$ 长为半径画弧，此弧将交线段 $\overline{cd}$ 于点 s、t。

在 $\overline{ef}$ 间任意取若干点，并画出平行 $\overline{ab}$ 线段的平行线，重复前述决定点 s、t 的过程，即可因为各 $\overline{eo}$ 线段的不同，而画出不同的 s、t 交点。最后，请连接各s、t 点即可得到抛物线。$\overline{ef}$ 线段上取的任意点越多，图形将越精细。

图 4-58　以已知焦点和准线来画抛物线

本范例视频文件：(A)Samples(GB)\ch04\avi 目录下的 Parabola_01_2009.avi。

4.9.2 已知抛物线的深度和宽度画抛物线

已知抛物线的深度和宽度画抛物线的方法如图 4-59 所示。

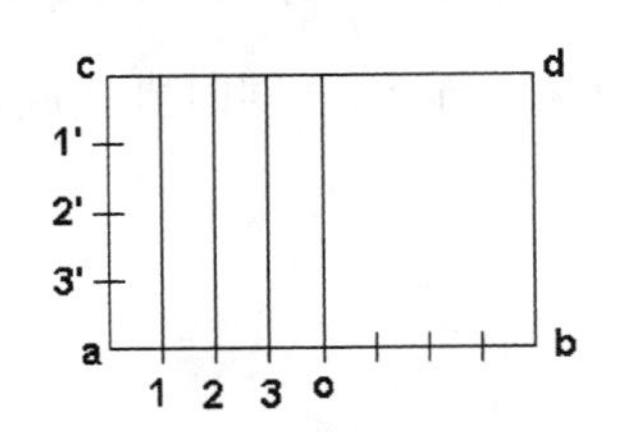

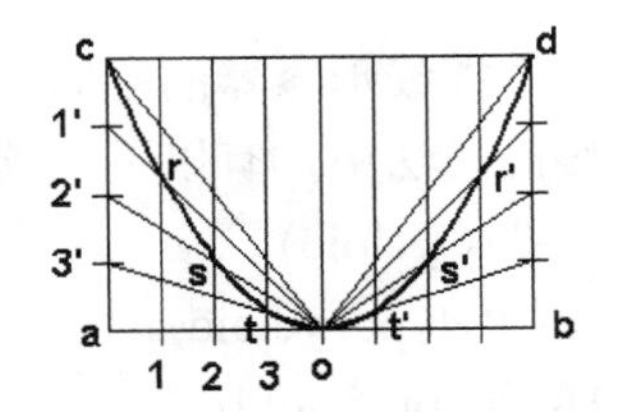

已知 $\overline{ab}$ 为抛物线的宽度，$\overline{ac}$ 为抛物线的深度。首先，分别将 $\overline{ab}$ 和 $\overline{ac}$ 线段作八等分和四等分。于左半边分别得 o、1、2、3 和 1'、2'、3' 等点。

接着，将 1'、2'、3'、c 等点和 o 点连接，得 r、s、t 等点。右半边亦同此理。最后，将 c、r、s、t、o、r'、s'、t'、d 等点连线即可完成。

图 4-59　以已知深度和宽度来画抛物线

本范例视频文件：(A)Samples(GB)\ch04\avi 目录下的 Parabola_02_2009.avi。

4.10　画阿基米德螺线

阿基米德螺线(Spiral of Archimedes)，也称“等速螺线”。如图 4-60 所示，当一点 8 沿动射线 o8 以等速率运动的同时，这射线又以等角速度绕点 o 旋转。这时，点 8 的轨迹就称为“阿基米德螺线”。它的极坐标方程为：$r = a\theta$。这种螺线的每条臂的距离永远等于 $2\pi a$。

本范例视频文件：(A)Samples(GB)\ch04\avi 目录下的 Spiral_of_Archimedes_2009.avi。

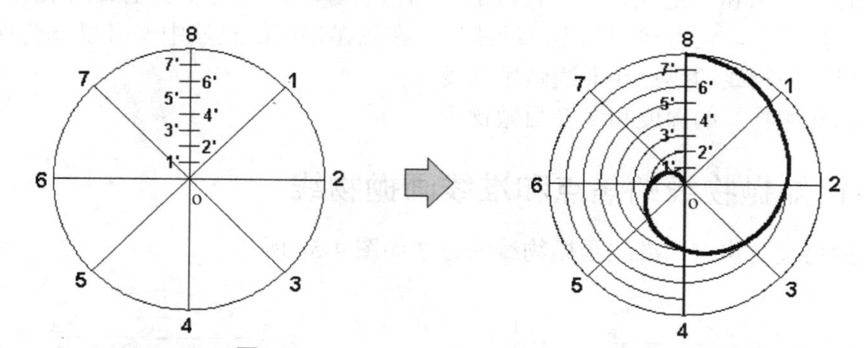
8
7'
6'
5'
4'
3'
2'
1'
7
1
6
2
o
5
3
4
先将一圆作八等分，并将 $\overline{o8}$ 线段也八等分。然后，对 $\overline{o8}$ 线段上的等分点画圆。
连接 1-1'、2-2'、…、4-7'、8 等点，即可完成一阿基米德螺线。

图 4-60　画阿基米德螺线的操作

4.11　画　摆　线

摆线是数学中基本的迷人曲线之一。它的定义是：一个圆沿一直线缓慢地滚动，而圆上一固定点所通过的轨迹就称为“摆线”，也称“旋轮线”。

摆线具有以下有趣的性质。

(1)　它的长度等于旋转圆直径的 4 倍。令人更感兴趣的是，它的长度是一个不依赖 π 的有理数。

(2)　在弧线下的面积，是旋转圆面积的 3 倍。

(3)　圆上描出摆线的那个点，具有不同的速度；事实上，在特定的位置上，它甚至是静止的。

(4)　从一个摆线形容器的不同点发射物体(如弹珠)，它们会同时到达底部。

在画摆线的技法中，有以下三项主题。

(1)　正摆线(Cycloid)。

(2)　内摆线(Hypocycloid)。

(3)　外摆线(Epicycloid)。

4.11.1　画正摆线

本范例视频文件：(A)Samples(GB)\ch04\avi 目录下的 Cycloid_2009.avi，绘制方法见图 4-61。

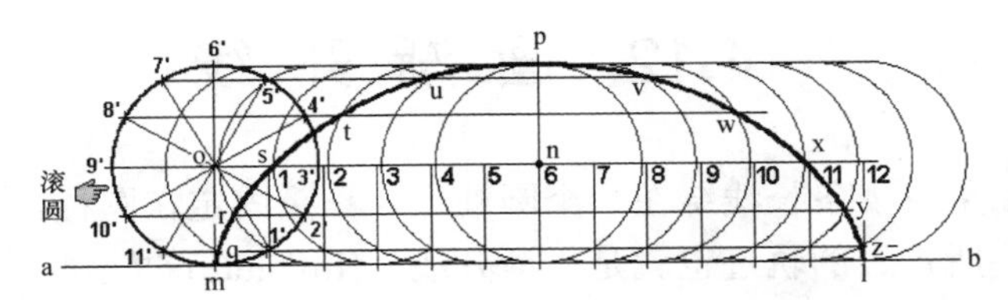

将滚圆 o 设为十二等分，得 1'、2'⋯11'、m 各分点。然后，过 6'点做滚圆的切线 $\overline{ab}$ 和 $\overline{6'p}$。接着，过圆心 o 作 $\overline{ab}$ 的平行线 $\overline{on}$，在 $\overline{on}$ 上取 $\overline{m1}$=12=23=⋯=$\overline{1112}$，得 m、1、2⋯12 等点。继续，再以 m、1、2⋯12 等点为圆心，以滚圆半径为半径画圆弧。各圆弧将和各平行线交于 q、r、s、t、u、p、v、w、x、y、z、l 等点，连接这些点即可完成正摆线。

图 4-61　画正摆线的操作

4.11.2　画内摆线

画内摆线的方法见图 4-62。

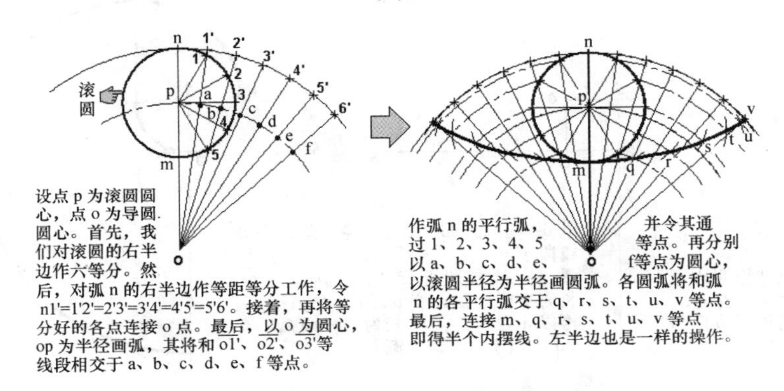

滚圆
设点 p 为滚圆圆心，点 o 为导圆圆心。首先，我们对滚圆的右半边作六等分。然后，对弧 n 的右半边作等距等分工作，令 n1'=1'2'=2'3'=3'4'=4'5'=5'6'。接着，再将等分好的各点连接 o 点。最后，以 o 为圆心，op 为半径画弧，其将和 $\overline{o1'}$、$\overline{o2'}$、$\overline{o3'}$等线段相交于 a、b、c、d、e、f 等点。
作弧 n 的平行弧，并令其通过 1、2、3、4、5 等点。再分别以 a、b、c、d、e、f等点为圆心，以滚圆半径为半径画圆弧。各圆弧将和弧 n 的各平行弧交于 q、r、s、t、u、v 等点。最后，连接 m、q、r、s、t、u、v 等点即得半个内摆线。左半边也是一样的操作。

图 4-62　画内摆线的操作

本范例视频文件：(A)Samples(GB)\ch04\avi 目录下的 Hypocycloid_2009.avi。

4.11.3　画外摆线

画外摆线的方法见图 4-63。

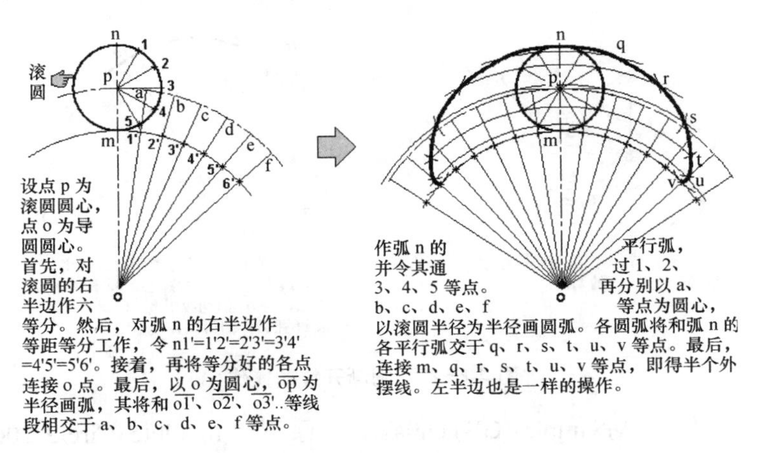

滚圆
设点 p 为滚圆圆心，点 o 为导圆圆心。首先，对滚圆的右半边作六等分。然后，对弧 n 的右半边作等距等分工作，令 n1'=1'2'=2'3'=3'4'=4'5'=5'6'。接着，再将等分好的各点连接 o 点。最后，以 o 为圆心，$\overline{op}$ 为半径画弧，其将和 $\overline{o1'}$、$\overline{o2'}$、$\overline{o3'}$..等线段相交于 a、b、c、d、e、f 等点。
作弧 n 的平行弧，并令其通过 1、2、3、4、5 等点。再分别以 a、b、c、d、e、f 等点为圆心，以滚圆半径为半径画圆弧。各圆弧将和弧 n 的各平行弧交于 q、r、s、t、u、v 等点。最后，连接 m、q、r、s、t、u、v 等点，即得半个外摆线。左半边也是一样的操作。

图 4-63　画外摆线的操作

4.12 画 渐 开 线

简单地说，如果将一条长线绕在一个圆柱上，一头固定在圆柱，一头开始向外拉开，那么拉开这个线头所走过的轨迹也就是“渐开线”(Involute)的轨迹。渐开线在建筑方面的应用较少，一般用于特殊建筑造型的轮廓设计上。在画渐开线的技法中，有以下两项主题。

(1) 画多边形的渐开线。

(2) 画圆的渐开线。

4.12.1 画多边形的渐开线

画多边形的渐开线的方法见图 4-64。

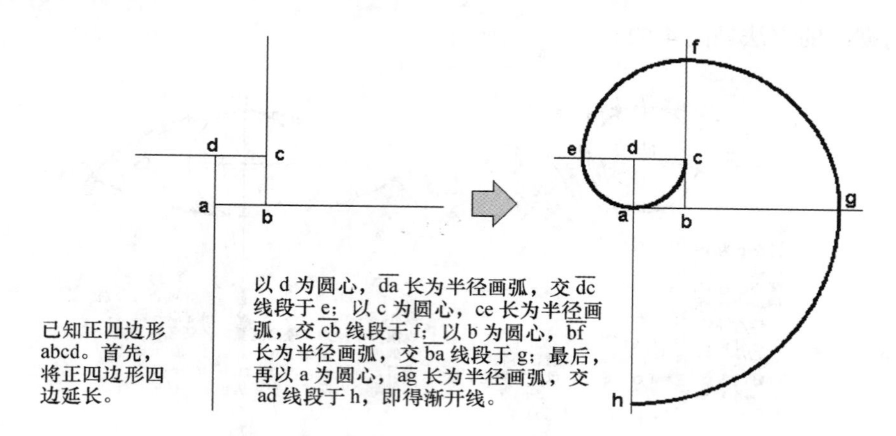

已知正四边形abcd。首先，将正四边形四边延长。
以d为圆心，da长为半径画弧，交dc线段于e；以c为圆心，ce长为半径画弧，交cb线段于f；以b为圆心，bf长为半径画弧，交ba线段于g；最后，再以a为圆心，ag长为半径画弧，交ad线段于h，即得渐开线。

图 4-64 画多边形渐开线的操作

本范例视频文件：(A)Samples(GB)\ch04\avi 目录下的 Involute_Polygon_2009.avi。

4.12.2 画圆的渐开线

画圆的渐开线的方法见图 4-65。

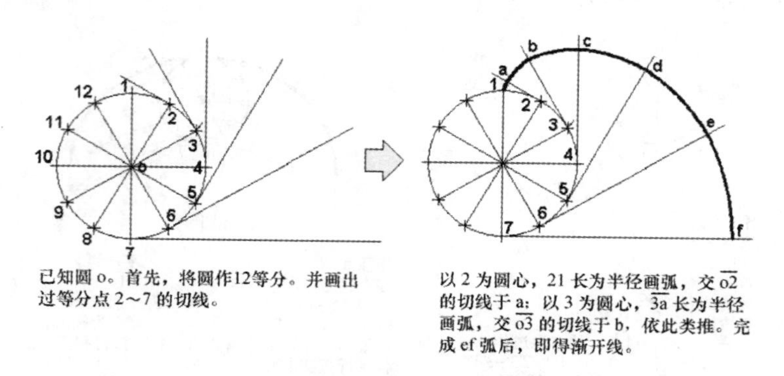

已知圆o。首先，将圆作12等分。并画出过等分点2～7的切线。
以2为圆心，21长为半径画弧，交o2的切线于a；以3为圆心，3a长为半径画弧，交o3的切线于b，依此类推。完成ef弧后，即得渐开线。

图 4-65 画圆渐开线的操作

本范例视频文件：(A)Samples(GB)\ch04\avi 目录下的 Involute_Circle_2009.avi。

4.13 画 螺 旋 线

螺旋线(Spiral)是一种空间曲线。它是由一点沿一直线方向移动，且此直线又绕一圆周移动所得的轨迹。当直线绕圆一周，点在直线上所移动的距离，就称为“导程”。假如此直线和螺旋轴线平行，则所得的螺旋线称为“圆柱螺旋线”；如果此直线和螺旋轴线相交，则所得的螺旋线称为“圆锥螺旋线”。在画螺旋线的技法中，有以下两项主题。

(1) 画圆柱螺旋线(Cylinder Spiral)。

(2) 画圆锥螺旋线(Conical Spiral)。

4.13.1 画圆柱螺旋线

画圆柱螺旋线的方法见图 4-66。

本范例视频文件：(A)Samples(GB)\ch04\avi 目录下的 Cylinder_Spiral_2010.avi。

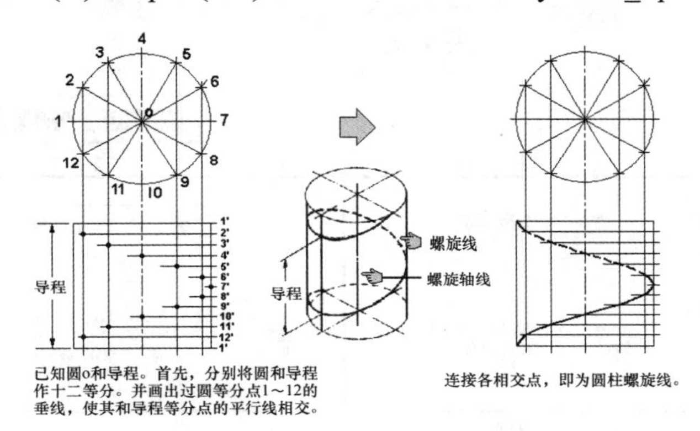

图 4-66 画圆柱螺旋线的操作

4.13.2 画圆锥螺旋线

画圆锥螺旋线的方法见图 4-67。

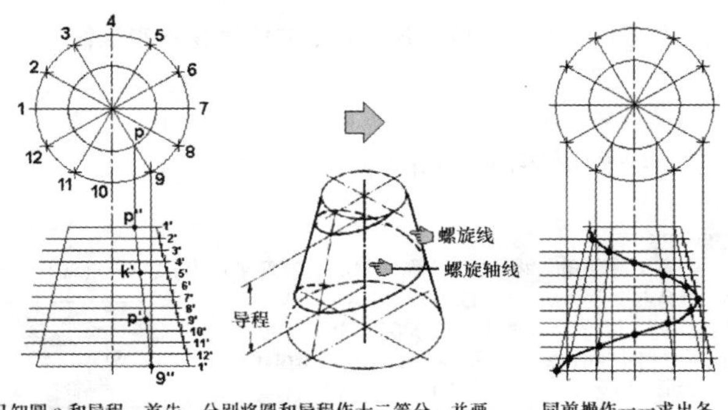

图 4-67 画圆锥螺旋线的操作

4.14 其他的绘图和编辑命令

通过前面各节的学习后，几乎所有的图形都可绘出！本节补述其他 AutoCAD 画图和编辑命令。

4.14.1 绘矩形工具(RECTANG 命令)

可以各式各样的条件来绘制矩形。2006 版以后，还提供了以面积(指定矩形的面积和一个边长)、尺寸(指定矩形的长、宽)和旋转(通过输入旋转角度或点取两个点)等选项来画矩形。通过 RECTANG 命令所画出的矩形，将以 PLINE 图素来表现(见图 4-68)。

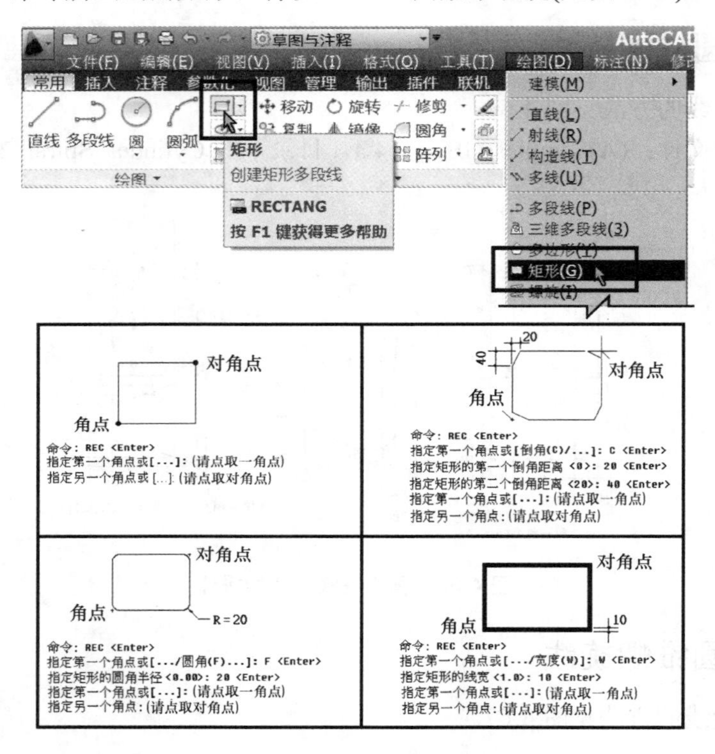

图 4-68 RECTANG 命令的位置和基本操作

1. 面积画法

通过面积绘制矩形的操作如下(见图 4-69)。

```
命令: _rectang
指定第一个角点或 [倒角(C)/标高(E)/圆角(F)/厚度(T)/宽度(W)]: (请选取一角点)
指定另一个角点或 [面积(A)/尺寸(D)/旋转(R)]: A <Enter>
输入以当前单位计算的矩形面积 <100.0000>: 150 <Enter>
计算矩形标注时依据 [长度(L)/宽度(W)] <长度>: L <Enter>
输入矩形长度 <10.0000>: 15 <Enter>
```

Area: 150
10
15

图 4-69 RECTANG 的面积画法操作

2. 尺寸画法

以尺寸的方式绘制矩形的操作如下(见图 4-70)。

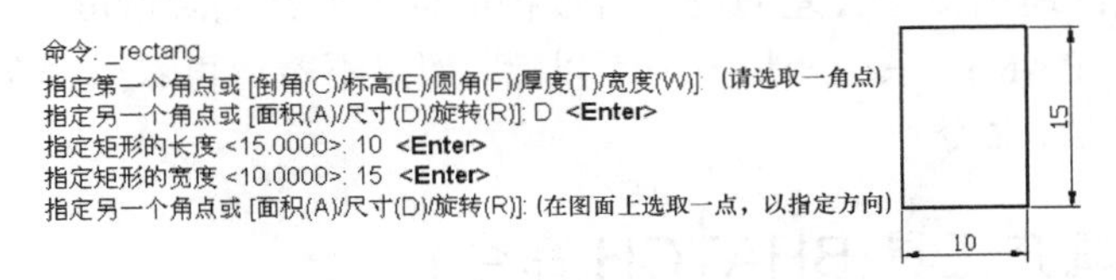

图 4-70　RECTANG 的尺寸画法操作

3. 旋转画法

以旋转的方式绘制矩形的操作如下(见图 4-71)。

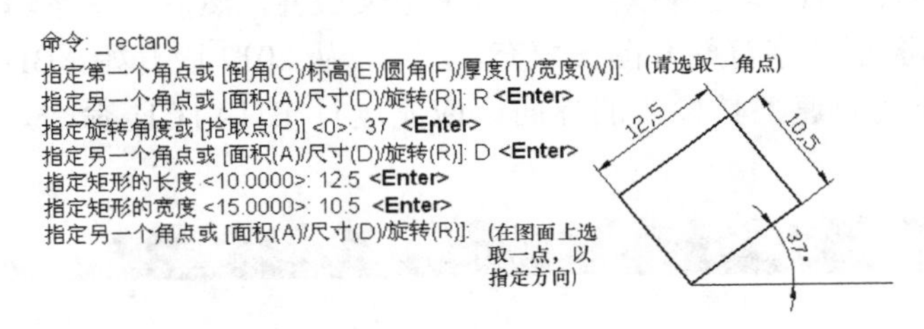

图 4-71　RECTANG 的旋转画法操作

4.14.2　绘样条曲线工具(SPLINE 命令)

SPLINE 命令是用来绘制一条“非均匀有理样条曲线”(NURBS)，其命令位置见图 4-72。前面我们已经练过，要绘制一条样条曲线，可以使用 PLINE 命令绘出一条具有顶点的多段线以后，再使用 PEDIT 命令中的“样条曲线”选项编辑而成。

而本小节要讲的 SPLINE 命令，就专门用来绘出样条曲线，并提供更多样化的编辑功能。

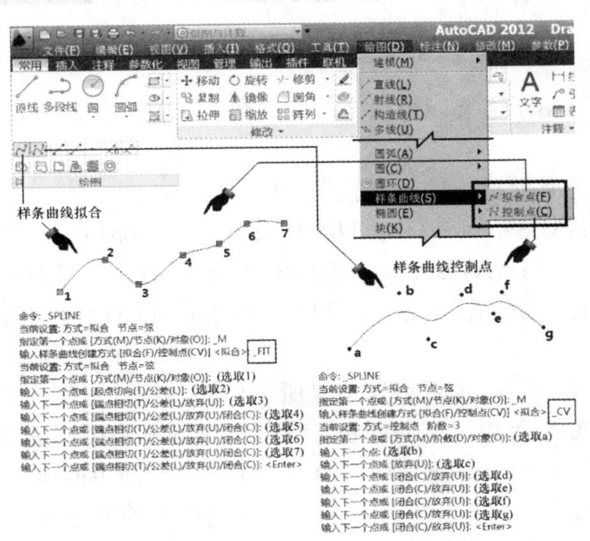

图 4-72　SPLINE 命令的选取位置和基本操作

(1) 通过 SPLINE 命令画出的线图素不是多段线，不能用 PEDIT 命令来编辑，它只能通过 SPLINEDIT 命令来编辑。

(2) 可以发现：通过拟合公差的设置可以控制样条曲线的圆滑度。

(3) 当将 SPLFRAME 系统变量设为 1 以后，如果不希望再看到样条曲线框，则将其设回零，再运行 REGEN 命令。

4.14.3 图案填充工具(BHATCH 命令)

BHATCH 命令用来绘制填充图案。对建筑专业来说，最常见的图案填充场合就是在立面图或剖面详图(或大样图)中画剖面线或代表填充物的图案。BHATCH 会在用户的选择下自动定义边界，然后忽略整个或部分不是边界的部分。当使用 BHATCH 时，不需选择边界的每一分子，BHATCH 将自行以一多段线来定义边界，然后于图案填充后删除它。也可以让放在边界内的图形或字符躲开图案填充。注意，从 2012 版开始，BHATCH 已由视窗交互式界面变换为分类快速工具栏式的界面。应先运行 BHATCH 命令，再按图 4-73 所示操作。

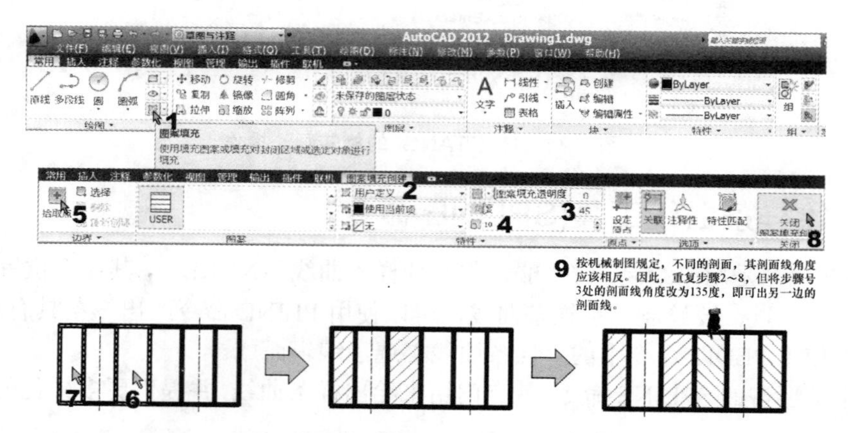

图 4-73 BHATCH 命令的位置和基本绘制操作

对建筑制图而言，由于需要应用很多的剖面图案，因此在 AutoCAD 中自定义剖面图案的能力是必需的。

更多的实作示范可参照以下的视频教学文件，

本范例练习文件：(M)Samples(GB)\ch04\目录下的 section1.dwg，bhatch.dwg，House.dwg。

本范例参考视频文件：(A)Samples(GB)\ch04\avi 目录下的 BHATCH_2012_有声.avi，House_Bhatch_2012_有声.avi(在旧视频文件中，如有用到 BHATCH 命令的部分，可参照此新视频文件)。

有时，进行边界填充后，需要查知边界所包含的面积。例如，将一块区域分成几个部分，在分的时候必须知道每块区域的面积。在以前的版本中，这需要分两步走，第一步是创建填充，第二步才计算面积，而且计算面积也不是一件简单的事。而在 2006 版本以后，确定填充空间的面积将是一件非常简单的事。在填充图案的属性窗口中增加一个面积属性，便可以查看填充图案的面积。如果选择了多个填充区域，那么累计的面积也可以查询得到，如图 4-74 所示。

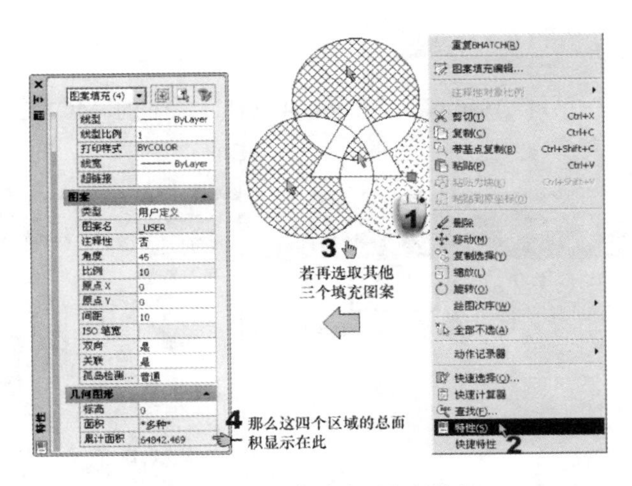

图 4-74　图案填充面积的查询

4.14.4　复制和移动工具(COPY 与 MOVE 命令)

COPY 命令供用户复制已存在的图形，并将复制后的图形连续置于新位置上，且不删除原图形。这是最基本的编辑操作！而 MOVE 命令则和 COPY 命令一样，只是它是将指定的图形移至新的位置上。

1. COPY 命令

本范例参考视频文件：(A)Samples(GB)\ch04\avi 目录下的 COPY_2009.avi，操作步骤见图 4-75。

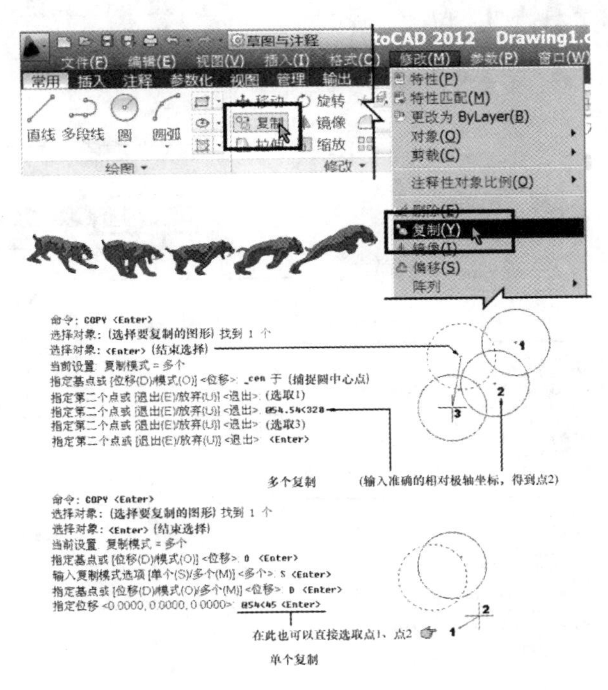

图 4-75　COPY 命令的位置和操作

2. MOVE 命令

本范例参考视频文件：(A)Samples(GB)\ch04\avi 目录下的 MOVE_2009.avi，操作方法见图 4-76。

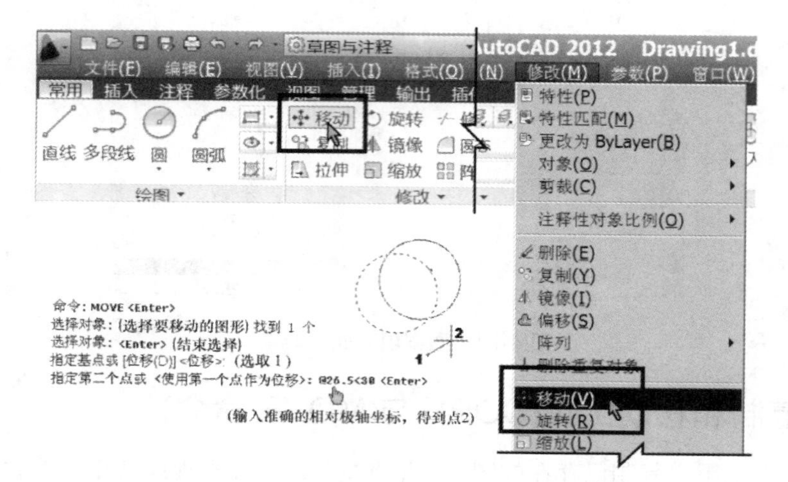

图 4-76 MOVE 命令的位置和操作

4.14.5 旋转和缩放工具(ROTATE 与 SCALE 命令)

ROTATE 命令供用户将图形以设置基点方式来旋转所选择的图形，操作方法见图 4-77。

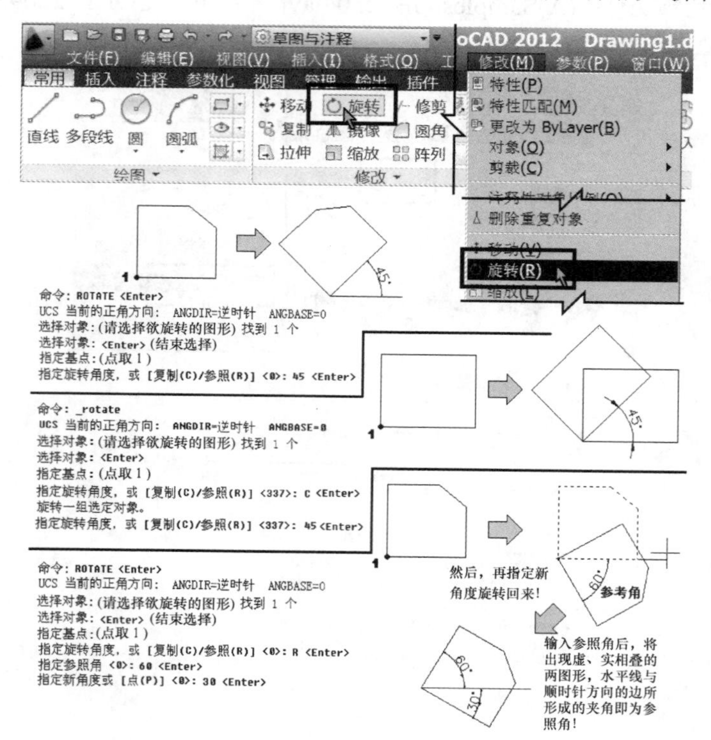

图 4-77 ROTATE 命令的点取位置和操作

而 SCALE 命令能真正改变图形的实际大小，相当于手工制图时代用的缩放仪，操作方法见图 4-78。

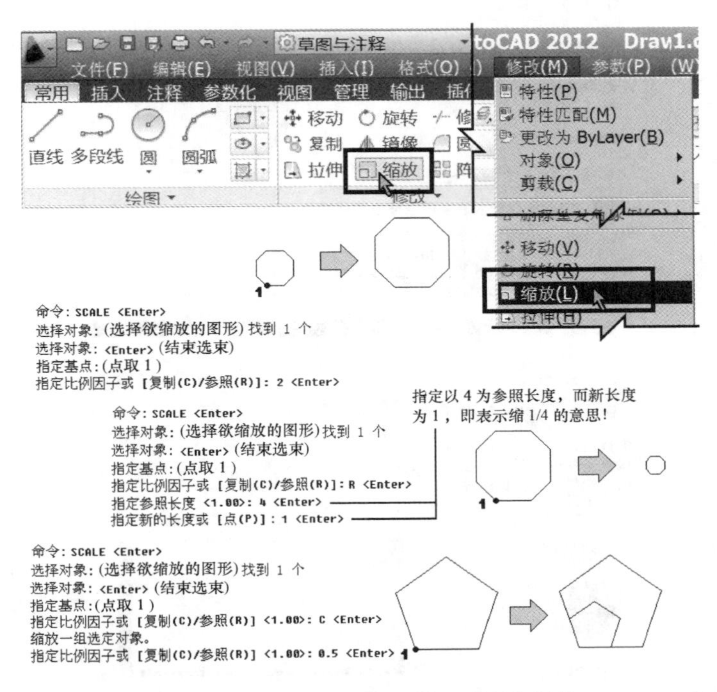

图 4-78　SCALE 命令的选取位置和操作

4.14.6　阵列工具(ARRAYRECT 与 ARRAYPOLAR 命令)

这是一个既重要又基本的编辑命令！它将一个或一群选定的图形，复制成矩形阵列或圆形阵列图案，而且每一个图形皆可独立处理。如图 4-79 所示，从 2012 版以后，传统的 ARRAY 命令分成 ARRAYRECT、ARRAYPATH 与 ARRAYPOLAR 三个命令；而操作界面也从原来的交谈式窗口改为提示文句交谈式。

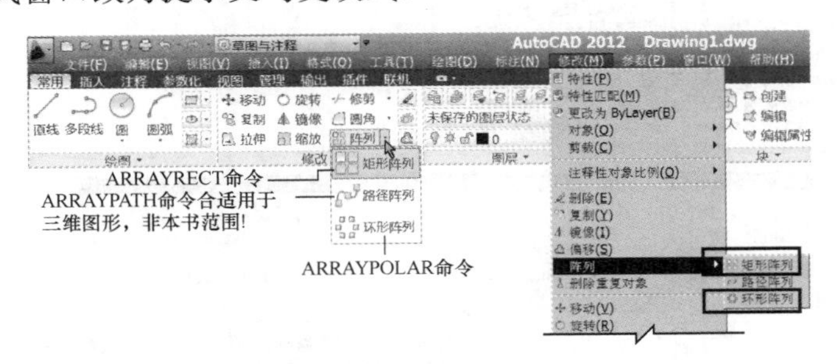

图 4-79　ARRAY 命令的位置

本范例参考视频文件：(A)Samples(GB)\ch04\avi 目录下的 ARRAY_R_2012_有声.avi，ARRAY_C_2012_有声.avi(在旧视频文件中，如有用到 ARRAY 命令的部分，可参照此新视频文件)。

对二维绘图来说，会用到的是 ARRAYRECT 与 ARRAYPOLAR 两个命令。

1. ARRAYRECT 命令(矩形阵列)

矩形阵列的操作如图 4-80 所示。

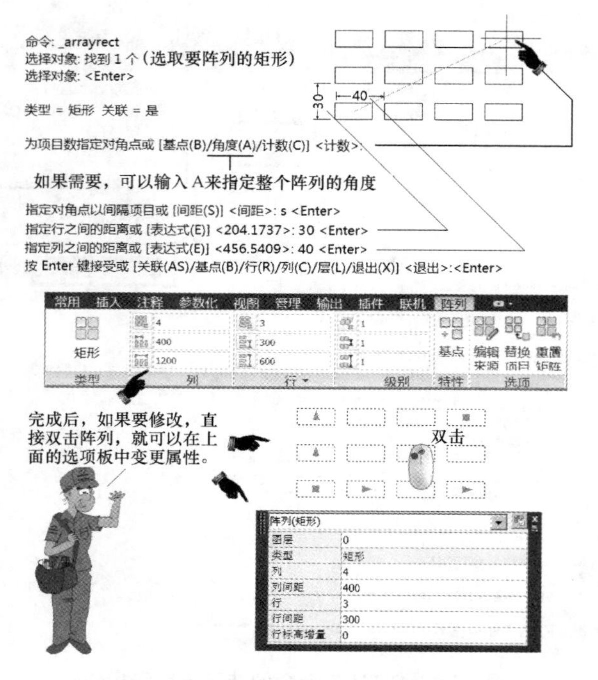

图 4-80　ARRAYRECT 命令的设置和操作

2. ARRAYPOLAR 命令(圆形阵列)

图形阵列的操作如图 4-81 所示。

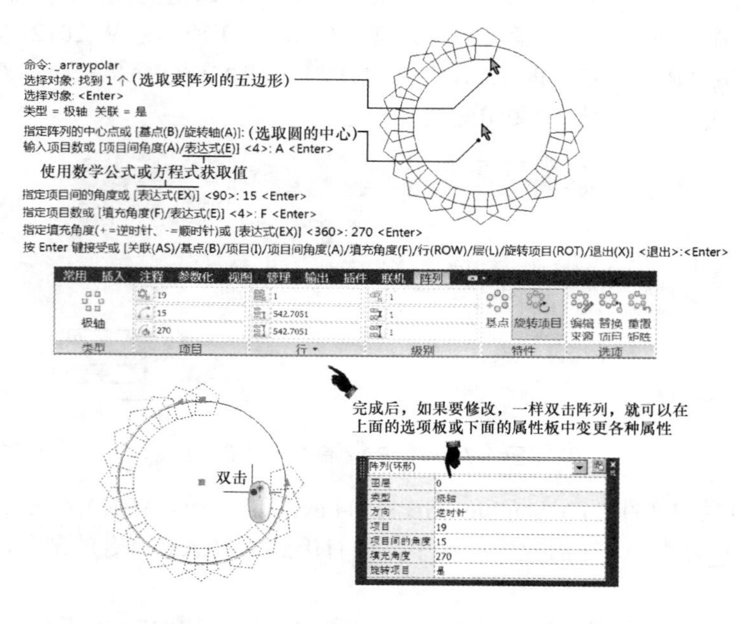

图 4-81　ARRAYPOLAR 命令的设置和操作

4.14.7 镜像工具(MIRROR 命令)

MIRROR 命令生成指定图形的镜像图形，并可选择是否将原图形去掉。对这个命令的体会有障碍者，就可无法分析一个图形是否因为可做镜像，而只需画一半或四分之一就好。

本范例参考视频文件：(A)Samples(GB)\ch04\avi 目录下的 MIRROR_2009.avi，MIRROR_Text_2009.avi，镜像命令的操作见图 4-82 所示。

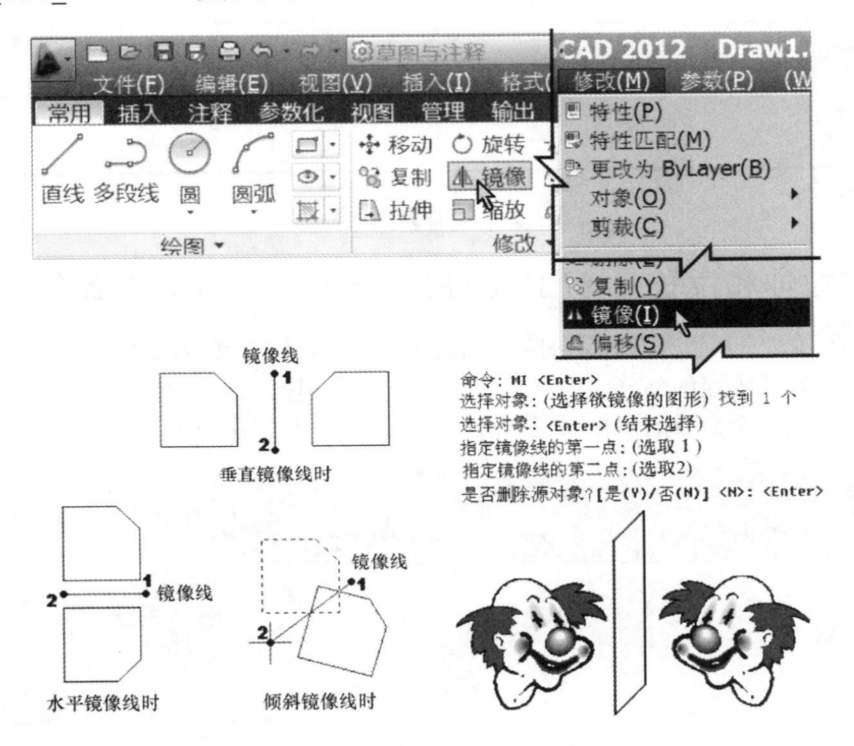

图 4-82 MIRROR 命令的点取位置和操作

使用 MIRROR 命令的注意事项如下。

(1) 当镜像线与图形的一边重叠时，切记不要选该边做镜像，否则会导致该边重复多画一条线，如图 4-83 所示。

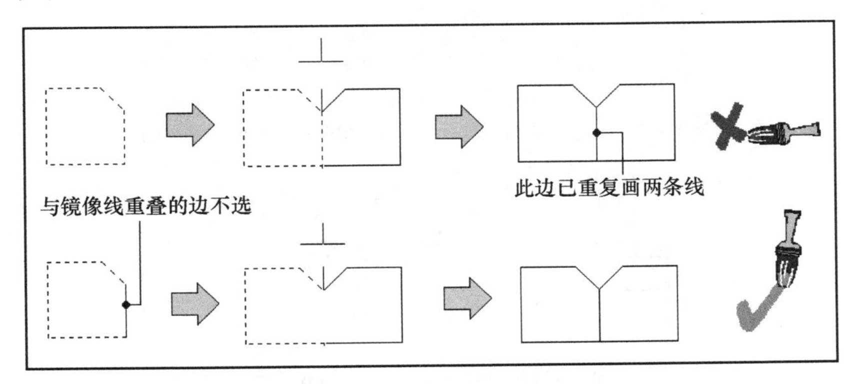

图 4-83 镜像重叠的问题

(2) 当欲镜像的对象包含文字时，可通过 MIRRTEXT 系统变量来设置文字部分是否也要作镜像，如图 4-84 所示。

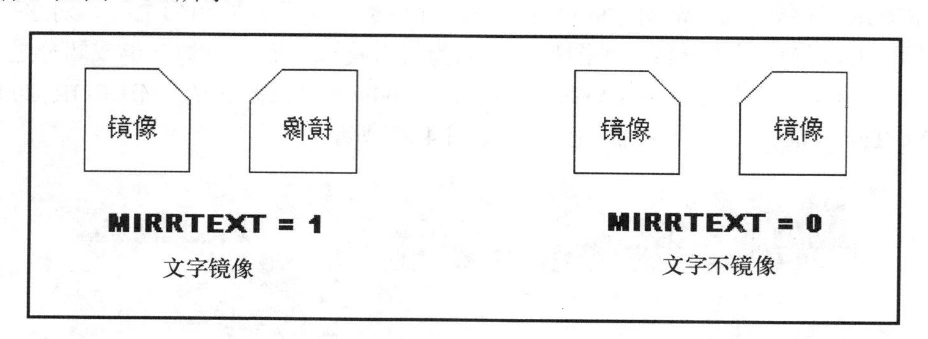

图 4-84 镜像文字时的问题

4.14.8 拉伸和拉长工具(STRETCH 和 LENGTHEN 命令)

STRETCH 命令可以将设计图的某一部分移动，但仍然与其他部分连接，由直线、圆弧、实线，以及多段线连接的部分，均可以像橡皮圈一样加以拉伸，操作如图 4-85 所示。很多初学者搞不清楚这个命令的动作原理，所以在编辑上总是用比较“笨”的方法来做。

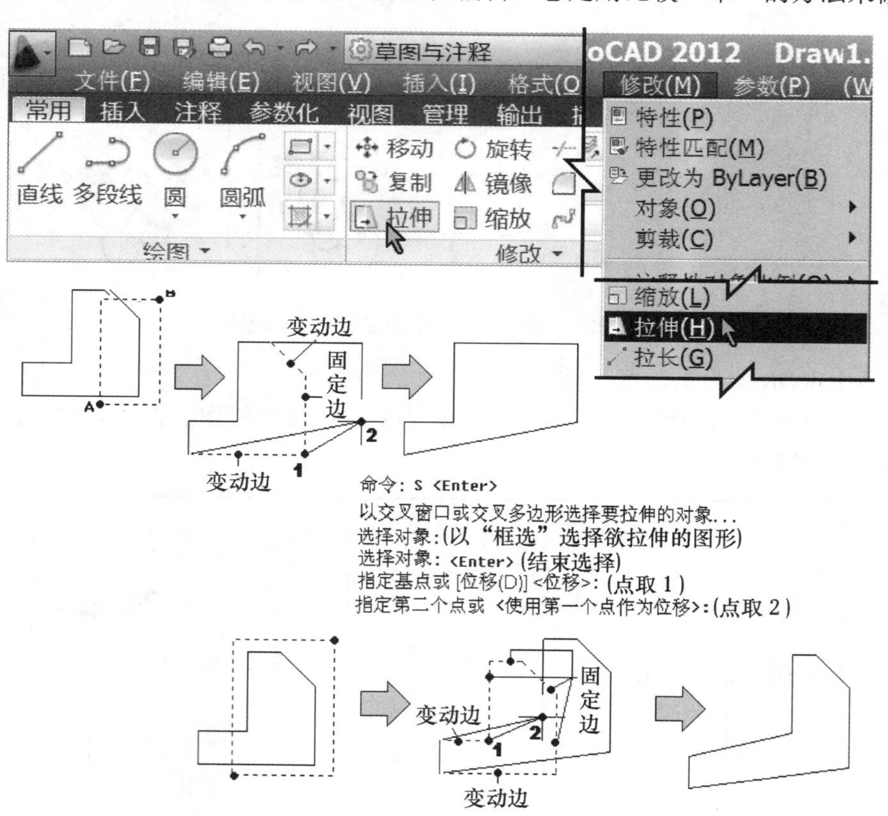

图 4-85 STRETCH 命令的点取位置和操作

本范例参考视频文件：(A)Samples(GB)\ch04\avi 目录下的 STRETCH_2009.avi。

通过上面这两个范例可以看出，拉伸命令的操作过程是固定的，但是拉伸后的结果却与选择要拉伸的范围有很大的关系。基本上，这个关系是取决于“变动边”与“固定边”的划分。“变动边”就是一边接未选择图形，而另一边接固定图形的图形；而两边都接“变动边”图形或“固定边”图形的就称为“固定边”。对拉伸命令来说，它只拉动变动边的部分。这就是“拉伸”命令的重要动作原理！

使用 STRETCH 命令的注意事项如下。

(1) 除了图 4-85 的标准状况外，当所选择图形的内外侧全部变为虚线时，则最外侧的图形将固定不动，但其内的图形则变为移动的动作，如图 4-86 所示。

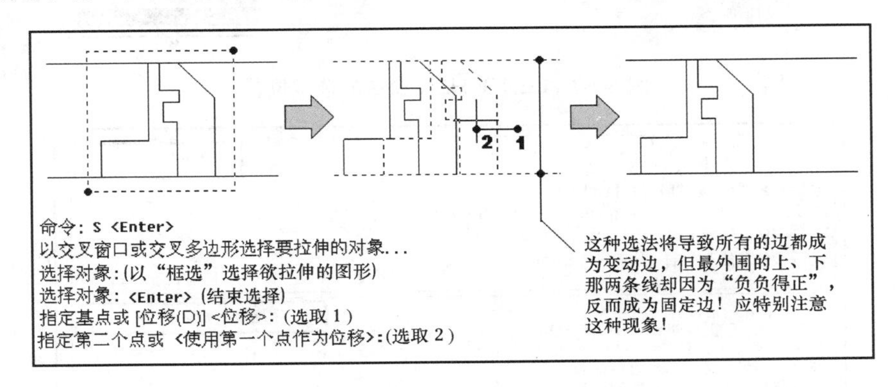

图 4-86 STRETCH 的特殊情况操作

(2) 对关系型尺寸线的拉伸将会导致尺寸标注值也跟着变化，如图 4-87 所示。

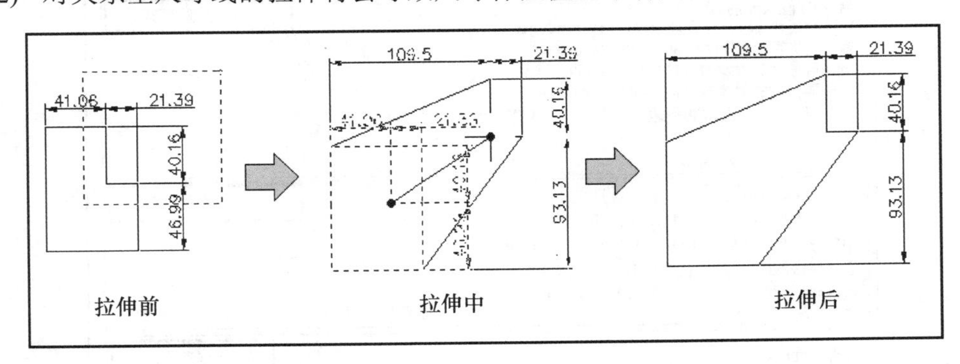

图 4-87 对关系型尺寸标注线的拉伸操作

而 LENGTHEN 命令则是用来编辑一条线段或一条多段线的长度的。这个功能可以更容易精确地得到所希望的线，其操作见图 4-88。

而 LENGTHEN 命令的各种操作如图 4-89 所示。

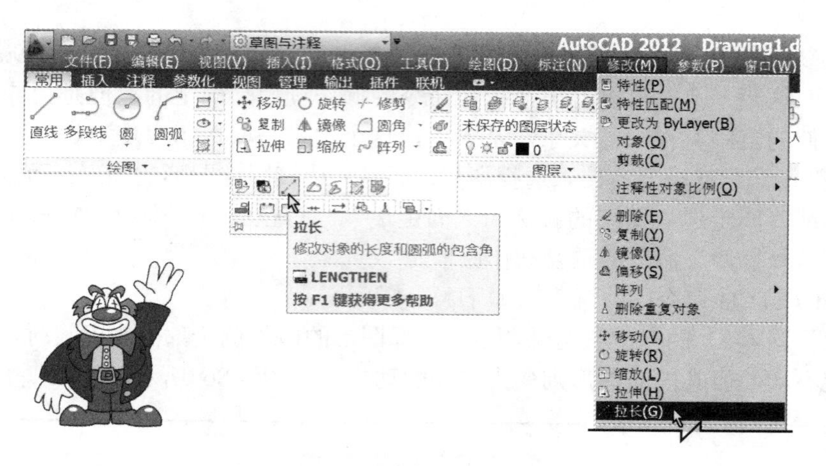

图 4-88　LENGTHEN 命令的选取位置

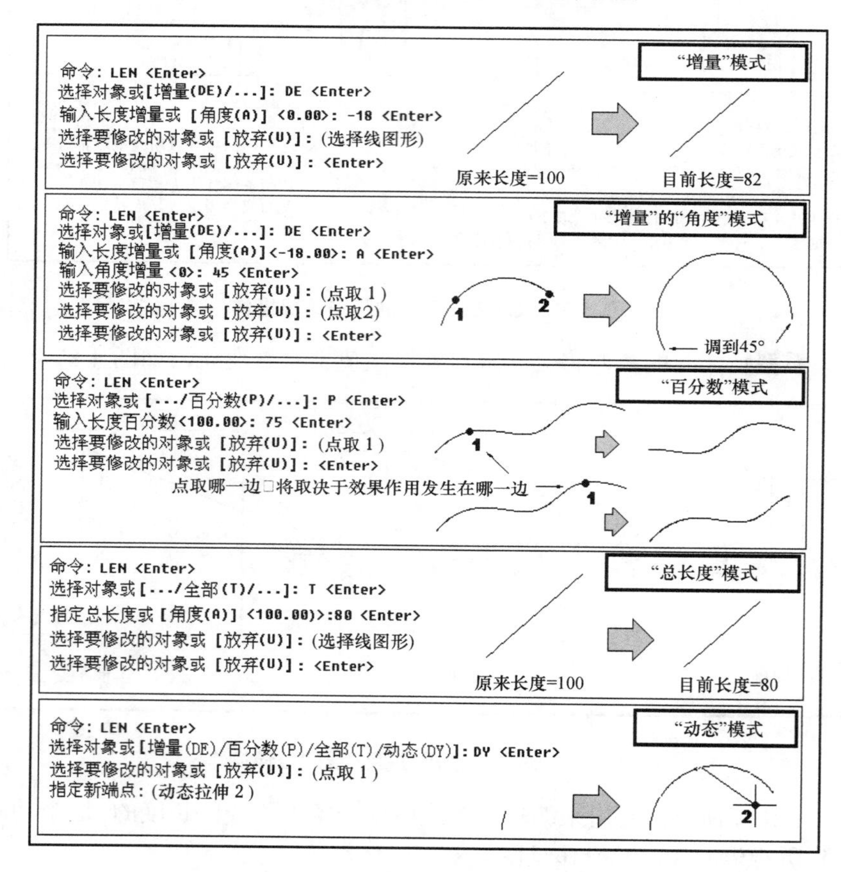

图 4-89　LENGTHEN 命令的操作

4.14.9　合并工具(JOIN 命令)

图形编辑过程中可能经常会生成一些多余的对象，这些对象在图形中容易造成混乱。而要将这些无用的对象删除或合并，经常要花很多的时间。JOIN(合并)命令能够将多个同类对象的线段连接成单个对象，这样就可能减少文件大小和改善图形的质量。JOIN 功能对多段线、直线、圆弧、椭圆弧和样条曲线都有效(见图 4-90)。

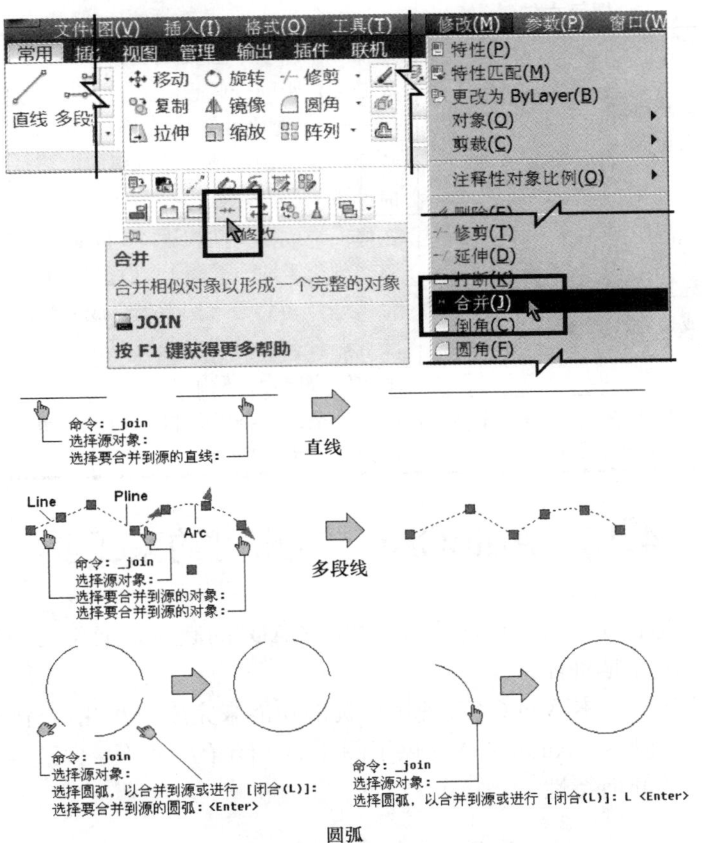

图 4-90　JOIN 命令的位置

JOIN 命令可连接在同一平面而且端点相连的多个样条曲线，可使用 JOIN 命令封闭圆弧或椭圆弧，自动将它们转换为圆或椭圆。

命令: _join
选择源对象:

根据选定的源对象不同，系统将显示表 4-1 所示的提示之一。

表 4-1　JOIN 命令的各种提示文句

合并对象	提示文句	说　明
直线	选择要合并到源的直线:	选择一条或多条直线，并按 Enter 键 直线对象必须共线(位于同一无限长的直线上)，但是它们之间是可以有间隙的
多段线	选择要合并到源的对象:	选择一个或多个对象，并按 Enter 键 对象可以是直线、多段线或圆弧。对象之间不能有间隙，且必须位于与 UCS 的 XY 平面平行的同一平面上

续表

合并对象	提示文句	说　明
圆弧	选择圆弧，以合并到源或进行[闭合(L)]:	选择一个或多个圆弧，并按 Enter 键，或输入 L。圆弧对象必须位于同一假想的圆上，但是它们之间可以有间隙。“闭合”选项可将源圆弧转换成圆。 注意：合并两条或多条圆弧时，将从源对象开始，按逆时针方向合并圆弧
椭圆弧	选择椭圆弧，以合并到源或进行[闭合(L)]:	选择一个或多个椭圆弧，并按 Enter 键，或输入 L。椭圆弧必须位于同一椭圆上，但是它们之间可以有间隙。“闭合”选项可将源椭圆弧闭合成完整的椭圆。 注意：合并两条或多条椭圆弧时，将从源对象开始，按逆时针方向合并椭圆弧
样条曲线	选择要合并到源的样条曲线:	选择一条或多条样条曲线，并按 Enter 键。样条曲线对象必须位于同一平面内，且必须首尾相邻(即端点到端点放置)

4.15　AutoCAD 的几何约束工具

大家一定要知道：AutoCAD 只是学习 2D CAD 的起点，而学习 3D CAD 软件(如 ArchiCAD 等)的应用才是目标。

如前面各节所述，原本 AutoCAD 使用捕捉的功能来完成一些几何特性的约束，但是到了 AutoCAD 2010 版以后，AutoCAD 提供了图 4-91 所示的“几何约束”工具，让用户可以更容易地约束图形的几何特性。

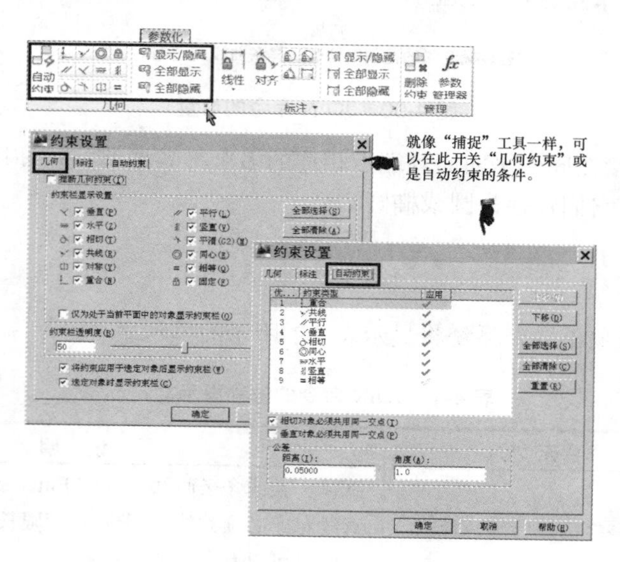

图 4-91　“几何约束”工具的位置

不过，对 AutoCAD 的老手来说，“几何约束”(Geometric Restriction)并不具太大的意义！因为只要合适地使用“捕捉”和本章前面各节所学的几何作图概念，一样可以将图画好。这个“几何约束”对 2D 来说是画蛇添足的！但是对未来要进入 3D 画图的初学者来说，由于“几何约束”工具就类似 3D CAD 软件里的“草绘”工具，所以在此习惯它以后，则有助于日后在 3D CAD 软件里使用草绘时的适应。

下面以直接实作的方式来练习这些工具。

本范例视频文件：(A)Samples(GB)\ch04\avi 目录下的 Geo_Res_2010.avi。

(1) “重合”工具：确保两个对象在一个指定点上重合。此指定点也可以位于通过延长的对象之上，如图 4-92 所示。

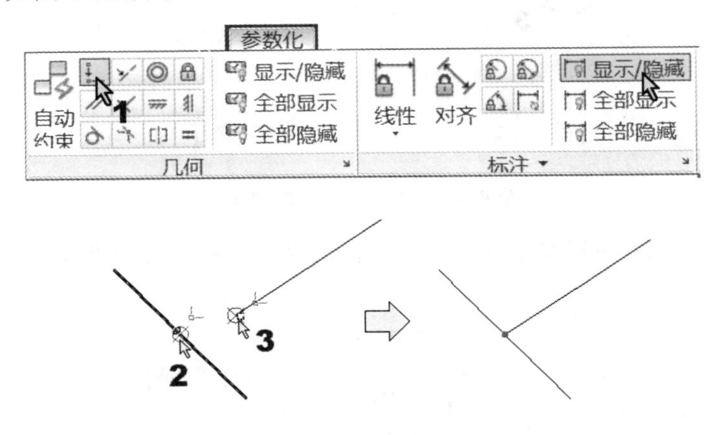

图 4-92 “重合”工具的操作

(2) “共线”工具：使第二个对象和第一个对象位于同一个直线上。其操作如图 4-93 所示。

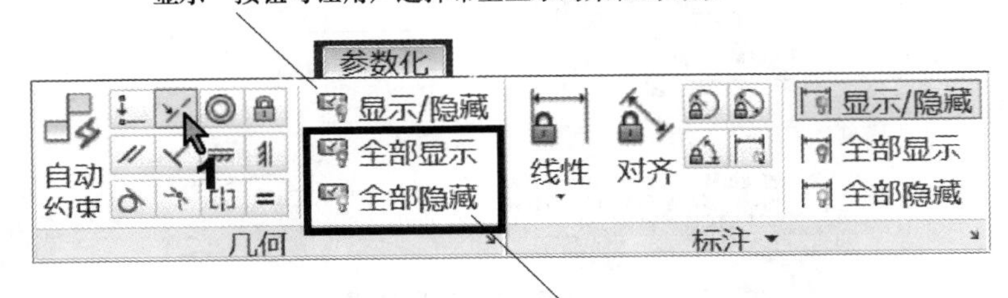

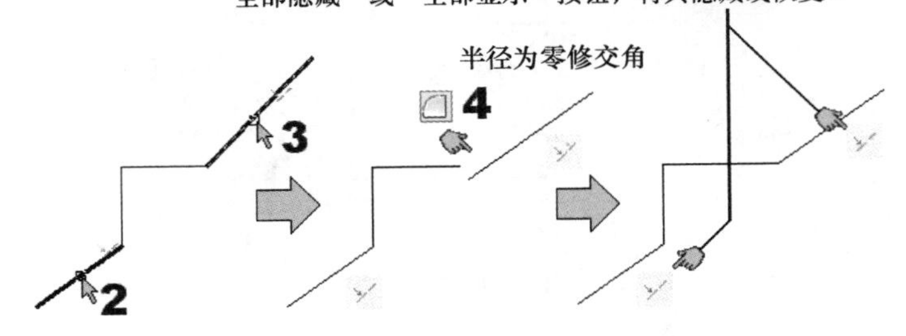

图 4-93 “共线”工具的操作

(3) “同心”工具：使两个弧形、圆形或椭圆形(或三者中的任意两个)保持同心关系。如图 4-94 所示。

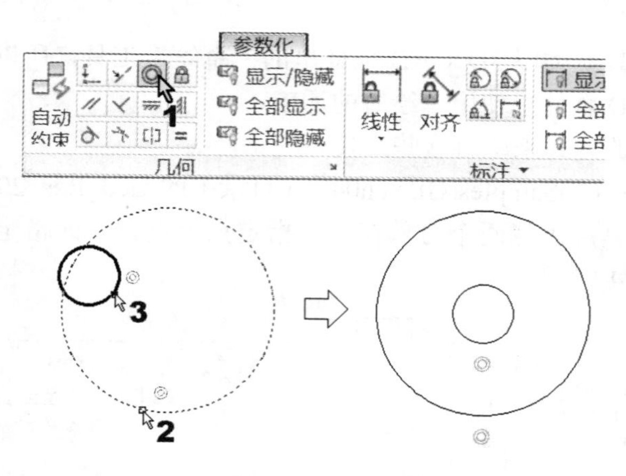

图 4-94 “同心”工具的操作

(4) “固定”工具：将对象上的一点固定在世界坐标系的某一坐标上。其操作如图 4-95 所示。

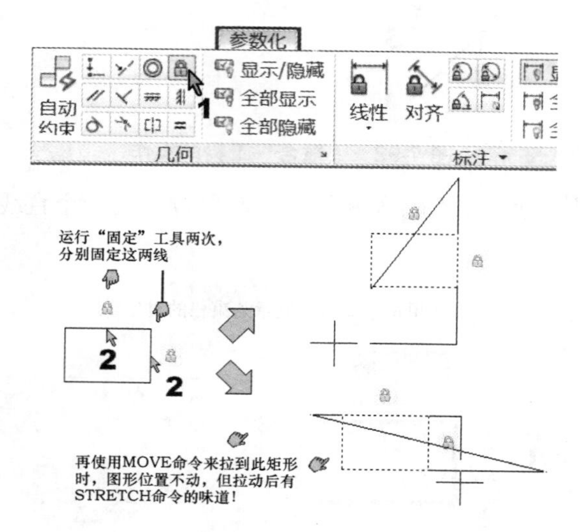

图 4-95 “固定”工具的操作

(5) “平行”工具：使两条线段或多条线段保持平行关系。其操作如图 4-96 所示。

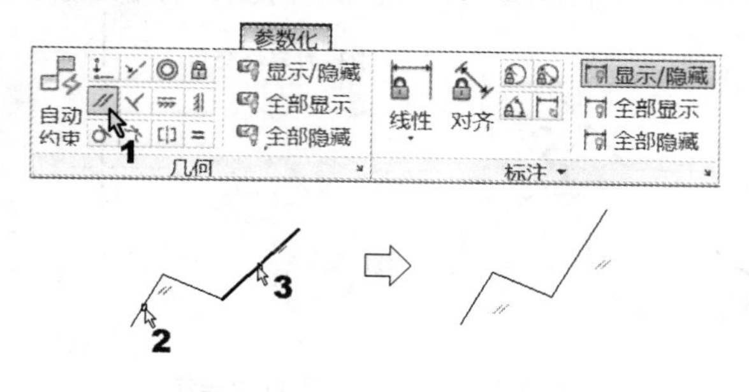

图 4-96 “平行”工具的操作

(6) “垂直”工具：使任意的两条线保持垂直。如图 4-97 所示。

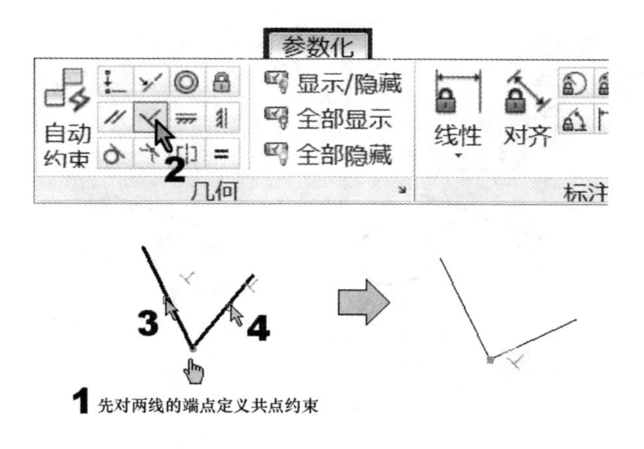

图 4-97 “垂直”工具的操作

(7) “水平”工具：使一条线段或一个对象上的两个点保持水平(平行于 X 轴)。如图 4-98 所示。

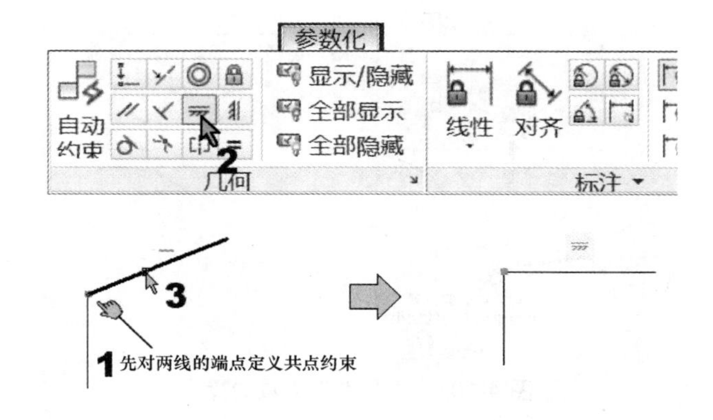

图 4-98 “水平”工具的操作

(8) “竖直”工具：使一条线段或一个对象上的两点保持垂直(平行于 Y 轴)。如图 4-99 所示。

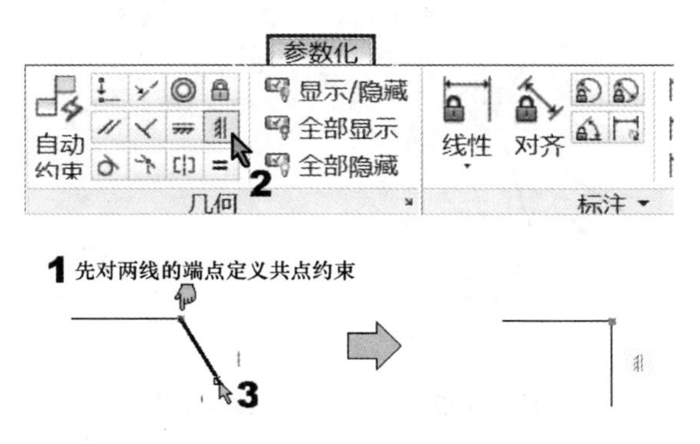

图 4-99 “竖直”工具的操作

(9) “正切”工具：使两个对象(例如一个弧形和一条直线)保持正切关系。如图 4-100 所示。

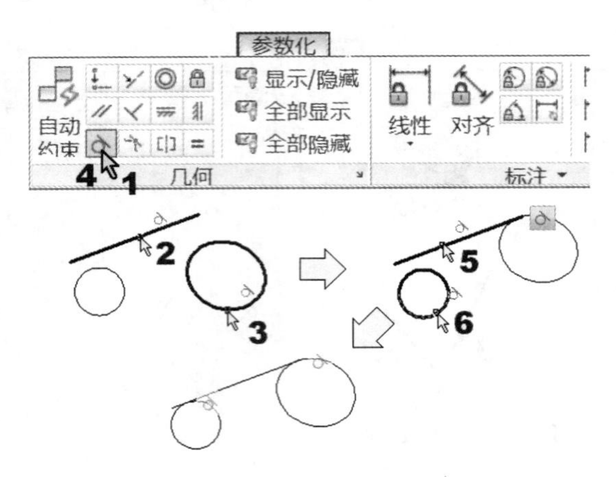

图 4-100 “正切”工具的操作

(10)“平滑”工具：将一条样条线连接到另一条直线、弧线、多线段或样条线上，同时保持其平滑连续性。如图 4-101 所示。

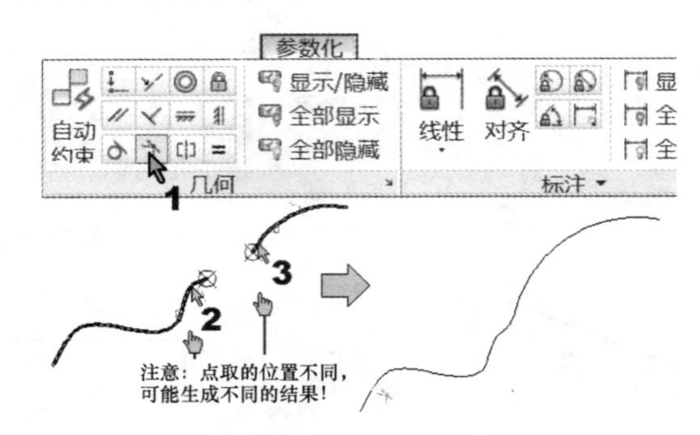

图 4-101 “平滑”工具的操作

(11)“对称”工具：相当于一个镜像命令，通过此工具操作后，图形将始终保持对称关系！如图 4-102 所示。

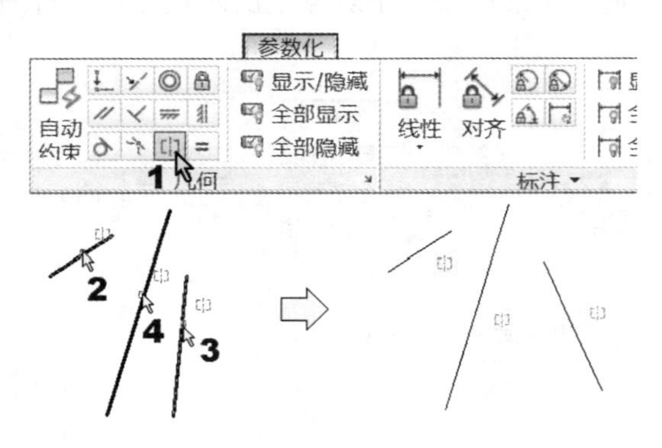

图 4-102 “对称”工具的操作

(12) “相等”工具：一种实时的保存工具，因为用户能够使任意两条直线始终保持等长，或使两个圆形具有相等的半径。修改其中一个对象后，另一个对象将自动更新！如图 4-103 所示。

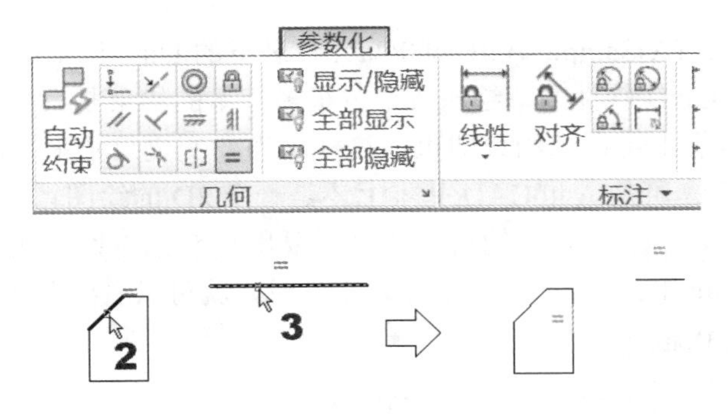

图 4-103 “相等”工具的操作

信息补充站 **自动约束**

在前面的实作图例中，会在操作界面的最左边看到一个“自动约束”图标。按它的设计原意，知道这和“捕捉”的运行原理是一样的，即它会按“自动约束”选项卡里的设置，自动帮用户完成约束的设置。如果在操作过程中，选择“设置”选项，那么就会出现图 4-91 所示的“自动约束”选项卡，来让用户指定“自动约束”的优先条件或是要考虑的约束项目。

尽管 AutoCAD 吹嘘这是一个好用的不得了的功能，但是对 2D/3D CAD 软件经验丰富者来说，通过严肃的评估之后，认为这是一个不实用的功能，所以不再提此功能的应用。

4.16 AutoCAD 的尺寸约束工具

AutoCAD 2010 版以后的“尺寸约束”工具，是其新版本里值得一提的好功能，也是我们等待很久的功能。可惜的是，它来得太晚了，方向也不一定是正确的！怎么说呢？如下所述。

(1) 用尺寸来控制图形是每一套 3D CAD 软件中，草绘模式里的基本功能。一大堆 3D CAD 软件早在十多年前就有了，AutoCAD 现在才有，不是太慢了吗？

(2) 对 3D CAD 软件来说，它们的“尺寸约束”工具和前面的“几何约束”工具都是放在草绘中的功能之一，是作为全局来用的，主要是为了后续 3D 建模的表现。所以，如果后续没有 3D 建模的结构，这些工具都无用武之地！因为 2D 画图没有这些工具也能画。AutoCAD 当然知道这些，所以这些工具都能延伸到其 3D 功能中。问题是，今天没有人用 AutoCAD 的 3D 功能来建模，是因为 AutoCAD 的结构是 2D 的，非要延伸到 3D 会有很多瓶颈，即便到 2010 版，它努力在突破这些瓶颈，但是突破的这些都不是重点。就好像在脚踏车上放上一个汽车的壳一样，它不一定能跑得更快，很可能被压垮了！

但如果以 CAD 入门的学习心态来看待 AutoCAD 的这些功能，那就值得学习了！因此，本节将实作这个“尺寸约束”工具。可按下述范例实作。

1. 范例一——直接使用“尺寸约束”工具

本范例视频文件：(A)Samples(GB)\ch04\avi 目录下的 Dim_Res01_2010.avi。

本范例练习文件：(A)Samples(GB)\ch04\avi 目录下的 Dim_Res01.dwg。

本范例完成文件：(A)Samples(GB)\ch04\avi 目录下的 Dim_Res_01_F.dwg。

要注意：在 3D CAD 软件的草绘系统中，很多基本的约束是只要你画了，系统就会自动加上，然后只要再加上特别的约束即可。这样，当要变更尺寸来控制图形时，图形才不会“乱飘”或“移位”。可是 AutoCAD 基本上还是一个 2D 的绘图系统，虽然现在有了“尺寸约束”工具，但是基本的“几何约束”还是需要用户自己先设置加上，不是系统自动加的！因此，当打开 Dim_Res_01.dwg 这个练习文件时，就可以看到图 4-104 所示，已经加上合适“几何约束”的状态。

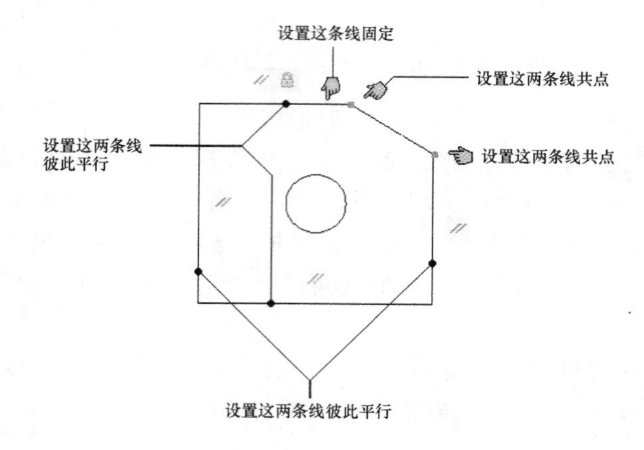

图 4-104　本练习初始的“几何约束”状态

按照图 4-105 所示的操作来标注“尺寸约束”。借此操作来变更图形的主要尺寸。这样，当画完后，整个图形的尺寸也都符合要求了。

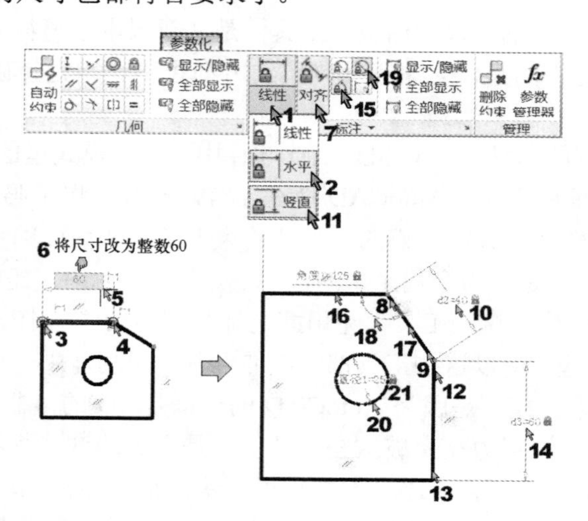

图 4-105　标注尺寸约束的操作

以后，任意变更尺寸约束里的尺寸数值时，图形就会按尺寸变更，同时不会“乱飘”或“乱移”了！如图 4-106 所示。

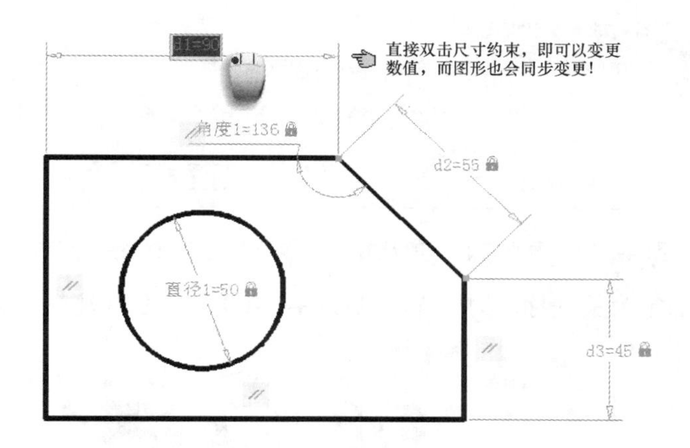

图 4-106　任意变更尺寸约束的数值后

2. 范例二——将一般的已标注尺寸转换为“尺寸约束”尺寸

本范例视频文件：(A)Samples(GB)\ch04\avi 目录下的 Dim_Res02_2010.avi。

本范例练习文件：(A)Samples(GB)\ch04\avi 目录下的 Dim_Res02.dwg。

本范例完成文件：(A)Samples(GB)\ch04\avi 目录下的 Dim_Res_02_F.dwg。

打开 Dim_Res02.dwg 练习文件。由于要将一般的已标注尺寸转换为“尺寸约束”尺寸时，一定要转为关联标注。所以，应先按图 4-107 所示的操作，运行 DIMREASSOCIATE 命令，将一般的已标注尺寸转换为关联标注。

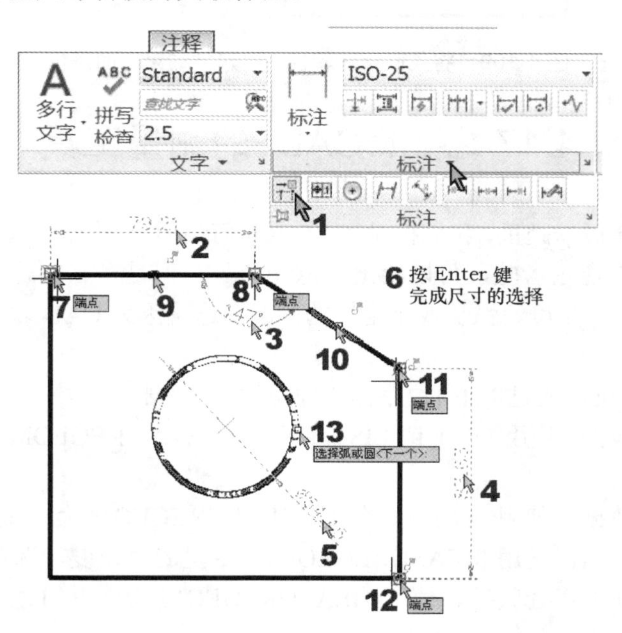

图 4-107　将一般的已标注尺寸转换为关联标注的操作

如果不先按图 4-107 将一般尺寸标注转换为关联标注，就会出现图 4-108 所示的错误提示框。

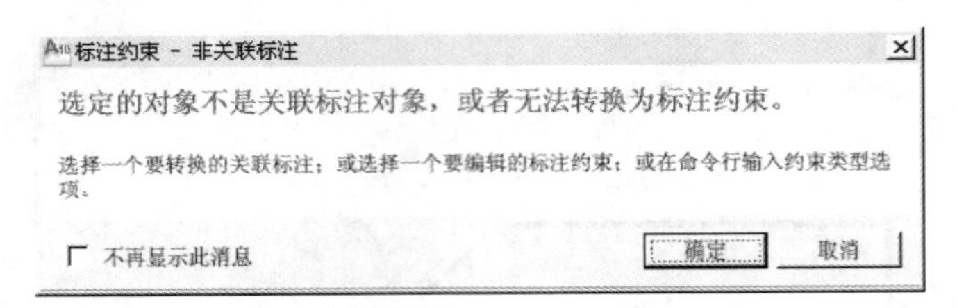

图 4-108　要直接将一般尺寸标注转尺寸约束时的错误报告

因此，当尺寸确定为关联标注时，就可以按图 4-109 将关联标注转换为“尺寸约束”了！

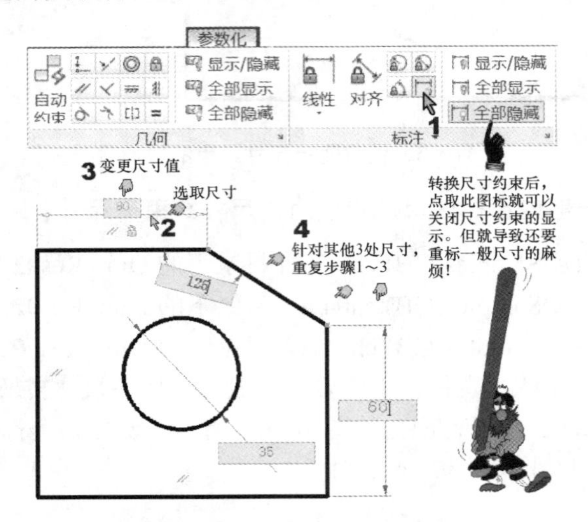

图 4-109　将关联标注转换为“尺寸约束”的操作

4.17　AutoCAD 的测量工具

在本章习题的最后一题里，我们提供了 75 道几何绘图题，如果这些题目都可以画出来，那么恭喜你！你已经通过考验，可以绘出任意图形了！但是在这些题目中，还需要你回答一些有关距离、面积、角度、弧长或是坐标的问题。这是因为 CAD 软件还可以帮你提供精准的数据。

在 AutoCAD 中可以通过以下的方法来取得相关的数据。

(1)　取得距离数据。使用 DIST 或 LIST 命令(或 MEASUREGEOM 命令里的“距离”选项)。

(2)　取得面积数据。使用 AREA 命令(或 MEASUREGEOM 命令里的“面积”选项)。

(3)　取得角度数据。使用 MEASUREGEOM 命令里的“角度”选项来取得。

(4)　取得圆或弧的半径数据。使用 MEASUREGEOM 命令里的“半径”选项来取得。

(5)　取得弧长数据。使用 LIST 命令。

(6)　取得坐标数据。先使用 ID 命令取得 *X* 和 *Y* 方向的距离坐标数据后，再和前一点坐标的(X1，Y1)值相加减，得到新的(X2，Y2)。

4.17.1 LIST(图素资料列出)命令

该命令为用户提供查询指定图素的数据。可直接运行该命令，再选择要查询的图素即可，其操作如图 4-110 所示。

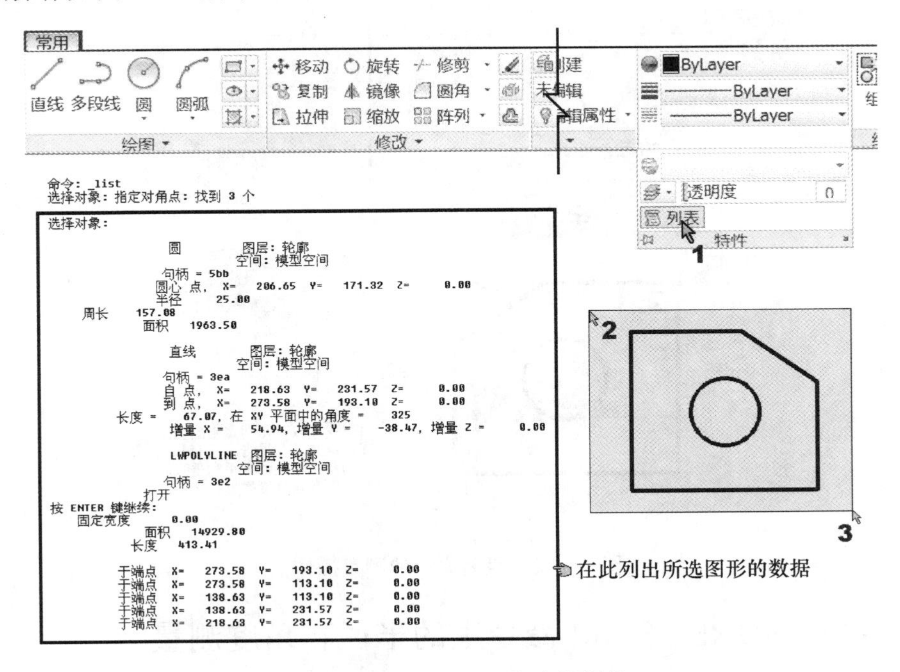

图 4-110 运行 LIST 命令的操作

4.17.2 ID(显示点坐标)命令

ID 命令用来显示指定位置的 UCS 坐标值。可直接运行该命令，再选取要查询的点即可，其操作如图 4-111 所示。

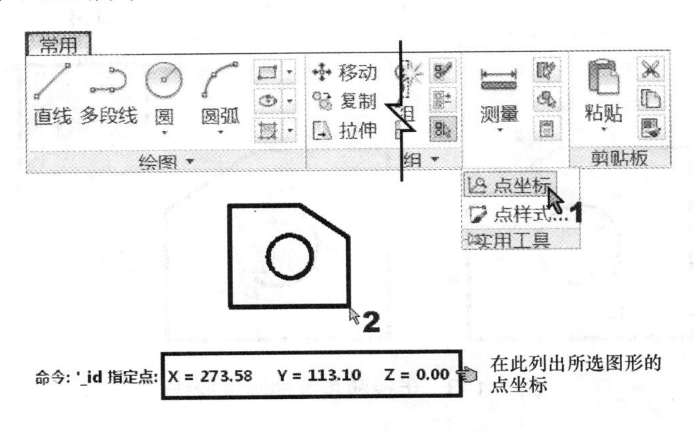

图 4-111 运行 ID 命令的操作

4.17.3 MEASUREGEOM 命令里的距离量测

如图 4-112 所示，MEASUREGEOM 命令里的“距离”选项里，提供了测量两点间的距离(含水平和垂直距离)与角度数据的功能。

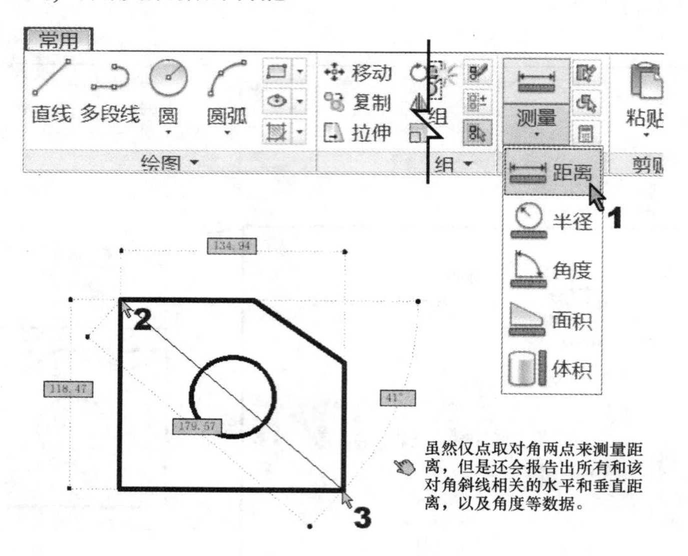

图 4-112 距离命令的测量操作

4.17.4 MEASUREGEOM 命令里的半径和角度测量

如图 4-113 所示，MEASUREGEOM 命令里的“半径”与“角度”选项，提供了测量两线间的角度以及圆或弧的半径数据的功能。

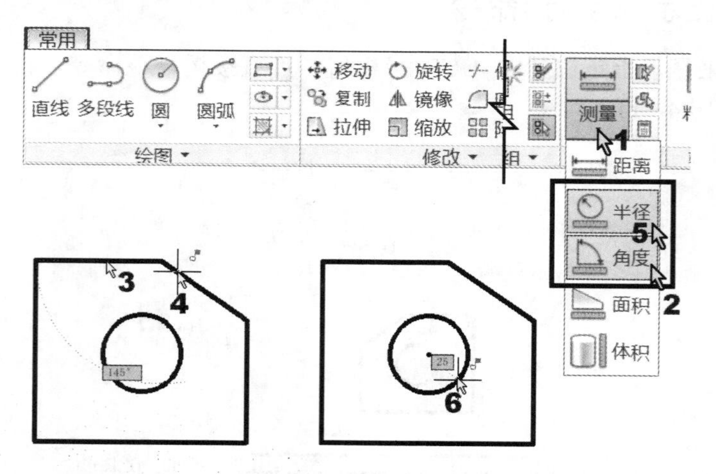

图 4-113 半径和角度的测量操作

4.17.5 AREA(面积计算)命令

MEASUREGEOM 命令里的“面积”选项运行的就是 AREA 命令，此命令针对某一区域，定义许多包含在此区域的点，并计算一封闭区域的面积及周长。如图 4-114 所示，需利用此功能计算出斜线区域的面积。本范例视频文件：(A)Samples(GB)\ch04\avi 目录下的 AREA_2010.avi。

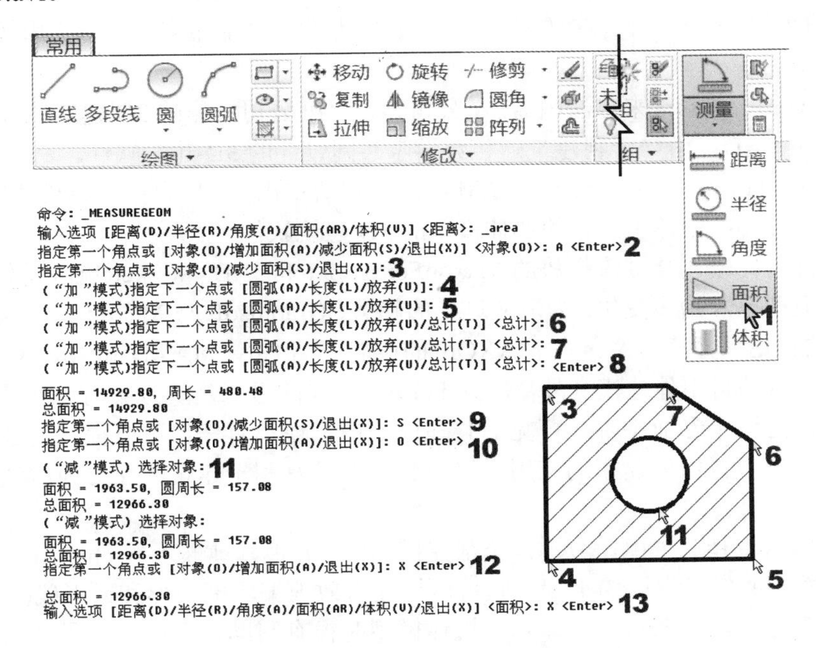

图 4-114　AREA 命令的点取界面

注意

不规则区域的面积测量，可参考图 4-74 所示的操作来求得。

4.18　广义的建筑自动化

建筑专业是很依赖计算机自动化的。而且在众多前辈的努力下，成效卓著。因此，初进这个专业的学子们，有必要了解建筑自动化的真实意义。

在建筑专业中，有下述三方扮演着重要的图样生产的角色。

(1)　建筑师或设计师：负责所有建筑图样的提案和设计，并按专业解决后续会发生的设计变更问题。

(2)　效果图制作公司：专门制作前期效果草图和后期广告效果图。

(3)　专业绘图员：生产施工图面。

而这三方都会需要各自的软件来做自动化。以下就分三小节来说明它们各自的软件需求条件。

4.18.1　建筑师或设计师所需要的自动化软件

对现代的年轻建筑师或设计师而言，他们需要的软件和效果图制作公司的前段需求是一样的。即：需要一套和手塑 3D 建筑模型概念吻合的软件。由于很多小细节是不需要的，所以只要能让建模速度快、充分表达建筑意念，让业主很快地了解，基本上就可以满足。

此外，建筑师因为受过专业的建筑设计训练，所以他们用软件的概念和一般制图员不同，是以三维建筑设计为主要观点出发的。因此，使用软件的重点在于应付草图的工作最多。以目前的情况来看，符合这样需求的3D建筑专业软件非常多，但是应用较多的知名软件有以下几个。

(1) ARC+ Progess：来自法国ACA公司和以色列公司合作的3D建筑软件。

(2) ArchiCAD：由匈牙利建筑师和数学家共同设计的3D建筑软件。

(3) MaxonForm：由Graphisoft与Maxon公司所推出的3D自由体建模建筑软件。

(4) SketchUp：创建示意型的块体模型的3D建筑软件。

下面再针对比较符合潮流趋势的MaxonForm、ArchiCAD和SketchUp等软件来讨论。

建筑的造型已开始多变化，为适应这样的趋势，Graphisoft与Maxon公司就协力推出了ArchiCAD的自由体建模方案，在MAXON的旗舰产品CINEMA 4D和ArchiCAD基础上，创建了相互支持的自由体建模产品MaxonForm。这样的虚拟建筑方案与专业的有机体建模工具的整合，是这个专业中唯一可见的！在此之前，还没有任何可以提供给建筑师，在虚拟建筑设计中使用自由体建模的应用。这个整合非常有利于建筑师在更为广泛的复杂案件上，用于模拟建筑设计。

MaxonForm保留了CINEMA 4D全部建模功能，并很好地嵌入ArchiCAD。这个软件在功能与易用性方面做了很好的平衡，它可以快速有效地编辑多边形和云形线(Spline)。它所拥有的表面细分工具在创建自由体和有机体模型时很有帮助，可以很容易地对物体的多变形表面进行推、拉、移动、变形等操作，而不破坏表面下的结构。ArchiCAD和MaxonForm也是一体成形的，我们可以在MaxonForm中创建元素，并以GDL对象方式导入ArchiCAD，这些构件都可以对材料进行参数化设定。其工作流程和优点描述如表4-2所示。

表4-2　MaxonForm的工作流程和优点

工作流程	优　点
在ArchiCAD中开始工作。 将指定元素导入MaxonForm。 利用MaxonForm工具对元素的外表面进行扭曲、变形、雕塑等处理，以达到设计要求。 将成果导回ArchiCAD。 存储成GDL物件。 对象可以在ArchiCAD中任意放置并修改。 在ArchiCAD中编辑材料属性	对ArchiCAD元素进行简单的自由造型操作。 可任意结合项目，进行有机体建模。 满足设计师的特殊设计要求。 创建复杂的造型，而不必使用脚本或GDL语言。 在虚拟建筑设计环境中，对有机体造型进行准确的表示

MaxonForm与SketchUp的关系具体如下。

SketchUp被用于期初设计(即草图阶段)并由此得名，它可以创建一些示意性的块体模型。它与MaxonForm的关系如表4-3所示。

表 4-3　SketchUp 与 MaxonForm 的关系

项　目	SketchUp	MaxonForm
设计时间	期初设计时间	期初后的扩展阶段
与 ArchiCAD 的关系	在 ArchiCAD 之前使用	与 ArchiCAD 平行使用
自由体造型能力	低	高
操作易用性	简单	中、高

从表 4-2 中可以看出：如果要与 ArchiCAD 联合使用，SketchUp 用在 ArchiCAD 之前。而我们知道 ArchiCAD 可以应用于设计的整个流程，尤其在设计扩展阶段、施工图阶段与施工协调阶段。MaxonForm 可以扩展 ArchiCAD 的功能去设计那些单独用于 ArchiCAD 很难创建的自由体造型的元素，因此 MaxonForm 是与 ArchiCAD 平行使用的。

在 3D 建模能力方面，SketchUp 的建模能力虽然有限，且 SketchUp 能做的，ArchiCAD 也能做到。但是正因为 SketchUp 简单易用，已成为时下颇受建筑师与室内设计师欢迎的 3D 建筑草图建模软件。SketchUp 的效果图图例如图 4-115 所示。

图 4-115　SketchUp 的效果图图例

4.18.2 效果图制作公司所需要的自动化软件

大部分的效果图制作都偏向涵盖工业设计、建筑设计、动画等范畴的平面和立体广告，以及效果图等，如图 4-116 所示。其主要的工作是：前期的建模、材质贴附、灯光布置和渲染，以及后期的效果图或动画制作。其所需要的自动化软件涵盖面较广，具体如下。

(1) 4.18.1 小节所述及的各种 3D 建筑软件。

(2) 诸如 3D Studio MAX/VIZ、MAYA、MiniCAD、From．Z 和 Art．lantis 等动画软件。

(3) 诸如 Photoshop、CorelDraw 等图像处理软件。

注 意

制作效果图所需的立体模型不一定是完整的，由于时间和成本，基本上他们只建业主要求视面的效果图，只要是指定视面看不见的部分，就不会建模。这是一个从视觉传播和广告观点上出发的概念。不能期望能将这类的立体模转成平面，以快速创建建筑施工图。因此，在软件的属性上是有区别的，千万不要将一套视觉传播软件(如 MAX/VIZ、MAYA、MiniCAD、From．Z 等)误认为建筑专业软件。

图 4-116 建筑室内外效果图图例

4.18.3 专业绘图员所需要的自动化软件

前面谈过，现代建筑师常通过像 SketchUp 这类的 3D 建筑软件来做快速草图设计，并提供基本的渲染功能，让建筑师得以将设计展示给业主看，和业主讨论。待意见一致后，再将整个草图提供给熟练的专业制图员，以生产出各类的施工图面。

专业绘图员并不是只有画图描图而已，由于他们本身需要具备很多基本的专业知识，所以他们所需要的自动化软件就是要能在生产施工图面的过程中，为他们节省体力和精神的付出，同时还要满足专业法规和制图惯例的规定，因为烦琐而重复的图形或操作实在太多了。

在这个环节所需要的软件，因为牵涉到政府建筑法令、制图惯例规定和习惯画法，非常注重本地化。尽管有很多国际性的建筑软件，如 ArchiCAD，也都有完整的施工图绘制功能，但是都有本地化功能不足的缺点，除非专门接国外的建筑案件，否则一般习惯上，还是都采用在 AutoCAD 平台上开发的二维(2D)施工图专业建筑软件，如“天正”等(或同级)软件。也正因为这样的情况，在我国，ArchiCAD 叫好，却不一定叫座。用一套 SketchUp 和一套本地化的“天正”建筑软件，通常是应付来自建筑师和制图员等不同层级需求的常见组合。

4.18.4　AutoCAD 的角色

从前面三节的陈述中，用户应该清楚 AutoCAD 只是建筑自动化中，一个在制图员阶段所需的入门软件。所有建筑专业的学子们都要会这个软件，然后视需要再向上提级。

在此要借本节的视频文件，为大家做一个总复习，说明在还没应用到“天正”这类的 CADD(Computer Aided Design & Draft，计算机辅助设计绘图)软件前，画建筑图时会经历的过程。可打开以下的视频文件来观看。

视频文件：(M)Samples(GB)\ch04\avi 目录下的 AutoCAD_for_Architecture_2012_有声.avi。

完成文件：(M)Samples(GB)\ch04 目录下的 AutoCAD_for_Architecture.dwg。

4.18.5　现实的建筑制图应用

在 4.17 的视频文件中，你会发现图框样板、图层、块是重要的绘图环境，然后再配合一些不断重复的命令(如 LINE、OFFSET、COPY 等)。如果有更方便的软件可以让这些操作更自动化，那对繁重的建筑图面生产工作，一定会更省时省力。

是的，对我国来说，那就是“天正”建筑软件。但是在使用“天正”之前，必须做到以下几点。

(1)　先熟悉 AutoCAD 的操作。了解 AutoCAD 系统以及它的操作，有助于在操作“天正”时，更顺利，同时有解决系统问题的能力，以及应付一年一次的频繁改版(因为“天正”的改版也须随着 AutoCAD 的版本变动)。

(2)　了解合格建筑图样的内容与制图惯例。一个完全不知道建筑图内容和制图惯例的人，是不可能画好一张合格建筑图样的。本书各章，就是为达到这两个目的设计的。

(3)　如果会使用 SketchUp 这类的软件将建筑模型迅速建好，当成案时再转为 AutoCAD 平面图、立面图或剖面图，那会让图面生产更加精准且有效率，如图 4-117 所示。

然后，通过图 4-118 所示的操作将其转为 AutoCAD。这样，再使用 AutoCAD 或“天正”来加门、窗，或标尺寸，或加批注就可以了。

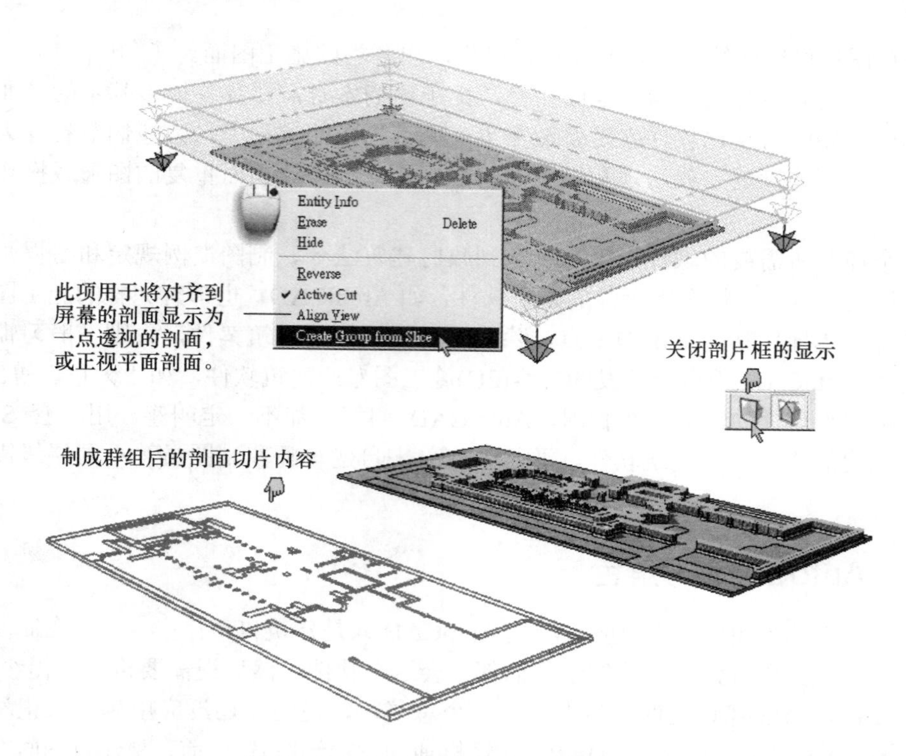

图 4-117 在 SketchUp 中作剖面的操作

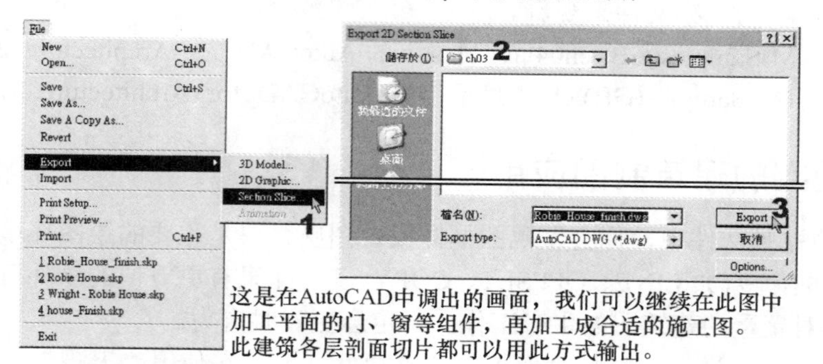

图 4-118 在 SketchUp 中将平面图转为 AutoCAD 的操作

习　题

一、是非题

1. ERASE 是在 AutoCAD 中用来删除图形的命令，但是在选择图形后，再按键盘上的 Delete 键也可以达到同样的目的。 (　　)
2. OFFSET 命令是 AutoCAD 专门用来画剖面线的命令。 (　　)
3. 三角形最长边要大于另两边的总和。 (　　)
4. 通过圆周上一点，可以画出多条切线。 (　　)
5. 正六边形的一边长就等于其外接圆的半径。 (　　)
6. 弧线相切时，不必找出切点也可画出圆滑曲线。 (　　)
7. 由圆外一点只能作一条切线。 (　　)
8. 两圆的公切点，不在连心线上。 (　　)
9. 通过三角形各内角平分线的交点，就可画出内切圆。 (　　)
10. 椭圆上的长轴一定垂直于短轴。 (　　)
11. 过不在直线上的三点即可画出一圆。 (　　)
12. 以任意长短的三条直线，就可以画出一三角形。 (　　)
13. 圆和直线相切，其切点一定位于通过圆心，而垂直于切线的直线上。 (　　)

二、选择题

1. 在 AutoCAD 中，可以变更零度计算角度的命令是(　　)。

   A. ANGLE　　B. UNITS
   C. COORODINATE　　D. ROTATE

2. 在 AutoCAD 中，LINE 和 PLINE 命令的差别，以下叙述何者为真？(　　)

   A. 都一样，只是图素名称不同
   B. PLINE 是一条包含起点和终点的单纯线段；而 LINE 则是包含起点→中间顶点→终点的多条线
   C. LINE 是一条包含起点和终点的单纯线段；而 PLINE 则是包含起点→中间顶点→终点的多条线
   D. 以上皆非

3. 以下何者是在 AutoCAD 中用来表示相对上一点距离为 5 角度为 135° 的坐标表示法？(　　)

   A. @0,0,5<135　　B. #5<135　　C. @5<135　　D. 5<135

4. 线段垂足平分线是以端点为圆心，取(　　)线段的一半来作为半径画弧，链接此两点。

   A. 大于　　B. 小于　　C. 等于　　D. 大于或小于

5. 正六边形每一内角等于(　　)。

   A. 90°　　B. 100°　　C. 120°　　D. 135°

6. 多边形的内角和为(　　)。

   A. (边数+2)×180°　　B. (边数−2)×180°　　C. (边数+2)×90°　　D. (边数−2)×90°

7. 五边形的内角和为(　　)。
A. 540°　　B. 440°　　C. 340°　　D. 240°
8. 等轴测五边形每一内角的角度为(　　)。
A. 100°　　B. 108°　　C. 120°　　D. 135°
9. 三角形内角和等于(　　)。
A. 45°　　B. 90°　　C. 180°　　D. 270°
10. 画圆内接正多边形可直接用半径来作图者为(　　)。
A. 正三角形　　B. 正四方形　　C. 正五边形　　D. 正六边形
11. 两圆相切，连心线和公切线的夹角为(　　)。
A. 60°　　B. 75°　　C. 90°　　D. 120°
12. 两圆互相内切，则连心线长等于(　　)。
A. 两直径和　　B. 两直径差　　C. 两半径和　　D. 两半径差
13. 两圆互相外切则连心线长等于(　　)。
A. 两直径和　　B. 两直径差　　C. 两半径和　　D. 两半径差
14. 若弧长为 s，圆心角为θ，圆半径为 r，则(　　)。
A. θ=rs　　B. r=θs　　C. s=rθ　　D. s=πrθ
15. 两圆相离，其内公切线可有(　　)。
A. 一条　　B. 两条　　C. 三条　　D. 四条
16. 一点移动时，其和两定点间距离的和永远是常数，那么该动点的移动轨迹为(　　)。
A. 圆　　B. 抛物线　　C. 椭圆　　D. 双曲线
17. 椭圆短轴端点到焦点的距离应等于(　　)。
A. 长径　　B. 长径的一半　　C. 短径　　D. 短径的一半
18. 最常用的椭圆近似画法为(　　)。
A. 平行四边形法　　B. 同心圆法　　C. 四圆心法　　D. 六圆心法
19. 一圆在平面上沿一直线滚动时，圆上某定点的轨迹，所连成的曲线就称为(　　)。
A. 外摆线　　B. 内摆线　　C. 歪摆线　　D. 正摆线
20. 一圆在另一大圆的外侧滚动，小圆上某定点的轨迹所连成的曲线就称为(　　)。
A. 内摆线　　B. 外摆线　　C. 正摆线　　D. 歪摆线
21. 绕一多边形或圆的一点转开时所形成的曲线称为(　　)。
A. 抛物线　　B. 渐开线　　C. 摆线　　D. 双曲线
22. 下列何种曲线常用为齿轮的齿形曲线？(　　)
A. 渐开线　　B. 螺旋线　　C. 双曲线　　D. 抛物线
23. 三角形的外角和等于(　　)。
A. 90°　　B. 180°　　C. 270°　　D. 360°
24. 当正多边形的每边两端接于圆周上时，我们就称此多边形为(　　)。
A. 内切多边形　　B. 外切多边形　　C. 内接多边形　　D. 外接多边形
25. 下列属空间曲线的是(　　)。
A. 椭圆　　B. 螺旋线　　C. 双曲线　　D. 抛物线

26. 当一个动点对一定点做等距运动时，其所形成的轨迹为(　　)。
    A. 双面线　　B. 抛物线　　C. 圆　　D. 椭圆
27. 圆周上任意一点到两焦点的距离和应等于(　　)。
    A. 长径　　B. 长径的一半　　C. 短径加长径　　D. 短径

三、实作题

1. 以几何画法来画出以下简单图形(无尺寸者请自定)：

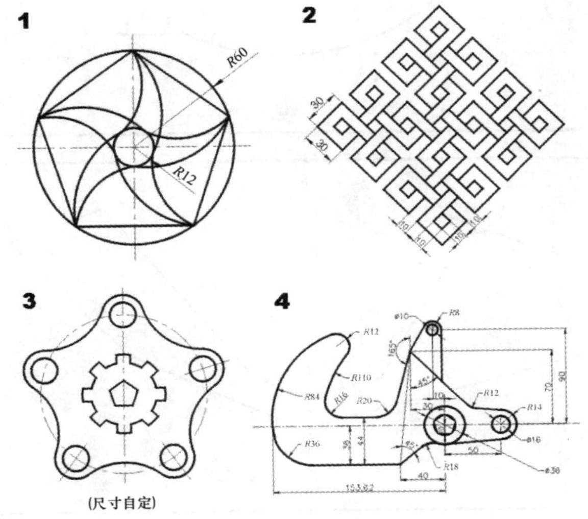

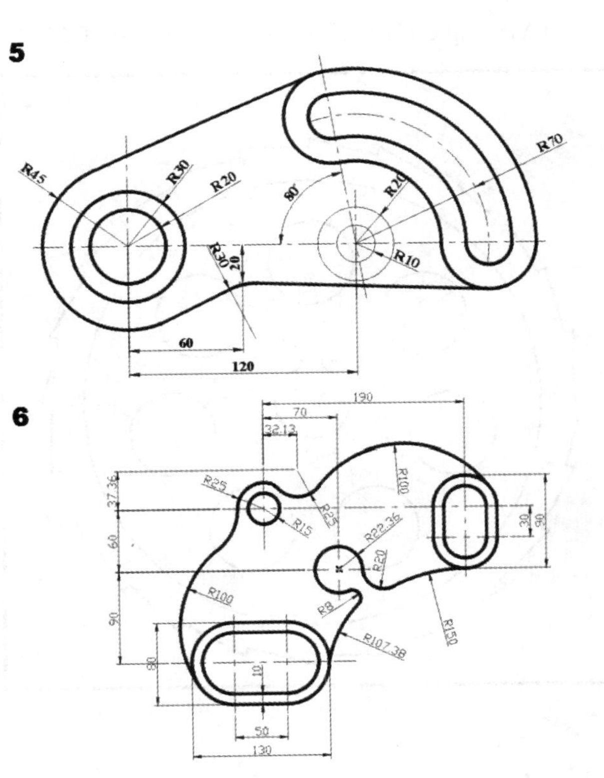

2. 以几何画法来画出以下图形(中、高级难度)：

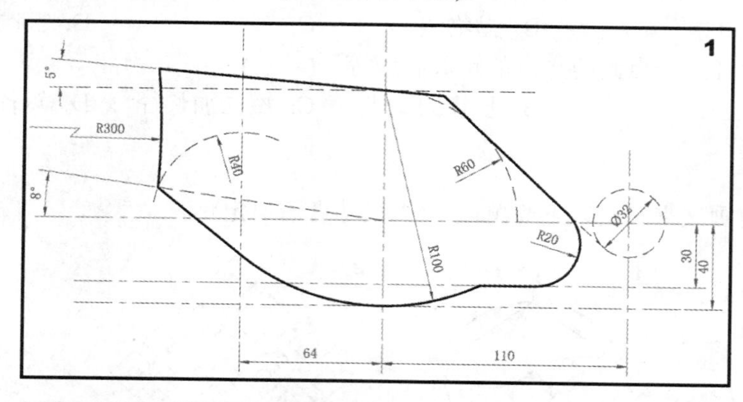

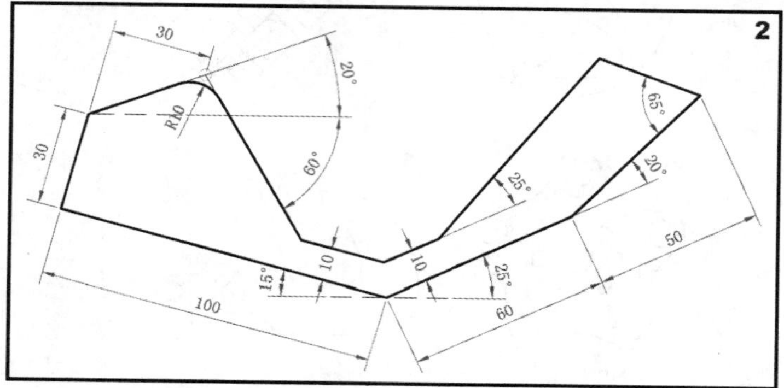

本题提示视频文件：(A)Samples(GB)\ch04\avi 目录下的 04-Q02-02.avi。

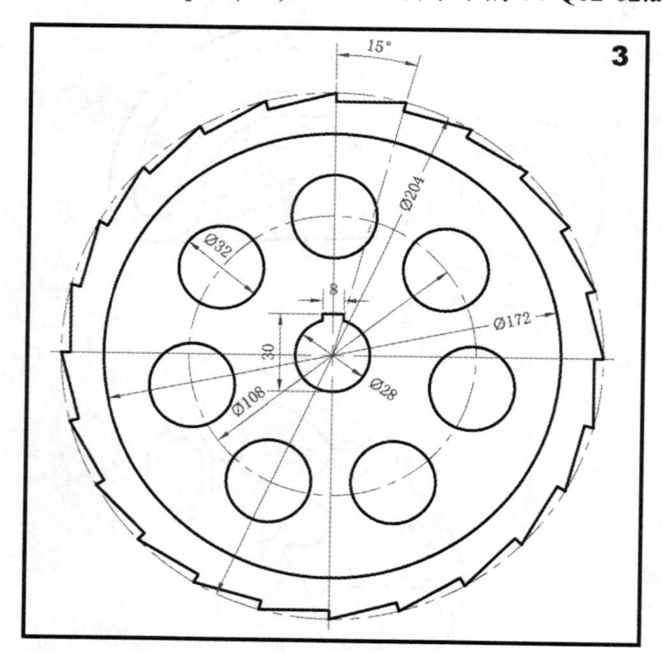

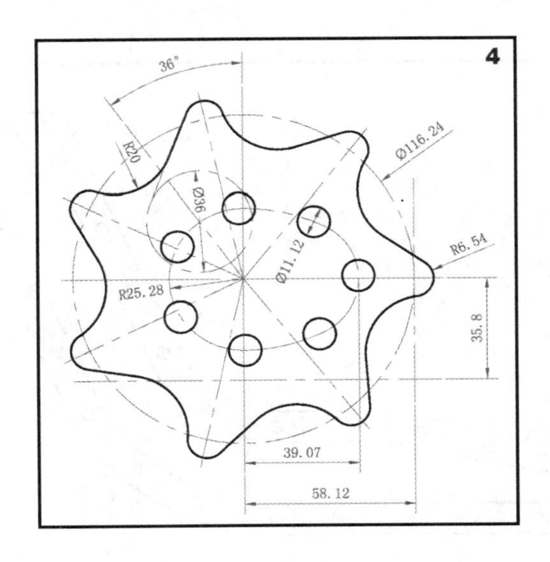

本题提示：这是难度较高的一题。该题的难点在于中间的那个半圆、半椭圆的部分。因为 PEDIT 命令无法合并圆和椭圆图素。所以，如果用 ELLIPSE 命令来画椭圆，那就无法合并半圆、半椭圆的部分；那么后续要在这个半圆、半椭圆所连成的线段上七等分以画出 7 小圆时，就办不到了！怎么办呢？幸好，我们在第 3 章的图 3-83 中，就已学过如何用几何的方式来画椭圆了，所以只要让图素不是 ELLIPSE，PEDIT 就可以处理。在做 PEDIT 处理时还要分两段。即先合并线段，完成退出再运行一次 PEDIT 命令，再选择“闭合”选项。因为如果不选闭合，那么在运行 DIVIDE 命令做定数等分时，会因为视同开口而分不准。另外，外圈的相接弧要使用相切的方法来做。整个图形几乎用几何的概念在画，所以即便你自己随便定那几个少数的关键尺寸，也能准确地绘出。这张图用手工是画不准的。

本题提示视频文件：(A)Samples(GB)\ch04\avi 目录下的 04-Q02-04.avi。

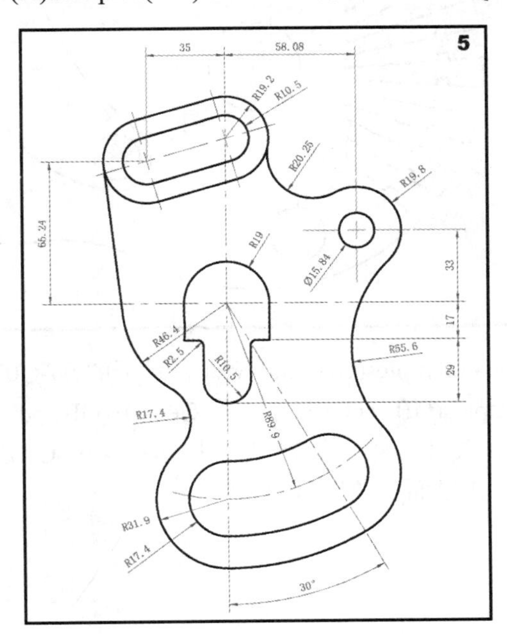

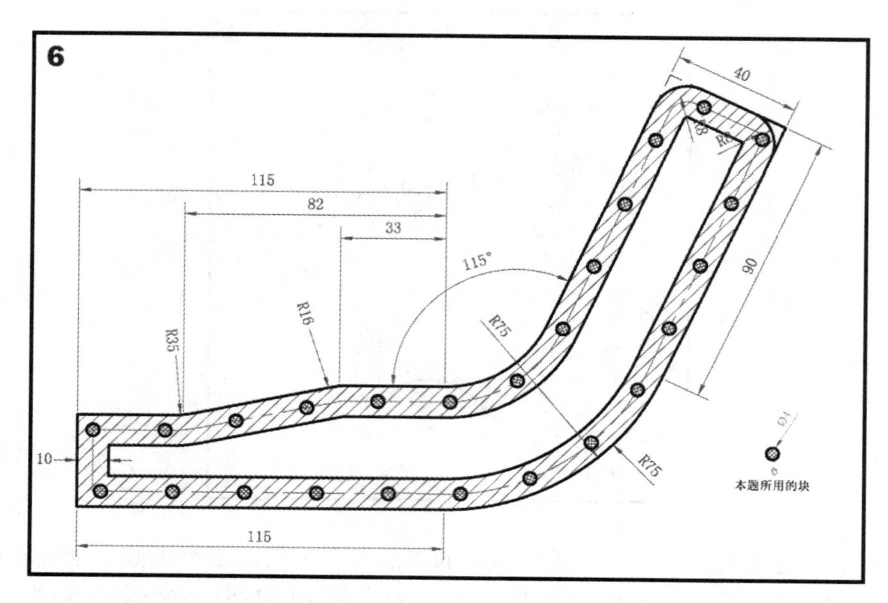

本题提示：这题重点是在使用 PEDIT 命令合并线段后做 OFFSET；然后于使用 DIVIDE 命令时，用到右下角的块图形(一个填满图案的圆)来做定数等分。

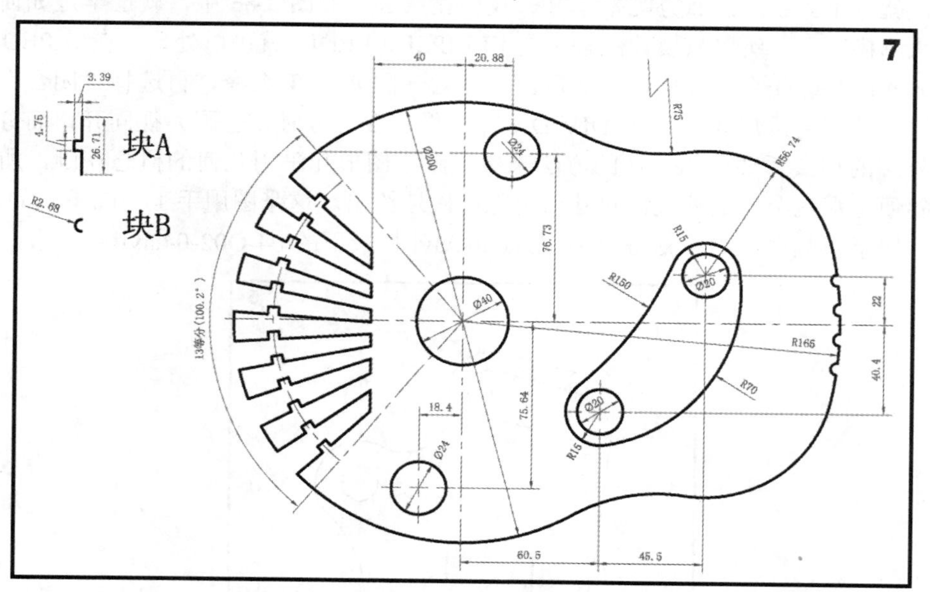

本题提示视频文件：(A)Samples(GB)\ch04\avi 目录下的 04-Q02-07.avi。

3. 在范例光盘(A)Samples(GB)\ch04 目录下有 Geo_01(GB).pdf～Geo_05(GB).pdf 等 5 个 pdf 文件，共分五大类，每类 15 题，共 75 题，按图在 AutoCAD 中原样画出，然后使用 AutoCAD 的测量工具，取得里面各题提问的答案。

第 5 章

基本几何视图

通过上一章的学习之后，您应该已经了解：对工科的学生来说，AutoCAD 不会是 CAD 软件的终点，而是起点！

由于 3D CAD 软件功能的突飞猛进，导致很多图学里的传统理论已不需要费力学习，学子们只需了解其简单原理即可。

因此，在几何视图方面，有别一般的传统写法，虽然也是在教各种几何和建筑制图视图的原理，但我们强调的是概念的建立、应用，以及常识的理解。

和上一章一样，在本章的习题中，您可以见到更多在一般图学教科书中，以文字来陈述的传统原理。当然，我们已经告诉您：以现代 3D CAD 软件的能力，这些都不用苦练！您只要了解正确的方法，将概念完整地建立起来，然后应用在 CAD 软件的操作中即可。

5.1 点、线、面间的关系

从本章开始将介绍一些基本的几何视图。了解这些基本视图原理，将有助于提高专业识图能力，同时也会影响制图和设计构图的方法。

5.1.1 投影的原理和分类

物体在灯光或阳光等光源的照射下，在地面或墙面上所出现的影子，就称为“投影”。此时，光源称为“投射线”，其平面称为“投影面”。而将物体的投影画在纸上，就称为“视图”。下面以图 5-1 来说明投影的分类。

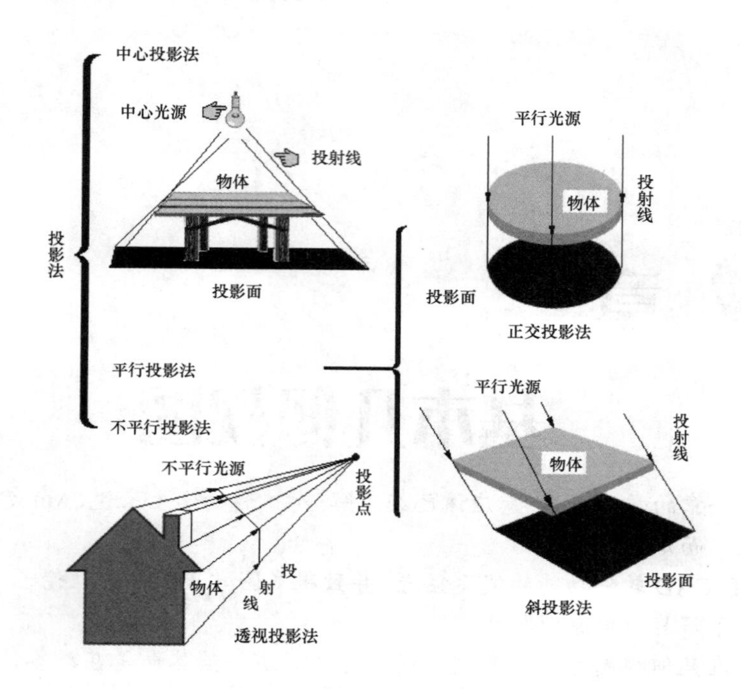

图 5-1 各种投影法分类

5.1.2 象限空间的认识

在“正交”中，正对我们，垂直于地平面的投影面部分，就称为“直立投影面”，通常以“V”表示，简称“V 面”；而平行于地平面的投影面，称为“水平投影面”，通常以“H”表示，简称 H 银行。由于“V 面”与“H 面”垂直相交，将空间分隔成四个象限：即其前上部分称为“第一象限”，后上部分称为“第二象限”，后下部分称为“第三象限”，前下部分称为“第四象限”。投影面与投影面的交线称为“基线”，水平投影面与垂直投影面的基线则以 VH 表示。各象限示意图如图 5-2 所示。

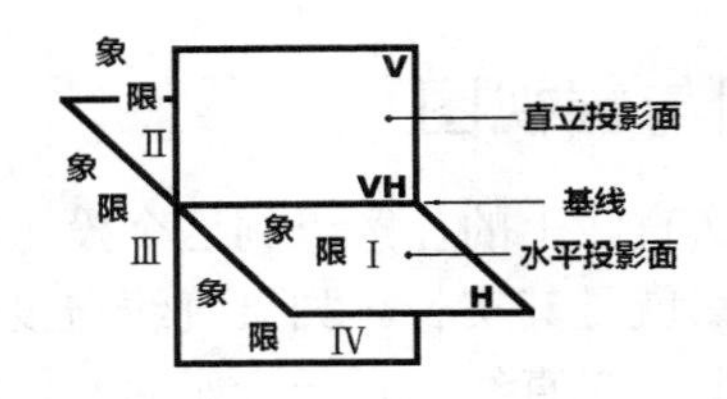

图 5-2　象限空间示意图

5.1.3　点的正交

在空间的一个点，假设其左右位置不加以考虑，如果已知其在水平投影面的上方、直立投影面的前方，那么此点必定落在第一象限。若已知其在水平投影面的下方、直立投影面的后方，则此点必在落第三象限。其余以此类推，如图 5-3 所示。

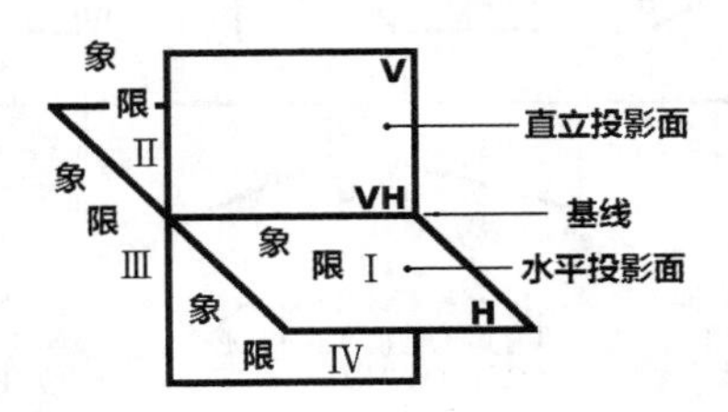

图 5-3　点的正交视图

5.1.4　直线的正交

由空间的两点就可以决定一条直线。因此，直线上只要已知两点的位置，那么这条直线在空间的位置就可以确定。而从这两已知点的投影连线，就可以得到这条直线的投影，如图 5-4 所示。

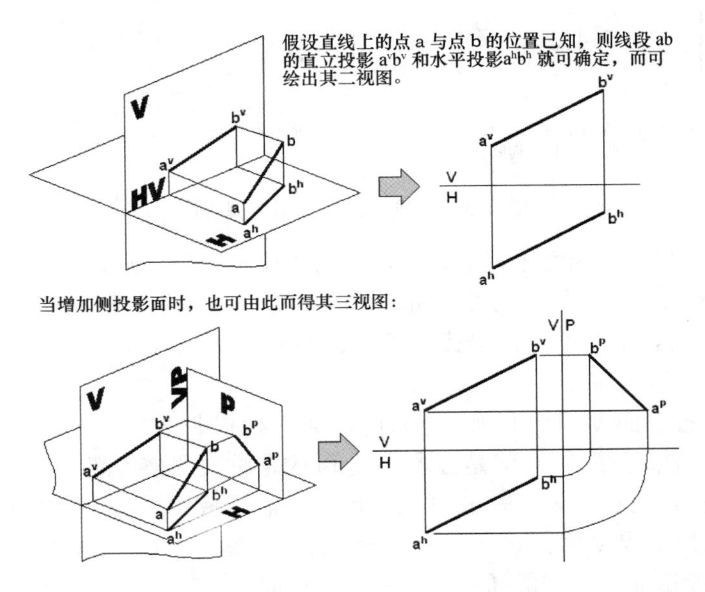

图 5-4　直线的正交视图

5.1.5 直线的正垂视图与端视图

当直线与投影面平行，那么直线上的任意点到这个投影面间的距离就永远相等，且直线在这个投影面上所显示的投影就是其实长。如果直线与投影面垂直，那么直线在这个投影面上的投影必为一个点。因此，当直线平行于投影面时，在此投影面上所得到的视图，就称为这条直线的“正垂视图”。当直线垂直于投影面时，在此投影面上所得到的视图，就称为这条直线的“端视图”(或称“侧视图”)。如图 5-5 所示。

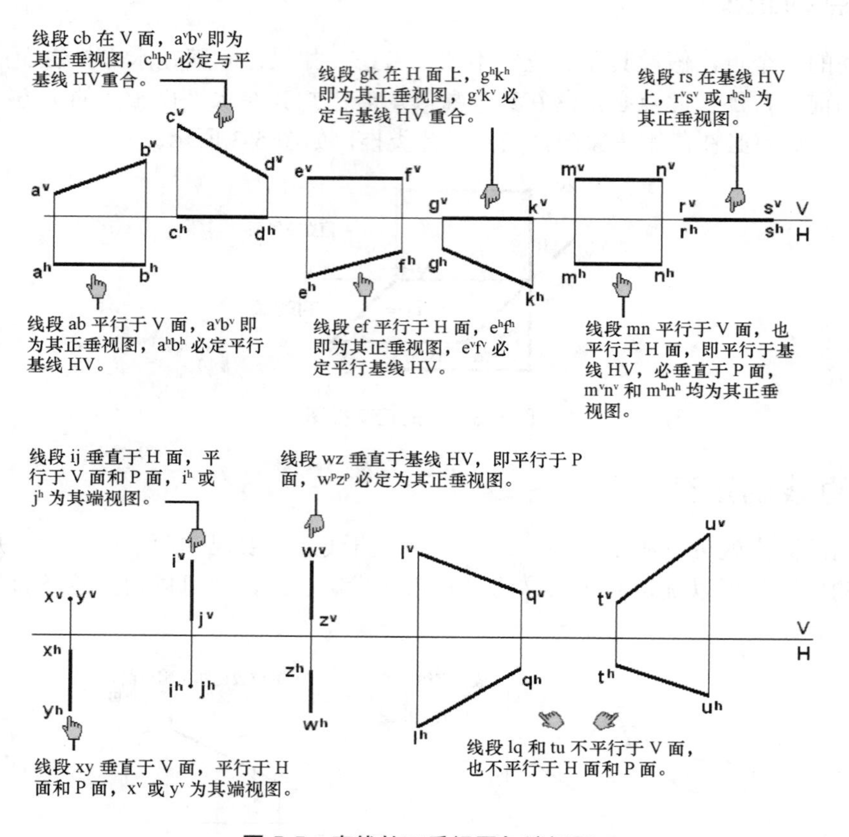

图 5-5　直线的正垂视图与端视图

因此，凡是和直立投影面平行的直线，称为“前平线”。凡是和水平投影面平行的直线，就称为“水平线”。凡是和侧投影面平行的直线，则称为“侧平线”。所以图 5-5 中的线段 ab、cd、mn、rs、ij 均属于前平线；线段 ef、gk、mn、rs、xy 就属于水平线；线段 xy、ij、wz 则属于侧平线。

当线段 ab 与投影面 V、H、P 都不平行时，要描述线段 ab 的实长则有以下三种投影法：

(1) 辅助投影法(见图 5-6)。就是去求线段 ab 的正垂视图来得其实长。因为直立投影面、水平投影面和侧投影面都不与线段 ab 平行，因此就需要另外再取一投影面，使它和线段 ab 平行，并垂直于 H 面(或 V 面)，就可以由此投影面上得线段 ab 的正垂视图。而直立投影面、水平投影面和侧投影面三者一般通称为“主要投影面”。三主要投影面以外的任何斜投影面则通称“辅助投影面”。当然，在辅助投影面上的投影就称为“辅助投影”；由辅助投影所得到的视图就称为“辅助视图”。

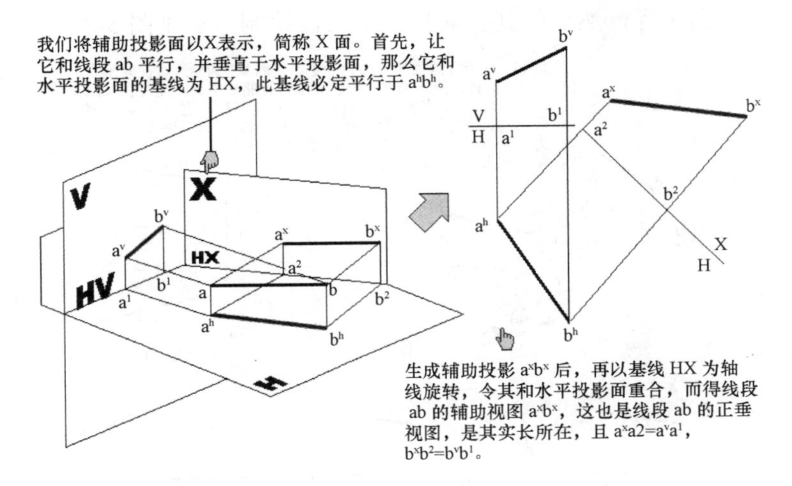

我们将辅助投影面以X表示，简称 X 面。首先，让它和线段 ab 平行，并垂直于水平投影面，那么它和水平投影面的基线为 HX，此基线必定平行于 aʰbʰ。
V
X
HX
HV
H
生成辅助投影 aˣbˣ 后，再以基线 HX 为轴线旋转，令其和水平投影面重合，而得线段 ab 的辅助视图 aˣbˣ，这也是线段 ab 的正垂视图，是其实长所在，且 aˣa2=aᵛa¹，bˣb²=bᵛb¹。

图 5-6　辅助投影法

(2) 倒转投影法。以四投影点所围成的四边形为一平面，以一合适线段为轴线，倒转在水平投影面上，以求其实长，绘制方法见图 5-7。

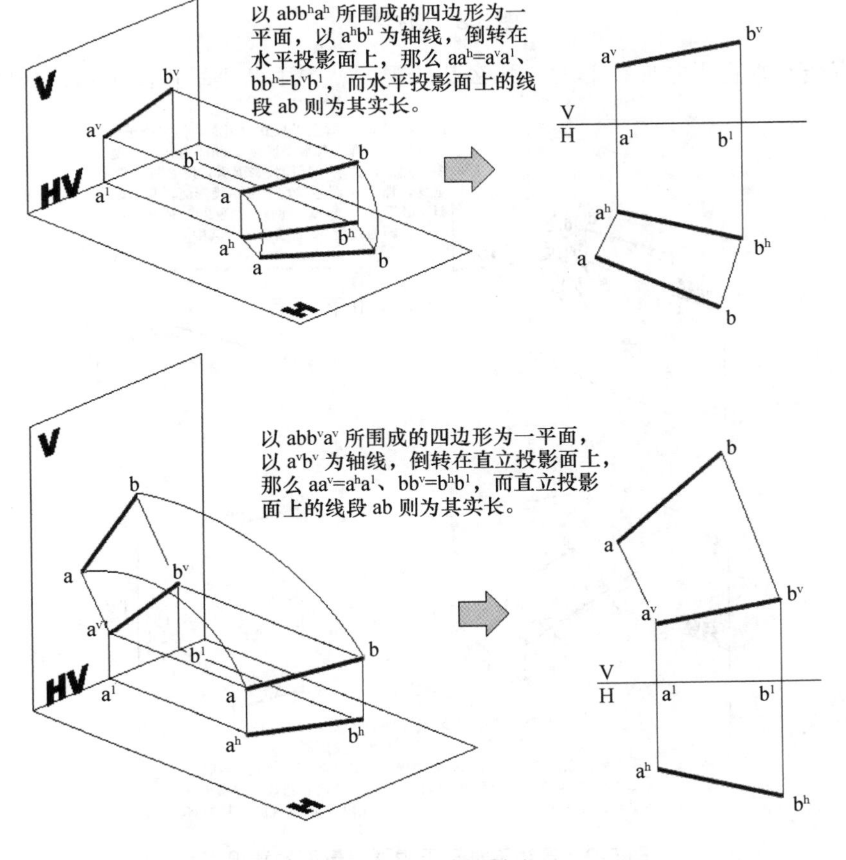

以 abbʰaʰ 所围成的四边形为一平面，以 aʰbʰ 为轴线，倒转在水平投影面上，那么 aaʰ=aᵛa¹、bbʰ=bᵛb¹，而水平投影面上的线段 ab 则为其实长。
以 abbᵛaᵛ 所围成的四边形为一平面，以 aᵛbᵛ 为轴线，倒转在直立投影面上，那么 aaᵛ=aʰa¹、bbᵛ=bʰb¹，而直立投影面上的线段 ab 则为其实长。
V
HV
H

图 5-7　倒转投影法

(3) 回转投影法。以四投影点所围成的四边形为一平面，以一合适线段为轴线，将之回转到和直立投影面平行，然后得其直立投影实长，绘制方法见图 5-8。

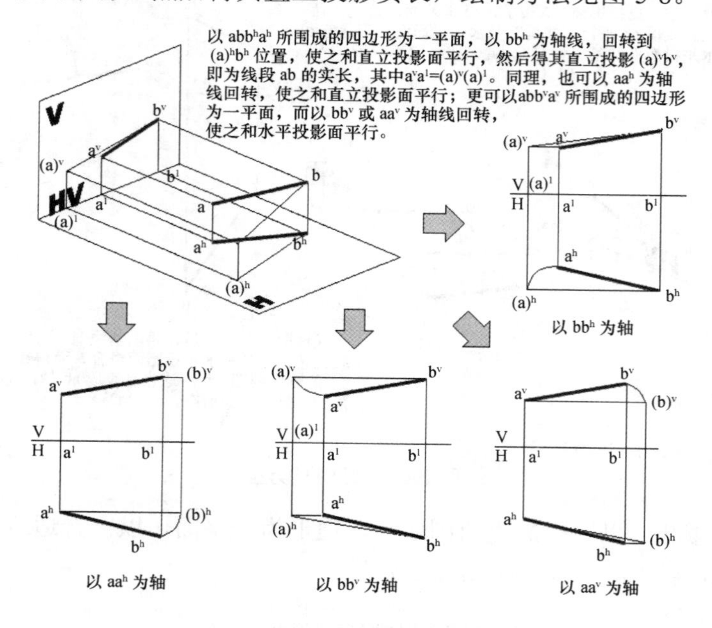

图 5-8 回转投影法

如果直线不垂直于主要投影面，那么其端视图就得由其正垂视图求得，如图 5-9 所示。

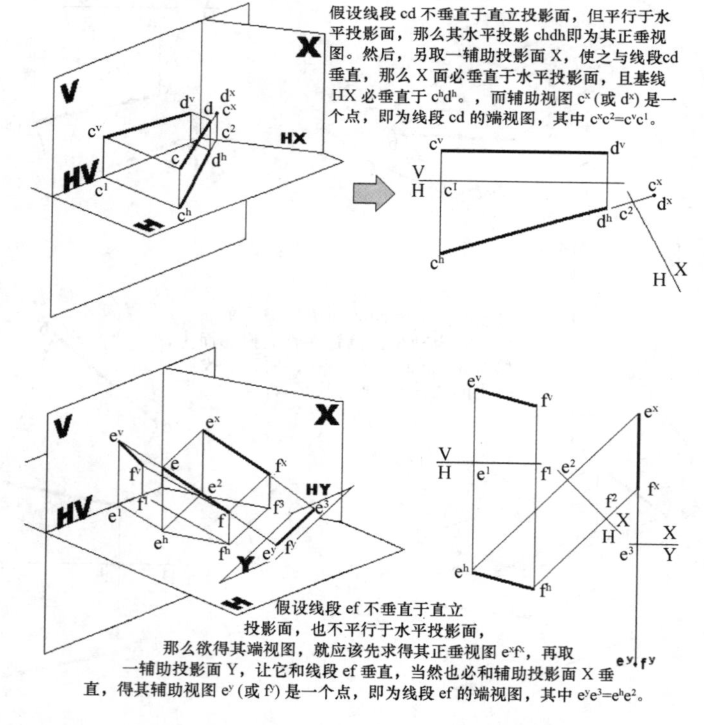

图 5-9 直线不垂直于主要投影面的端视图

5.1.6　两条直线的相交、平行与垂直

只要有两条直线，就会有相交、平行与垂直等情况。本小节将为您介绍有关两条直线的各种投影。

(1)　两直线相交。在空间中的两条直线如果有一个共点，那么我们就称这两条直线相交；而这个共点就称为这两条直线的“交点”。所谓“共点”，就是指一点既在甲直线上，也在乙直线上。绘制方法见图 5-10。

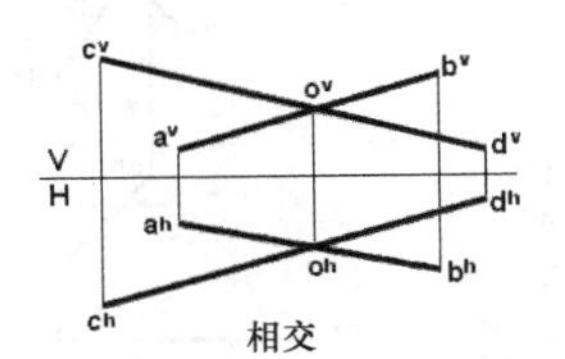

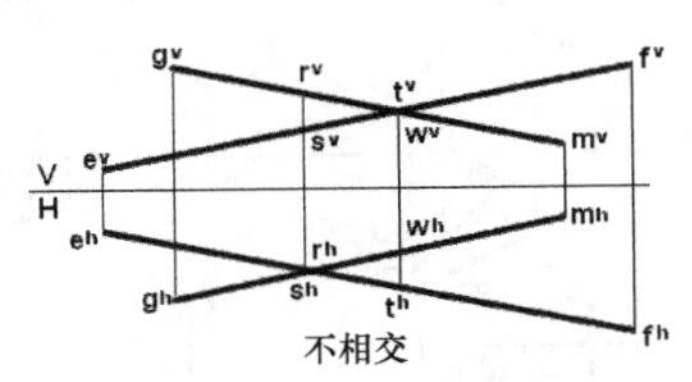

假设线段 ab 和 cd 相交于 o 点，则 o 点就是这两条线段的共点，视图中的 o^v 和 o^h 的连线必垂直于基线 HV。

线段 ef 和 gm 则不相交，因为点 s 在线段 ef 上，不在线段 gm 上，点 r 在线段gm上，不在线段 ef 上。这样，就可得知点 t 只在线段 ef 上，点 w 则只在线段gm 上。

图 5-10　两直线相交的投影

(2)　两直线平行。当空间中的两条直线方向完全相同时，我们就称此两直线平行。因为两条直线的方向完全相同，所以在有限的范围内必无共点，且两者之间的距离永远相等。在这样的情况下，它们在所有正交视图中必仍相互平行。因此，当两直线在相邻约两个视图中都呈平行状态时，就可断定这两直线平行。但当两条直线的两个视图都垂直于基线，且需要三视图中的两条直线均呈平行时，我们才能判断这两条直线平行。因此，通过一已知点可作无限多条直线，但是只能作一条直线与另一已直线平行。绘制方法见图 5-11。

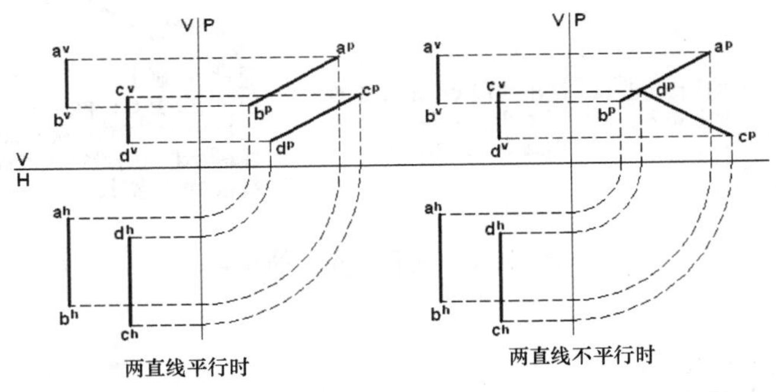

假设已知点 o，现在，我们要过 o 点作一直线与已知线段 ab 平行，画法如下：

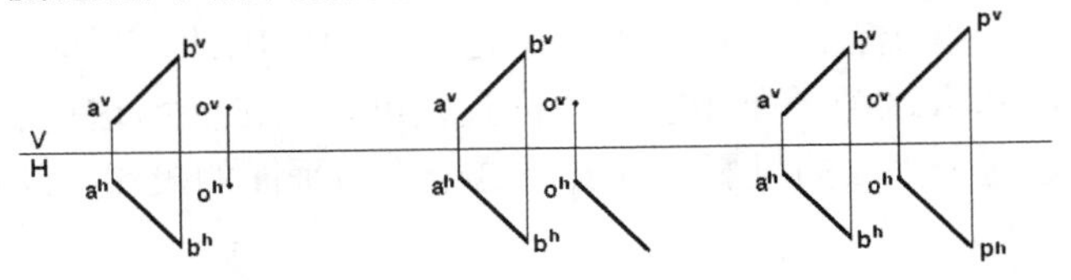

过 o^v 作直线平行于 a^vb^v　　过 o^h 作直线平行于 a^hb^h　　在所作直线上剪裁任意点 p，那么 op 即为所求平行线上的一段。

图 5-11　两直线平行的投影

(3) 两直线垂直。当空间中的两条直线方向彼此呈 90° 时，那么就称这两条直线垂直。两直线的方向彼此呈 90° ，而有一共点时，就称这两条直线垂直且相交。两相垂直的直线，在其视图中并不一定呈相互垂直状，但当其中之一的直线为正垂视图时，必定呈相互垂直状。一般说来，通过一已知点可画出无限多条直线和另一已知直线垂直，但只能作一条直线与另一已知直线垂直且相交。绘制方法见图 5-12。

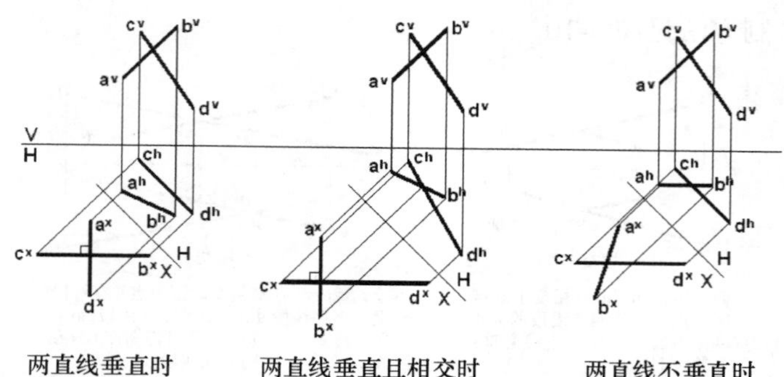

两直线垂直时
两直线垂直且相交时
两直线不垂直时

假设已知点 o，现在要过点 o 画一直线与已知线段 cd 垂直相交，并求其交点 t。画法如下：

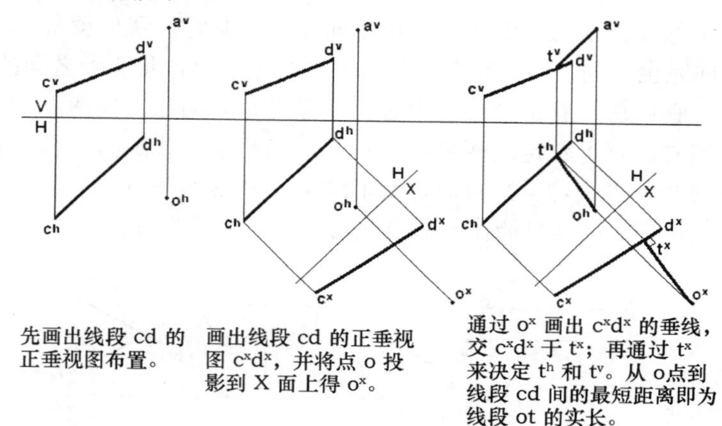

先画出线段 cd 的正垂视图布置。
画出线段 cd 的正垂视图 c^xd^x，并将点 o 投影到 X 面上得 o^x。
通过 o^x 画出 c^xd^x 的垂线，交 c^xd^x 于 t^x；再通过 t^x 来决定 t^h 和 t^v。从 o点到线段 cd 间的最短距离即为线段 ot 的实长。

图 5-12 两直线垂直的投影

5.1.7 平面的正交

在空间中，不在一直线上的三点就可以决定一平面。因此，平面上只要有不在一直线上的已知三点位置，那么这个平面在空间的位置就可以确定。而这三已知点投影串联而成的三角形图形，就是这个平面的投影，也就是这个三角平面的投影。绘制方法见图 5-13。

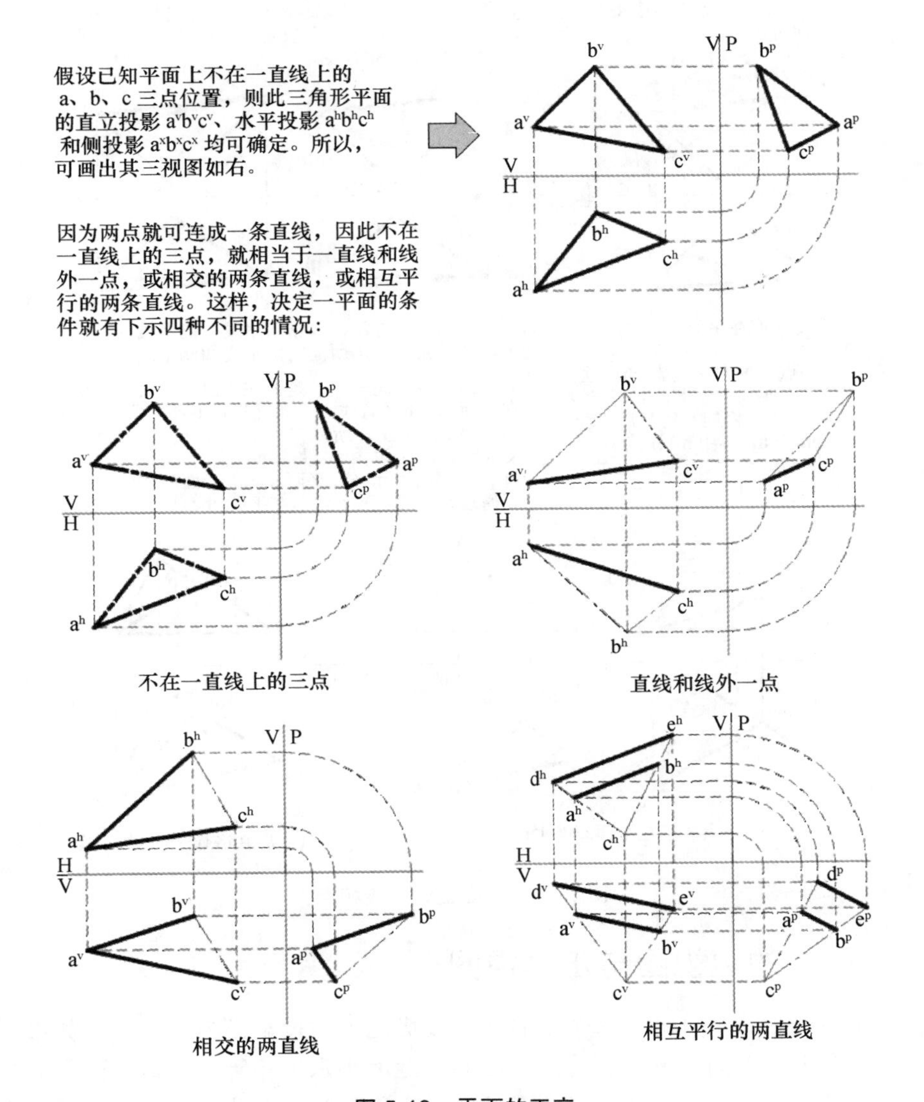

假设已知平面上不在一直线上的 a、b、c 三点位置，则此三角形平面的直立投影 a^v^b^v^c^v^、水平投影 a^h^b^h^c^h^ 和侧投影 a^x^b^x^c^x^ 均可确定。所以，可画出其三视图如右。
因为两点就可连成一条直线，因此不在一直线上的三点，就相当于一直线和线外一点，或相交的两条直线，或相互平行的两条直线。这样，决定一平面的条件就有下示四种不同的情况：
不在一直线上的三点
直线和线外一点
相交的两直线
相互平行的两直线

图 5-13　平面的正交

5.1.8　平面上的直线和点

当一直线落在一平面上时，那么这条直线上所有点就都在这平面上。因为空间两点即可决定一条直线，因此欲在已知平面 abc 上任取一线段 ij，只要确定 i、j 两点是在平面 abc 上，则线段 ij 即为所求，绘制方法见图 5-14，绘制方法见图 5-14。

在平面 abc 的 ab 边上取 i点，再于 bc 边上取 j 点，连接 i 与 j 点即可。

假设欲在平面 abc 上取一经过 a 点的水平线 aj，则 a^vj^v 必平行于 HV，所以从a^v 处画一直线与 HV 平行，交 c^vb^v 于 j^v，再由 j^v 决定 j^h 而得之，则b^hc^h必为此水平线的正垂视图。

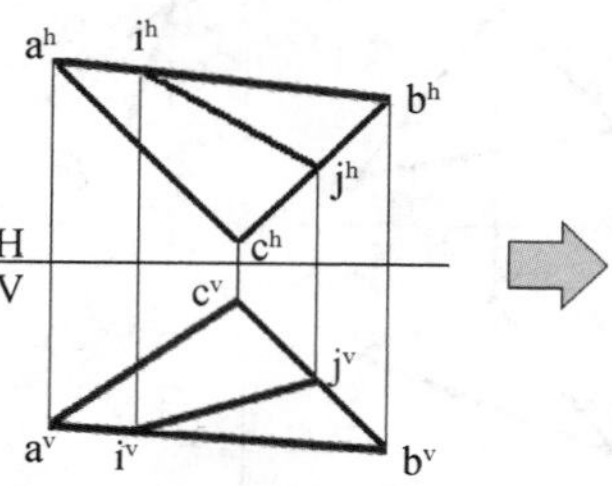

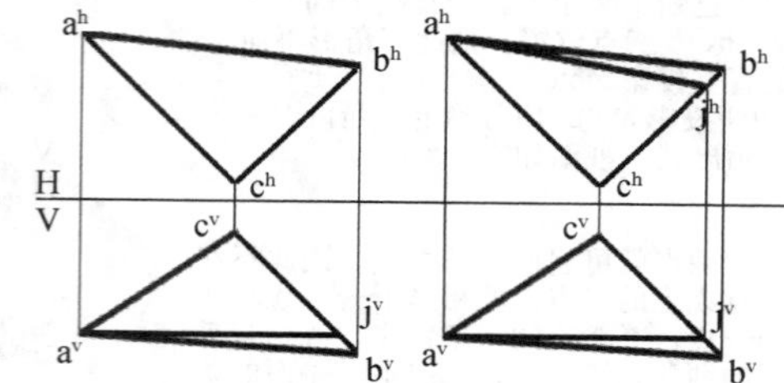

(线段 ij 或在平面 abc 上)

同理，以同样的方法，根据前平线、侧平线的特性，就可以在平面上画出所需的前平线和侧平线。

已知点 p 的水平投影 ph，欲使点 p 在平面 abc 上，我们可以将 p^h 和 c^h 相连并延长后，交 ahbh 于 m^h 再由 m^h 决定 m^v。最后将 c^v 和 m^v 相连，则 p^v 必在 c^vm^v 上。

如果需确定空间一点 p 是否在平面 abc 上，只要在平面 abc上的直线有一条能通过 p 点，那么 p 点必在平面 abc 上，所以将 p^v 和 c^v 相连并延长后，交 a^vb^v于 m^v，再由 m^v 决定m^h。若 m^hc^h 正好经过 p^h，那么点 p 必在平面 abc 上。而现在因 m^hc^h 不通过 p^h，因此点p 就不在平面 abc 上。

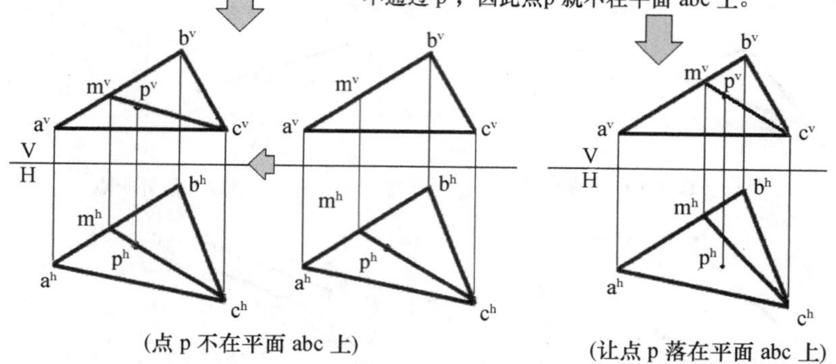

(点 p 不在平面 abc 上)　　(让点 p 落在平面 abc 上)

图 5-14　平面上的直线和点

5.1.9　平面上的边视图与正垂视图

当一平面和投影面垂直时，这个平面在此投影面上的投影必为一直线。如果平面与投影面平行，那么平面上的任意点到此投影面间的距离将永远相等，且该平面在此投影面上的投影显示为其实际图形。因此，当平面垂直于投影面时，在此投影面上所得的视图，又称为此平面的“边视图”。

当平面平行于投影面时，在此投影面上所得到的视图，称为此平面的“正垂视图”。通过三角形平面的投影(视图)，就可以知道其与投影面 V、H、P 间的关系，如图 5-15 所示。

此外，前面已学过，凡是和直立投影面平行的平面，就称为“前平面”，凡是和水平投影面平行的平面，称为“水平面”。凡是和侧投影面平行的平面，则称为“侧平面”。而前平面、水平面和侧平面等三种平面又通称为“正垂面”。正垂面是和三主要投影面中之一平行的平面，也就是和三主要投影面中之二垂直的平面。如果一平面和任一主要投影面平行，且和三主要投影面中之一垂直，就称它为“单斜面”。若一平面不和任一主要投影面垂直，就称为“复斜面”。

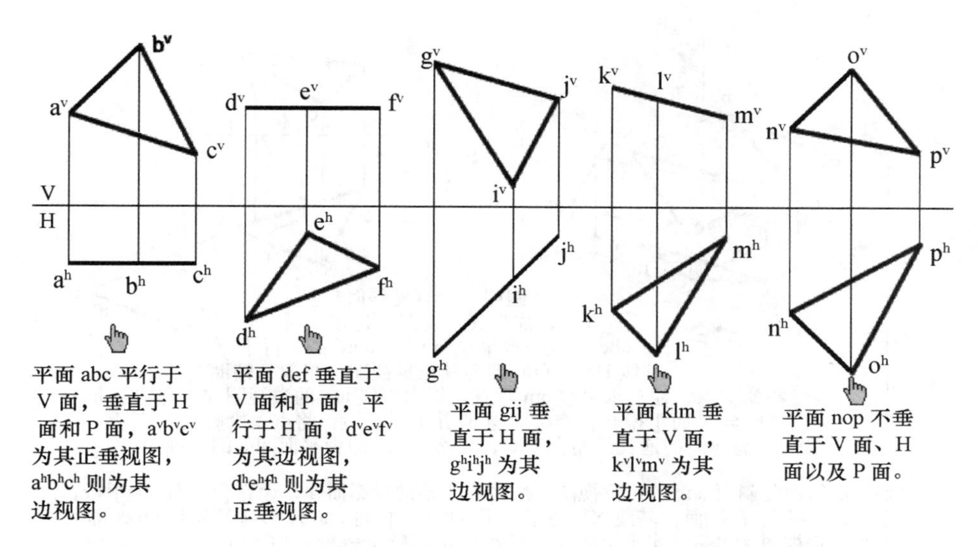

所以上图中的平面 abc 和 def 属正垂面，平面 gij 和 klm 属单斜面，平面 nop则为复斜面

图 5-15　平面上与投影面间的关系

而单斜面上的边视图与正垂视图，如图 5-16 所示。

今有单斜面 abc 垂直于 H 面，则 $a^hb^hc^h$ 为其边视图，但 $a^vb^vc^v$ 并非其正垂视图，欲得其正垂视图，我们必须先取一辅助投影面 X，令其和平面 abc 平行，则X 面必垂直于 H 面，基线 HX 必平行于 $a^hb^hc^h$，所得到的 $a^xb^xc^x$ 即为其正垂视图，也是其实形所在，且 $a^xa^2=a^va^1$、$b^xb^2=b^vb^1$、$c^xc^2=c^vc^1$。

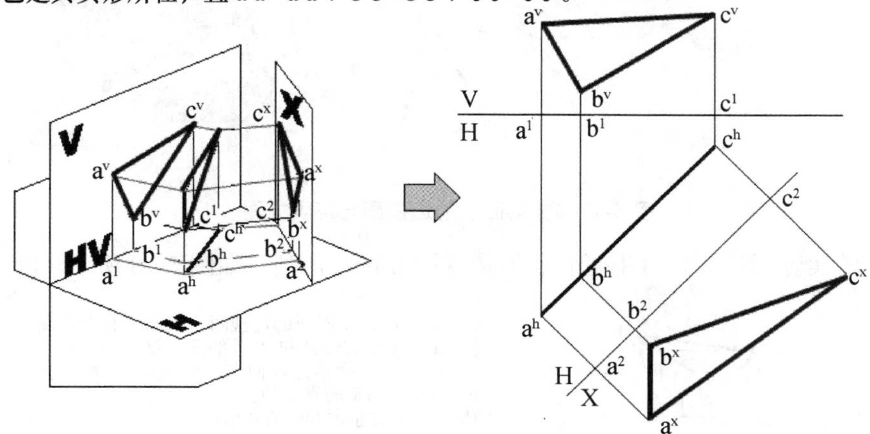

图 5-16　单斜面上的边视图与正垂视图

一个平面可视为由无数的平行直线密集而成，那么平面的边视图又可视为由这些平行直线的端视图聚集而成。如果平面上有一直线垂直于投影面，并得其端视图，那么平面上所有和这条直线平行的直线都会垂直于此投影面，也就是这个平面垂直于投影面，且各直线端视图的连线，就是平面的“边视图”。如图 5-17 所示。

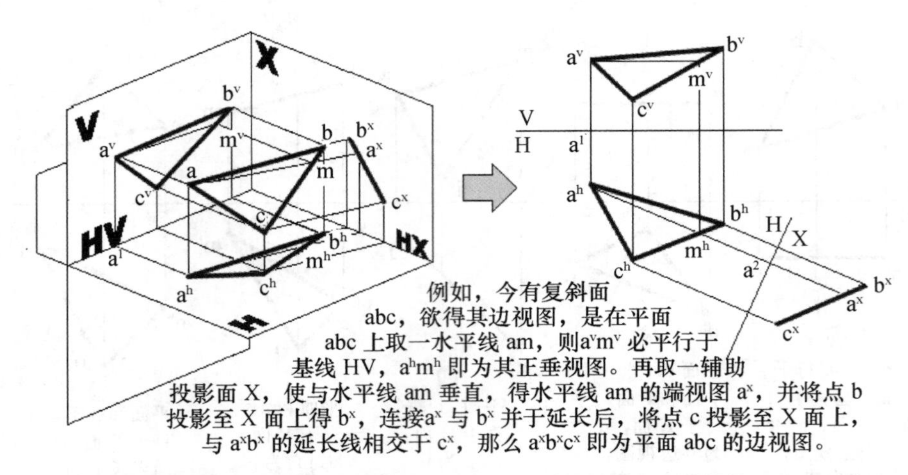

X
V
HV
HX
H
V
H
H
X
例如，今有复斜面 abc，欲得其边视图，是在平面 abc 上取一水平线 am，则$a^v m^v$ 必平行于基线 HV，$a^h m^h$ 即为其正垂视图。再取一辅助投影面 X，使与水平线 am 垂直，得水平线 am 的端视图 a^x，并将点 b 投影至 X 面上得 b^x，连接a^x 与 b^x 并于延长后，将点 c 投影至 X 面上，与 $a^x b^x$ 的延长线相交于 c^x，那么 $a^x b^x c^x$ 即为平面 abc 的边视图。

如果欲得到复斜面 abc 的正垂视图，应再取一辅助投影面 Y，让它和平面 abc平行，则 Y 面必垂直于 X 面，基线 XY 必平行于 $a^x b^x c^x$。再将 abc 投影到 Y面得 $a^y b^y c^y$ 即为其正垂视图，也是其实形之所在，且 $d^h s^2=d^y d^3$，$e^h e^2=e^y e^3$，$f^h f^2=f^y f^3$。

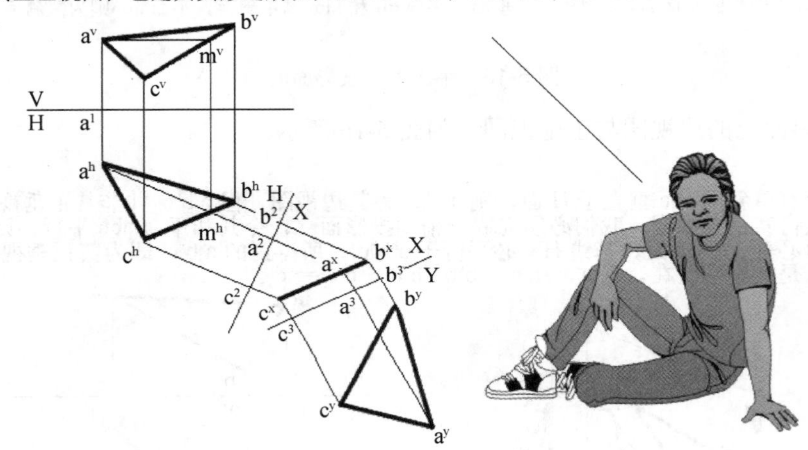

图 5-17　复斜面上的边视图与正垂视图

复斜面的实际形状，也可由复斜面的边视图旋转而得到，如图 5-18 所示。

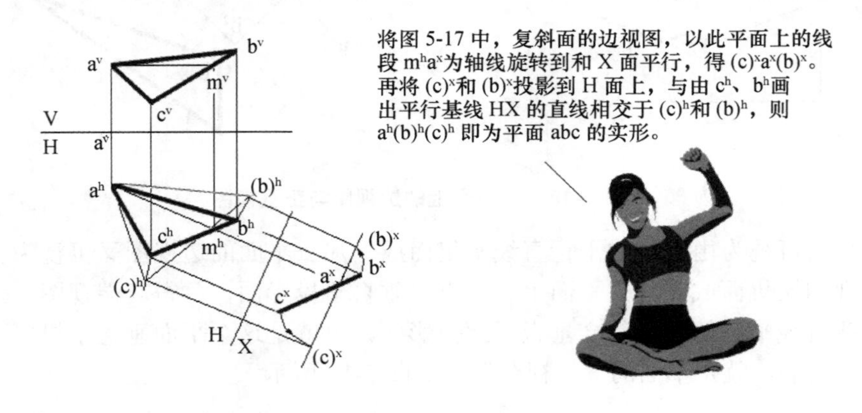

将图 5-17 中，复斜面的边视图，以此平面上的线段 $m^h a^x$为轴线旋转到和 X 面平行，得 $(c)^x a^x (b)^x$。再将 $(c)^x$和 $(b)^x$投影到 H 面上，与由 c^h、b^h画出平行基线 HX 的直线相交于 $(c)^h$和 $(b)^h$，则 $a^h (b)^h (c)^h$ 即为平面 abc 的实形。
V
H
H
X

图 5-18　旋转复斜面边视图得其实形

5.1.10 两直线间的夹角

所谓两直线间的夹角，就是指两直线相交后所形成的角；而两直线在其正垂视图中的夹角，因为是真实大小，就称为“实角”，也是一般所说的夹角。欲得两相交直线间的实角，可由这两条直线所在平面的正垂视图中得到，如图 5-19 所示。

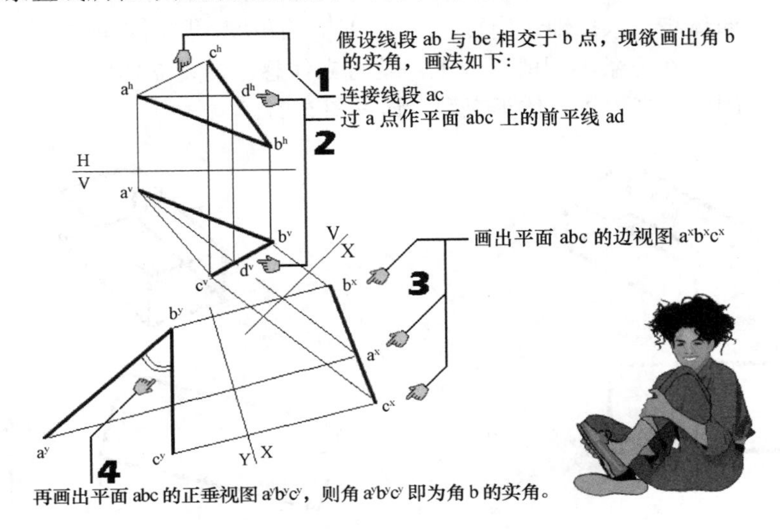

图 5-19 两直线间的夹角

5.2 基本的投影视图

通过 5.1 节的“点”、“线”与“面”的几何学习后，读者应该明白：“线”是由“点”所构成，“面”就是由“线”所构成的。然后，“面”将构成“体”。凡由平面构成的“体”，我们就称为“平面体”。例如角柱体、角锥体等。

而凡是由平面和曲面或全由曲面所构成的体，就称为“曲面体”。例如，圆柱体、圆锥体、球体等。就是因为“体”是由“面”所构成的，所以“体”上的两面投影在同一投影面上时，就会产生重叠或被挡住的现象。因此，为了区分两者，在视图中可见的轮廓就以连续的轮廓线表示，被挡住的轮廓则以“虚线”表示的隐藏线来画，如图 5-20 所示。

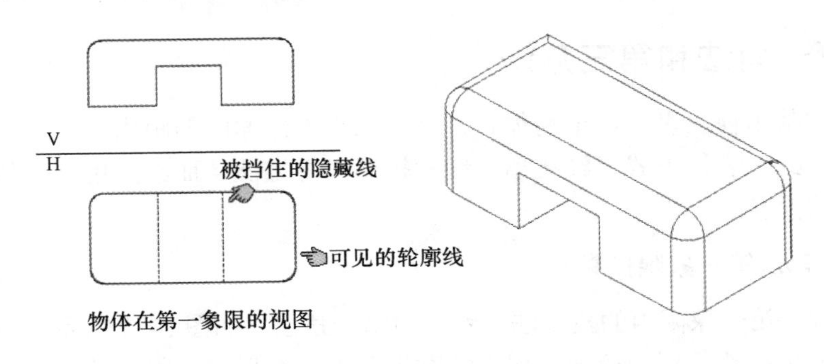

图 5-20 “体”的正交图例

所以，根据图 5-1，投射线互相平行，且与投影面垂直的投影，为“正交”投影。因此，本节将针对物体正交投影的特性来做讨论。先以一立方体为例来说明立体正交。一立方体将有六面体，为使其一面和投影面平行，因此此六面体上所有各面均为正垂面，其前视图必为一长方形。若使此六面体绕直立轴线旋转一小于 90° 的角度，那么代表高、宽、深三方向的线长都会出现在前视图中，但代表宽和深两方向的线长则在同条直线上，没有立体感。若再使此六面体绕一水平轴线旋转一小于 90° 的角度，则所得前视图中代表高、宽、深三方向的线长将落在三条不同的直线上，就有立体感，便得立体图。由于这种立体图是根据正交而得，因此称之为“立体正交”。详见图 5-21。

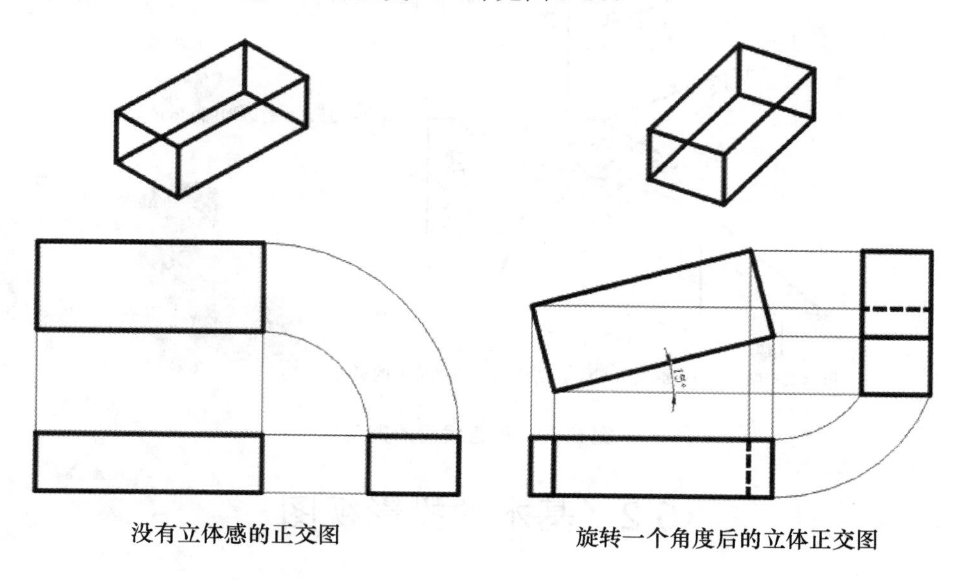

15°
没有立体感的正交图
旋转一个角度后的立体正交图

图 5-21　立体正交图

5.2.1　基本视图的形成

为了清楚地表达物体上、下、左、右、前、后六面的不同形状，一般会使用标准的三视图(采用其中三个投影面)来描述。但是当机件用三视图还不能完全表达清楚其结构形状时，就可以画出所有六个面的正交投影。这六个面就称为“基本投影面”，而对基本投影面投影所得的视图则称“基本视图”。因此，一个物体最多会有六个基本视图。

5.2.2　第一角法和第三角法

在物体的基本视图里，整个物体和直立、水平投影面间的距离，已经无关其形状和大小的表达。因此，表达方式已经跳离基线和投影线等方法，而改采用将物体置于第一象限或第三象限的投影法。

1. 第一角法(第一象限投影法)

将物体置于第一象限内的投影法，就称为第一角法，如图 5-22 所示。第一角法是由英国最先开始使用，然后再由德国、瑞士等欧洲各国相继采用。国际技能竞赛，因大多由欧洲国家主办，因此，规定的视图经常采用第一角投影法绘制。这也是我国现行标准的视图法。一般在画图前，都须于图纸上的标题栏内注明其投影法或以第一角法符号表示。

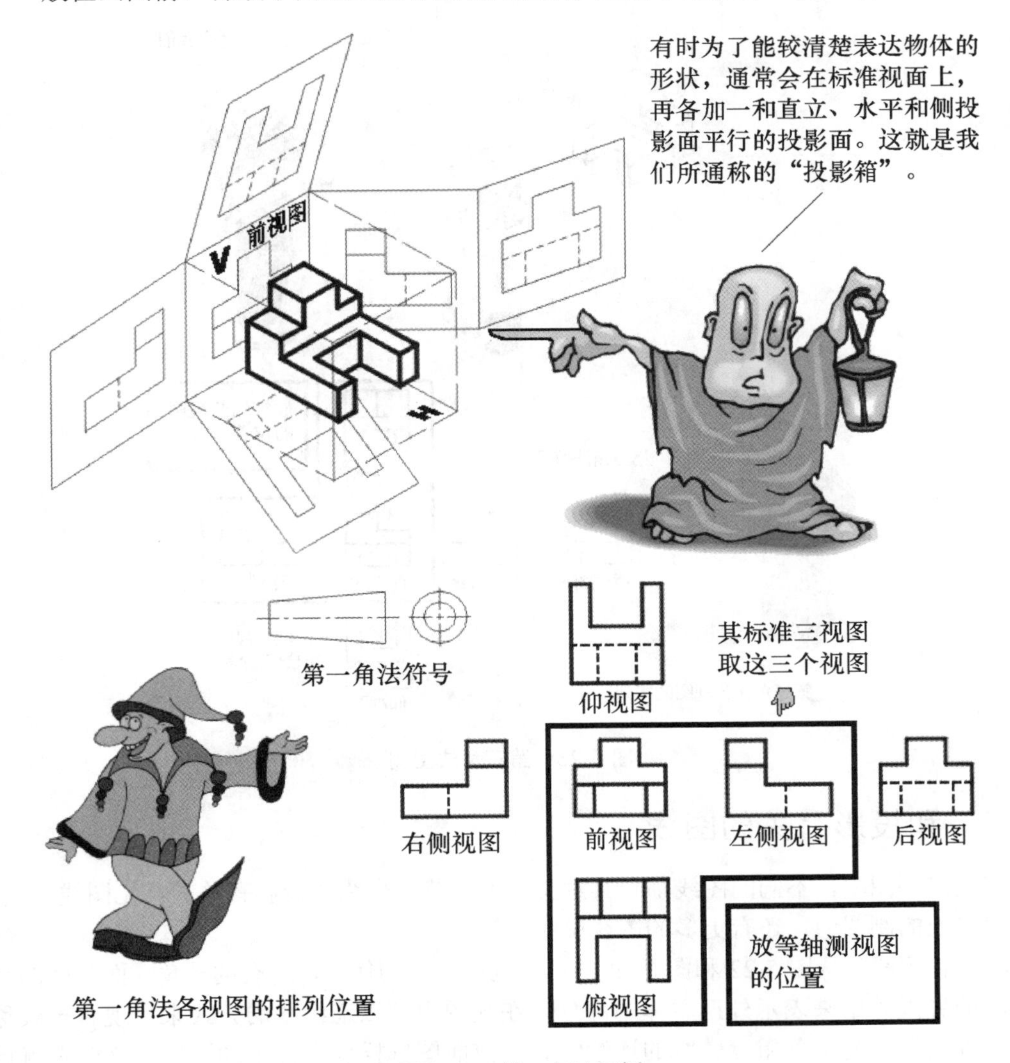

图 5-22　第一角法图例

2. 第三角法(第三象限投影法)

英国是个“左撇子”国家，第一角法或许适合他们，但第三角法所绘出的视图，其俯视图在前视图的上方，右侧视图则在前视图的右方，和我们观看物体位置的方向相同，比较容易了解。所以，美国、日本、台湾地区都采用这种画法。换句话说，将物体置于第三象限内的投影法，就称为“第三角法”，如图 5-23 所示。

在手工制图的时代，我国有很多设计师或制图员无法适应第三角法，所以失去很多和国际企业合作的工作机会，为了与国际接轨，我国现在也推广第三角法。同时，很多 3D 级的 CAD 软件都可以转换这两种投影法，所以现在问题已不大。

一般在画图前，都须于图纸上的标题栏内注明其投影法或以第三角法符号表示。

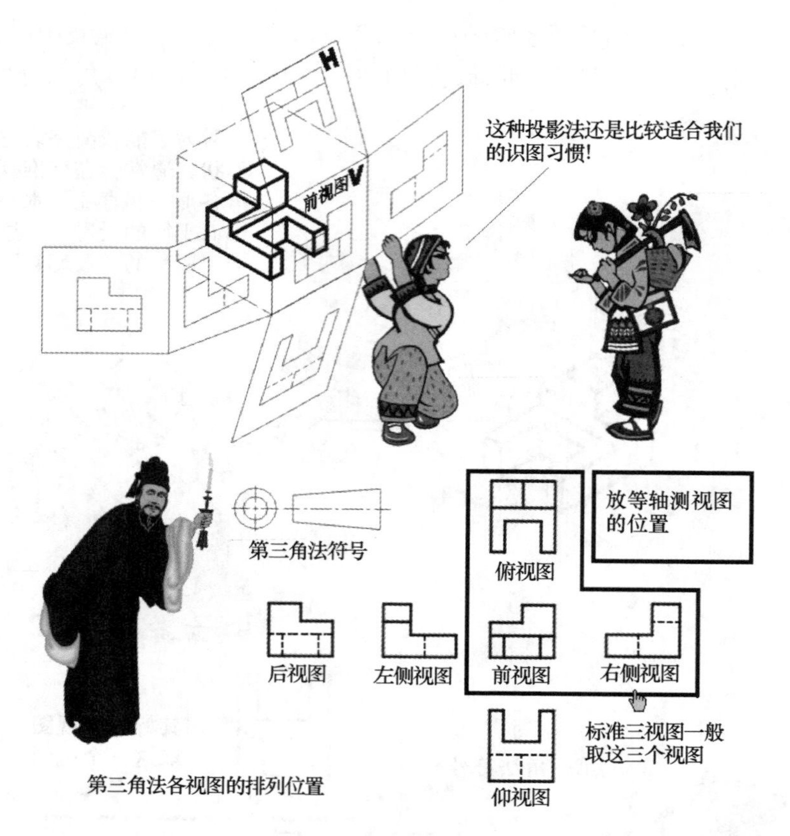

图 5-23　第三角法图例

5.2.3　和投影有关的图线

在任何制图中，不同的图线都有其意义。本小节先介绍和投影有关的常见图线。然后，在后续专业的制图中，还有更多的图线说明。

(1) 轮廓线。从图 5-22 和图 5-23 中可看到：在一物体上，所有的棱角、面与面的交线以及面的界限等用来表示外形主体的部分，在视图中都以连续线的方式来呈现。一般称其为“轮廓线”，是一条粗度较宽的连续线。在前面图框样板文件中的图层定义时，就已定义所谓的“轮廓”图层，并定义该层要使用线宽较粗的图线，就是这个缘故。

(2) 虚线。在一物体上，某些被挡住的部分，无法正面观察到时，这种线条就叫做“隐藏线”。隐藏线一般以虚线来画出。在 AutoCAD 中，可以通过图 5-24 所示的方式来加载各种图线。而在之前的图框样板文件中，我们已经将各种需要的图线都加载进来了；随着用户所属专业的不同，都可以使用图 5-24 所示的方式来加载所需要的图线，或是变换不同的图线。

(3) 中心线。在正交视图中，圆的中心或轴线都必须以中心线来表示。中心线的线条种类属细链线，链线是一条一长划和一点相互交替所成的线，如图 5-25 所示。

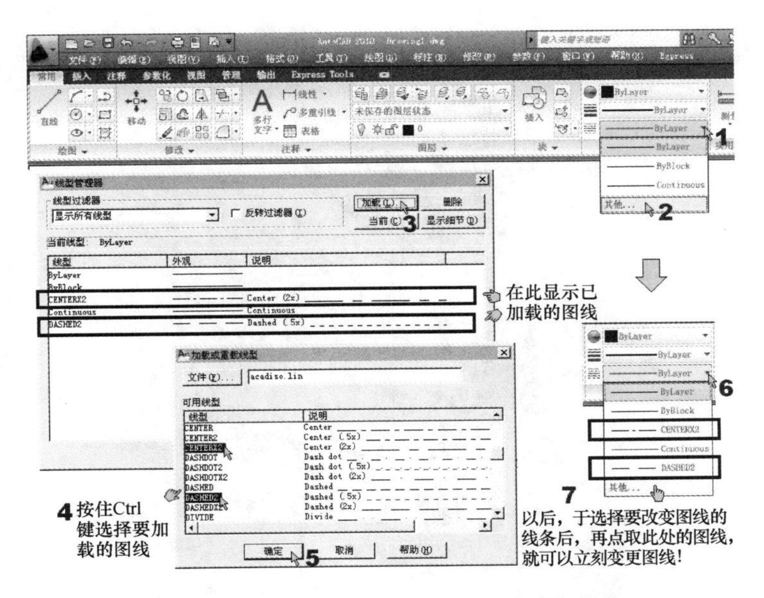

图 5-24　在 AutoCAD 中加载各种图线的操作

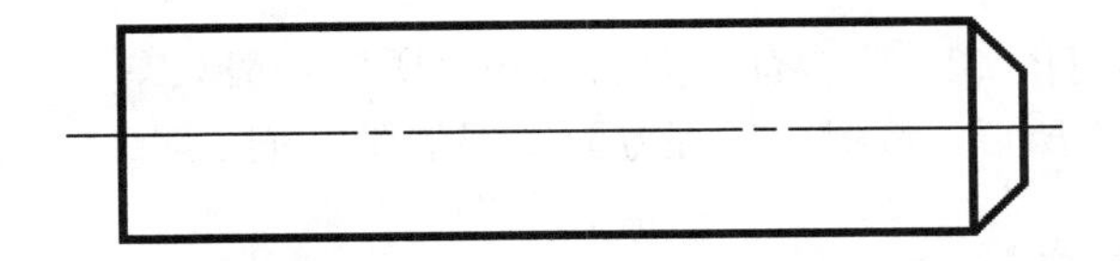

图 5-25　将圆或圆弧加上中心线的操作

5.3　等轴测视图

在图 5-22 和图 5-23 中，还可看到：在标准三视图的空白缺口处，通常就用来放置“等轴测视图”。那么什么是“等轴测视图”呢？就是立体图啦！因为以三视图再配合立体的等轴视图，就更能清晰地描绘出物体的真实形状。这非常有助于制造现场的识图。

在手工制图的时代，要以手工方式画出复杂物体的立体图自有一套方法，在本节中要介绍的就是这个方法。但是在现代 3D CAD 软件已经非常成熟的年代，我们将弱化这个主题的实作，仅述说它的原理。理由如下。

(1) 在手工绘图时代，画立体图是很耗时的，所以在图学中，除了标准视图外，才会出现一大堆辅助视图的图学。其用意在加强对图样的识图，以免制造现场误会或看不出来。可是在 3D 建模的时代里，几乎 90%以上的产品都是从立体建模开始的。在有立体模型可用的情况下，搭配三视图的立体图(任意视角)随手可得。因此，用手工方式的立体图绘制和辅助视图的应用，都会逐渐式微。对学子们来说，我们主张不需要太关注这方面的实作制图功能(因为这都是 3D CAD 软件本身就提供的基本功能，不需辛苦地去绘图)，只要如本节所述，了解其原理即可。所以，即便 AutoCAD 本身也有提供以 2D 方式来画等轴测图的功能，在本节也将略过不提。图 5-26 所示，就是在机械图中常见的典型等轴测图！

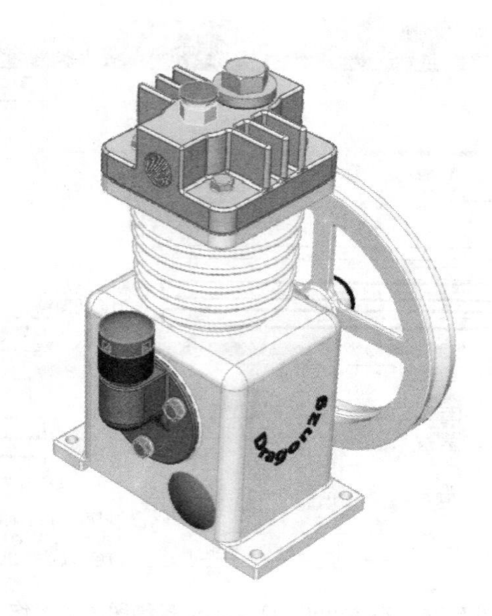

图 5-26　一张典型的等轴测图

(2) AutoCAD 本身的 3D 功能有很大的缺陷，所以一般只拿来当做 CAD 入门，或是 2D 工程图的后续编辑。所以，希望在工程方面发展的学子们，都还应朝 3D CAD 方面学习。

5.3.1　立体图的种类

只要一个长方体有高、宽、深三方向，而其线长都能在一个视图内描绘出来，且其中任两方向的线长不在同一条直线上，那么这个物体就会有立体的感觉，而这样的视图就称为立体图。图 5-27 为立体视图的种类和其内涵。

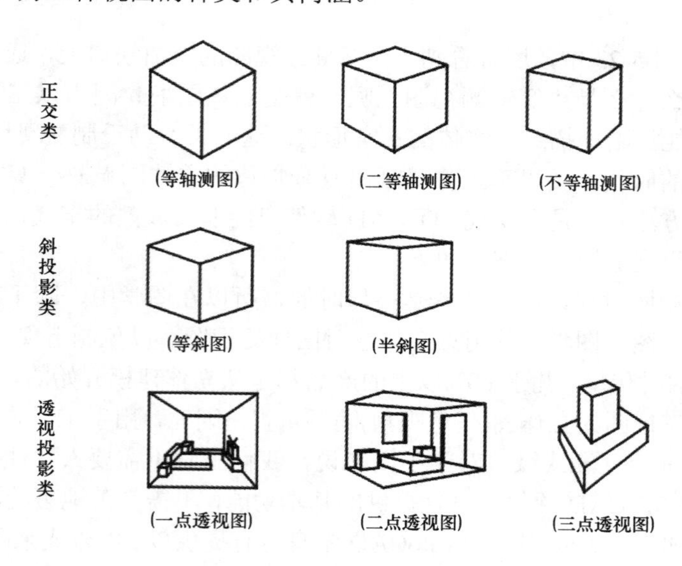

图 5-27　各种立体图

5.3.2 等轴测图的定义

在图学中，经常使用等轴测图来表示一立体对象。所以，所有 3D CAD 软件的默认状态就是等轴测图。这种视图特别广泛用于机械专业中。

当代表高、宽、深三方向线长的三直线相交于一点时，此三直线就称为立体图的“三轴线”，也称之为“等轴测轴”或“等轴测坐标”。

当欲绘制一立方体的等轴测投影图，首先是画出三条相交于一点，且彼此间夹角为 120°的直线，而造成“等轴测轴”，再根据立方体的三轴方向长度，分别在三根等轴测轴线上自交点起进行量度。由于在空间两互相平行的直线，在其正交视图中必相平行，所以经过量度所得的点，分别画出和等轴测轴线平行的平行线，就可以得到这个立方体的等轴测图。

为了让用户更了解手工时代等轴测图的绘制，下面将示范其画图步骤如图 5-28 所示。

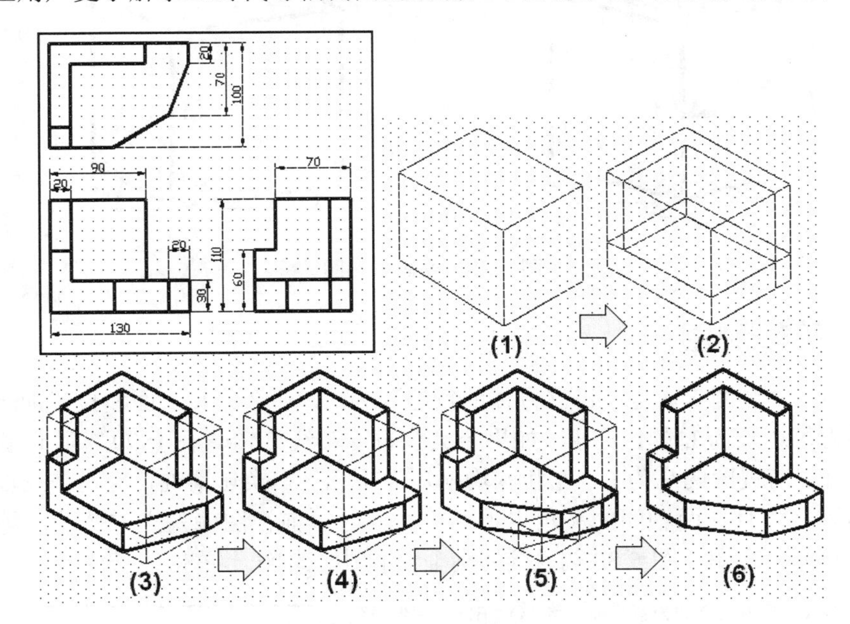

图 5-28 等轴测图的画图步骤

(1) 先画出等轴测轴，并根据物体的高、宽、深三方向的全长分别在等轴测轴量度出正确的点。

(2) 通过方才量度所得到的点，画出各等轴测轴线的平行线，并得到包覆此物体的等轴方箱。

(3)～(5) 在等轴测轴或和等轴测轴平行的直线上量度其他细部的线长，并逐一完成各细节。

(6) 完成后，擦除等轴方箱上不必要的辅助线。

在一般立体图中，原则上所有的隐藏线都不画出，除非在标注尺度或有必要表达遮住部分的图形时，才选择必要处画出一些。

5.3.3 两等轴测图

所谓“两等轴测图”就是假设正方体的边长为 L，使其一面与投影面平行时，所得前视图必为每边长为 L 的正方形。若令其绕直立轴线旋转 45°，那么所得前视图的高为 L，宽和深均缩短为 $\sqrt{2}$ L/2。由此可知，一立方体的六面视图中，其前视图代表高、宽、深三方向中，有两个方向的单位线长是相等的，也就是两个轴线上的单位线长是相等的，这就是两等轴。在两等轴上所产的的夹角即为两等轴测。于是“两等轴测图”就在这样的定义下产生了。图 5-29 就是典型的两等轴测图。

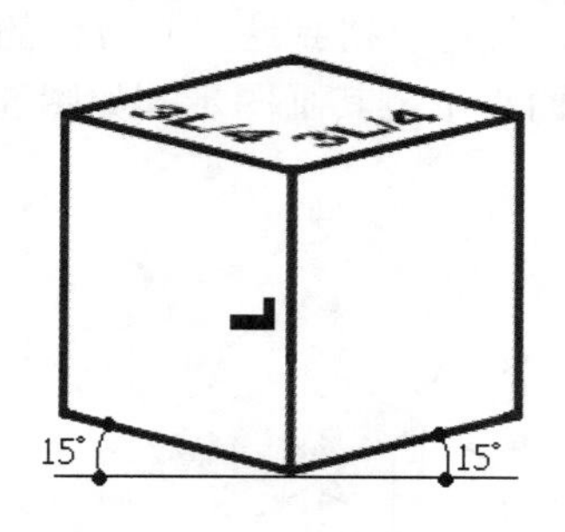

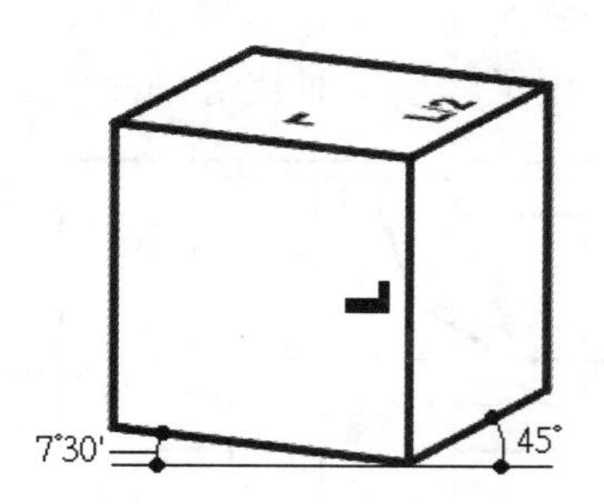

图 5-29 两等轴测图

5.3.4 不等轴测图

所谓“不等轴测图”就是假设立方体的每边长为 L，那么让其一面和投影面平行时，所得前视图必为每边长为 L 的正方形。如果令其绕直立轴线旋转一小于 90° 而不等于 45° 的角度，那么所得前视图的高为 L，宽和深均缩短而不相等。换句话说，也就是三轴上的单位线长都不相等，而且任两轴间的夹角也不相等。此时，前视图就是立方体的不等轴测图，这也是一种立体正交图。图 5-30 为决定不等轴测图中三轴线上单位线长的比。

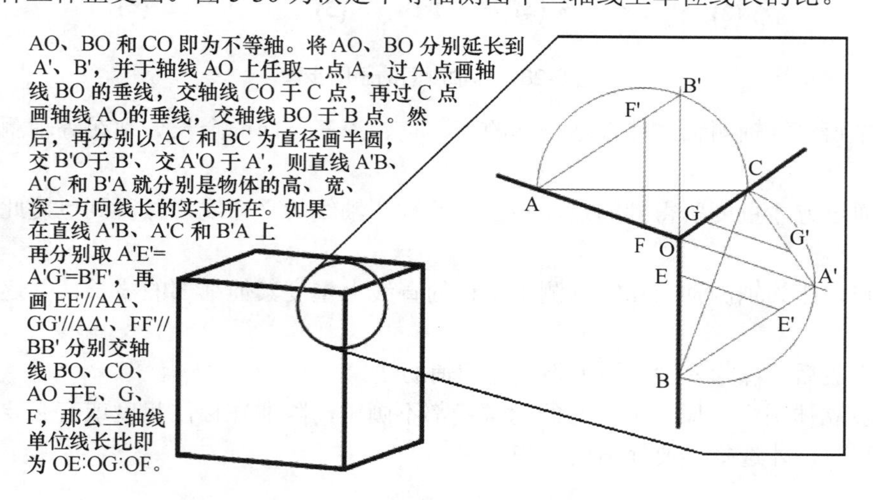

AO、BO 和 CO 即为不等轴。将 AO、BO 分别延长到 A'、B'，并于轴线 AO 上任取一点 A，过 A 点画轴线 BO 的垂线，交轴线 CO 于 C 点，再过 C 点画轴线 AO的垂线，交轴线 BO 于 B 点。然后，再分别以 AC 和 BC 为直径画半圆，交 B'O于 B'、交 A'O 于 A'，则直线 A'B、A'C 和 B'A 就分别是物体的高、宽、深三方向线长的实长所在。如果在直线 A'B、A'C 和 B'A 上再分别取 A'E'=A'G'=B'F'，再画 EE'//AA'、GG'//AA'、FF'//BB' 分别交轴线 BO、CO、AO 于E、G、F，那么三轴线单位线长比即为 OE:OG:OF。
B'
F'
C
A
G
G'
F
O
E
A'
E'
B

图 5-30 决定不等轴测图中三轴线上单位线长的比

立方体表面上如果有圆形，那么在其不等轴测图中，是画成内切于平行四边形的椭圆，这个椭圆的长径一定会和不等轴之一垂直，短径也必定和不等轴之一平行，而且长径的长就等于圆形直径的实长，短径的长则需求得。其画法如图 5-31 所示。

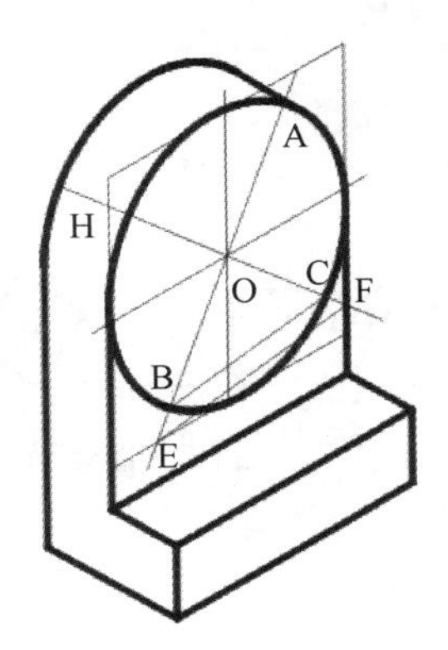

将椭圆长轴 AB 和短轴所在的直线 *FH* 延长，使其和外切的平行四边形相交于 E和 F，连接 EF，过 B 点画直线 BC 平行于 EF，并交直线 FH 于 C，那么 OC 将为短轴半长，OB 为长轴半长，由此即可通过 ELLIPSE 命令来画出所需的椭圆。

图 5-31　圆形的不等轴测图画法

5.4　透　视　图

透视图是基本的投影视图之一，通常多见于建筑图样，但是因为现在多数的 3D CAD 软件都提供有一点透视功能。因此，仍然需要在本节介绍此视图的原理。

5.4.1　透视投影和透视图

当我们见到物体高、宽、深三方向的投射线彼此不平行，但会集中于一点的投影，就称这是“透视投影”。而通过透视投影所得的视图就称为“透视图”。由于透视图不但具有立体感，而且和我们平常用眼睛观察物体所得的影像完全相同(因为透视投影就相当于人透过眼球观察物体，将投射线集中于一点)，所以透视图也被形容为效果最逼真的一种立体图。

以理论来分，透视图可分为下述三种(如图 5-32 所示)。

1. 一点透视图

一点透视图即高、宽、深三方向中有两个方向的线长和投影面平行时，所得到的透视图，又称为“平行透视图”。

2. 两点透视图

两点透视图即高、宽、深三方向中只有一个方向的线长与投影面平行时，所得到的透视图，又称为“成角透视图”。

3. 三点透视图

三点透视图即高、宽、深三方向中任何方向的线长均和投影面不平行时，所得到的透视图，又称为“倾斜透视图”。

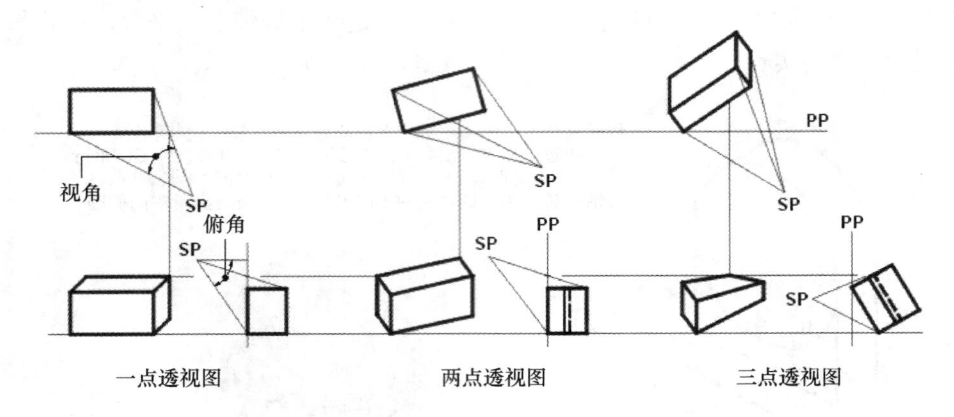

图 5-32 透视投影的种类

5.4.2 透视投影有关名词定义

“透视投影”是指投射线彼此不平行，但集中一点的投影。而所谓“透视图”、则是通过透视投影所得到的视图。透视投影就相当于人透过投影面来观察物体，所以“透视图”也是最能为我们人类所接受的视图，因为它与人类用眼睛来观察物体所得到的景象完全相同，而且具有立体感。下面就是在透视投影中常用的一些名词(见图 5-33)。

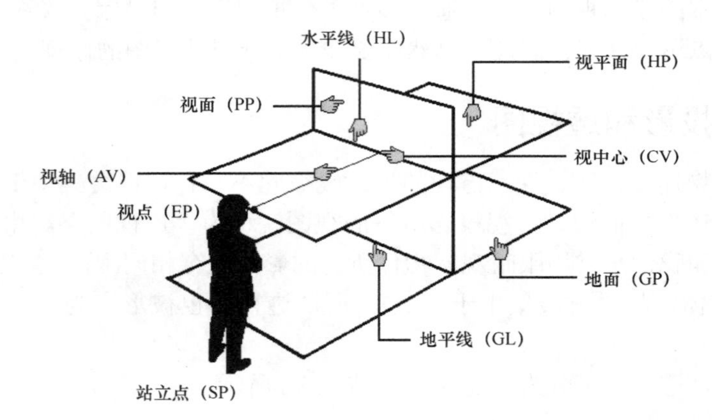

图 5-33 图示透视投影中的常用名词

- 视点(EP)：观察者眼睛所在的点(Eye Point)。
- 站立点(SP)：观察者在地面所在位置(Standing Point)。
- 视面(PP)：投影面(Picture Plane)。
- 地面(GP)：观察者站立的水平面，与视面垂直(Ground Plane)。
- 水平线(HL)：观察者看到无穷远处，天与地的交接线。由于水平线与眼睛同高，所以又称“视平线”(Horizon Line)。
- 地平线(GL)：地平面与视面的交线(Ground Line)。
- 视轴(AV)：与视面垂直的视线(Axis of Vision)。

- 视中心(CV)：视轴与视面的交点(Center of Vision)。
- 视角：观察物体最外侧两视线间的夹角。
- 俯角：观察物体水平视线与最下方视线间的夹角。
- 仰角：观察物体水平视线与最上方视线间的夹角。

5.4.3 透视投影的基本概念

接下来，我们要在本小节中谈谈透视投影的基本概念。在正交或斜投影中，物体和投影面间的距离经常和所产生的投影大小无关，但是会影响产生投影的大小。换句话说，在透视投影中，物体、投影面(视面)，以及视点三者间的距离变化，将影响产生投影的大小。因此，透视投影有以下的五大基本概念。

(1) 当物体和视点间的距离固定不变时，投影面(视面)越靠近视点，其透视投影就越小。如图 5-34 所示。

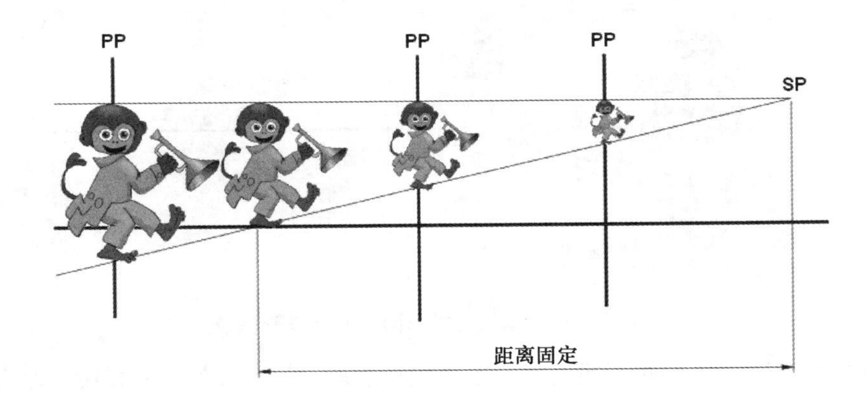

图 5-34 投影面越靠近视点，透视投影就越小

(2) 在投影面(视面)和视点间的距离固定不变的情况下，物体越靠近视点，其透视投影就越大，如图 5-35 所示。

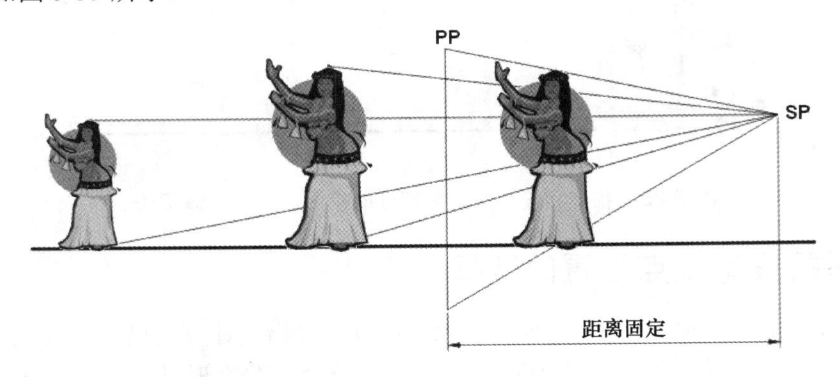

图 5-35 物体越靠近视点，透视投影就越大

(3) 当物体和投影面(视面)间的距离固定不变，且物体在投影面之后时，视点越靠近投影面，其透视投影就越小，如图 5-36 所示。

(4) 物体和投影面(视面)间的距离固定不变，且物体在投影面之前时，视点越靠近投影面，其透视投影就越大，如图 5-37 所示。

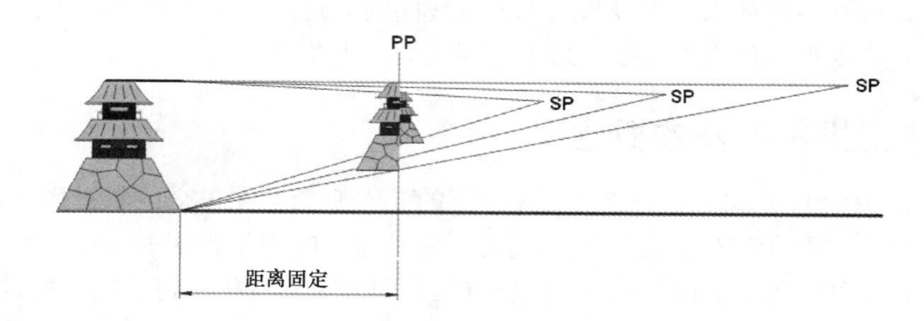

图 5-36 视点越靠近投影面，透视投影就越小

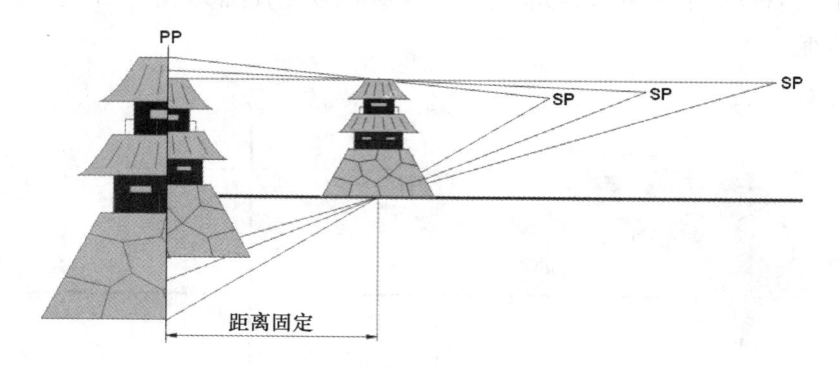

图 5-37 视点越靠近投影面，透视投影就越大

(5) 物体和投影面(视面)相重合时，不论视点远近，其重合部分的投影，即为物体的真实大小以及形状，所以在透视图中该部分的线长可直接量度，如图 5-38 所示。

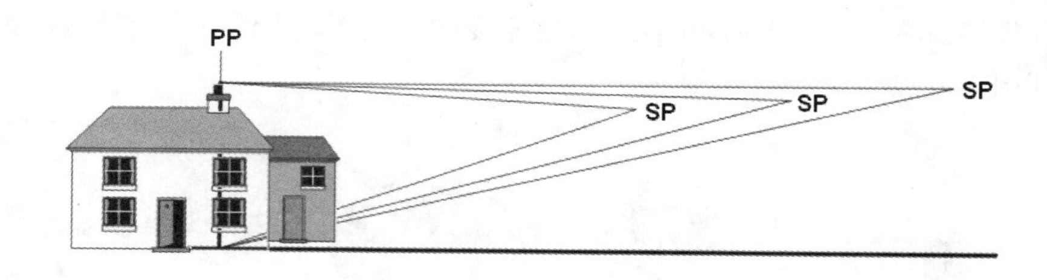

图 5-38 物体和投影面重叠部分的投影，即为物体实长

5.4.4 透视投影视点位置的选择

虽然在今天的计算机画图里，透视视面大都可以通过指使计算机里的CAD软件来完成，但是很多操作者的困扰却是：不知道哪一个角度才是合适的透视投影视点位置。所以，本节将提供这一方面的资讯。

在透视投影中，视点位置的选择非常重要，因为视点的位置将影响透视图的表现，如果不注意选择，则会产生外形不很高雅的透视图。在这样的情况下，即使设计是优良的，也无法吸引他人注意。因此，应按照下述的建议来选择透视投影的视点位置。

(1) 不要让视中心(CV)偏离物体的中心太远，如图 5-39 所示。

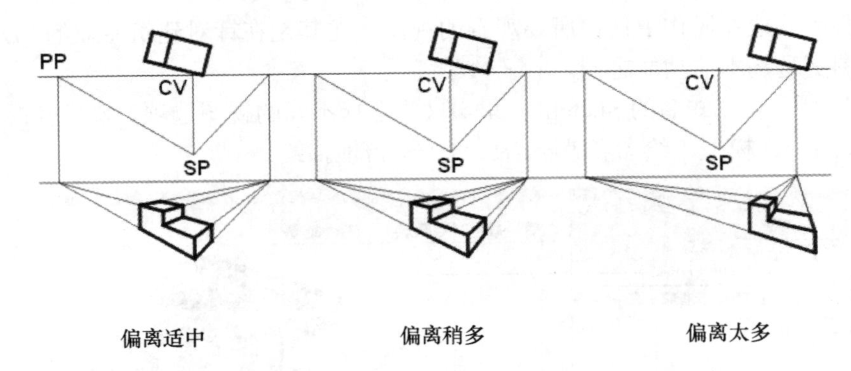

图 5-39 视中心和物体中心的关系

(2) 让视角落在 20° ～30° 之间，如图 5-40 所示。

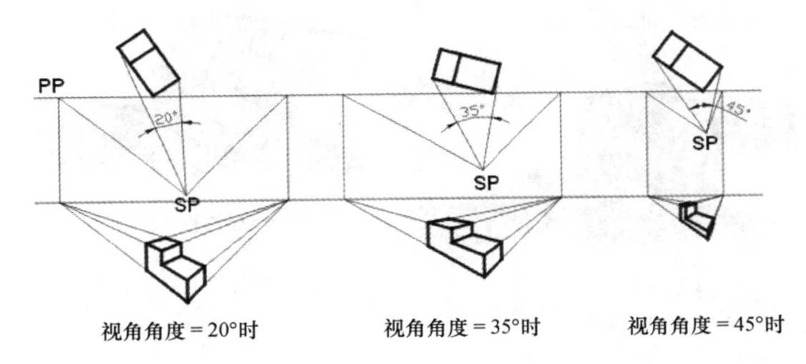

图 5-40 合适的视角角度选择

(3) 让俯角也落在 20° ～30° 之间，如图 5-41 所示。

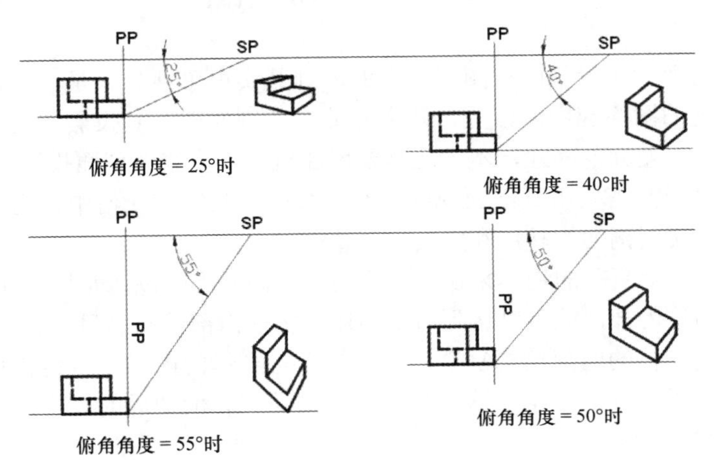

图 5-41 合适的俯角角度

5.4.5 3D CAD 软件中的透视图

了解透视图的基本理论和画法后，我们要告诉你，随着 CAD 软件的快速进步，操作者已经可以随心所欲地在操作中切换所要观看的视图。尤其是在针对建筑专业的 3D CAD 软件中，透视图更是基本的功能之一。

如图 5-42 所示，在知名的 SketchUp 里，只要选择不同的视图选项，就可以得到所要的视图。只要具备 3D 模型，绘图者就不需要再去辛苦地描绘。

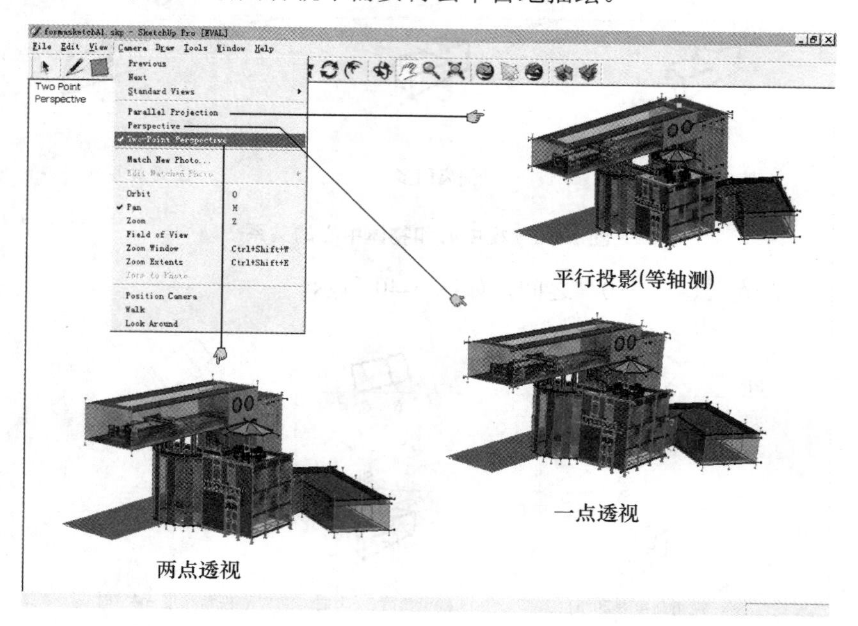

图 5-42 SketchUp 里的视图控制

5.5 剖 视 图

以投影几何的观点来看剖面视图，剖面的原理其实很单纯！只是，不论机械或建筑，剖面图都是很普遍的图样应用。但是，两大专业中的剖面图，其投影几何的原理虽共通，但绘图惯例却有一些差异。因此，本节还是要用建筑的观点来谈剖面投影。

对建筑专业来说，需要用到剖面视图与断面视图。其实在几何中，它们都类归剖面。首先，我们必须先说明剖面的功用和定义。

(1) 功用：对内部复杂的物体来说，一般的三视图并不足以清楚地作完整描述。因此，按照需要来切开物体内部，就可以达到清楚描述一物体内部结构的目的。

(2) 定义：当物体的内部结构复杂，为清楚表达物体的内部，就将物体按照需要的角度或方式来合适加以剖开后观察，这就是所谓“剖面”。剖切后的视图，我们就称为“剖视图”。如图 5-43 所示。

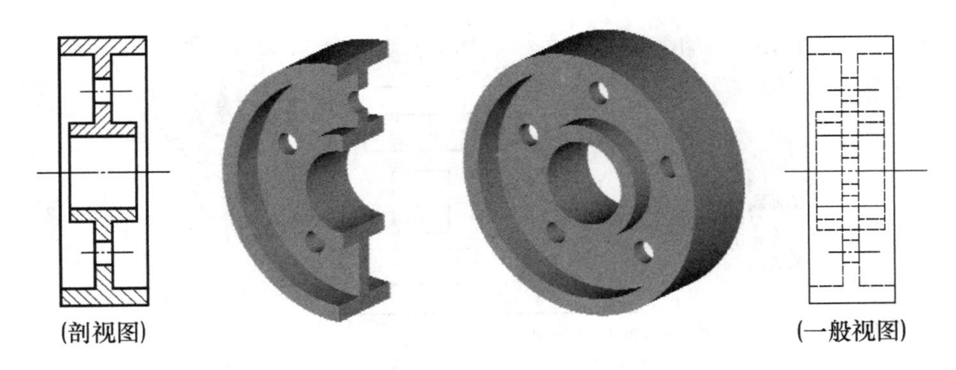

因此，物体内部形状复杂，如果不采用剖视图来表示，那么视图就被许多的隐藏线所混淆，造成视图的不清晰。

图 5-43　剖视图的意义

5.5.1　割面和剖面的区别

要绘制物体的剖面，以了解其内部形状，就必须有“割面”(或称“剖切面”)。所谓“割面”就是像菜刀一样用来剖切物体的面。在正交视图中，我们以割面线来代表割面的侧视图。割面线的两端和转折处为粗实线，中间则以细链线连接，两端以箭头标示正对剖面的方向。其示意图如图 5-44 所示。

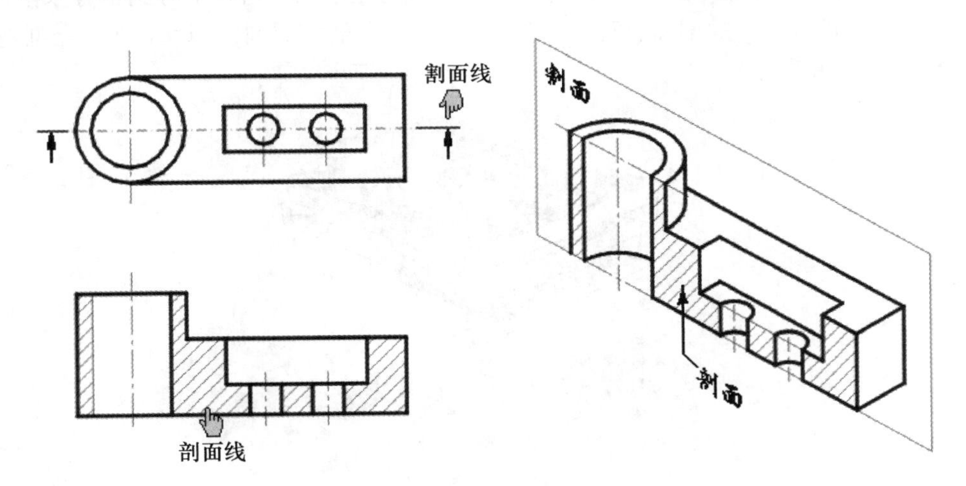

图 5-44　割面和割面线(或剖面和剖面线)

割面在必要时还可以转折，所以，不论是直线式的割面线，或是转折处的割面线(即阶梯剖面，以下说明)，其大小规定如图 5-45 所示。

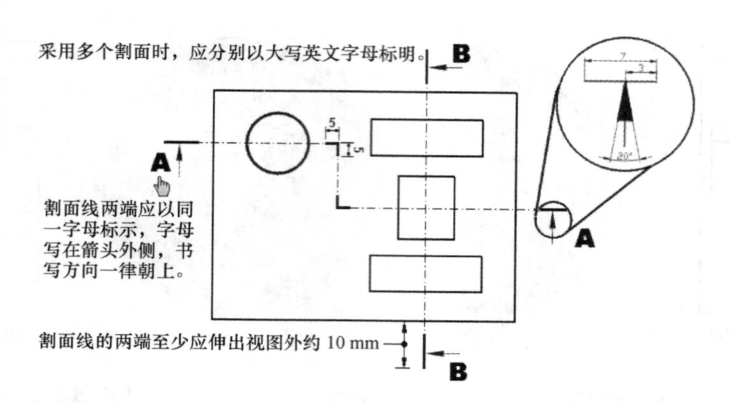

图 5-45　割面线和画法规定

注 意

当割面位置甚为明确时，割面线可以省略。

5.5.2　剖面的种类

由于物体的形状与构造各有不同，所以所采用的剖切方法以及剖切部位也有所不同。经常采用的剖面会有以下种类：

(1)　全剖面(Full Section)。采用的割面将从物体的左边到右边，上方到下方来割过整个物体。以这种方式所得到的剖面就称为“全剖面”；而全剖面的剖视图就称为“全剖视图”。其效果图如图 5-46 所示。

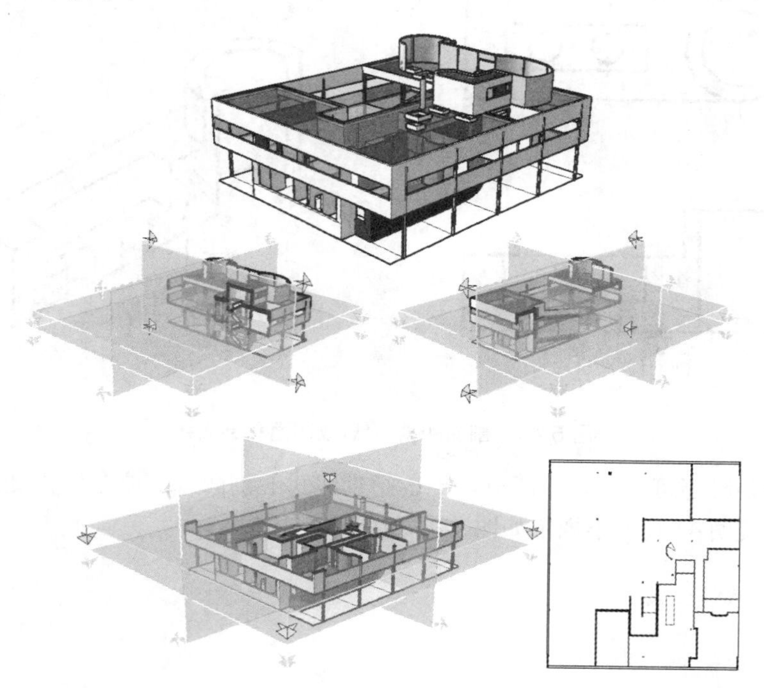

图 5-46　全剖面

在剖视图中，只要能清楚表示物体的形状，隐藏线都可省略不画，以免增加图样的复杂度，但如果因为省去隐藏线而不能清楚地表示物体的形状时，隐藏线就不能省略，如图 5-47 所示。

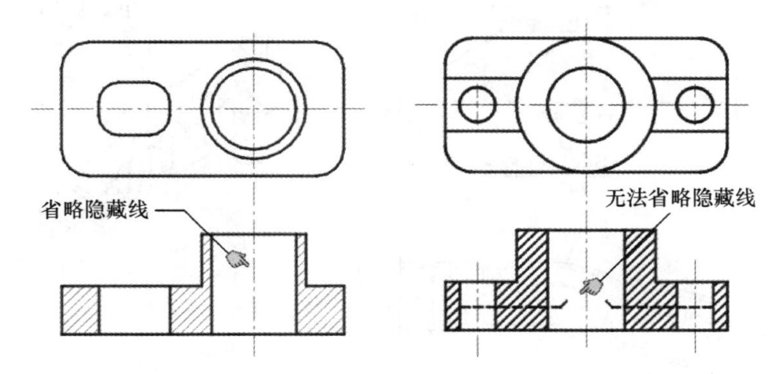

省略隐藏线，仍可清楚表达物体形状。 省略隐藏线，物体形状就无法清楚表达，所以隐藏线不能省略。

图 5-47　全剖面的惯用画法

全剖面还可延伸为以下两类。

① 阶梯剖面(Offset Section)。用两个或两个以上互相平行的割面来剖切物体，所得到的全剖面图。即用两个或两个以上平行的割面来剖切物体，各割面的转折处必须是直角，由此所得到的剖面图就称为“阶梯剖面图”，如图 5-48 所示。

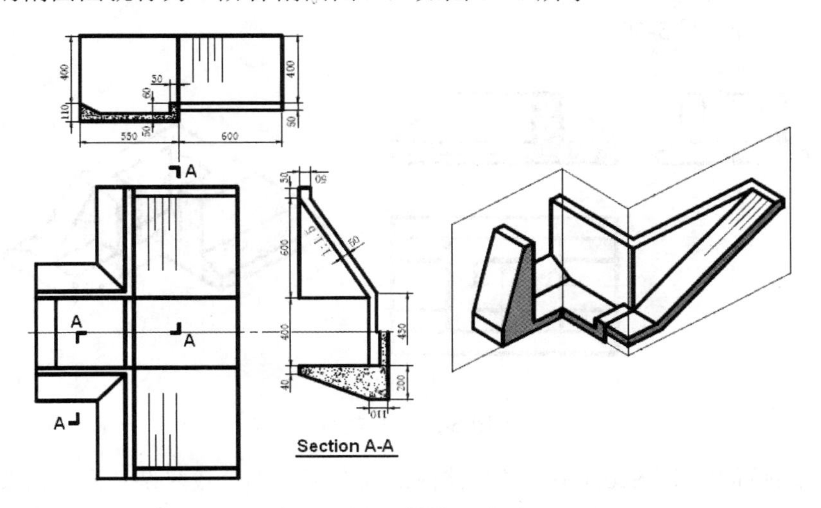

图 5-48　阶梯剖面图

② 展开剖面(Unfolded Section)。用两个相交的割面来剖开物体，所得到的全剖面图。即用两个或两个以上相交的割面来剖切物体，但必须保证其交线垂直于某一投影面，由此所得到的剖面图就称为“展开剖面图”，如图 5-49 所示。

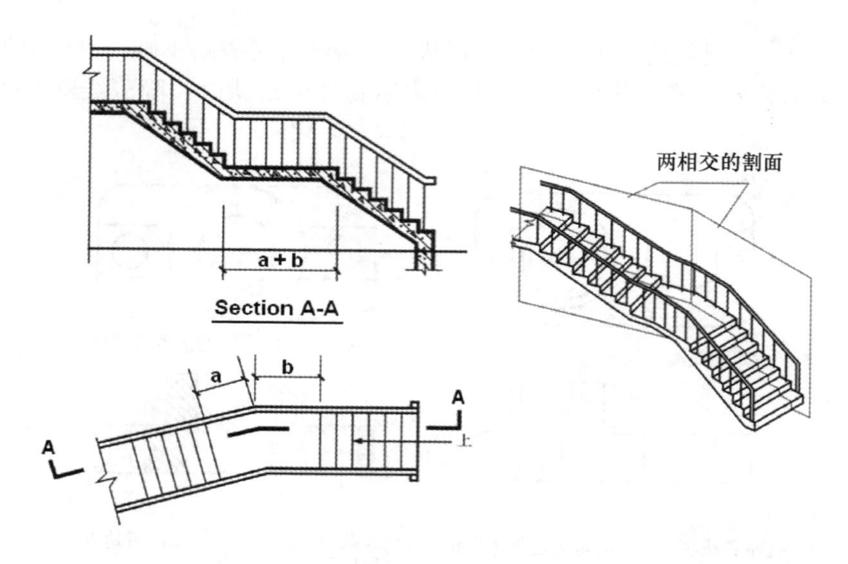

图 5-49　展开剖面图

(2)　半剖面(Half Section)。凡物体的形状呈对称时，割面只需针对对称部位，即将物体的四分之一角切除，所得的剖面就称为“半剖面”；而半剖面的剖视图即称为“半剖视图”。半剖视图的特色就是：可以在一个视图中同时表现物体的内部结构和外部形状。一般说来，半剖面在剖视部分只画出剖切后由内部观察所得到的形状；非剖视部分则只画出由外部观察所得形状。换句话说，就是隐藏线都省略不画，而剖视和非剖视部分的分界线则以中心线处理。其示意图如图 5-50 所示。

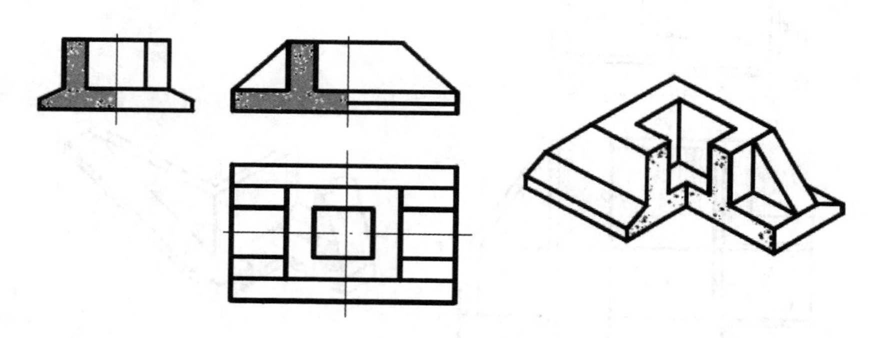

图 5-50　半剖面

(3)　局部剖面(Partial Section)。当物体内部仅有某一部分较复杂，而不需要采用全剖面或半剖面时，就可以采用“局部剖面”。局部剖面是假想割面只剖切到所需部位，然后将其局部移去，所得的剖面就称为“局部剖面”。而局部剖面的剖视图当然就称为“局部剖视图”。在局部剖视图中，剖视与非剖视部分的分界线是以规则或不规则细实线所画成的折断线来处理的。如图 5-51 所示。

(4)　旋转剖面(Revolved Section)和复合剖面(Compound Section)。所谓“旋转剖面”就是将物体割切后所得到的剖面旋转 90°，使其重叠于原视图中；同样，旋转剖面的剖视图就称为“旋转剖视图”，如图 5-52(a)所示。

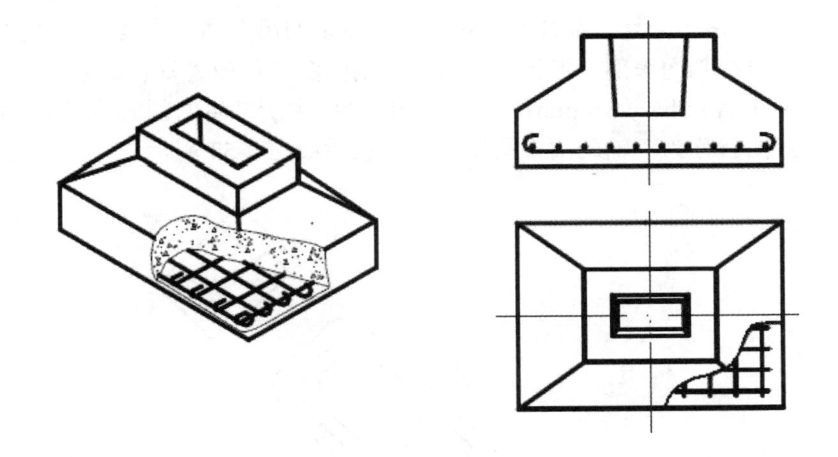

图 5-51　局部剖面

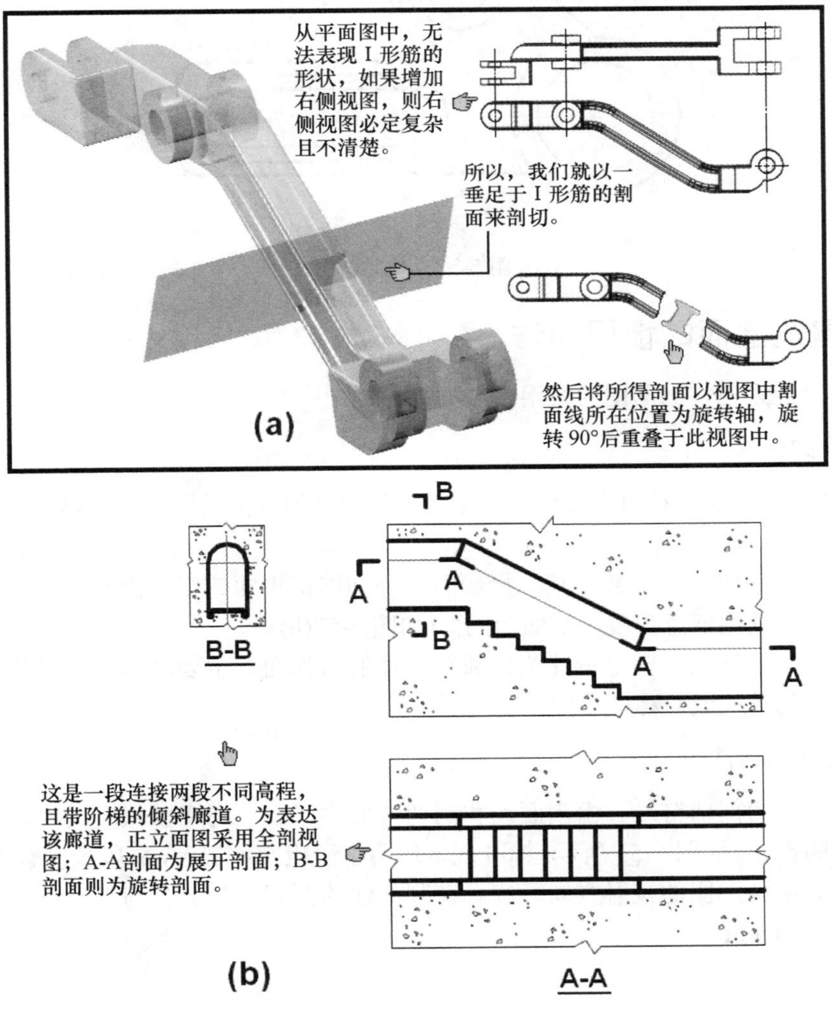

图 5-52　旋转和复合剖面

而图 5-52(b)则是一个复合剖视图。对于某些复杂的组合体，需要用几个曲折的割面来剖切，这种利用组合割面来剖切形体，其所得的剖面图就称为“复合剖面图”。

(5) 辅助剖面(Auxiliary Section)。就是于辅助视图中所产生的剖面，多用于机械专业中；辅助剖面的剖视图就称为“辅助剖视图”。其示意图如图 5-53 所示。

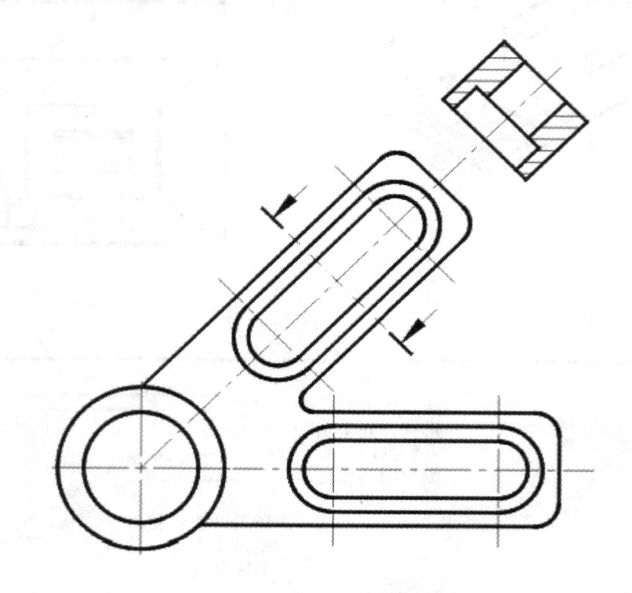

图 5-53 辅助剖面

5.5.3 建筑剖面的惯用画法

对建筑专业来说，剖面图的惯用画法如下。

1. 割面的选择

如 5.5.2 小节所述，看用户要绘制的是哪一种类型的剖面视图，然后再以下述原则来决定割面。

(1) 割面一般应平行于某一基本投影面，分别用正平面或侧平面来剖切。在展开剖面的状况下，也可使用任意角度的平面为割面(如图 5-52(b))。

(2) 为了表达清晰，应尽量让割面通过物体的对称面、主要轴线，或是物体上的孔、洞、槽等结构的轴线或对称中心线。

2. 剖面图的标注

(1) 剖面图的剖切符号。由割面线和剖切方向线组成，均应以粗实线绘制。割面线其实就是割面的投影，如图 5-54 所示，标准规定用两小段粗实线表示，每段长度宜为 6～8mm。剖切方向线表明剖面图的投射方向，应画在割面线的两端同一侧且与其垂直，长度短于割面线，宜为 4～6mm。

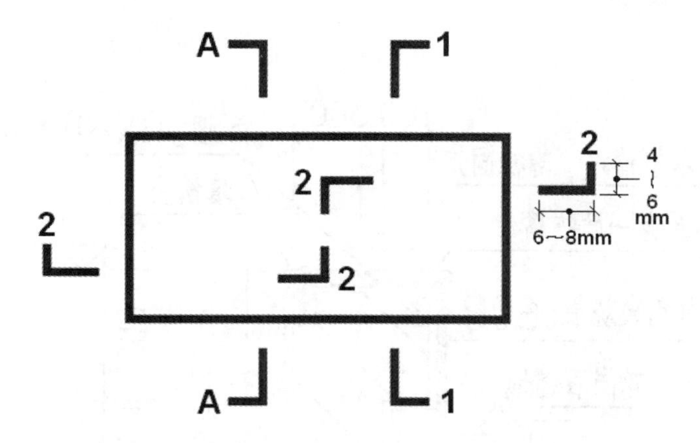

图 5-54　剖切符号(割面线)的惯用画法

(2) 剖切符号的编号和剖面图的命名。如图 5-54 所示，剖切符号的编号可采用阿拉伯数字(大陆本地惯用)或英文字母(国际图样惯用)，按顺序由左至右、由下至上连续编排，并注写在剖切方向线的端部。如图 5-55 所示，剖面图的图名则以剖切符号的编号来命名。如剖切符号编号为 1(或 A)，则相应的剖面图命名为“1-1 剖面图”(大陆本地惯用)或“Section A-A”(国际图样惯用)，也可简称为“1-1”(大陆本地惯用)，其他剖面图的图名也应同样依次命名和标注。图名一般标注在剖面图的下方或一侧，并在图名下绘一与图名长度相等的粗横线。

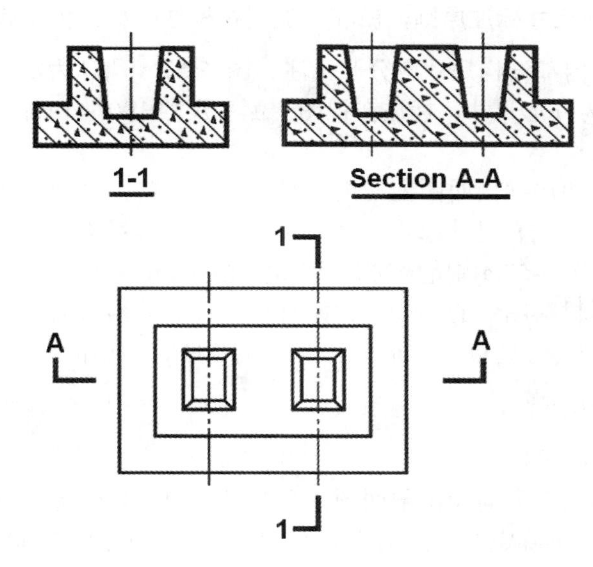

图 5-55　剖切符号的编号和剖面图的命名

3. 材料图例(即使用 AutoCAD 的 BHATCH 命令做图案填满)

在剖面图中，物体被剖切后得到的断面轮廓线须用粗实线绘制，割面没有剖切到，但沿投影方向可以看到的部分，则使用中实线绘制。同时，规定要在断面上画出建筑材料图例，以区分断面部分和非断面部分，表明建筑物体的选材用料。例如，在图 5-56 所示断面上，图案填满的就是钢筋混凝土图例。如果不需要指明材料，可用间隔均匀的 45° 细实线表示。

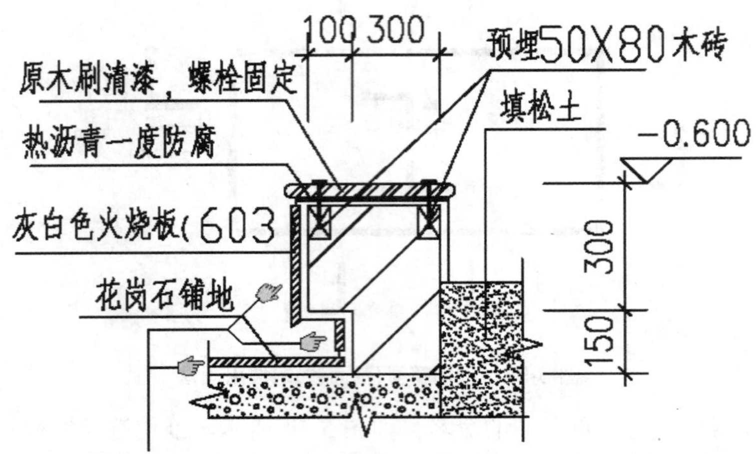

图 5-56　剖面材料图例的惯用画法

由图 5-56 中可以看出：建筑专业所需要的图案填充(即材料图例线)比机械专业更多，所以会有很多时候需要自定义图案。

4. 建筑剖面图的尺寸标注原则，就和一般建筑标注一样，但是有如下所述的注意事项

(1) 外形尺寸和内部结构尺寸应分开标注。图 5-57(a)所示为混凝土管的局部剖面图，尺寸 110、90、600 为外形尺寸，标注在视图一侧；尺寸 100 为内部结构尺寸，尽量靠近剖面图标注在另一侧。

(2) 在半剖面图和局部剖面图上，由于对称部分省略了虚线，注写内部结构尺寸时，只需画出一端的尺寸界线和尺寸起止符号，尺寸线应超过对称线少许，但尺寸数字应注写整个结构的尺寸。如图 5-57(a)中的ϕ200、ϕ260，图 5-57(b)中的ϕ32 和内部尺寸 52。

(3) 剖面图中画材料图例的部分，如果有尺寸数字，那么应将相应的图例线断开，不要让图例线穿过尺寸数字。所以，AutoCAD 在运行 BHATCH 命令时，会自动闪避尺寸标注。

5. 剖面图的画图步骤

(1) 先画出物体的三视图。

(2) 根据割面和投影方向绘出剖面图。在此过程中，先确定剖面部分，在剖面轮廓内填满图案(材料图例)；再确定非剖面部分，即保留物体上的可见轮廓线，再擦除原有投影图中经剖切后不存在的图线。

(3) 加上剖切符号和剖面图名。

(4) 加上尺寸标注和注释。

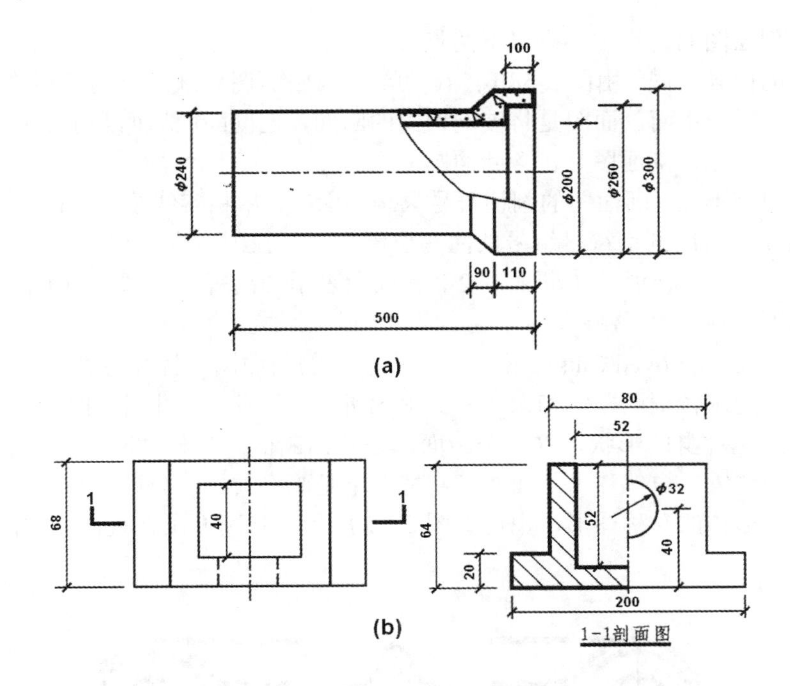

图 5-57　惯用的建筑剖面标注

5.6 断面视图

用一个假想的割面剖开物体，将剖得的断面向与其平行的投影面上投射，所得的图形称为“断面图”或“断面”。断面图常用于表达建筑物中梁、板、柱的某一部位的断面形状，也用于表达建筑体的内部形状。图 5-58 所示为一根钢筋混凝土牛腿柱的断面图和剖面图比较。从图中可看出，断面图与剖面图是类似的，它们都是用假想的割面剖开物体、断面轮廓线用粗实线来绘制，以及断面轮廓内也需要填满材料图例等。

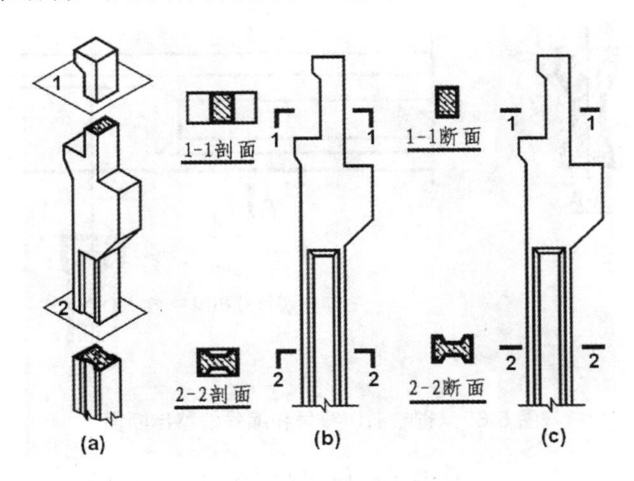

图 5-58　断面图和剖面图的比较

断面图与剖面图的区别主要有以下两点。

(1) 表达的内容不同。由图 5-58(b)、(c)可看出，断面图只画出被剖切到的断面的实形，即断面图是面的投影；而剖面图是将被剖切到的断面，连同断面后面剩余的形体一起画出，是体的投影。实际上，剖面图是包含断面图的。

(2) 标注内容不同。断面图的剖切符号只画割面线，用粗实线绘制，长度为 6～10mm，不画剖视方向线；而用剖切符号编号的注写位置来表示投射方向，编号所在一侧应为该断面的剖视方向。图 5-58(c)中 1-1 断面和 2-2 断面所表示的剖视方向都是由上向下。

断面有以下两种。

(1) 移出断面(Removed Cuts)。配置在视图以外的断面图，就称为“移出断面”。移出断面和前面讲过的旋转剖面非常相像。图 5-58(c)所示的钢筋混凝土柱，按需要采用 1-1、2-2 两个断面图来表达柱身的形状，这两个断面都是移出断面。当构件有多个断面时，可考虑布置在图中适当位置。虽然移出断面在正常情况下是画在视图以外的；不过，也有例外的！对于较长构件或形体的对称图形，也可如图 5-59 所示，将断面画在视图的中断处，且不需要进行标注。

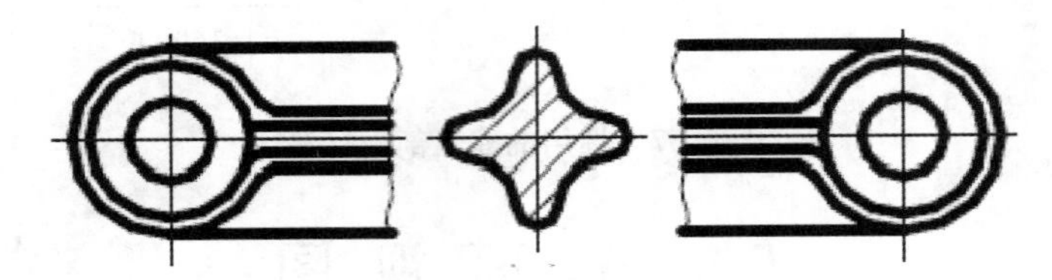

图 5-59　移出断面

移出断面的配置与标注原则如下。

① 当移出断面图属对称图形，而且其位置紧靠原视图，中间并无其他视图隔开时，可使用剖切线的延长线来作为断面图的对称线，画出断面图。此时，可省略剖切符号和编号，如图 5-60 所示。

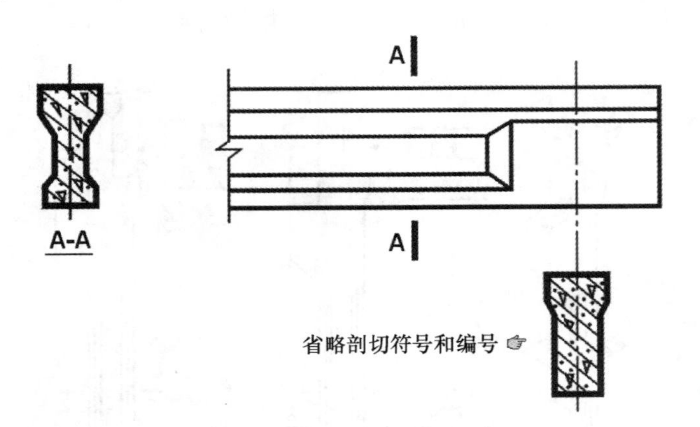

图 5-60　省略剖切符号和编号的移出断面

② 在一个形体上需作多个断面图时，可按次序依次排列在视图旁边，如前示的图 5-58。必要时断面图也可改变比例放大画出。

③ 对于具有单一截面的较长杆件，如图 5-61 所示，其断面可以画在靠近其端部或中断处，这时可不标注，中断处用波浪线或折断线画出。

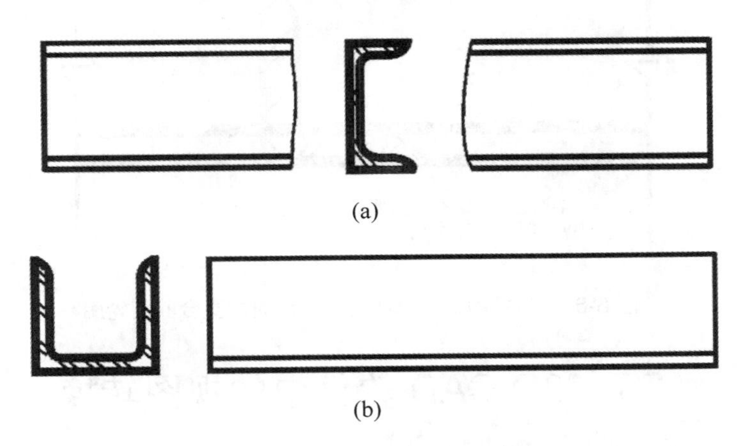

图 5-61 较长杆件的移出断面画法

(2) 重合断面(Superposition Cuts)。配置在视图之内的断面图，就称为“重合断面”。如图 5-62(a)所示，重合断面表示墙壁立面上装饰线的凹凸起伏情况；这时可不加任何标注，只需在断面图的轮廓线之内，沿轮廓线填满材料图例符号即可。当断面尺寸较小时，可按图 5-62(b)所示来画出重合断面。

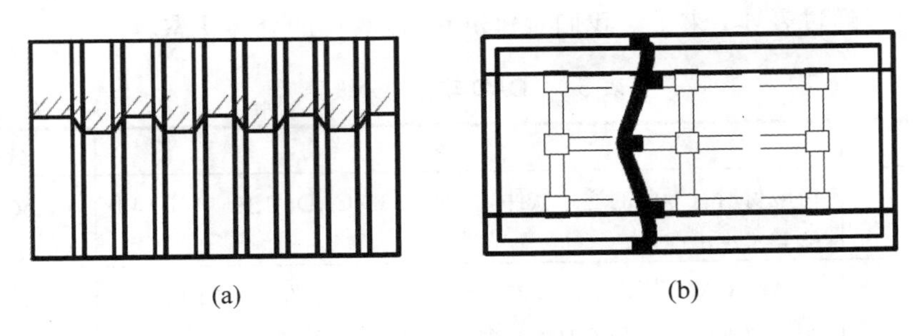

图 5-62 重合断面

重合断面的配置与标注原则如下。

① 由于重合断面是将断面旋转 90°后，再画于剖切处与视图重合。所以，断面轮廓线的配置画法是：当视图的轮廓线为粗实线时，重合断面的轮廓线用细实线画出，如图 5-63 所示；当视图的轮廓线为细实线时，重合断面的轮廓线用粗实线画出，如图 5-62(a)所示，断面轮廓内还需画上材料图例；如图 5-62(b)所示，是画在钢筋混凝土结构布置图上浇注在一起的梁与板的重合断面。因为该断面尺寸较小，所以可将断面涂黑。

② 重合断面不标注。

③ 当视图中轮廓线与重合断面轮廓线重合时，视图中的轮廓线仍应连续画出，不可间断，如图 5-63 所示。

④ 尺寸标注时，有关截断面的尺寸应尽量标注在断面图上。

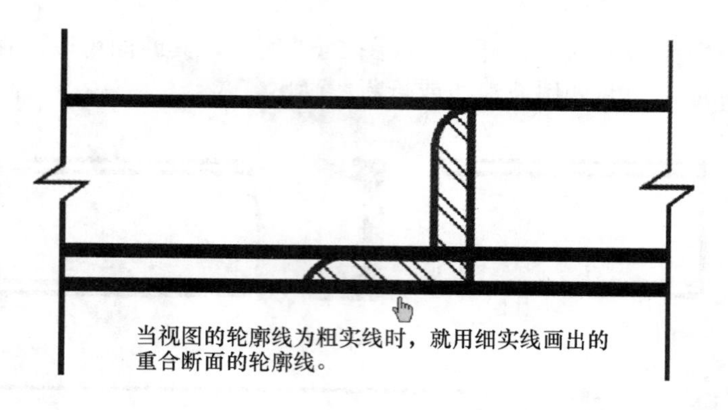
当视图的轮廓线为粗实线时，就用细实线画出的
重合断面的轮廓线。

图 5-63　当视图的轮廓线为粗实线时的重合断面轮廓

5.7　3D CAD 软件中的视图转换

前面提过：由于 3D CAD 软件的突飞猛进，有很多以前手工时代要辛苦绘制的视图，现在都没那么费劲了！同时，也导致建筑图样细节流程，以及内容的质变。本节将详述缘由。通过本节的学习，就可轻松掌握整个 CAD 软件应用的主流概念。

5.7.1　建筑 CAD 软件的分级

首先，可以通过表 5-1 来了解我们对建筑 CAD 软件的分级状态。

表 5-1　CAD 软件的分级表

分级名称	简　介	软件举例
2D CAD	可应付所有专业的通才软件。主要以 2D CAD 为主，其 3D 功能并不杰出或用户很少	AutoCAD Microstation
建筑 2D CAD	以 AutoCAD 为平台的二次开发建筑 CAD 软件，专门用来绘制符合本国建筑制图要求与惯例的施工图	天正建筑系列
建筑草图 3D CAD	以建筑起案之初所需要的草图 3D 建模为基础的软件	SketchUp
建筑大型 3D CAD	包含 CAD/CAM/CAE 完整模块的大型软件	ArchiCAD MaxonForm ARC+ Progess

说明如下。

(1) 所谓 2D CAD，主要以历史最久的 AutoCAD 为首。就是指那些一开始是以 2D 绘图为主的软件，它们后来因为受到 3D CAD 软件的竞争压力，也开发出 3D 方面的功能；无奈先天在软件结构上就是 2D 的，导致 3D 效果不彰，使用者寡。

(2) 所谓“建筑 2D CAD”，主要以我国本地出产的“天正”建筑系列为首。就是指那些以生产建筑工程图为主的软件，也是制图员用的软件。这些软件必须符合国内建筑图样的制图标准，以及惯用的制图习惯。所以，国外知名的建筑软件不太容易攻克这一块。“天正”建筑系列是我国发展最早的建筑 2D CAD 软件，此软件是以 AutoCAD 为平台，以 AutoLISP(早期)和 ARX 编程来设计。因此，先学会 AutoCAD 的操作，非常有助于“天正”建筑系列软件的使用。

(3) 所谓“建筑草图 3D CAD”，主要以 SketchUp 为首。对建筑专业来说，一个建筑设计案要能起案、成案之后，才会需要生产工程图细节图样。所以， SketchUp 可以说是建筑师(或高级熟练人员)用的软件。当前就是以简单易学的 SketchUp 最为流行，连 AutoCAD 很多后续新增的 3D 功能都是模仿此软件。

所谓“建筑大型 3D CAD”，主要以国际知名的 ArchiCAD 为首。“大型”的意思就是指从 3D 建模、草图到施工图的功能都完备，一套软件可以应付建筑设计中的所有流程。这类软件当然是以国际级的软件为主，而 ArchiCAD 也有中文版。然而，ArchiCAD 并未在国内的市场上占有优势。原因是，对建筑专业而言，设计和工程图的生产是两种不同人员所组成的不同流程。对建筑设计来说，主要是由建筑师或是有能力做建筑设计的人员来负责，他们需要的是一套可以很快表达其建筑意念的软件，以争取设计案。所以，近年来才会有 SketchUp 这类专门应付建筑草图的软件出台。对建筑师来说，他们是设计者，但不是熟练的软件操作者，草图软件要快又简单易用，他们才有兴趣，这就是 SketchUp 的优势。而 ArchiCAD 为了后续可以将模型渲染成美观的效果图，所以建模的操作过程较为烦琐，除非本身有兴趣，一般设计师会有障碍。当案子拿下来后，就需要赶快生产工程图，所以就由很多的制图员来处理，为了成本和人力的取得，“天正”建筑系列显然要占有优势。同时，ArchiCAD 来自国外，国外的英制标准是他们本国的标准，自然没问题，但是要用来应付我国国内 GB 的建筑制图标准和惯用画法，就显得不内行！这是 ArchiCAD 的最大障碍。当前建筑业界的最佳组合应用，就是 SketchUp+天正建筑系列。

5.7.2 3D CAD 软件中的工程视图转换

在 5.7.1 小节中，我们谈到了各类的 CAD 软件，这些软件对当前的建筑设计制图应用与生产流程，已经起到了一定程度的变化和影响。也就是说，过去建筑 CAD 软件的应用重点一直放在工程图的生产上！而现在，由于独立简易的草图建模软件问世，以及年轻的建筑学子们都有基本的 CAD 操作素养，就很容易地结合设计，而将立体的 3D 模型拿来做更进一步的应用，如快速转换为剖面图、平面图和立面图等。这么一来，工程图的生产效率将大为提高。

本节将将详述其流程。

(1) 我们已经在图 5-42 中示范过如何在 SketchUp 中作几何视图(等轴测和透视)切换了！所以，学子们只要知道视图的原理就好，当前在实务上已经没有人会亲自去画透视图了(除非还在用手工画，完全不会用 3D CAD 软件)！不过，大家要注意：由于教育体系没有那么快跟上现实，所以“绘制透视图”仍然是各种专业考试中(如建筑设计或室内设计)或是正式图学课程的月考中，不可或缺的项目，学子们仍然要练习以手工方式来绘制透视图。因此，本章习题中还会提供这类的题目给大家参考。

(2) 在过去的建筑工程图的生产中，平面图、立面图和剖面图都是很费工的图样；尤其是剖面图，如果不是对建筑结构有深入的了解，一般的制图员是无法应付的。然而，如果建筑模型可以很快地创建起来，同时又可以随心所欲地将其转为工程图，那就很方便了！

SketchUp 就是可以达到这个目的的软件之一。如图 5-64 和图 5-65 所示，就是在 SketchUp 中将模型转为具有 AutoCAD dwg 格式的平面图或剖面图的图例。

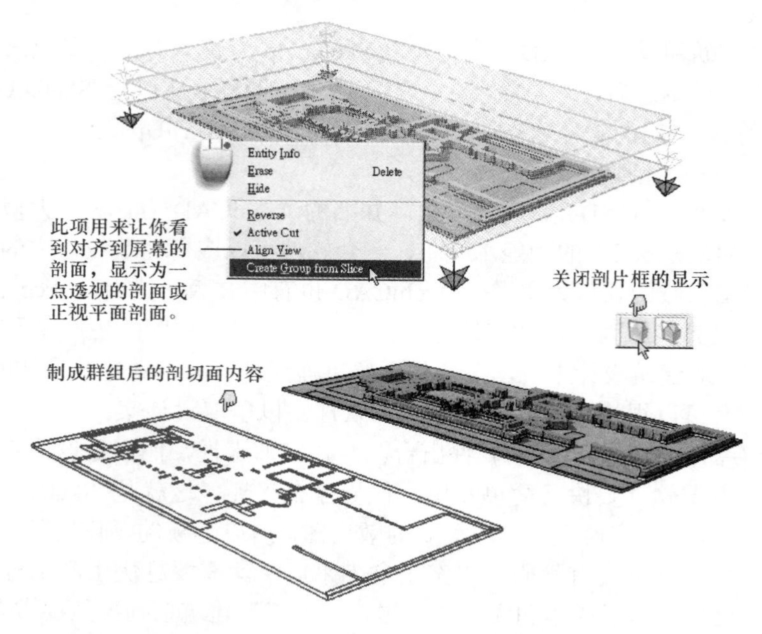

图 5-64　在 SketchUp 中将模型作剖切

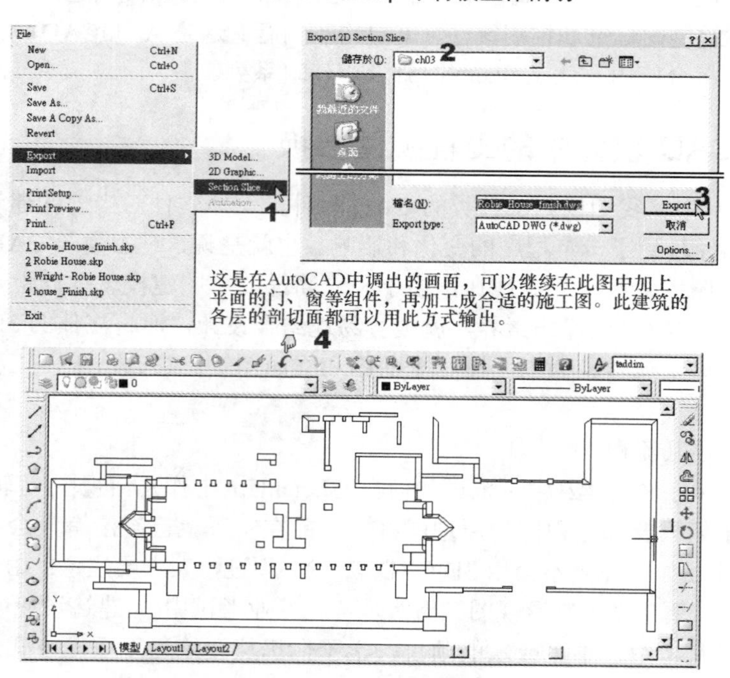

图 5-65　在 SketchUp 中将模型转为具有 AutoCAD dwg 格式的平面图或剖面图

(3)　转成 AutoCAD 的 dwg 格式以后，因为平面和剖面均已确认，而且又精确不会错，就可以开始作尺寸标注等后续工作。此举将大量降低生产工程图样的工作量。

通过以上的说明和图例演示后，相信用户应该清楚了解：有了立体模型后，很多可以根据它所创建的 2D 工程图，都可以在 3D CAD 软件中轻松得到。所以，如果你现在还年轻，AutoCAD 就不会是你的学习终点，而是起点；后续对 3D CAD 软件可以应用到什么程度，才是真正影响到工作效率的重点。

另外，对于建筑工程图样来说，只要能清楚地说明设计意图，在平面上加入更多立体的详图(尤其是大样详图)，也都是可以的。因为 3D CAD 软件能转的不只是平面图，将立体图转为 2D 的立体图也是基本的功能之一。

当你得知现在的建筑工程图生产模式后，势必会对图学这个学科中所要学习的内容轻重有所调整。主要的调整就是，3D CAD 软件能处理的，我们就主攻原理的了解；而应用到概念的几何问题，或是如尺寸标注这类的制图惯例，我们就要苦练实作。事实上，本书已经带领你调整了。这样，才能让你在 CAD 入门的初期，就能充分掌握正确的学习方向和内容，而不至于在无谓的内容上浪费太多时间。

学子们！在你详细阅读本节并体会后，当别人或是整个教育体系还在纠缠于传统和过去时，你已经和我们一起跟随产业现况的脉动，在选择性地学习了！或许在你学校的学科不一定有最高分，但是你一定能在专业中很快地找到合适你的位置！

习　题

一、是非题

1. 物体在灯光或阳光等光源的照射下，在地面或墙面上所出现的影子，就称为投影。此时，光源称为投射线，其平面称为投影面。而将物体的投影图样画在纸上，就称为“视图”。（　）

2. 在空间的一个点，假设其左右位置不加以考虑，如果已知其在水平投影面的上方、直立投影面的前方，那么此点必定落在第三象限。（　）

3. 包含一直线的平面可以有无数个。（　）

4. 空间的两点就可以来决定一条直线。（　）

5. 在空间中的两条直线如果有一个共点，那么我们就称这两条直线垂直。（　）

6. 两线的共点就称为这两条直线的“交点”。（　）

7. 凡是和侧投影面平行的直线就称为“侧平线”。（　）

8. 通过一已知点可画出无限多条直线和另一已知直线垂直，但只能作一条直线与另一已知直线垂直且相交。（　）

9. 当一平面和投影面平行时，这个平面在此投影面上的投影必为一直线。（　）

10. 当一已知直线和平面有一个共点时，我们就称此已知直线和此平面相交。（　）

11. 两平面的交线必为曲线，且只有一条。（　）

12. 通过一已知点可以画出一条平行于已知平面的直线。（　）

13. 通过一已知点，我们只能画出一条垂直于已知平面的直线。通过一已知点，也只能画出一个垂直于已知直线的平面。（　）

14. 通过一已知点来画出和一平面相交且垂直的直线，此交点称为“垂直点”。（　）

15. 一平面和其投影面重叠时，则此平面在该投影面上的显示就是该物体的实形。（　）

16. 一平面的投影为一直线，则此面必平行于该投影面。（　）

17. 投射线互相平行，且和投影面垂直之投影，称为正交。（　）

18. 第三角法是由英国最先开始使用，也是国际制图技能竞赛指定角法。（　）

19. 在一物体上，某些被挡住的部分，无法正面观察到时，这种线条就叫做“隐藏线”，以虚线表示。（　）

20. 视图的方位应尽量和加工摆放方向一致。（　）

21. 正交箱展开后，可得到六个视图。（　）

22. 如果前视图可用来表示物体的高和宽，则侧视图可表示物体的深和宽。（　）

23. 欲呈现物体的轮廓或形状等特性，通常都以前视图来表示。（　）

24. 运用局部视图可简化复杂视图中的线条，同时采用局部的右侧视图和左侧视图，就可以将物体的形状表达得更清楚。（　）

25. 物体的面在视图中，代表面的真实形状大小为单斜面或复斜面；代表面的缩小为

正垂面。 ( )

26. 当物体按照真实投影而使视图中的线条复杂而妨碍识图时，就可以将差距极小的两线忽略其一，而以单线表示。 ( )

27. 要同时表示对称物体的内部和外部形状，最好剖面方式是全剖面。 ( )

28. 当剖面线有转折时，其转折处在剖面图中应画出其分界线。 ( )

29. 为了解物体内部的形状，我们可以使用虚拟视图来表示。 ( )

30. 视图上的剖面线，是用来表示剖切的位置。 ( )

31. 一物体的剖视图，其剖面线间均需保持相同的间隔和方向。 ( )

32. 表示剖切位置的线称为剖面线。 ( )

33. 物体被剖切后，在剖面图中，实体部分必须加绘剖面线。 ( )

34. 在剖视图中，剖切面不能随着物体形状的需要而转折。 ( )

35. 剖切面线不能有圆弧方向的转折。 ( )

36. 物体内部仅有某一部分较复杂时，就可以采用局部剖面表示。 ( )

37. 装配图中的剖面线都可以省略。 ( )

38. 物体上有多个剖面时，应使用字母分别标示。 ( )

39. 以半剖视图表示的物体应为完全对称的物体。 ( )

40. 旋转视图为按投影原理直接投影的画法。 ( )

41. 一个立体图之所以会有立体的感觉，是因为它描绘了物体高、宽、深三个方向。 ( )

42. 所谓“等轴测线”就是和等轴测轴平行的直线，在等轴测线上作线长的量度，和在等轴测轴上所作线长的度量是完全相同的，所以在画等轴测图时，我们习惯按照物体的实长来直接量度。 ( )

43. 正方形的等轴测面，是绘成 60° 的平行四边形、长方形的等轴测面，则是绘成 60° 的菱形。 ( )

44. 在等轴测图中，等轴测圆弧是画成外接于 60° 平行四边形的椭圆或椭圆弧。 ( )

45. 所谓“装配图”就是“立体分解系统图”，俗称“爆炸图”。是在一张图纸上，按照物体装配的顺序，分别画出该物体各零件的立体图，各零件均需按同一种立体图的画法、同样的比例来绘制；此外，各零件的轴线也必须对齐，并尽量避免重叠。 ( )

46. 由于 3D CAD 软件的进步，现代的立体视图都可以直接在软件内转换，而不用再辛苦地画出。所以，只要了解原理即可，不用再将重点放在绘图的学习上。 ( )

47. 当我们见到物体高、宽、深三方向的投射线彼此不平行，但汇集中于一点的投影，就称这是“透视投影”。 ( )

48. 一点透视图又称为“成角透视图”，是高、宽、深三方向中有一个方向的线长和投影面平行时，所得到的透视图。 ( )

49. HL 又称地平面，它的位置和眼睛同高。 ( )

50. 当物体和视点间的距离固定不变时，投影面(视面)越远离视点，其投影就越小。 ( )

51. 在投影面(视面)和视点间的距离固定不变的情况下，物体越靠近视点，其投影就

越大。（ ）

52. 当物体在无穷远处时，其投影将缩为一点，我们称之为“消失点”。（ ）

53. 所谓“量度点”透视法就是：在透视投影状态中，当物体和投影面垂直时，不论视点位于何处，其垂直部分的投影即为物体真实形状。（ ）

二、选择题

1. 以下何者是正确的正垂视图和端视图定义？( )

A. 当直线垂直于投影面时，在此投影面上所得到的视图，就称为“正垂视图”。当直线平行于投影面时，在此投影面上所得到的视图，就称为“端视图”

B. 当直线和投影面呈 45° 时，在此投影面上所得到的视图，就称为“正垂视图”。当直线和投影面呈 15° 时，在此投影面上所得到的视图，就称为“端视图”

C. 当直线和投影面呈 45° 时，在此投影面上所得到的视图，就称为“正垂视图”。当直线和投影面呈 0° 时，在此投影面上所得到的视图，就称为“端视图”

D. 当直线平行于投影面时，在此投影面上所得到的视图，就称为“正垂视图”。当直线垂直于投影面时，在此投影面上所得到的视图，就称为“端视图”

2. 和直立投影面平行的直线，就称为( )。

A. 前平线　B. 水平线　C. 侧平线　D. 以上皆非

3. 和水平投影面平行的直线，就称为( )。

A. 前平线　B. 水平线　C. 侧平线　D. 以上皆非

4. 如果直线不垂直于主要投影面，那么其端视图就得由下述哪一个视图求得？( )

A. 前视图　B. 正垂视图　C. 侧视图　D. 上视图

5. 如果平面和投影面平行，那么平面上的任意点到此投影面间的距离将永远相等，且该平面在此投影面上的投影显示是为其实际图形。因此，当平面垂直于投影面时，在此投影面上所得的视图，就称为( )。

A. 前视图　B. 正垂视图　C. 侧视图　D. 边视图

6. 在水平投影面(HP)上方，直立投影面(VP)后方者，称为( )。

A. 第一象限　B. 第二象限　C. 第三象限　D. 第四象限

7. 以下叙述，何者为非？( )

A. 两平行线的连线就可以决定一平面

B. 两条平行线和已知平面的两交点连线，即为两平面的“共点”

C. 当两平面生成一共点时，我们就可以称这两平面相交

D. 以上皆非

8. 以下叙述，何者为真？( )

A. 通过一已知点可画出无限多个平行于已知直线的平面

B. 通过一已知点就只能画出一条平行于已知平面上的定直线

C. 在空间中，两不相交或不相平行的已知直线，能包含其中之一且平行于另一已知直线的平面就只有一个

D. 以上皆真

9. 所谓直线“斜度”，何者为真？( )

A. 表示直线旋转状况的角度值　　B. 表示直线拉伸状况的角度值
C. 表示直线倾斜状况的角度值　　D. 以上皆真

10. 所谓直线“坡度”，何者为真？(　　)
A. 表示直线倾斜状况的方位值　　B. 表示直线倾斜状况的百分比值
C. 表示直线倾斜状况的角度值　　D. 以上皆真

11. 所谓直线“方位”，何者为真？(　　)
A. 表示直线在地面上的方位值　　B. 表示直线倾斜状况的百分比值
C. 表示直线倾斜状况的角度值　　D. 以上皆真

12. 物体离投影面越远，所得的正交(　　)。
A. 越大　　B. 越小　　C. 不一定　　D. 大小不变

13. 在投影箱直立投影面上所得的投影视图称为(　　)。
A. 俯视图　　B. 侧视图　　C. 仰视图　　D. 前视图

14. 单纯且厚度相同的薄机件，一般惯用以几个视图表示？(　　)
A. 一个　　B. 两个　　C. 三个　　D. 四个

15. 如圆形、六边形、三角形等单纯柱体的对象，一般惯用以几个视图表示？(　　)
A. 一个　　B. 两个　　C. 三个　　D. 四个

16. 俯视图在前视图的上方者为(　　)。
A. 第一角法　　B. 第二角法　　C. 第三角法　　D. 第四角法

17. 第一角法的右侧视图位置是在前视图的(　　)。
A. 左方　　B. 右方　　C. 上方　　D. 下方

18. 当一圆盘物体上有等距且同大小的圆孔时，不论是三个、四个、五个等，只需在右侧视图中表示出对称的(　　)。
A. 一个　　B. 两个　　C. 三个　　D. 四个

19. 对于较长的物体，如果其间没有变化，就可将其没有变化的部分中断，以节省画图空间。这种视图称为(　　)。
A. 剖视图　　B. 剖面视图　　C. 截断视图　　D. 以上皆是

20. 下列哪一种线属于粗线？(　　)
A. 隐藏线　　B. 轮廓线　　C. 折断线　　D. 中心线

21. 在 AutoCAD 中，用来将线加粗的命令是(　　)。
A. 3DLINE　　B. LWEIGHT　　C. THICKNESS　　D. 以上皆可

22. 绘制视图时，只画要表达的某一部位，而省略或断裂其他部位的视图，称为(　　)。
A. 虚拟视图　　B. 旋转视图　　C. 局部视图　　D. 局部放大视图

23. 剖面线通常和水平线成(　　)。
A. 45°　　B. 90°　　C. 135°　　D. 270°

24. 对同一物体绘制多个剖视图时，各个剖面应(　　)。
A. 连续剖切　　B. 独立剖切　　C. 相互剖切　　D. 一半剖切

25. 局部剖视图中，剖面部分和未剖部分的界线应使用何种线条表示？(　　)
A. 细实线　　B. 细链线　　C. 粗实线　　D. 粗链线

26. 使用半剖面来表示对称物体的视图时，其内、外两边的分界线，应使用何种线

条表示？(　　)

A. 细实线　　B. 细链线　　C. 粗实线　　D. 粗链线

27. 局部剖面的折断线主要是用来控制剖面线的(　　)。

A. 伸长　　B. 缩短　　C. 加大　　D. 美观

28. 剖切面线上的箭头是用来表示(　　)。

A. 正对剖面的方向　　B. 剖切面的移动方向

C. 物体的移动方向　　D. 视图的投影方向

29. 半剖视图被切开处应绘以(　　)。

A. 实线　　B. 细链线　　C. 中心线　　D. 折断线

30. 表示物体内部的某部分，仅将该部分剖切，并以折断线分界者为(　　)。

A. 半剖面　　B. 折断剖面　　C. 移转剖面　　D. 局部剖面

31. 一内部构造复杂的物体，我们以何种视图来绘制是最合适的？(　　)

A. 辅助视图　　B. 三视图　　C. 剖视图　　D. 透视图

32. 有关剖切面线绘法的叙述，下列何者为非？(　　)

A. 两端和转折处为粗实线

B. 中间以细链线连接

C. 不可转折

D. 如有多个剖切面应以大写英文字母区别

33. 下述对多个剖视图的叙述，何者为非？(　　)

A. 可用来表现一内部复杂形状

B. 就是将物体作多个剖切面

C. 每一剖切面的视图剖切时应考虑对另一剖切面的影响

D. 每一剖切面位置均需分别标识以大写字母

34. 将物体和投影面不平行的部位旋转到和投影面平行，然后再投影绘出此部位的视图，我们称为(　　)。

A. 半剖视图　　B. 中断视图　　C. 旋转视图　　D. 局部视图

35. 在某视图中并不存在的特征，但为表现其形状和相关位置，而绘制出的视图，我们称为(　　)。

A. 局部放大视图　B. 旋转视图　　C. 局部视图　　D. 虚拟视图

36. 以下有关“立体正交”的叙述，何者为真？(　　)

A. 让六面体绕一垂直轴线旋转一小于 90° 的角度，则所得前视图中代表高、宽、深三方向的线长将落在三条不同的直线上，就有立体感。这就是“立体正交”

B. 让六面体绕一水平轴线旋转一小于 90° 的角度，则所得前视图中代表高、宽、深三方向的线长将落在三条不同的直线上，就有立体感。这就是“立体正交”

C. 让六面体绕 Z 轴线旋转一小于 90° 的角度，则所得前视图中代表高、宽、深三方向的线长将落在三条不同的直线上，就有立体感。这就是“立体正交”

D. 以上皆真

37. 所谓等轴测投影图，就是三条相交于一点的轴线，彼此间夹角为(　　)。

A. 45°　　B. 90°　　C. 120°　　D. 135°

38. 原来是90°的角度，在等轴测图中会被画成(　　)。

A. 45°　　B. 60°　　C. 90°　　D. 120°

39. 要在 AutoCAD 中让一条多段线段变成一条通过原线段顶点平滑的曲线，可以使用下述何者？(　　)

A. PEDIT 命令里的“拟合”(Fit Curve)选项

B. EDIT 命令里的“样条曲线”(Spline)选项

C. PEDIT 命令里的“曲线”(Curve)选项

D. 以上皆非

40. 以下有关“不等轴测图”的叙述，何者为非？(　　)

A. 假设立方体的每边长为 L，那么让其一面和投影面平行时，所得前视图必为每边长为 L 的正方形

B. 如果令其绕直立轴线旋转一小于90°而不等于45°的角度，那么所得前视图的高为 L，宽和深均缩短而不相等

C. 三轴上的单位线长有两边相等，而且任两轴间的夹角也相等

D. 以上皆非

41. 在 AutoCAD 的 ELLIPSE 命令中，于“等轴测圆”选项里，连续按哪一个键可以用来控制三种轴向的等轴测椭圆画出？(　　)

A. F1 键　　B. F5 键　　C. F7 键　　D. F8 键

42. 下述哪一种原因导致透视图被形容为效果最逼真的一种立体视图？(　　)

A. 和我们平常惯用的手工画图习惯完全相同

B. 和我们平常惯用的计算机画图习惯完全相同

C. 和我们平常用眼睛观察物体所得的图像完全相同

D. 以上皆是

43. 又称“倾斜透视图”的是哪一种透视图？(　　)

A. 一点透视图

B. 两点透视图

C. 三点透视图

D. 以上皆非

44. 下述何者是在选择透视图视点位置时，必须遵循的原则？(　　)

A. 视中心不能和物体中心偏离得太远

B. 视中心不能和物体中心靠得太近

C. 视角和俯角应在15°～25°

D. 视角和俯角应在20°～30°

45. 当物体和投影面(视面)间的距离固定不变，且物体在投影面之后时，视点越靠近投影面，其投影就(　　)。

A. 越小　　B. 越大　　C. 不变　　D. 以上皆非

46. 物体和投影面(视面)间的距离固定不变，且物体在投影面之前时，视点越靠近投影面，其投影就(　　)。

A. 越小　　B. 越大　　C. 不变　　D. 以上皆非

47. “成角透视”在哪个方向上会生成消失点？(　　)

A. 高度　　B. 深度　　C. 宽度　　D. 以上皆是

48. 当物体和投影面(视面)相重合时，不论视点远近，其重合部分的投影，即为(　　)。

A. 物体的真实大小的一半　　B. 物体的真实大小的一倍

C. 物体的真实大小的 1/4　　D. 物体的真实大小

49. 哪一种透视图又称“成角透视图”？(　　)

A. 一点透视图　　B. 两点透视图

C. 三点透视图　　D. 以上皆非

三、实作题

1. 试调用本书范例光盘中，(M)Samples(GB)\ch05 目录下的 05-Q01-01.dwg、05-Q01-01.dwg、05-Q01-01.dwg 三个文件，补绘下示三视图中缺乏或错误的线条：

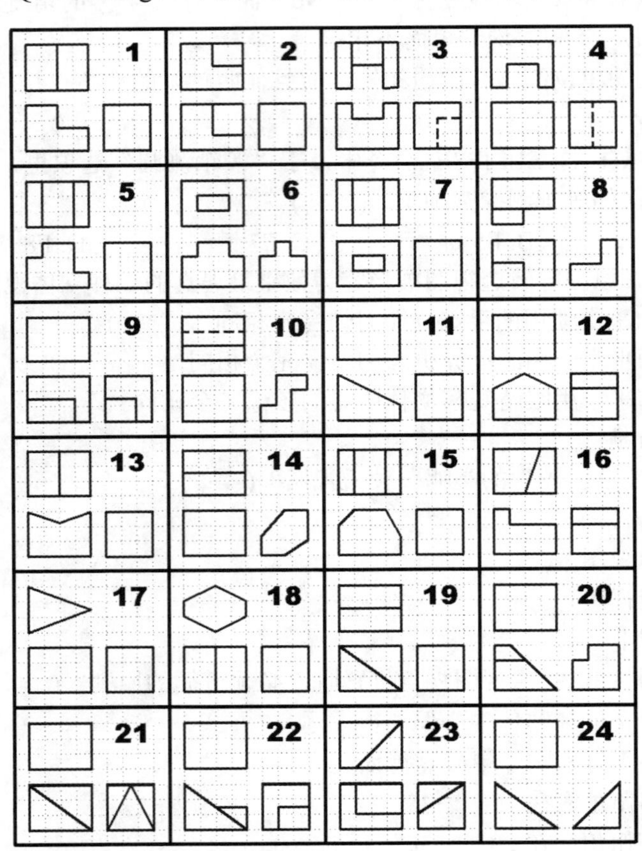

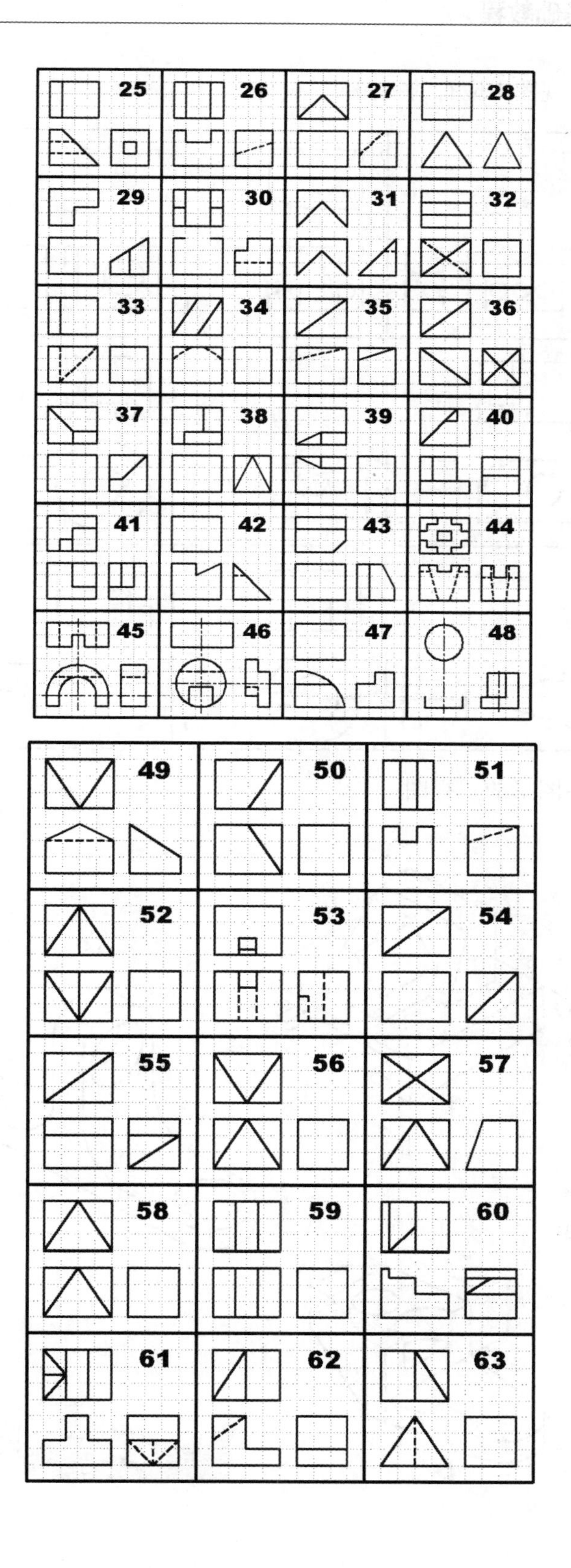
25
26
27
28
29
30
31
32
33
34
35
36
37
38
39
40
41
42
43
44
45
46
47
48
49
50
51
52
53
54
55
56
57
58
59
60
61
62
63

2. 补绘下列各视图中应有的视图：

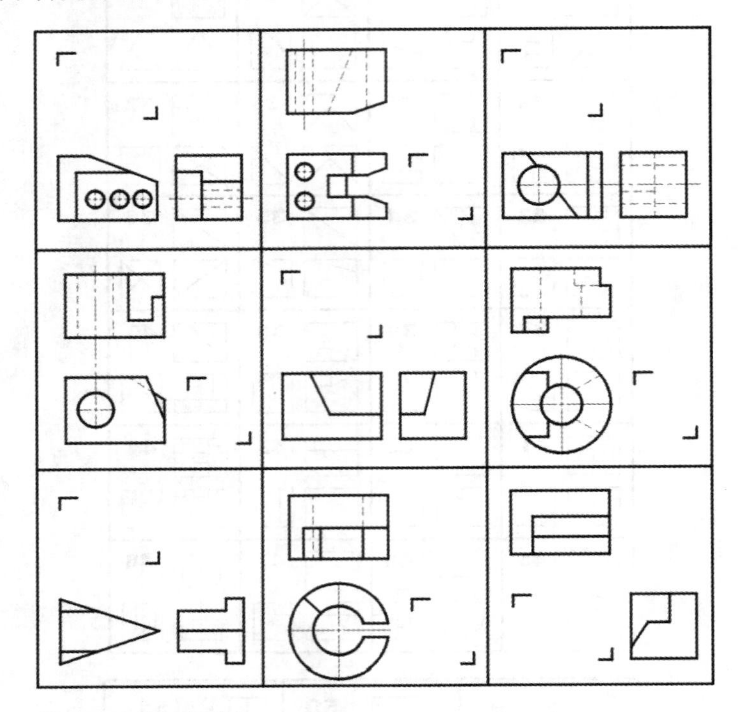

3. 绘出下列各图形的三视图：

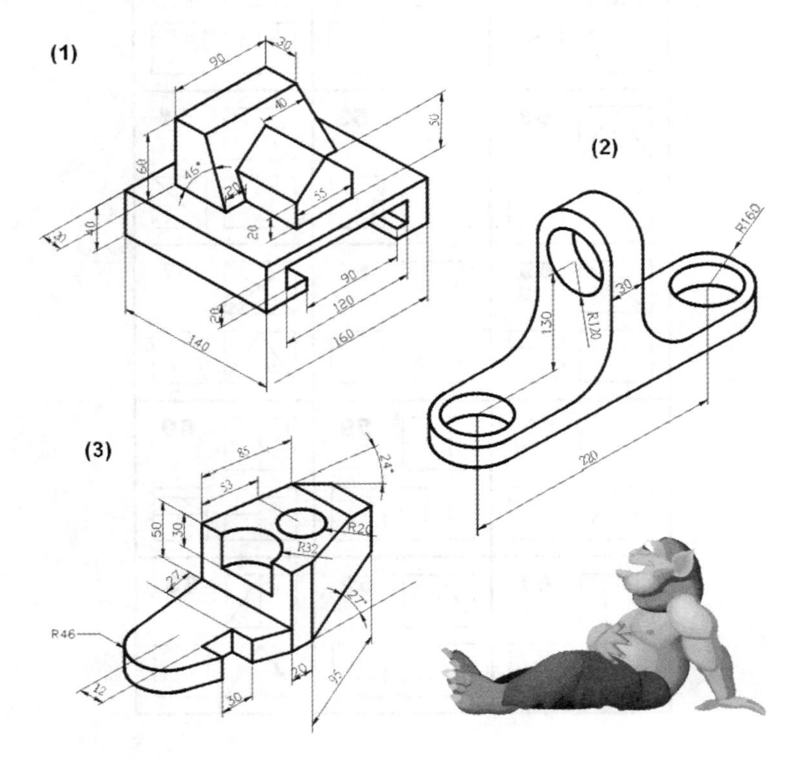

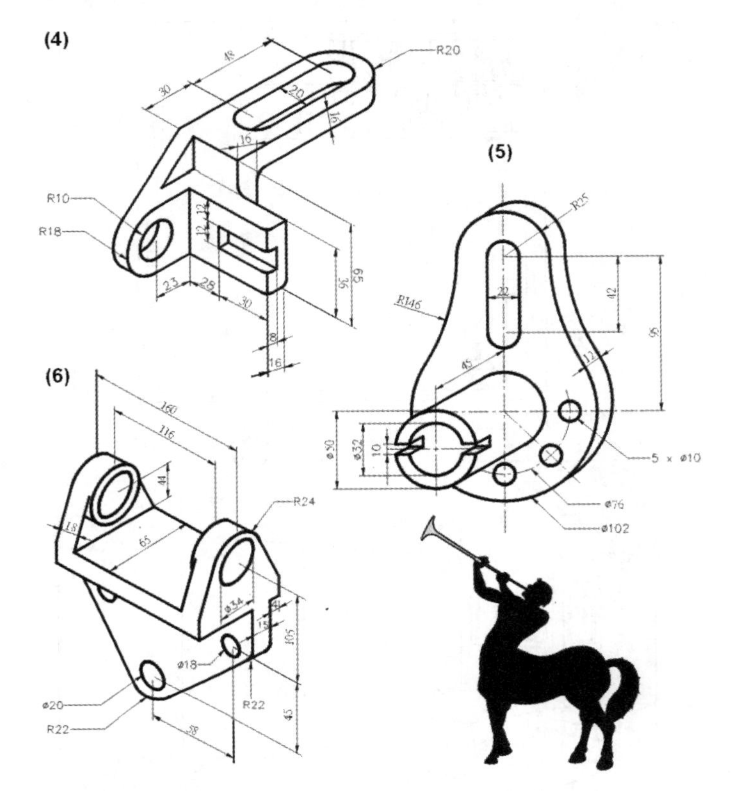

4. 以徒手画方式或 AutoCAD 来画出该物体的透视图：

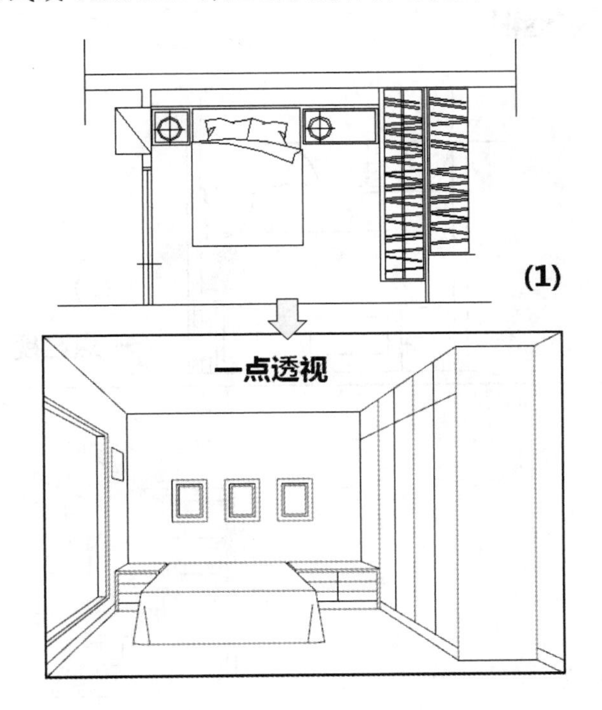

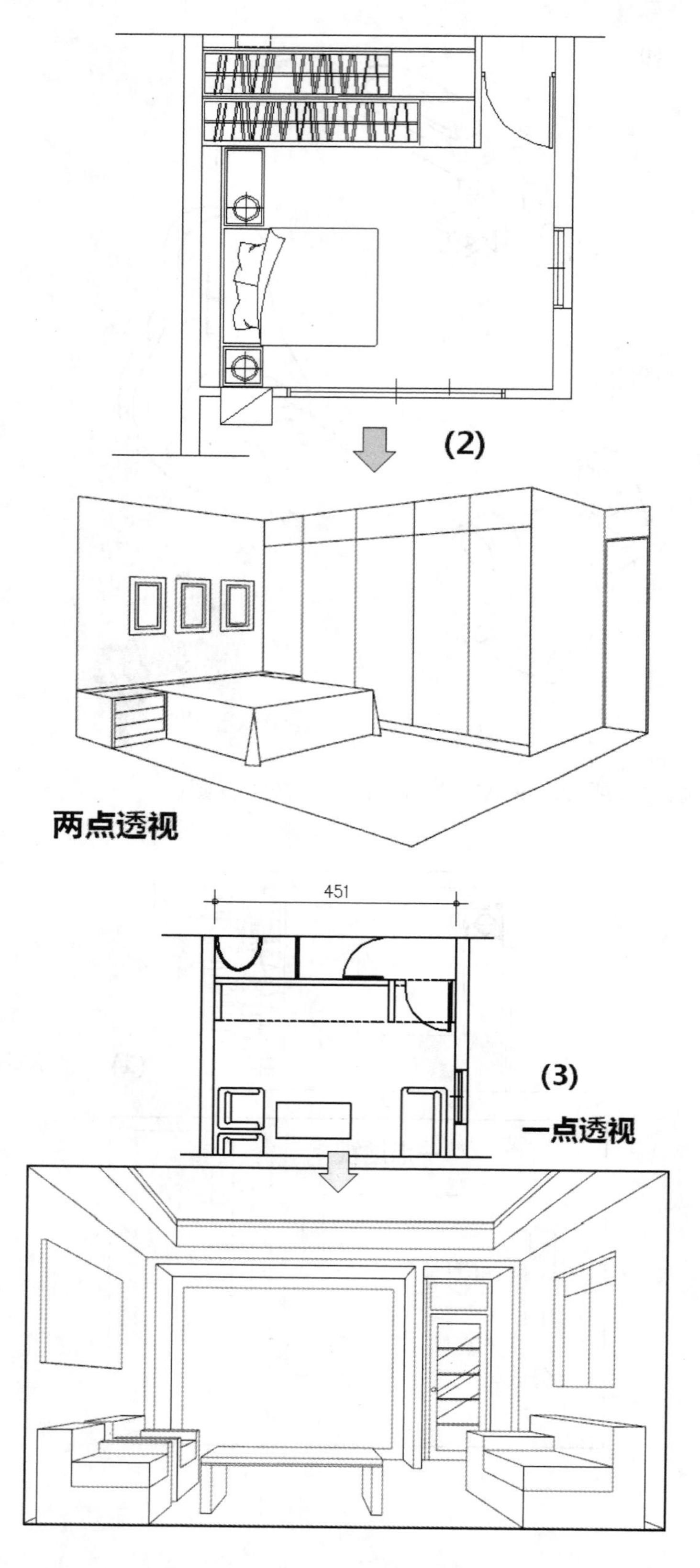
(2)
两点透视
451
(3)
一点透视

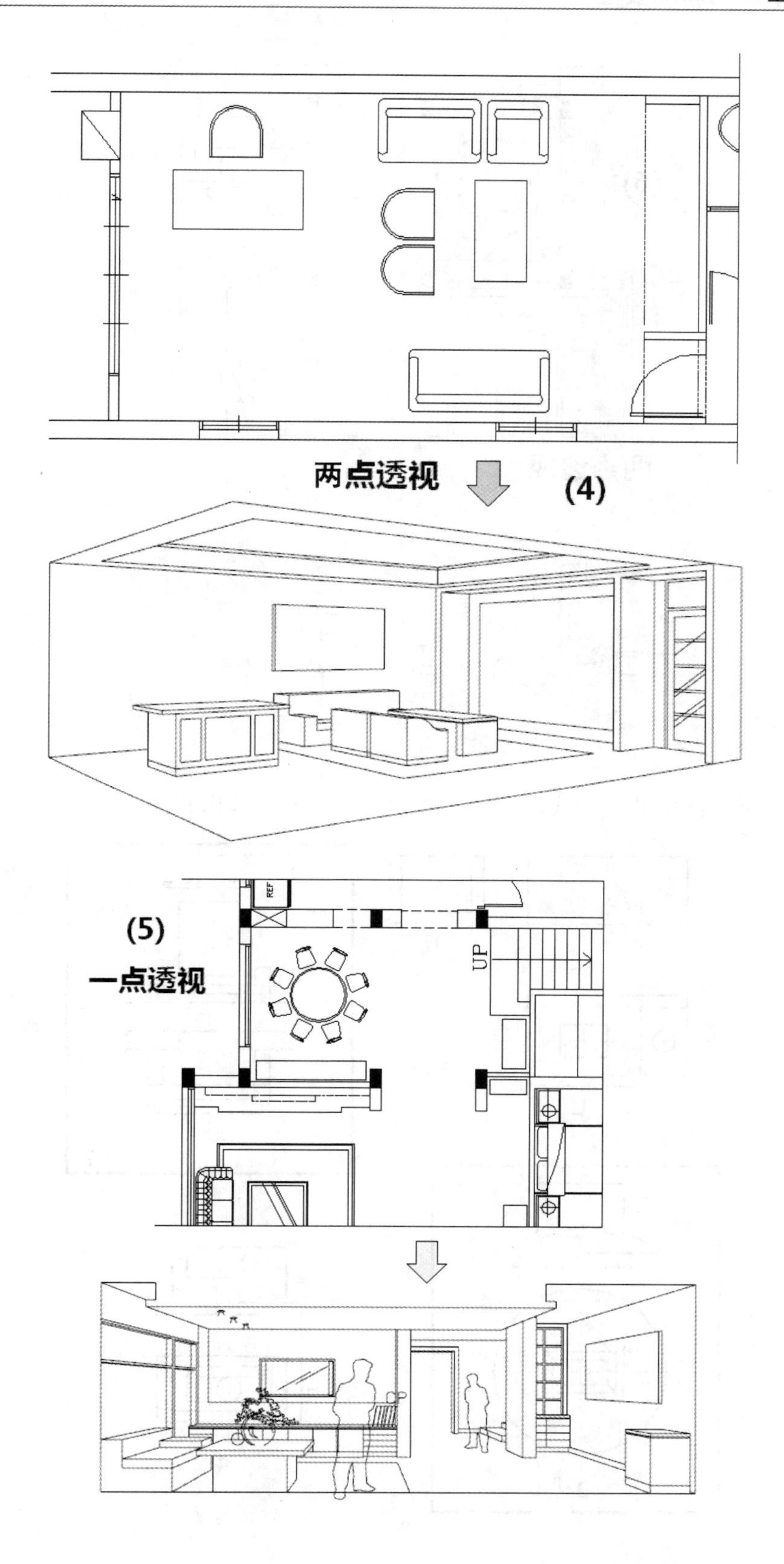
两点透视
(4)
(5)
一点透视
REF
UP

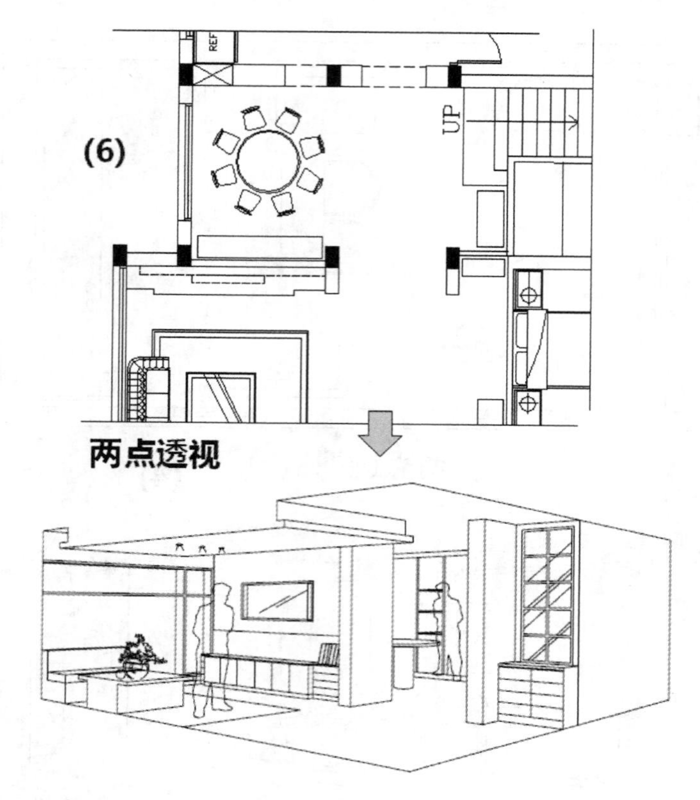

5. 按照下示图中的剖切线，以手工或 AutoCAD 来画出其剖视图。

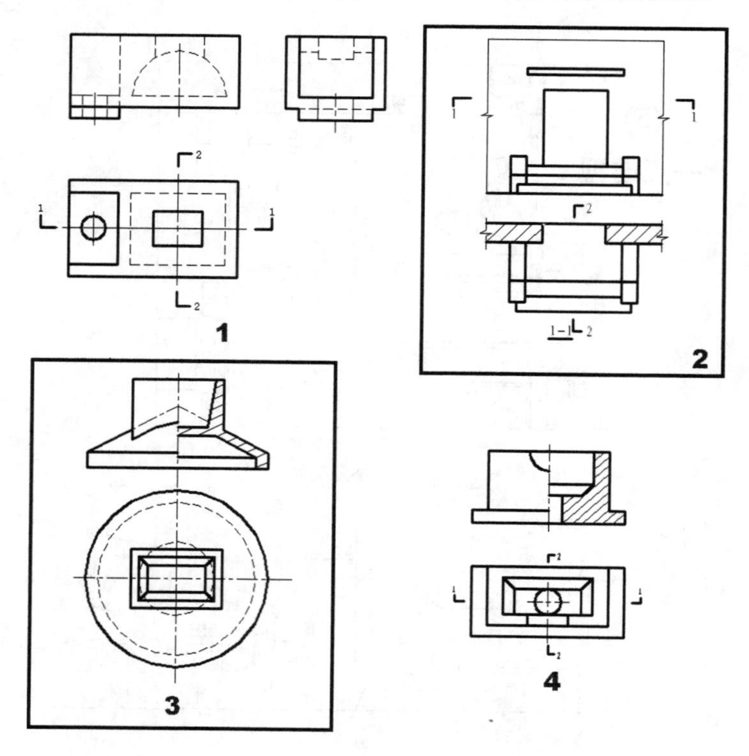

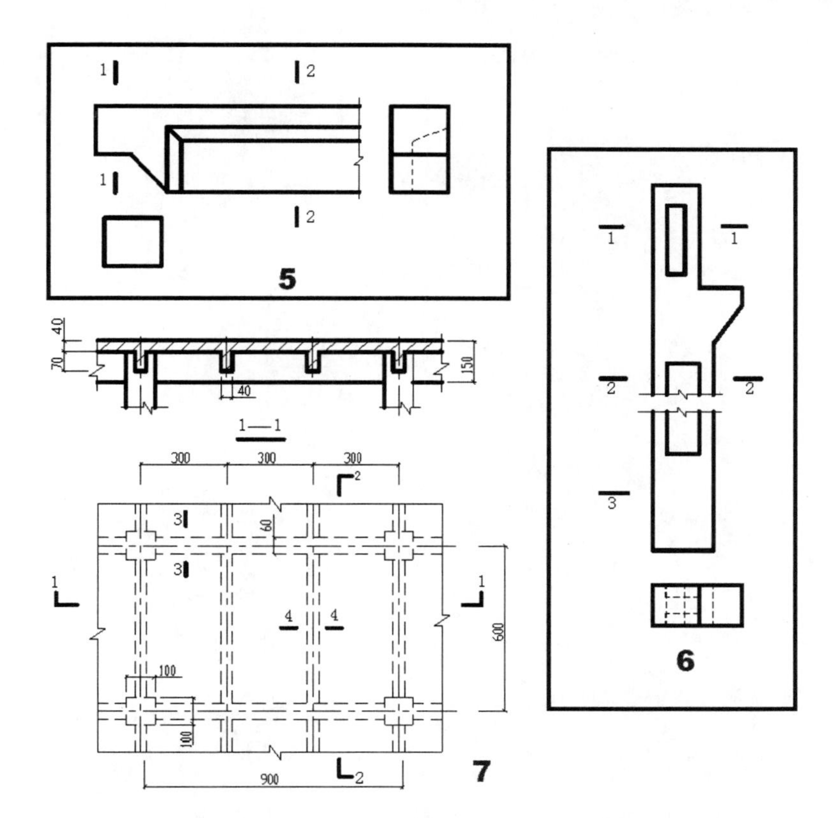

6. 由于现代 CAD(含 3D CAD)软件的进步，在几何视图方面，对我们的学习有什么影响？

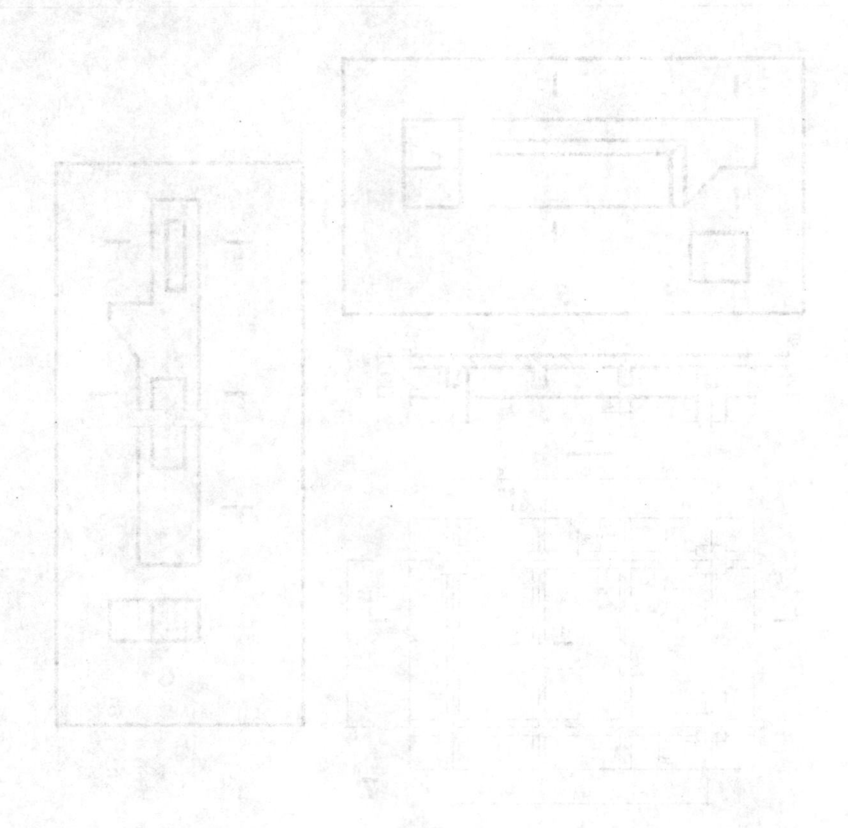

第 2 篇

建筑制图篇

第 6 章

认识建筑制图标准

从本章开始进入本书的第二篇，我们也要从几何画图进入建筑制图的领域。

对 AutoCAD 来说，本章的常识和制作图框样板文件有关；对 3D CAD 软件或其他的建筑专业 CAD 软件来说，本章的常识可用于设置制图标准。

了解制图标准的规定，有助于绘出一张符合专业要求的工程图面。

6.1 概 述

在学习了基本的图学课程后，下面将进入建筑专业的制图课程。在图学的课程中，我们已经掌握了配合计算机绘图软件来画图的技巧和经验。换句话说，只有拥有图学的基础几何构图概念，再配合使用方便准确的计算机绘图，才是正确的绘图方法。

然而，每一个专业都有其制图惯例与规则，以让大家看得懂建筑工程图样。因此，从本章开始，将介绍在能画图的情况下，如何才能绘出一张符合专业要求的建筑工程图样。

6.2 国家制图标准

所谓“国家制图标准”就是一个国家为了国内的各种专业所制定的各种制图规则。这个规则不但考虑到本国的习惯和国情，同时也顾及到国际惯例，从而使其在现在这个处处讲求要与国际接轨的专业领域里取得更多的共同点。在建筑制图方面的国家标准有以下几个。

1. 图纸幅面和格式标准(GB/T 14689—1993)

为了方便图形的绘制、使用和管理，GR/T 14689—1993 标准对图纸幅面和格式做出了规定。图纸幅面分为 A0、A1、A2、A3 和 A4 5 种基本幅面，且在必要时，还允许采用 GB/T 14689—1993 所规定的加长幅面。GB 是“国标”汉语拼音的第一个字母的简写，T 则是推荐执行的意思，14689 为该标准编号，1993 则指该标准是在 1993 年颁布的(下同)。有关图纸幅面的第一选择基本幅面规定如图 6-1 所示。

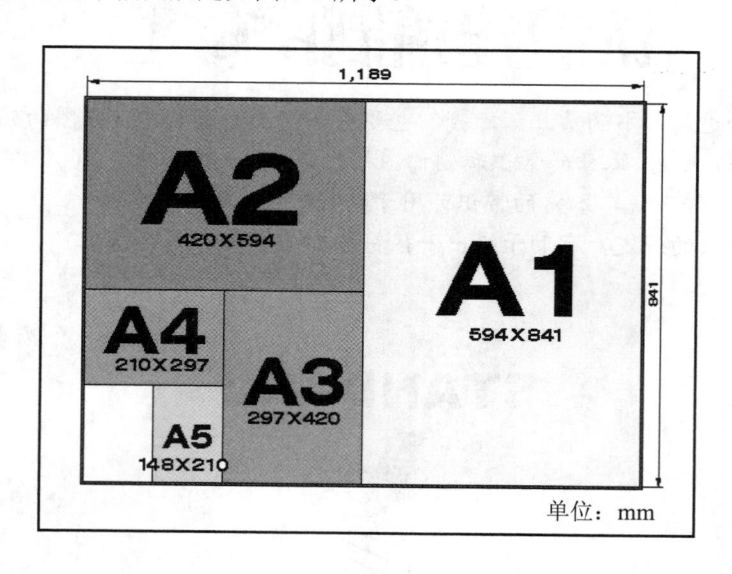

图 6-1 图纸幅面标准

表 6-1 表示第二选择和第三选择的基本幅面规定。

表 6-1　其他图纸基本幅面规定

基本幅面选择	幅面代号	宽度×长度(B×L)
第二选择	A3 × 3	420 × 891
	A3 × 4	420 × 1189
	A4 × 3	297 × 630
	A4 × 4	297 × 841
	A4 × 5	297 × 1051
第三选择的加长幅面	A0 × 2	1189 × 1682
	A0 × 3	1189 × 2523
	A1 × 3	841 × 1783
	A1 × 4	841 × 2378
	A2 × 3	594 × 1261
	A2 × 4	594 × 1682
	A2 × 5	594 × 2102
	A3 × 5	420 × 1486
	A3 × 6	420 × 1783
	A3 × 7	420 × 2080
	A4 × 6	297 × 1261
	A4 × 7	297 × 1471
	A4 × 8	297 × 1682
	A4 × 9	297 × 1892

在图框方面，图框将使用粗实线绘制，且分为“图框线”(内框)和“纸边界框”(外框)两种。根据实际需要，又有“装订边”和“无装订边”之分，如图 6-2 所示。

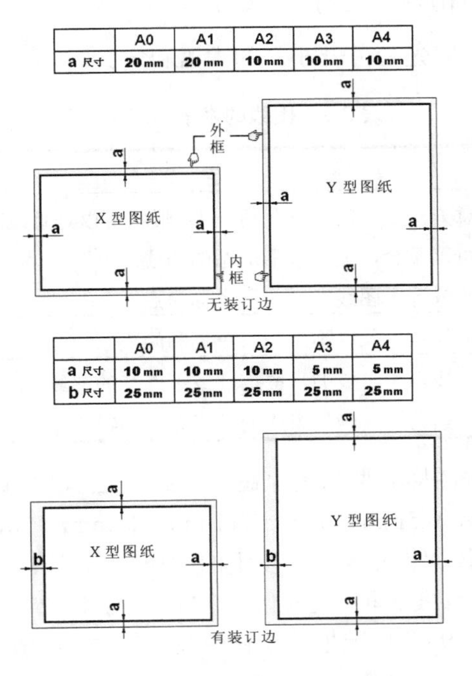

图 6-2　图纸内外框和装订边的尺寸关系图

2. 标题栏格式标准(GB/T 10609.1～10609.2—1989)

GB/T10609.1～10609.2—1989 标准所规定的标题栏规格和位置，如图 6-3 所示。

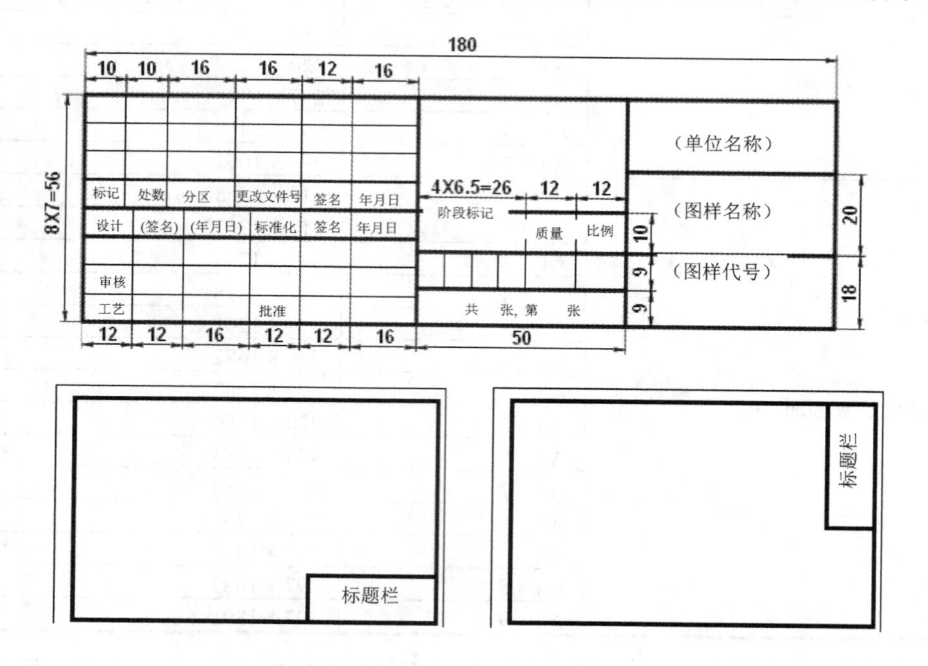

图 6-3 GB/T 10609.6—1989 所规定的标题栏格式标准

3. 图线格式标准(GBJ 104—1987)

要了解图线格式标准，应先参考表 6-2 的术语和定义。

表 6-2 图线的术语和定义

术 语	定 义
图线	起点和终点间以任意方式连接的一种几何图形，形状可以是直线或曲线，连续线或不连续线。 注：①起点和终点可以重合，如一条形成圆的图线。 ②图线长度小于或等于图线宽度的一半称为点
线素	不连续的独立部分，如点、长度不同的长短划和间隔
線段	一个或一个以上不同线素所组成的一段连续或不连续的图线。如实线的线段或由“长划、短间隔、点、短间隔、点、短间隔”组成的双点划线的线段

所有图线的宽度(b)应按图样类型和尺寸在下列数系(公式比为 1∶$\sqrt{2}$)中选择：0.13mm、0.18mm、0.25mm、0.35mm、0.5mm、0.7mm、1mm、1.4mm、2mm。由于图样复制中存在的困难，应尽可能避免采用线宽 0.18 mm 以下的图线。

图线分粗线、中粗线和细线 3 种。它们的宽度比率为 4∶2∶1。在绘制建筑图线方面，本书建议采用表 GBJ 104—1987 标准里的 9 种图线，如表 6-3 所示。

表 6-3　建筑图线标准

名　称	线　型	图线宽度	用途说明
粗实线		b	平面图、剖视图中，被剖切的主要建筑构造(包括构配件)的轮廓线。 建筑立面图的外轮廓线。 建筑构造详图中，被剖切主要部分的轮廓线。 建筑构配件详图中，构配件的外轮廓线
中实线		b/2	平面图、剖视图中，被剖切的次要建筑构造(包括构配件)的轮廓线。 建筑平面图、立面图、剖视图中建筑构配件的轮廓线。 建筑构造详图和建筑构配件详图中的一般轮廓线
细实线		b/4	小于 b/2 的图形线、尺寸线、尺寸界线、图例线 、索引符号和标高符号等
中虚线		约 b/2	建筑构造和建筑构配件中不可见的轮廓线。 平面图中的起重机轮廓线。 拟扩建的建筑物轮廓线
细虚线		b/4	图例线，小于 b/2 的不可见轮廓线
粗点划线		b	起重机轨道线
细点划线		b/4	中心线、对称线和定位轴线
断裂线		b/4	不需画全的断开界线
波浪线		b/4	不需画全的断开界线、构造层次的断开界线

注：① 粗实线宽度需视图形的大小和复杂度而定。图形大又简单时，b 可取大；图形小或复杂时，b 可取小。

② 在同一张图样上的同类图线线宽应基本一致，并保持线型均匀、光滑、深浅一致。

4. 字体格式标准(GB/T 14696—1993)

基本要求如下。

(1) 图样中书写的字体必须做到字体工整、笔画清楚、间隔均匀、排列整齐。

(2) 字体高度 h 的公称尺寸系列为 1.8mm、2.5mm、3.5mm、5mm、7mm、10mm、14mm 和 20mm。如需要书写更大的字，其字体高度应按 $\sqrt{2}$ 的比率递增。

(3) 汉字应写成长仿宋体，并应采用国家正式公布推行的简化字。汉字的高度 h 不应小于 3.5mm，其字宽一般为 $h\sqrt{2}$ 。

(4) 字母和数字可写成斜体和直体。斜体字头应向右倾斜，并与水平基准线成 75°。

斜体字有以下几种应用场合。

① 图样中的字体，如尺寸数字、视图名称、公差数值、基准符号、参数代号，各种结构要素代号，尺寸和角度符号、物理量的符号等。

② 技术文件中的上述内容。

③ 用物理量符号作为下角标时，下角标用斜体，如比定压热容 C_P 等。

正体字有以下几种应用场合。

① 计量单位符号，如 A(安培)、N(牛顿)、m(米)等。

② 单位词头，如克(10^3，千)、m(10^{-3}，毫)、M(10^6，兆)等。

③ 化学符号，如 C(碳)、N(氮)、Fe(铁)、H_2SO_4(硫酸)等。

④ 产品型号，如 TR5-1 等。

⑤ 图幅分区代号。

⑥ 除物理量符号以外的下标，如相对摩擦系数μ、标准重力加速度 g 等。

⑦ 数学符号如 sin、cos、lim、ln 等。

(5) 字母和数字分 A 型和 B 型。A 型字体的笔画宽度(d)为字高(h)的 l/14；B 型字体的笔画宽度(d)为字高(h)的 l/10。

(6) 用作指数、分数、极限偏差、注脚等的数字和字母。一般应采用小一号的字体。

(7) 汉字、拉丁字母、希腊字母、阿拉伯数字和罗马数字等组合书写时，其排列格式尺寸比例如图 6-4 所示。

图 6-4 组合字体的格式

图 6-4 所规定的间距如表 6-4 所示。

表 6-4 组合字体的间距比例

书写格式		基本比例	
		A 型字体	B 型字体
大写字母宽度	h	(14/14)h	(10/10)h
小写字母宽度	c_1	(10/14)h	(7/10)h
小写字母伸出尾部	c_2	(4/14)h	(3/10)h
小写字母伸出头部	c_3	(4/14)h	(3/10)h
发音符号范围	f	(5/14)h	(4/10)h

续表

书写格式		基本比例	
		A 型字体	B 型字体
字母间间距	a	(2/14)h	(2/10)h
基准线最小间距(有发音符号)	B_1	(25/14)h	(19/10)h
基准线最小间距(无发音符号)	B_2	(21/14)h	(15/10)h
基准线最小间距(仅有大写字母)	B_3	(17/14)h	(13/10)h
词间距	e	(6/14)h	(6/10)h
笔画宽度	d	(1/14)h	(1/10)h

CAD 制图中字体的要求如下。

① 汉字一般用正体输出，字母和数字一般以斜体输出。

② 以小数点进行输出时，应占一个字位，并位于中间靠下处。

③ 标点符号除省略号和破折号为两个字位，其余均为一个符号一个字位。

④ 字体高度 h 与图纸幅面之间的选用关系，如表 6-5 所示。

表 6-5 CAD 制图中的字高和图幅间的关系

图幅 字体高度(h)	A0	A1	A2	A3	A4
汉字	5mm		3.5mm		
字母和数字					

⑤ 字体的最小字(词)距、行距以及间隔或基准线与字体之间的最小距离，如表 6-6 所示。

表 6-6 CAD 制图中字距、行距等的最小距离

字　体	最小距离	
汉字	最小字距	1.5mm
	最小行距	2mm
	最小间隔线或基准线与汉字的间距	1mm
字母和数字	最小字距	0.5mm
	最小词距	1.5mm
	最小行距	1mm
	最小间隔线或基准与字母、数字的间距	1mm

5. 尺寸法标准(GB/T 4458.4—1984)

尺寸法标准将与本书第 9 章相结合，具体内容参考第 9 章的内容。

6. 制图比例标准(GB/T 14690—1993)

图形上的比例是指图中图形和其实物要素的线性尺寸比。比例符号为“：”，例如，5：1。前一项为图上尺寸，后一项为实际尺寸。比例一般需标注在标题栏内，必要时也可标注在图形下方或右侧。比例不是随意选取的，需按照图 6-5 所示的规定选取。

种类	比例		
原值比例	1:1		
放大比例	5:1 $5x10^{n}:1$	2:1 $2x10^{n}:1$	$1x10^{n}:1$
缩小比例	1:2 $1:2x10^{n}$	1:5 $1:5x10^{n}$	1:10 $1:1x10^{n}$

注：n 为正整数

优先采用的比例

种类	比例
缩小比例	4:1　　2.5:1 $4x10^{n}:1$　　$2.5x10^{n}:1$
放大比例	1:1.5 1:2.5 1:3 1:4 1:6 $1:1.5x10^{n}$　　$1:2.5x10^{n}$ $1:3x10^{n}$　　$1:4x10^{n}$　　$1:6x10^{n}$

注：n 为正整数

必要时允许选取的比例

图 6-5　制图比例的选取标准

比例标注原则如下。

(1) 比例的符号应以“：”表示。比例的表示方法如 1：1、1：5、2：1 等。

(2) 绘制同一机件的各个视图时，应尽可能采用相同的比例，以利绘图和视图。

(3) 比例一般应标注在标题栏中的比例栏内。必要时，可在视图名称下方或右侧标注比例。如

$$\frac{\text{A向}}{1:2}\quad \frac{\text{B}-\text{B}}{2:1}\quad \frac{\text{I}}{5:1}\quad \text{D向}\,2:1$$

所以，只有根据国家制图标准设计绘图，才能画出国内和国际业界都认可的图形。同时可以将这些标准融入图框模板文件，以供在计算机绘图时使用。

6.3　现代建筑制图的基本概念

虽然计算机绘图的设计概念源于手工绘图，但也要充分利用计算机快速处理和存储的优势。因此，AutoCAD 的初学者运用计算机绘图工具来绘制建筑图时，必须先具备以下概念。

1. 要使用符合国家绘图标准的图框模板文件

手工绘图使用的是图纸，在使用前需选择一张合适大小的图纸，将它平铺在制图桌上，这是一个很正常的过程。但对于使用 AutoCAD 进行绘图的初学者来说，有时却会忘了这个过程，当进入 AutoCAD 时，以为“绘图区”就是图纸，即开始绘图。这是错误的，没有任何图框的 AutoCAD，充其量也就是手工绘图中的制图桌而已。AutoCAD 的图框模板文件就

是为手工制图的这个过程而设计的。在本书第 2 章中已为读者说明使用这类文件的方法。利用这个文件，读者可以在制图前选用各种尺寸的图框，同时也可将很多与计算机绘图有关的绘图环境参数储存在这个文件中。虽然 AutoCAD 也提供了很多世界标准的图框模板文件，但是除了 ISO 国际标准的英文图框以外，还需根据国家标准设计符合本土需求的图框模板文件。所以，图框模板文件是一个很重要的绘图概念，它代表的不仅是手工绘图的概念继承，同时也是绘图革命的创新。

2. 比例

有了图框后，读者还必须拥有比例的概念。多大比例的图可以匹配多大的图框，这一点经常被一般初学者所忽略。一般初学者通常在绘图之后，才去衡量需要多大的图框，如果不合适就“削足适履”，这是不正确的做法，导致在出图后，测量结果的尺寸不正确。所以，一定要清楚比例的问题，这样在计算机绘图时，可以节省不少的宝贵时间。

3. 任何单位都可以用在 AutoCAD 中，因为 CAD 的单位都是“绘图单位”

任何单位都可以应用到计算机辅助软件中，因为单位只是数字的转换问题，因此，CAD 中的单位就称为“绘图单位”。至于这个“绘图单位”是 mm 还是 cm，则需根据操作者而定。然而，这却是一般初学者最难搞清楚的。有鉴于此，AutoCAD 就在读者一进入绘图时，即出现一个初始窗口，提醒读者在进入时是选择公制单位还是英制单位。公制单位可以是 mm 或 cm，如果读者使用的主要单位是 mm，则 1mm 就等于 1 个“绘图单位”；如果以 cm 为单位，那么就要使 10mm 变为 1 个“绘图单位”。

4. 图层

在本书中，计算机绘图特有的图层将要正式应用到绘图中。首先，会在图框模板文件中建立应有的图层，但图层应用的困难是：并不是所有的操作者都会将所画的图形按照其属性的不同“分发”到各自的图层上，从而造成图形后续的编辑效率偏低。要解决此问题，读者应有正确的图层应用概念。这些已在本书第 3 章中讲过。

5. 要有应用块的概念

块就是在计算机绘图中，用来替代手工标准零件绘图的功能。这个应用很容易被初学者接受，因为它提高了效率。在实际操作中，要尽量多地建立该类的专业图形库，建得越多，可以使用的标准块就越多，绘图效率就会越高。这些已在本书第 3 章中讲过。

6. 正确的计算机出图概念

由于缺少经验，计算机绘图的初学者一般对出图都比较陌生。初学者需要了解 AutoCAD 出图操作的重点：

(1) 根据颜色设置出图笔宽。

(2) 按照绘图的比例并经合适缩放后出图。

(3) 出图时要知道出图原点的设置。

(4) 出图时要养成预览的习惯。

这些已在本书第 2 章中讲过。

6.4 专业软件资源的使用

在我们过去写的书中，都会教你如何来制作图框样板文件。但是在本书中，只是教你如何来使用图框样板文件。而一个标准图框样板文件，必须将本章所述的制图标准融入到里面。

在本书中，我们强调的是：如果有更专业的软件资源可用，那就学会用这些资源。凡是能应付建筑专业的CAD软件，都会将整个绘图环境规划好！操作者不必担心在这样的环境下，会画出不符合制图标准的图形来(尤其在尺寸标注方面)。如图6-6所示，就是在“天正”建筑软件中，指定图框样板文件的操作。

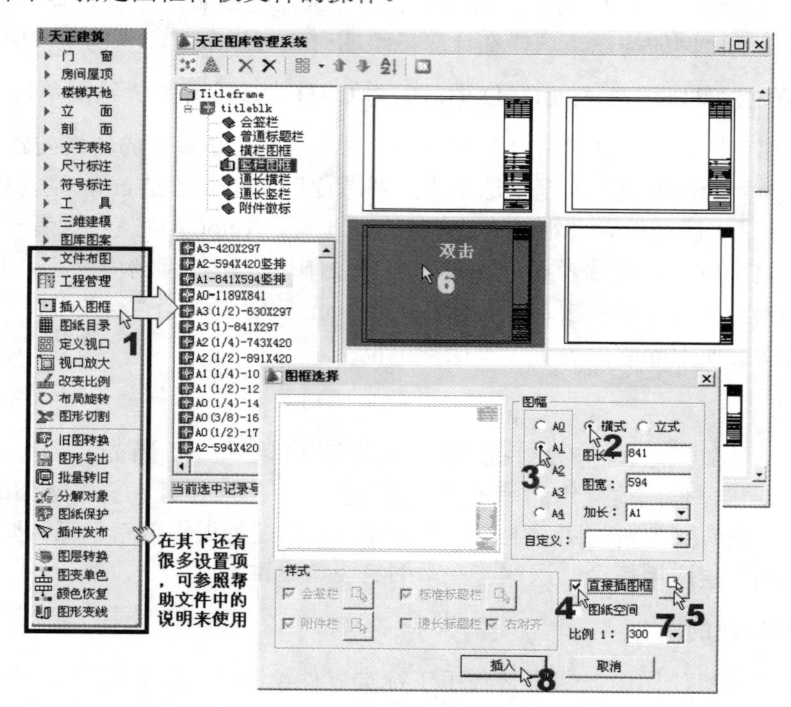

图6-6 “天正”建筑软件中的图框样板文件

本节的用意在提醒你，当选择到合适的软件时，有很多软件里自定义的功能细节就不一定要去学，以方便你将更多的心力放在专业的技能学习上。

有关“天正”建筑软件的信息，可以参考本工作室在清华大学出版社出版的《AutoCAD 2011+天正建筑工程制图和界面设计基础》一书。

习　　题

一、是非题

1. 在有装订边的情况下，A2 图纸的装订边宽度为 20mm。（　　）
2. 计算机画图是通过系统设置的方法来自动调用图框。（　　）
3. 在建筑专业的 CAD 软件中，都会提供整套的国家标准绘图环境来供用户选择。这个绘图环境主要就是图框、尺寸标注等。（　　）
4. 在 AutoCAD 画图中，正确的画图流程是先画图再放图框。（　　）
5. 在 AutoCAD 中，块具有替代手工标准零件绘制的功能。（　　）

二、选择题

1. 在 GB/T 17450—1998 这样的国家制图标准编号中，字母 T 代表什么意思？（　　）

   A. 标准编号开头　　B. 推荐执行

   C. 并行标准　　D. 以上皆非

2. 以下何者是 A1 图纸的长宽标准规格？（　　）

   A. 841 × 1189　　B. 420 × 594　　C. 594 × 841　　D. 以上皆非

3. 所谓“绘图单位”就是(　　)。

   A. 用于 CAD 中的单位

   B. 在同系单位下，只是数字的转换

   C. 以 AutoCAD 的默认值来说，1mm 就等于 1“绘图单位”

   D. 以上皆非

4. 下述哪一项是“图框样板文件”的内容？（　　）

   A. 图框

   B. 图层、线型与尺寸标注形式等设置

   C. 比例与旋转方向

   D. 单位与使用文字样式设置

三、实作题

1. 说明为什么要使用更专业的 CAD 软件。
2. 试述现代建筑制图应具备的基本概念。

第7章

建筑工程图概论

图学是各专业共通的，而各专业的工程图都有长久以来各自发展的制图惯例和标准。因此，在进入专业的制图学习之前，要先了解建筑设计制图专业的工程图内容。

本章将为您介绍建筑工程图的种类和内容。

7.1 建筑工程图的定义

建筑工程图就是供建筑营建所需的全部图样资料。一套完整的建筑工程图应包含以下各项。

(1) 图样：说明建筑物(或相关系统)各部位形状的全图。

(2) 尺寸：说明建筑物(或相关系统)各部位的尺寸数字。

(3) 注解：用以规定材料、处理方式或加工方法等细节的说明。

(4) 图框和标题栏：每张图都应配合尺寸，有合适的图框和说明性标题。如图名、图号、机构名称、设计者、制图者、比例、日期等。

(5) 材料表(如窗表、门表等)或各种计算表(如面积计算表等)。

7.2 建筑工程图的分类

若按照性质来对建筑工程图作分类，将分以下 4 种类别。

(1) 构想图(Idea Drawing)。就是建筑师在接案初期，为表现其设计作品的初步构想或意念而绘出的图样。这类图样一般均为徒手画的草图，还需经诸多修正后，才能定案，如图 7-1 所示。

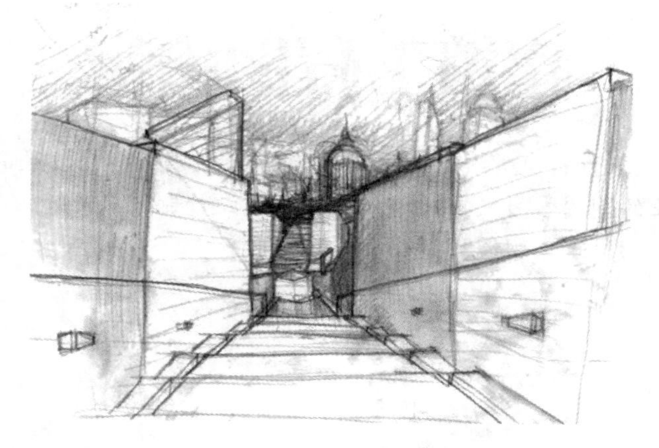

图 7-1　构想图

(2) 设计草图(Design Sketch)。比构想图进一步的徒手画草图，也可说是经修正过的构想图，如图 7-2 所示。

(3) 设计图(Design Drawing)。将条件和需要通过周密考虑分析后，作成最佳安排，并将其构想以图形具体表现所绘制的图形。一般可分为以下两种：

- 用以表示设计者构想的图样。
- 设计工作可借以完成的图样。

(4) 施工图(Working Drawing)。为了顺利施工或发包而绘制的图样。通常必须按照正确的比例，使用精确的器具(如计算机 CAD 软件)来绘出。在施工图中，必须清楚地标出建筑物或结构的所有尺寸、材料和施工法等。如7.3节所谈的图样。

图7-2　设计草图

7.3　建筑工程图的分类

按照内容来分类，建筑工程图有以下9类。

(1)　建筑图(Architectural Drawing)。包括基地位置图、布局图、各层平面图、屋顶平面图、各向立面图、剖视图、剖面详图(大样图)等，如图7-3所示。

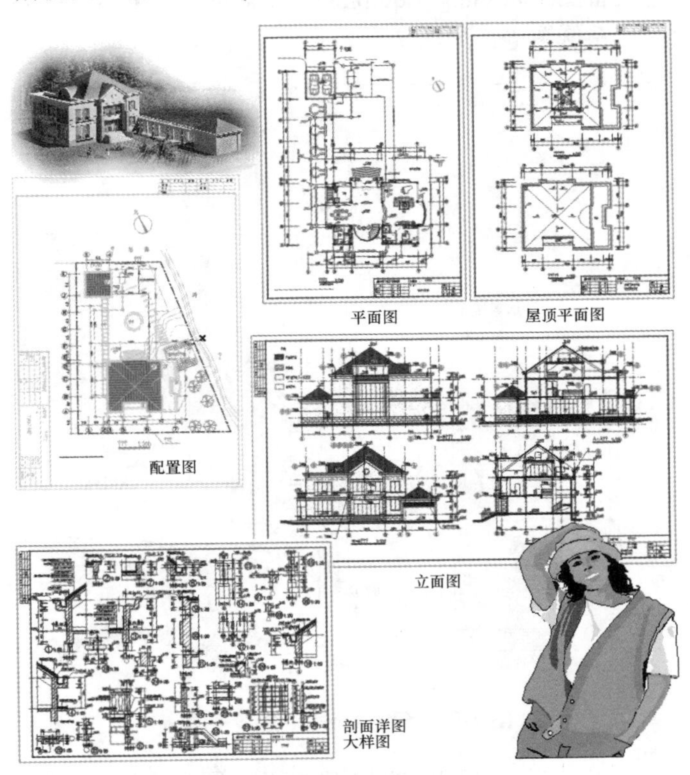

图7-3　各种建筑图

(2) 结构图(Structural Drawing)。包括基础平面图、楼层结构布置图、楼梯结构图、基础结构图、柱配筋图、梁配筋图、楼板配筋图、墙配筋图和配筋大样图等，如图 7-4 所示。

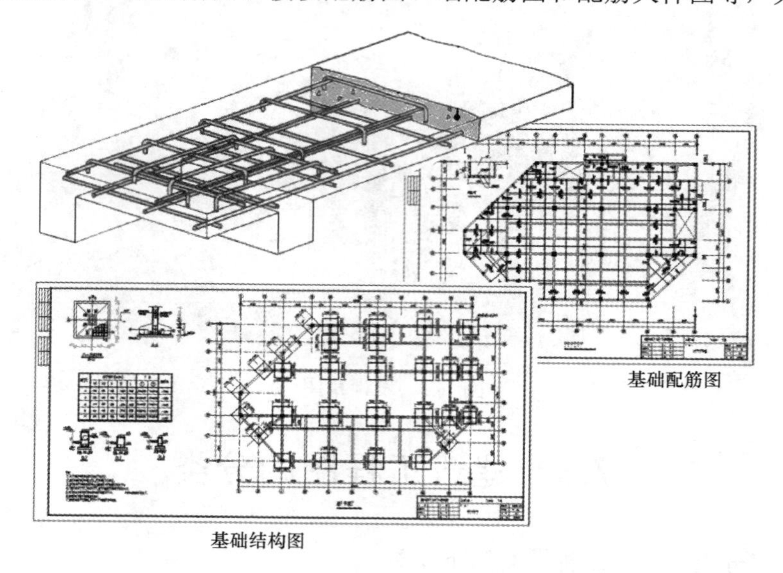

图 7-4　结构和配筋图

(3) 给排水卫生设备图(Plumbing Equipment Drawing)。包括室内外给排水系统、各层给排水平面图和给排水系统图等，如图 7-5 所示。

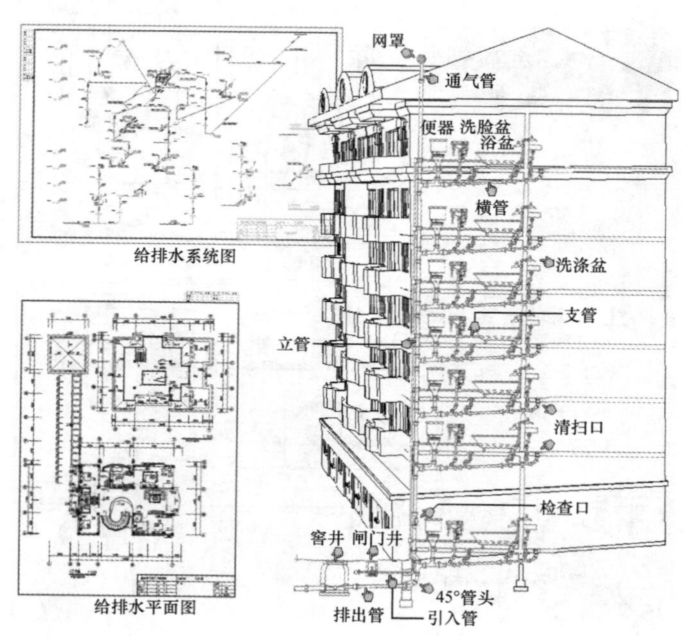

图 7-5　各种给排水卫生设备图

(4) 电气照明设备图(Electric Equipment Drawing)。包括各层电气配线图(照明、供电)、配电箱接线图、弱电系统图(如电话、电视、对讲机和警报等)和避雷系统图等，如图 7-6 所示。

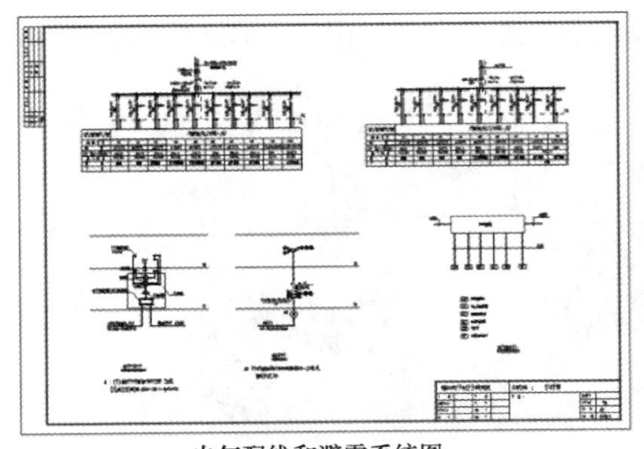

电气配线和避雷系统图

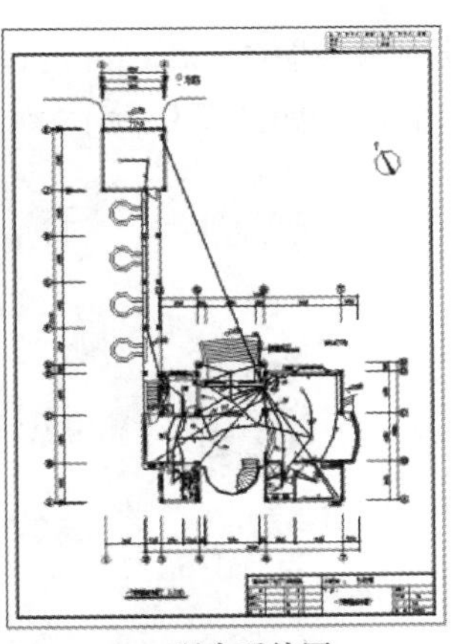

弱电系统图

图 7-6　各种电气设备图

(5)　消防设备图(Fire Protection Drawing)。包括警报系统、化学系统、水系统和避难系统等，如图 7-7 所示。

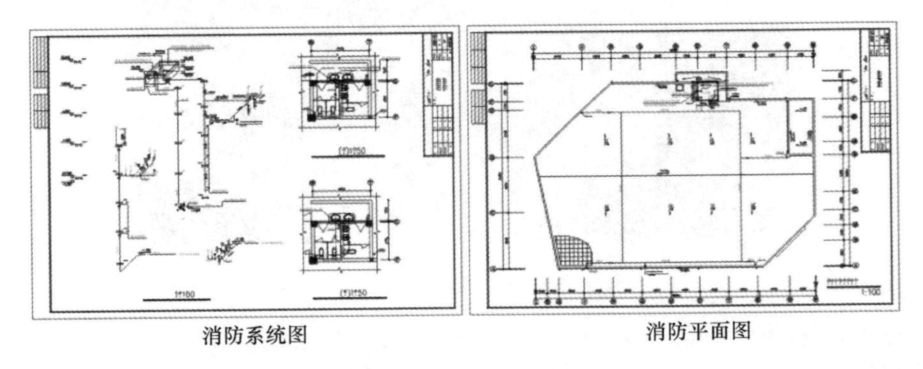

消防系统图　　消防平面图

图 7-7　各种消防设备图

(6)　机械设备图(Machine Equipment Drawing)。包括空调系统、通风系统和电梯系统等，如图 7-8 所示。

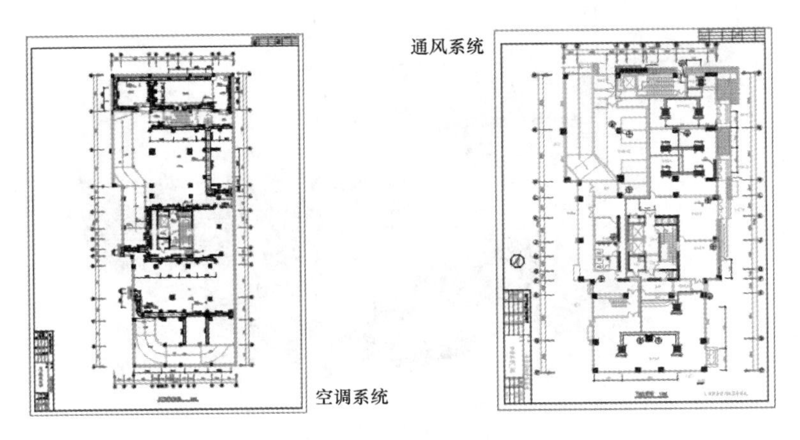

通风系统　　空调系统

图 7-8　机械设备图

(7) 景观植栽图(Landscaping Drawing)。表现空间绿化、园林造景等的图样。一般以效果图样表现最佳，如图 7-9 所示。

图 7-9 景观植栽图

(8) 室内设计图(Interior Drawing)。针对建筑物内部，表现空间的使用、布置、美化和利用等手法的图样。一般分平面和立体透视图两种，如图 7-10 所示。

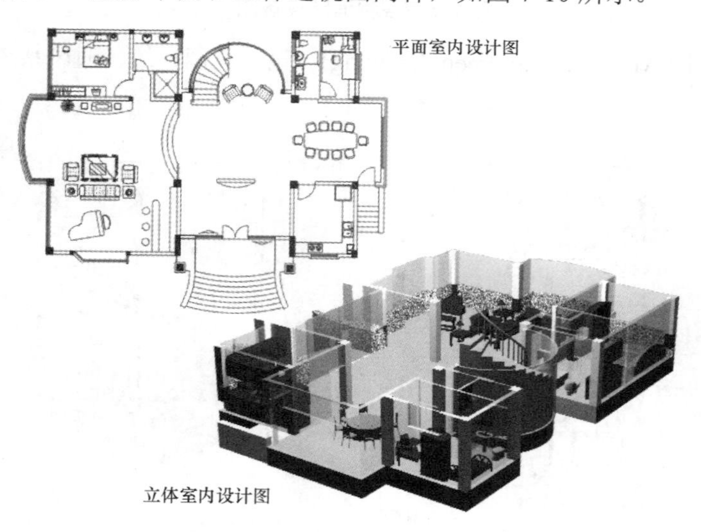

图 7-10 典型的室内设计图

(9) 采暖设备图。用于寒冷北方的暖通系统，南方一般没有此系统，如图 7-11 所示。

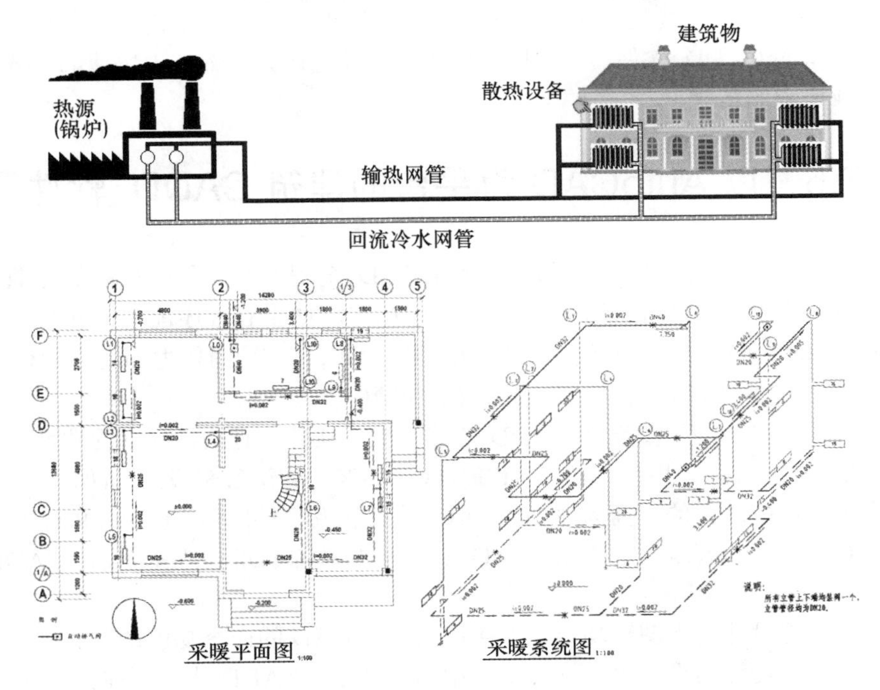

图 7-11 供暖设备图

7.4 建筑施工图图样自动化的意义

如同第 4 章末所谈的，建筑专业的自动化分为设计制图和图样生产两个部分(只谈任一部分，都算是“狭义的”建筑自动化)。其中，设计制图的对象是专业建筑师或设计师，会牵涉到创建 3D 立体建筑模型的部分，这不是本书范围；而施工图样的生产就是本书主题，其对象就是制图员。这两个部分在现实的工作中，多半是由不同的建筑师和制图员合力完成的。

所谓“图样生产”，指的就是绘制设计认可后，所需要的各种专业平面图样。这类图样不但需要依专业理论和惯例来画，同时还需要人为地判断视图。其图样特色如下。

- 重复性的线条非常多。
- 外形固定的专业块图形(如门、窗、卫生设备等)非常多。
- 变更方向、删除增添、搬移块图形的重复性操作非常频繁。
- 具专业规格性的图形很多。
- 计算性的工作量也不少。

简单来说，建筑专业的图样具有重复性和变更性大的特色，别说是用手工画很辛苦，就算是用 AutoCAD 的功能来画，也是很辛苦的(因为只是将制图桌转为电脑桌。所以，如果能有一套针对建筑专业的 CADD 软件，让制图员得以省力地画出或修改繁复的建筑图样，必将大量地提高建筑图样的生产力。

我们一再强调：所谓 CADD 软件，就是指“计算机辅助设计绘图”(Computer Aided Design

& Drafting，CADD)软件，此类软件兼具设计上的功能，而不仅是画图。因此，所谓建筑施工图样生产自动化的意义就是：在既有的建筑专业知识下，合适地使用一套符合专业设计和绘图惯例要求的 CADD 软件，以画图、修改、设计、计算等都省力快速的方式，生产出符合建筑专业要求的图样。

7.5 以 AutoCAD 为平台的建筑 CADD 软件

和机械专业一样，建筑专业也是需要 AutoCAD 编程专业化程度很高的专业。这是因为建筑专业的画图很大程度上都是在重复一样的操作，如果有程序能够一次自动画出符合设计条件的图形，那肯定会受到绘图者的欢迎(因为可以节省绘图体力和精力的付出)，也会得到老板们的支持(因为可以大量提升绘图效率和精确度)。

这些称为计算机辅助绘图设计(CADD)的建筑专业软件，有些是独立的软件，但大多都是以 AutoCAD 为平台，采用其上的 VLISP/VBA/ARX 3 类语言来设计的(如“天正”)。因此，称生产设计这些软件的厂商为“AutoCAD 的第三方软件厂商”(Third Party)。

以 AutoCAD 为平台(即一定要在 AutoCAD 上安装该 CADD 软件)来设计 CADD 软件有以下好处。

(1) 不需要再设计基本图形功能，直接使用 AutoCAD 的命令功能即可。这样，设计者就可以专注在专业功能的设计上。本书要介绍的“天正”CADD 建筑软件就是这类软件。

(2) AutoCAD 本身的架构是开放的，也就是说，AutoCAD 非常值得我们投入去自定义。无论是要在 AutoCAD 原来的架构上做改良，或是要像“天正”那样设计一整套的，都可以办到，本书就是为此目的而写的。

(3) 因为 AutoCAD 很多人都会，如果 CADD 软件在这上面做二次开发，那么人员的熟悉速度最快，比较容易上手。

建筑专业的 CADD 软件主要用于各类工种的平面施工和工程技术计算，充分结合图形绘制和设计，同时又符合国家制图标准。

7.6 使用建筑专业 CADD 软件的正确概念

建筑专业 CADD 软件其实就是以 AutoCAD 为基础，将一些专业块图形、LISP/VLISP/VBA/ARX 等程序集合起来，并辅之一专业菜单，以方便点取功能操作的软件。然而，在使用此类软件之前，有下述一些概念上的误区需要与你沟通。

(1) 忽略专业素养，误以为只要学会“天正”这类的建筑专业软件，一切都没问题了！

首先，像“天正”这类以 AutoCAD 为平台的建筑专业软件(建筑专业 CADD 软件)，其操作基础当然和 AutoCAD 有关。AutoCAD 熟练了，就等于已学会一半的“天正”。那么另一半呢？另一半则是建筑方面的专业素养。试想一下，如果连画一套建筑物所需的图样有哪几种、其内容为何、建筑法规为何，以及其专业绘图惯例都不知道，那即使拥有“天正”等建筑专业软件，又有何用！

因此，在您拥有了充足的建筑专业知识和熟练 AutoCAD 本身的操作之后，务必记住：

像“天正”这类的建筑专业软件，不用学，只要会用就好了！只要专业素养够，一看到“天正”这类的建筑专业软件的内容，自然就知道用于何处。在专业上什么都不懂，而只去学“天正”，就以为可以求职上岗，是过于天真的想法。本书第 8～11 章正是为此而撰写的。

(2) 误以为专业建筑软件只有“天正”。

我们一直强调的是：“天正”这类的软件越来越多，且青出于蓝。从我们的经验上看来，只要是以 AutoCAD 为基础的 CADD 软件，换用之后的适应期都不会很困难。这样，你就可以在软件的价格和功能上有所选择，不会受制于一个软件。

此外，你使用本书所教的自定义功能来改良一个 CADD 软件，也一样算是一个 CADD 软件。因为一个软件功能再好再强，也不能全部满足所有人的情况和期望。所以，当你使用本书所教的各种方法，在一个 CADD 软件中改良或增添更多命令工具时，你会让这个 CADD 软件更有价值。

(3) “天正”建筑专业 CADD 软件也具有画立体图的功能，但是从专业制图员的观点来看，我们更看重它的平面施工图功能！

对一位专业制图员来说，平面施工图就是要画图和修改既快又正确，因为在作业流程上立体模型和效果图并非专业制图员的工作。当然，专业制图员本身也要具有立体的概念，才能知道平面施工图是否有误，但是更看重的是软件的施工图功能是否满足国家法规和制图惯例，然后是功能好不好用和顺不顺手。而“天正”这类软件一开始就是针对平面施工图来设计的，虽然在“天正”中也提供立体画图功能，但我们会更喜欢用它的平面施工图功能。

7.7 工程图的蓝晒

由于施工现场的需要，工程图必须复制多份，以分发给相关单位。最早复制工程图所使用的复制方法是“晒蓝图法”，即将感光纸与绘在描图纸上的图形紧贴在一起，置于晒图框或晒图机内，并曝晒在日光灯下。由于感光纸涂有化学药品，感光后以水冲洗定影，即可得到蓝底白线的蓝晒图。由于使用感光药品的不同，还有白底蓝线或白底紫线等蓝晒图。而目前工程图的复制都采用影印，一般以黑白影印机将原稿上的图形资料影印到白纸上。

7.8 工程图的存储

工程图的归档方法有以下两种。

(1) 描图纸原图或蓝晒图。应平放或卷置于特制的橱柜内，另外，有价值的原图更应仔细保管。复制后的图形可按图形的折叠方法折叠，这种方法称为“折图归档法”。成套的工程图应全套装订成册，以方便取阅。折图法又可再分为“不装订的折图法”和“有装订边的折图法”两种类型，如图 7-12、图 7-13 所示。

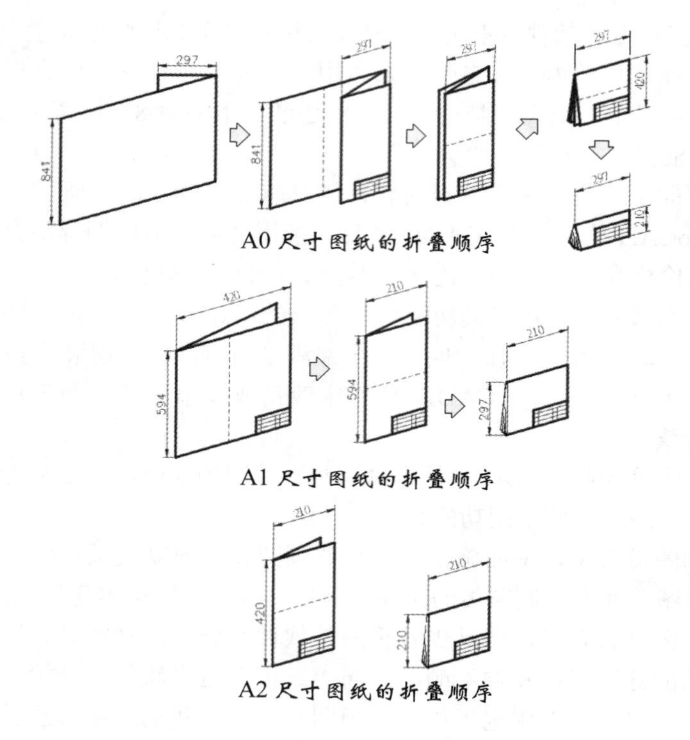

图 7-12　未装订的折图法

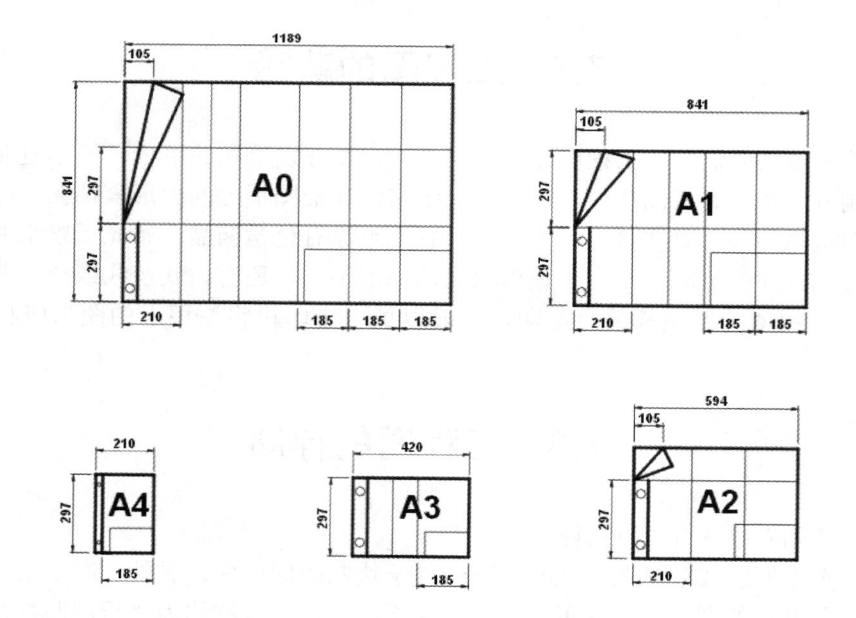

图 7-13　有装订边的折图法

(2)　CAD 绘图的原始图形文件。除了定期对硬盘中的图形文件制作备份以外，凡是要归档的图形文件，应使用刻录机将要存档的图形文件烧入到可读写的 CD(VCD)中。若要永久存档，则应将它写入到只读 CD(VCD)中。写入后，应在 CD(VCD)片上做好详细的内容记录，并制作 CD(VCD)标签以便查找，这种方法称为“CD(VCD)写入归档法”。CD(VCD)柜的储存方式如图 7-14 所示。

图 7-14　CD(VCD) 柜存储方式

习　　题

一、是非题

1. 如果按性质来对建筑工程图作分类，工程图包括基地位置图、布局图、各层平面图、屋顶平面图、各向立面图、剖视图、剖面详图(大样图)7 类。（　　）

2. 建筑图包括构想图、设计草图、设计图和施工图 4 类。（　　）

3. 建筑图样生产自动化的意义就是，在既有的建筑专业知识下，适当地使用一套符合专业设计和绘图惯例要求的 CADD 软件，以画图、修改、设计、计算等都省力快速的方式，生产出符合建筑专业要求的图样。（　　）

4. 消防设备图包括警报系统、化学系统、水系统和避难系统等。（　　）

5. 结构图包括：基础平面图、楼层结构布置图、楼梯结构图、基础结构图、柱配筋图、梁配筋图、楼板配筋图、墙配筋图和配筋大样图等。（　　）

6. 工程图的归档方法有“拆图归档法”和“OD 烧录归档法”两种。（　　）

二、选择题

1. 下述何者不是一套完整工程图应包含的内容？(　　)

   A. 图框和标题栏　　B. 尺寸　　C. 注解　　D. 材料表

2. 以下何种系统并不包含在机械设备图中？(　　)

   A. 空调系统　　B. 通风系统　　C. 电梯系统　　D. 逃生系统

3. 以下何者属于给排水卫生设备图？(　　)

   A. 室内外给排水系统　　B. 给排水系统图
   C. 各层给排水平面图　　D. 以上皆是

4. 将感光纸和绘于描图纸上的图样紧贴在一起，置于晒图框或晒图机内，并曝晒于日光灯下，称为(　　)。

   A. 影印蓝图法　　B. 底片蓝图法
   C. 晒蓝图法　　D. 以上皆非

三、实作题

1. 试述使用建筑专业 CADD 软件的正确概念。

2. 以 AutoCAD 为平台(即一定要在 AutoCAD 上安装该 CADD 软件)来设计 CADD 软件有何好处？

3. 试述在当前企业中，实际的建筑工程图生产流程。

第 8 章

房屋施工图识图

通过本书第 1 篇的图学绘图学习，以及习题的充分练习后，相信您已体会到：画图并不难，只是速度的快慢和熟练与否的问题！但是画的图到底具有哪些意义，正是第 2 篇要来积极了解的。

在第 7 章中，介绍了有关建筑的各种图样，其中包含在建筑图中的平面图、立面图、剖面图与详图等(也称“房屋施工图”)，则是建筑学子们首要学习的基本图样。

在本章中，我们要详细介绍这些图样，让你可以很快具备对这些图样的识图能力。这样，你就可以更好地利用 CAD 来达到本书所希望的教学目的了！

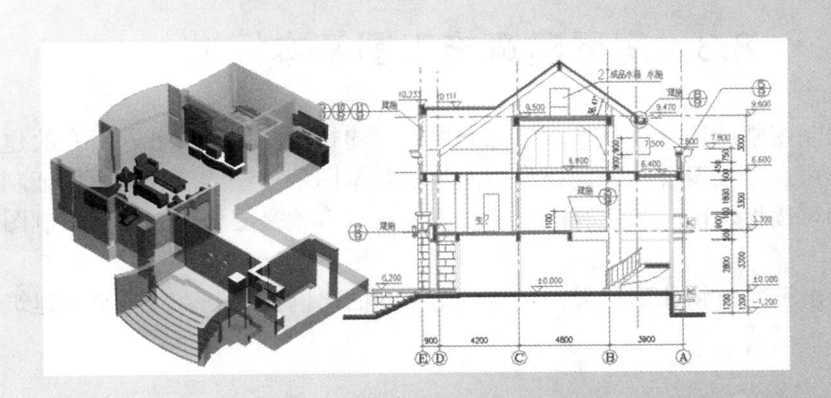

8.1 概　　述

本章主要介绍建筑施工图的识图方法。因为通过模仿真实案件的图样来学建筑绘图是一种高效率的学习方式。因此，在本书范例光盘的(A)Samples(GB)\ch08\目录下，将提供Apartment、Villa 和 Factory 三个分别代表公寓、别墅和工厂三种不同类型的实务套图，让用户可以配合本章的内容来打开观看。对初学者来说，先不谈建筑设计，先能画出类似的图样，了解图中符号的意义，就算是成功的学习了！

要顺利打开这些图有一些技巧，可参照以下视频。

视频文件：(M)Samples(GB)\ch08\avi 目录下的 Say_shx_2012_有声.avi。

8.2 房屋施工图的种类

房屋施工图的种类如表 8-1 所示。

表 8-1　房屋施工图的种类

分类性质	分类项目说明
建筑施工图	简称“建施”。主要表示房屋的建筑设计内容。如房屋的总体布置、内外形状、大小、构造等。一般包括总平面图、平面图、立面图、剖视图和详图等
结构施工图	简称“结施”。主要表示房屋的结构设计内容。如房屋承重构件的布置、构件的形状、大小、材料、构造等。一般包括：结构布置图、构件详图和节点详图等
设备施工图	简称“设施”。主要用来表示建筑物内管道和设备的位置，以及其安装的情况。一般包括给排水、采暖通风、电气照明等各种施工图。其内容有各工种的平曲布置图和系统图等

由此可以看出：一套完整的房屋施工图，其内容和数量很多，而且视工程的规模不同，其复杂程度不同，工程的标准化程度也不同，这都会导致图样数量和内容的差异。为了能准确地表达建筑物的形体，设计时，图样的数量和内容应力求完整、详尽和充分。一般在能够清楚表达工程对象的前提下，一套图样的数量及内容是越少越好！

8.3 房屋建筑施工图基本标准

任何专业的制图都应该有一个基本的标准根据，建筑制图也不例外。所有的建筑施工图都应按正投影原理，以及视图、剖视和断面等的基本图示方法绘制。为了保证制图的一贯性、统一性和可读性，国家都定有国家制图标准。以下就是应该遵守的相关制图标准或惯例。

(1)　比例。由于建筑物体形庞大，必须采用不同的比例来绘制。对于整幢建筑物、构筑物的局部和细部结构都分别予以缩小画出，但是对于特殊细小的线脚等有时不缩小，甚至需要放大画出。

(2) 图线。可参考第 6 章表 6-2。在建筑施工图中，为了表示不同的内容，并让图样层次分明有序，画图时应依照国家制图标准来绘制图线的线型和线宽。

(3) 定位轴线及其编号。建筑施工图中的定位轴线是施工定位、放线的重要依据。凡是承重墙、柱子等主要承重构件，都应画上轴线来确定其位置。而对于非承重的分隔墙、次要的局部承重构件等，有时可用分轴线定位；有时也可通过注明其和附近轴线的相关尺寸来确定。其画法如图 8-1 所示。

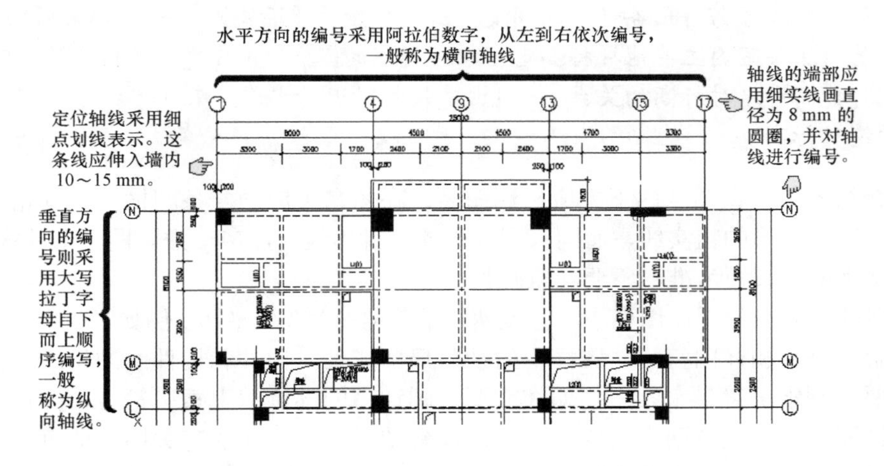

图 8-1 定位轴线和编号图例

两轴线间，如需附加分轴线时，其编号可用分数表示。分母表示前一轴线的编号，分子则表示附加轴线的编号。例如，(3/5) 轴线就表示 5 号轴线后附加的第 3 条轴线。大写拉丁字母中 I、O 和 Z 三个字母不得用于轴线编号，以免和数字 1、0、2 混淆。

(4) 尺寸、标高和图名。尺寸单位除标高及建筑总平面图以 m(米)为单位外，其余一律以 mm(毫米)为单位。首先，标高是标注建筑物高度的一种尺寸形式，一般用细实线绘制。其符号如图 8-2 所示。

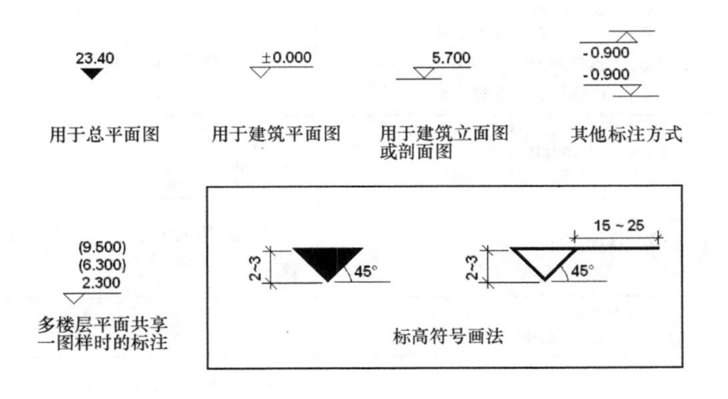

图 8-2 标高符号的图例

注 意

标高数字以 m(米)为单位。在单体建筑工程中，施工图应注写到小数点后第三位，零点标高应写成 ±0.000，负数标高数字前必须加注“-”，正数标高前则不写“+”。当标高数字不到 1m 时，小数点前应加写“0”。在总平面图中，标高注写则到小数点后两位，其他同单体建筑。标高可分为以下两种。

- 绝对标高。我国将青岛附近某处，黄海的平均海平面定为绝对标高的零点。其他各地标高都以它作为基准。
- 相对标高。在建筑物的施工图上要注明许多标高，如果全用绝对标高，不但计算烦琐，且不容易得出各部分的高度。所以，除总平面图外，一般都采用相对标高。就是将底层室内主要地坪标高定为相对标高的零点，并在建筑工程的总说明中说明相对标高和绝对标高的关系。一般由建筑物附近的水准点来测定拟建工程底层地面的绝对标高。

下面介绍图名。在图样的下方应标注图名。在图名下应画一条粗横线，其粗度应不粗于同张图中所画图形的粗实线，而同张图样中的这种横线粗度应一致。图名下的横线长度，应以所写文字所占长短为准，不要任意画长。

在图名的右侧应使用比图名小一号或两号的字号来注写比例尺，例如“平面图 1∶100”。

(5) 索引符号和详图符号。图样中的某一局部或某一构件和构件间的构造如需另见详图，就需要用到索引符号来索引。即在需要另画详图的部位编上索引符号，并在所画的详图上编上详图符号，且令两者对应一致，以便看图时查找相应的有关图样即可。索引符号的圆和水平直线均以细实线来绘制。圆的直径一般为 10mm。详图符号的圆圈应画成直径为 14mm 的粗实线圆。表 8-2 列出的就是索引符号和详图的编号方法。

表 8-2 索引符号和详图的编号方法表

名 称	符 号	说 明
详图的索引标志	6 — 详图编号；— 详图在本张图面上；6 — 局部剖视详图编号；— 剖视详图在本张图面上	细实线单圆圈直径为 10mm，详图在本张图样上
	6 详图编号；2 详图所在的图面编号；6 局部剖视详图编号；2 剖视详图所在的图面编号	详图不在本张图样上
	J203 标准图册编号；6 标准详图编号；2 详图所在的图面编号	标准详图
详图标志	5 详图编号	粗实线单圆圈直径为 14mm，被索引的在本张图样上
	6 详图编号；2 被索引的图面编号	被索引的不在本张图样上
对称符号		对称符号应用细线绘制，平行线长度在 6～10mm，平行线间距在 2～3mm 为最好。此外，平行线在对称线的两侧应相等

(6) 指北针和风向频率玫瑰图。在房屋的底层平面图上，应绘出指北针来表示房屋的朝向，其符号则应按国标规定绘制，如图 8-3(左)所示。

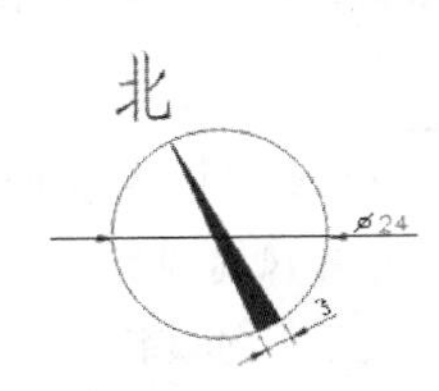

细实线圆的直径一般为 24mm，箭尾宽度应为圆直径的 1/8，即 3mm。圆内指针应涂黑并指向正北。

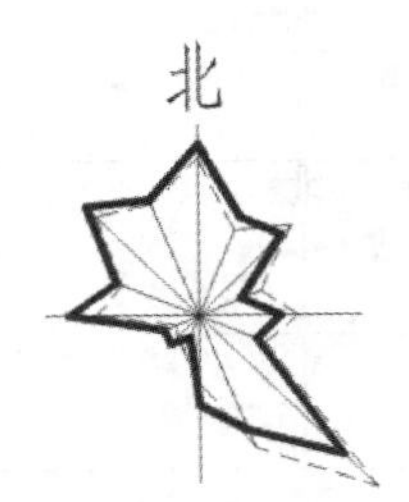

一般多用8个或16个罗盘方位表示。玫瑰图上所表示的风吹向是由外面吹向地区中心。图中实线为全年风玫瑰图，虚线为夏季风玫瑰图。由于风玫瑰图也能表示房屋或基地的朝向情况，因此，在已绘出风玫瑰图的图样上，就不必再绘出指北针了

图 8-3 指北针和风向频率玫瑰图图例

风向频率玫瑰图，简称“风玫瑰图”，是根据某一地区多年统计平均的各方向吹风次数的百分数值，按一定比例来绘制的(如图 8-3(右)所示)。在建筑总平面图上，通常必须绘出当地的风玫瑰图。没有风玫瑰图的城市和地区，则应在建筑总平面图上只画出指北针。

(7) 图例和代号。建筑物和构筑物是按比例缩小后绘于图纸上的，因此对于有些建筑细部、构件形状，以及建筑材料等，往往不能如实画出，也难以用文字注释来清楚表达。在这样的情况下，就必须按统一规定的图例和代号在图样上表示，以得到简单明了的效果。因此，在制图标准中也规定了各式各样的图例。我们特将比较常用的图例，列示于表 8-3～表 8-5。

表 8-3 常见的总平面图例

名 称	图 例	说 明
围墙和大门		上面那个图表示砖石、混凝土或金属材料的围墙。下面那个图表示镀锌铁丝网篱笆等材料的围墙 注：如仅表示围墙时，不画大门
坐标	X 112.00 Y 345.00 A 156.28 B 326.74	上面那个图表示测量坐标 下面那个图表示施工坐标
室内标高	143.00	
室外标高	181.00	
原有道路		用细实线表示
计划扩建道路		用细虚线表示

续表

名 称	图 例	说 明
护坡	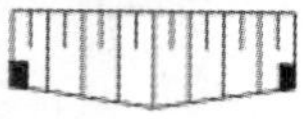	护坡较长时，可在一端或两端局部表示
风向频率玫瑰图	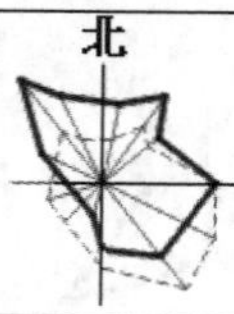 北	根据当地多年统计的各方向平均吹风次数绘制。 实线表示全年风向频率。 虚线表示夏季风向频率，按 6、7、8 三个月统计
新建的建筑物		用粗实线表示。 需要时可在图形右上角以点数或数字(高层宜用数字)表示层数
原有的建筑物	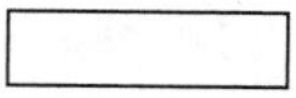	①应注明已利用者 ②用细实线表示
计划扩建的建筑物或预留地		①应注明拟利用者 ②用中虚线表示
拆除的建筑物	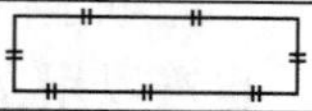	用细实线表示
地下建筑物或构筑物		用粗虚线表示
散状材料露天堆场	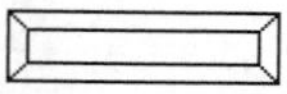	需要时可注明材料名称
其他材料露天堆场或露天作业场	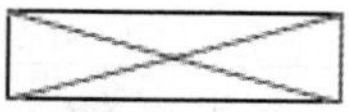	需要时可注明材料名称
指北针	 北	圆圈直径为 24 mm，指针尾部宽度应为直径的 1/8

表 8-4 常见的建筑图例

名 称	图 例	说 明
楼梯	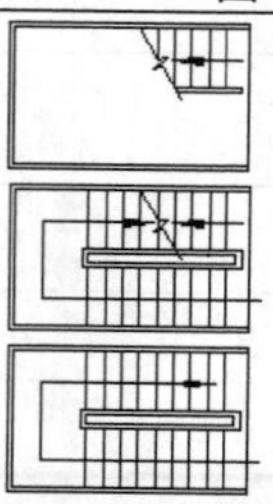	①上图为底层楼梯平面；中图为中间层楼梯平面；下图为顶层楼梯平面 ②楼梯的形式和步数应按实际情况绘出

续表

名　称	图　例	说　明
坡道	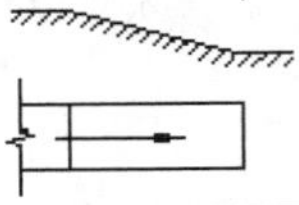	
空门洞	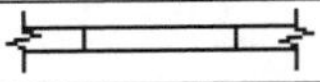	用于平面图样中
单扇门(平开或单面弹簧)		用于平面图样中
单扇双面弹簧门	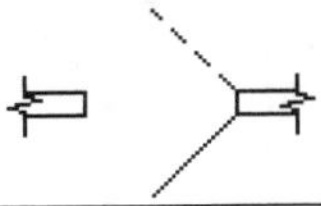	用于平面图样中
双扇门(平开或单面弹簧)		用于平面图样中
对开折叠门		用于平面图样中
双扇双面弹簧门	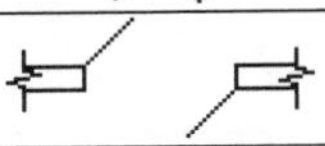	用于平面图样中
检查孔	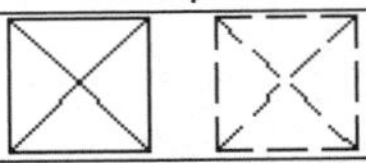	左图为可见检查孔；右图为不可见检查孔
单层固定窗	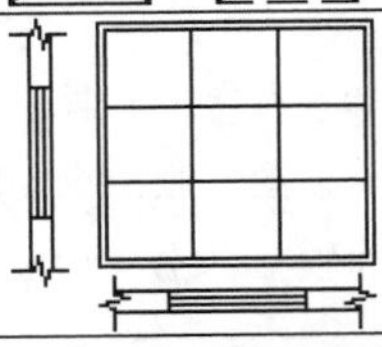	窗的立面形式应按实际情况绘出
单层外开上悬窗	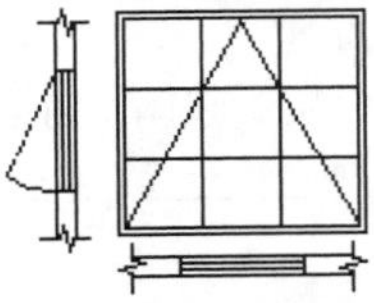	立面图中的斜线表示窗的开关方向，实线为外开，虚线为内开
中悬窗	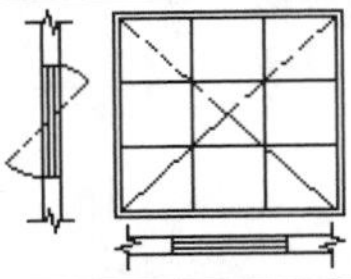	立面图中的斜线表示窗的开关方向，实线为外开，虚线为内开
单层外开平开窗	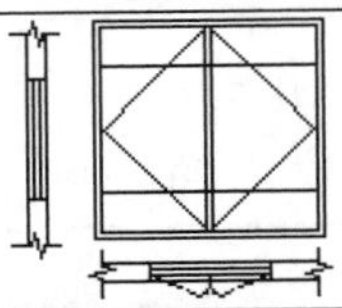	立面图中的斜线表示窗的开关方向，实线为外开，虚线为内开
高窗	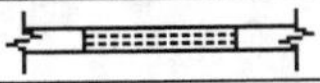	用于平面图样中
墙上预留孔	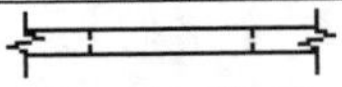 宽x高或∅	用于平面图样中
墙上预留槽	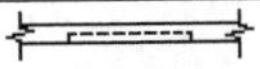 宽x高x深或∅	用于平面图样中

注 意

在 AutoCAD 上画总平面图例时，可以将表 8-4 中的图例，执行 WBLOCK 命令来制作成“全局块”，以方便画图时，直接使用 INSERT 命令来插入调用。图例中配有文字的部分，可以制作“属性块”来解决。

表 8-5 常见的材料图例

名 称	图 例	说 明
自然土壤		包括各种自然土壤
夯实土壤		
砂、灰土		靠近轮廓线点较密
沙砾石、碎砖、三合土		
混凝土		①本图例仅适用于能承重的混凝土 和钢筋混凝土 ②包括各种等级、骨料、添加剂的混凝土 ③在前视图上画出钢筋时不画图例线 ④断面较窄，不易画出图例线时，可涂黑
钢筋混凝土		
天然石材		包括岩层、砌体、铺地贴面等材料
毛石		
木材		横断面。左为垫木、木砖、木龙骨
普通砖		①包括砌体、砌块 ②断面较窄，不易画出图例线时，可涂红

注 意

在 AutoCAD 上画材料图例时，应使用 BHATCH 命令中的剖面图案。当没有合适的剖面图案可用时，可自行设计。

8.4 建筑施工图的识图

8.4.1 施工图首页

施工图首页一般由下述四种图样组成。

1. 图纸目录

图纸目录放在一套图纸的最前面，说明本工程的图纸类别、图号编排、图纸名称和备注等，以方便图纸的查阅，如图 8-4 所示。本范例参考文件：(A)Samples(GB)\ch08\Apartment\jz 目录下的 pp-2.dwg。

规划设计研究院 2000年9月	图纸目录		工程编号 J2000-08	
	工程名称	[illegible]	图纸张数	59
	子项名称		专业部门	建筑

序号	图纸编号	图纸名称	张数 0	1	2	3	4	备注
01	建施 01	建筑总说明			1			
02	建施 02	建筑总说明			1			
03	建施 03	室内做法明细表			1			
04	建施 04	门窗明细表			1			
05	建施 05	门窗明细表			1			
06	建施 06	总平面 绿化总平面			1			
07	建施 07	地下夹层平面			1			
08	建施 08	地下二层平面		1				
09	建施 09	地下一层平面		1				
10	建施 10	一层平面			1			
11	建施 11	二层平面			1			
12	建施 12	三层平面			1			
13	建施 13	四层平面			1			
14	建施 14	五层平面			1			
15	建施 15	六层平面			1			
16	建施 16	七~二十六层平面			1			
17	建施 17	屋面层平面			1			
18	建施 18	1~17轴立面		1				
19	建施 19	P~C轴立面		1				
20	建施 20	C~P轴立面		1				
21	建施 21	17~1轴立面		1				
22	建施 22	A-A剖面		1				
23	建施 23	地下二层楼梯大样 地下一层楼梯大样			1			
24	建施 24	一层楼梯大样 二层楼梯大样			1			
25	建施 25	三层楼梯大样 四层楼梯大样			1			
26	建施 26	五层楼梯大样 六层楼梯大样			1			
27	建施 27	七~十二层楼梯大样 十三~十九层楼梯大样			1			
28	建施 28	二十~二十六层楼梯大样 屋面层楼梯大样			1			
		收件人:						

规划设计研究院 2000年9月	图纸目录		工程编号 J2000-08	
	工程名称	[illegible]	图纸张数	59
	子项名称		专业部门	建筑

序号	图纸编号	图纸名称	张数 0	1	2	3	4	备注
29	建施 29	大屋面平面大样图			1			
30	建施 30	电梯机房层平面大样图			1			
31	建施 31	水箱层机房平面大样图			1			
32	建施 32	小屋面平面大样图			1			
33	建施 33	楼梯大样图(一)			1			
34	建施 34	楼梯大样图(二)			1			
35	建施 35	楼梯大样图(三)			1			
36	建施 36	楼梯大样图(四)			1			
37	建施 37	A坡道大样图(一)		1				
38-A	建施 38-A	B坡道大样图(一)		1				
38-B	建施 38-B	A,B坡道大样图(二)		1				
39	建施 39	A梯大样图(一)			1			
40	建施 40	A梯大样图(二)			1			
41	建施 41	A梯大样图(三)			1			
42	建施 42	B梯大样图(一)			1			
43	建施 43	B梯大样图(二)			1			
44	建施 44	[illegible]大样图		1				
		[illegible] 大样 电梯[illegible]						
45	建施 45	人防大样图?卫生间大样(一)			1			
46	建施 46	卫,厨大样(二)			1			
47	建施 47	卫,厨大样(三)			1			
48	建施 48	地下室节点大样(一)			1			
49	建施 49	地下室节点大样(二)			1			
50	建施 50	地下室节点大样(三)			1			
51	建施 51	地下室节点大样(四)			1			
52	建施 52	地下室节点大样(五)			1			
53	建施 53	节点大样(一)			1			
54	建施 54	节点大样(二)			1			
		收件人:						

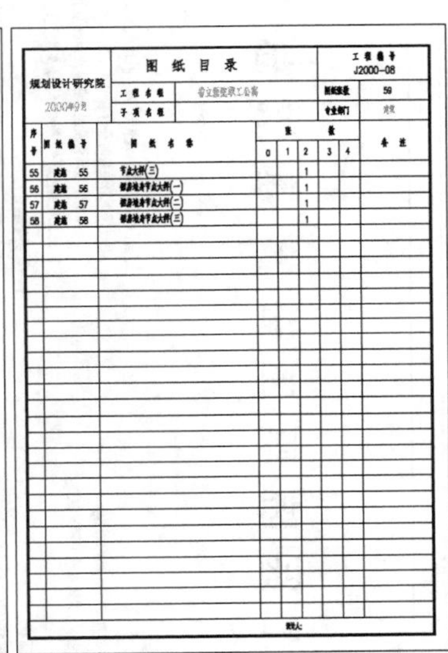

规划设计研究院 2000年9月	图纸目录		工程编号 J2000-08	
	工程名称	[illegible]	图纸张数	59
	子项名称		专业部门	建筑

序号	图纸编号	图纸名称	张数 0	1	2	3	4	备注
55	建施 55	节点大样(三)			1			
56	建施 56	[illegible]节点大样(一)			1			
57	建施 57	[illegible]节点大样(二)			1			
58	建施 58	[illegible]节点大样(三)			1			
		收件人:						

图 8-4 图纸目录图例

2. 设计总说明

主要说明工程的概况和总的要求。内容包括工程设计依据(如工程地质、水文、气象资料)；设计标准(建筑标准、结构荷载等级、抗震要求、耐火等级、防水等级)；建设规模(占地面积、建筑面积)；工程做法(墙体、地面、楼面、屋面等的做法)及材料要求。详见图 8-5 所示。本范例参考文件：(A)Samples(GB)\ch08\Apartment\jz 目录下的 sl-zsm.dwg。

3. 构造做法表(或室间做法明细表)

构造做法表是以表格的形式对建筑物各部位的构造、做法、层次、选材、尺寸、施工要求等的详细说明，如图 8-6 所示。本范例参考文件：(A)Samples(GB)\ch08\Apartment\jz 目录下的 pp-2.dwg。

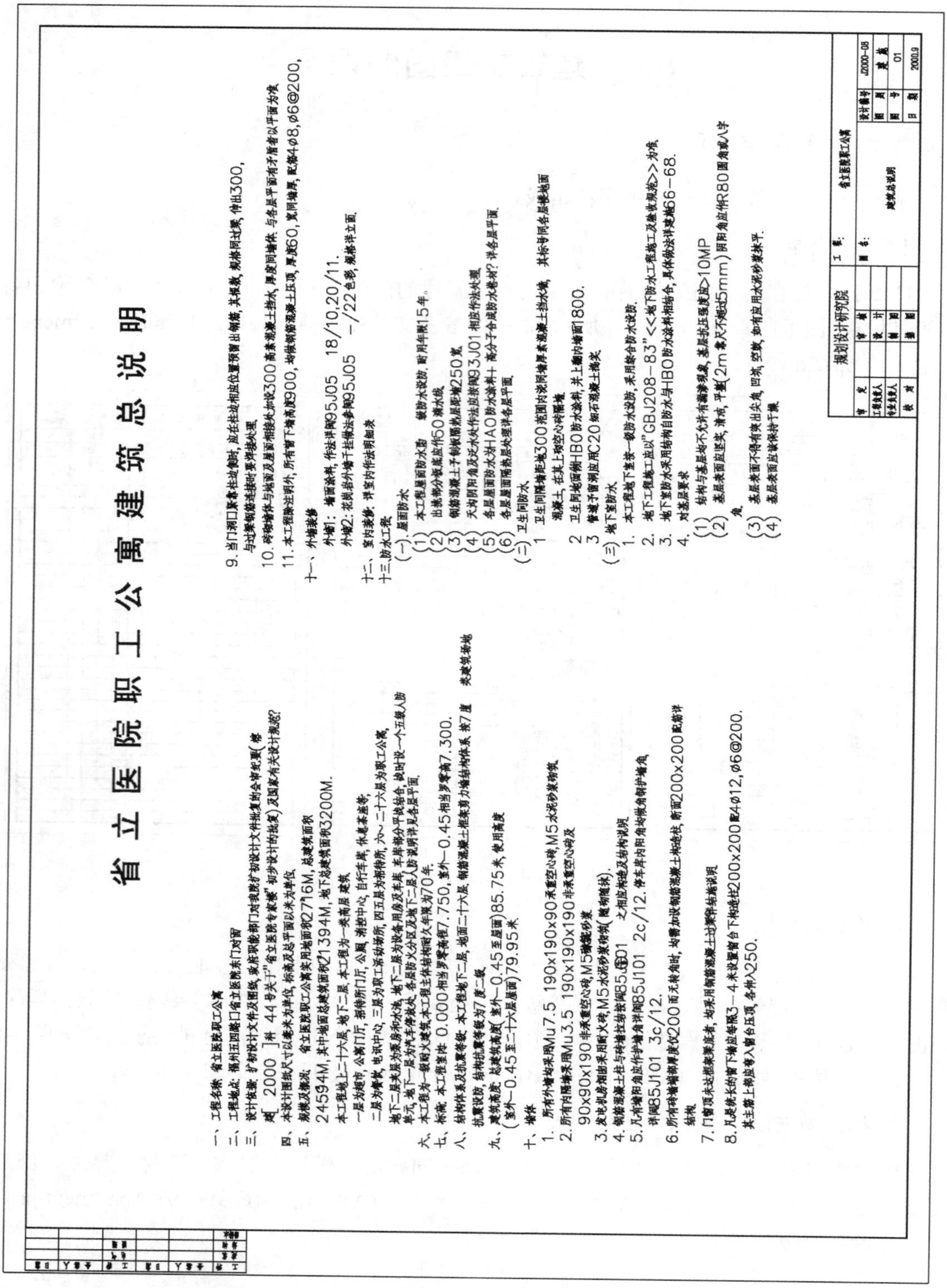

省立医院职工公寓建筑总说明

一、工程名称：省立医院职工公寓

二、工程地点：福州五四路口省立医院东门对面

三、设计依据：扩初设计文件及图纸，政府职能部门对我院扩初设计文件批复的会审纪要（榕建[2000]科 44号关于"省立医院专家楼"初步设计的批复）及国家有关设计规范?

四、本设计图纸尺寸以毫米为单位，标高及总平面以米为单位。

五、规模及概况： 省立医院职工公寓实用地面积2716M，总建筑面积24594M，其中地面总建筑面积21394M，地下总建筑面积3200M。
本工程地上二十六层，地下二层，本工程为一类高层 建筑
一层为超市，公寓门厅，招待所门厅，公厕，消控中心，自行车库，休息茶座等，
二层为餐饮，电讯中心，三层为职工活动场所，四五层为招待所，六～二十六层为职工公寓，
地下二层夹层为泵房和水池，地下二层为设备用房及车库，车库部分平战结合，战时设一个五级人防单元，地下一层为汽车停放处，各层防火分区及地下二层人防说明详见各层平面。

六、本工程为一级耐火建筑，本工程主体结构耐久年限为70年。

七、标高：本工程室内 0.000相当罗零高程7.750，室外−0.45相当罗零高7.300。

八、结构体系及抗震等级：本工程地下二层，地面二十六层，钢筋混凝土框架剪力墙结构体系，按7度 类建筑场地抗震设防，结构抗震等级为7度二级。

九、建筑高度：总建筑高度（室外−0.45至屋面）85.75米，使用高度（室外−0.45至二十六层屋面）79.95米。

十、墙体

1. 所有外墙均采用Mu7.5 190x190x90承重空心砖，M5水泥砂浆砌筑。
2. 所有内隔墙采用Mu3.5 190x190x190非承重空心砖及90x90x190非承重空心砖，M5混合砂浆
3. 发电机房烟囱采用耐火砖，M5水泥砂浆砌筑（随砌随抹）。
4. 钢筋混凝土柱与砖墙拉结按闽85J101 之相应构造及结构说明
5. 凡有墙阳角应作护墙角详闽85J101 2c/12。停车库内阳角均做角钢护墙角，详闽85J101 3c/12。
6. 所有砖墙端部厚度仅200而无转角时，均需加设钢筋混凝土构造柱，断面200x200配筋详结构。
7. 门窗顶未达框架梁底者，均采用钢筋混凝土过梁详结施说明
8. 凡是统长的窗下墙应每隔3－4米设置窗台下构造柱200x200配4ø12，ø6@200。其主筋上部应夸入窗台压顶，各伸入250。
9. 当门洞口紧靠柱边侧时，应在柱边相应位置预留出钢筋，其根数，规格同过梁，伸出300，与过梁钢筋连接时要焊接处理。
10. 砖砌墙体与地面及屋面相接处加设300高素混凝土挡水，厚度同墙体。与各层平面有矛盾者以平面为准
11. 本工程除注明外，所有窗下墙高度900，均做钢筋混凝土压顶，厚度60，宽同墙厚，配筋4ø8，ø6@200，

十一、外墙装修

外墙1：墙面涂料，作法详闽95J05 18/10，20/11。
外墙2：花岗岩外墙干挂做法参闽95J05 −/22色彩，规格详立面。

十二、室内装修：详室内作法明细表

十三、防水工程

（一）屋面防水

（1） 本工程屋面防水为 级防水设防，耐用年限15年。
（2） 出挑部分板底应作50滴水线。
（3） 钢筋混凝土予制板隔热层距墙250宽。
（4） 天沟阴阳角及泛水处作法应按闽93J01相应作法处理。
（5） 各层屋面防水为HAO防水涂料＋高分子合成防水卷材? 详各层平面。
（6） 各层屋面隔热层处理详各层平面。

（二）卫生间防水

1 卫生间隔墙距地300范围内浇同墙厚素混凝土挡水墙， 其标号同各层楼地面混凝土，在其上砌空心砖隔墙。
2 卫生间地面做HBO防水涂料，并上翻内墙面1800。
3 管道予留洞应用C20细石混凝土捣实。

（三）地下室防水

1. 本工程地下室按一级防水设防，采用综合防水设防。
2. 地下工程施工应以"GBJ208－83"<<地下防水工程施工及验收规范>>为准。
3. 地下室防水采用结构自防水与HBO防水涂料相结合，具体做法详建施66－68。
4. 对基层要求
（1） 结构与基层均不允许有漏渗现象，基层抗压强度应>10MP
（2） 基层表面应坚实，清洁，平整（2m靠尺不超过5mm）阴阳角应作R80圆角或八字角。
（3） 基层表面不得有突出尖角，凹坑，空鼓，如有应用水泥砂浆抹平。
（4） 基层表面应该保持干燥

规划设计研究院				工 程：	省立医院职工公寓	
审 定		审 核		图 名：	设计编号	J2000-08
工程负责人		设 计		建筑总说明	图 别	建 施
专业负责人		制 图			图 号	01
校 对		描 图			日 期	2000.9

图 8-5 设计总说明图例

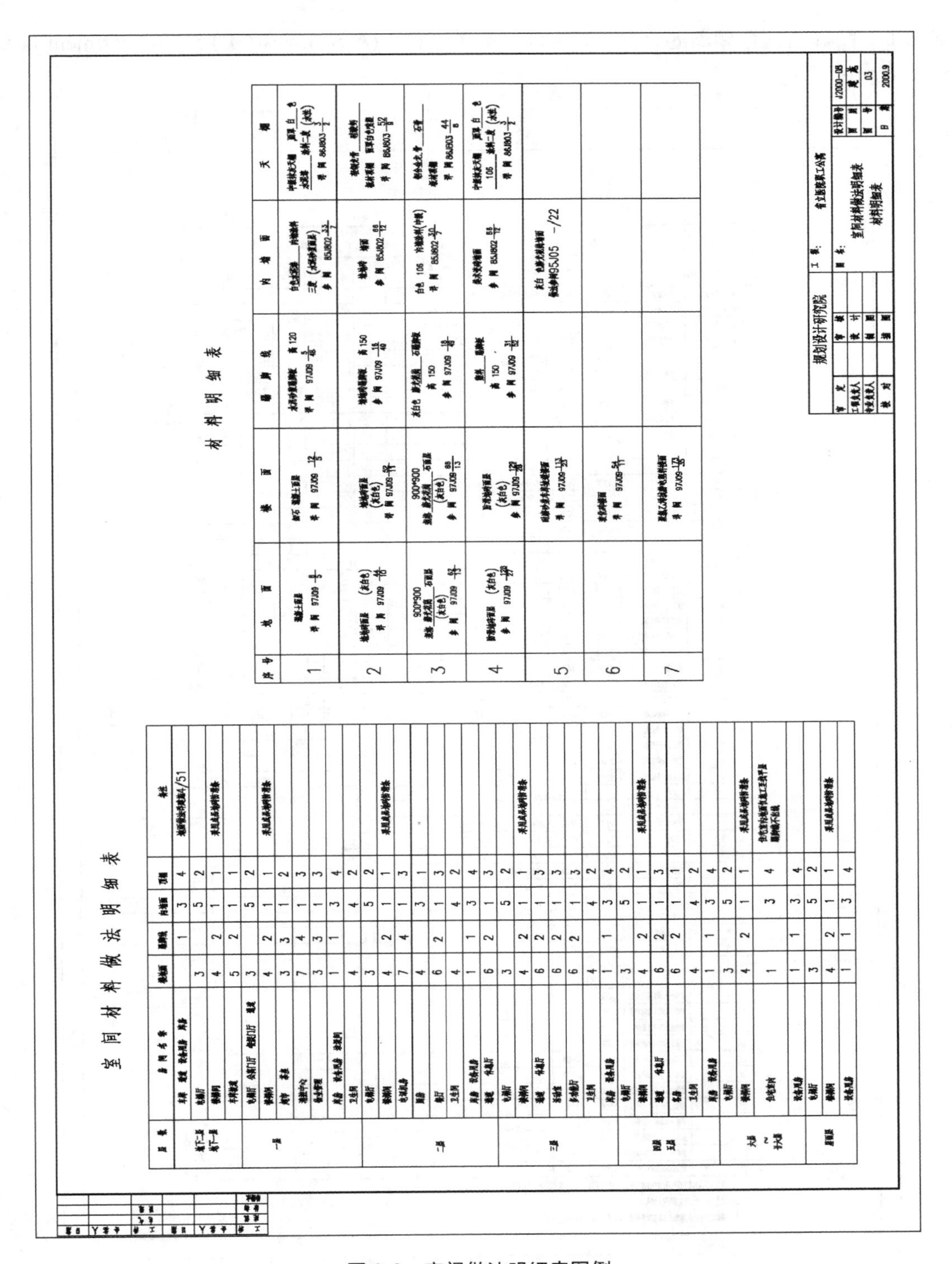

图 8-6　室间做法明细表图例

4. 门窗表

门窗表反映门窗的类型、编号、数量、尺寸规格、所在标准图集等相应内容，以备工程施工、结算所需，如图 8-7 所示。本范例参考文件：(A)Samples(GB)\ch08\Apartment\jz 目录下的 pp-2.dwg。

门　窗　明　细　表

编号	名称	洞口尺寸		引用标准图		樘数										备注
		宽	高	图集号	门窗号	地下二层	地下一层	一层	二层	三层	四层	五层	六层~廿六层	屋顶层	总计	
GFM0921-甲	甲级防火门	900	2100	98J14	GFM-0921-Fd甲-1			1					1X21		22	
GFM1021-甲	甲级防火门	1000	2100	98J14	GFM-1021-Fd甲-1		4	2	2	1	1	2			12	
GFM1221-甲	甲级防火门	1200	2100	98J14	GFM-1221-Fd甲-2		1	1	1	1	1				5	
GFM1521-甲	甲级防火门	1500	2100	98J14	GFM-1521-Fd甲-2	2	6		2					1	11	
GFM0921-乙	乙级防火门	900	2100	98J14	GFM-0921-Fd乙-1	1	1	2	1	1	1	1	1X21		29	
GFM1221-乙	乙级防火门	1200	2100	98J14	GFM-1221-Fd乙-2	4	1	6	2	4	2	2	3X21	4	88	
GFM1521-乙	乙级防火门	1500	2100	98J14	GFM-1521-Fd乙-2		1	4	2	2	2	2	1X21	1	35	
GFM0621-丙	丙级防火门	600	2100					1	1	1	13	10			26	梁100[illegible]
GFM1221-丙	丙级防火门	1200	2100			2	2	2	1	1	1	1	1x21	2	33	梁100[illegible]
GFM1121-丙	丙级防火门	1100	2100					1	1	1	1	1	1x21	1	28	[illegible]
FM1220-3	防护密闭门	1200	2000	87RFM-34	FM1220-3	3									3	
M1220	密闭门	1200	2000	87RFM-34	M1220	3									3	
M1020	密闭门	1000	2000	87RFM-34	M1020	2									2	
MH5700-3	防爆波活门	500	800	87RFM-34	MH5700-3	3									3	
M1-01	蓝绿色无框承重玻璃门	3700	3700					1							1	详建施56
M1-02	蓝绿色无框承重玻璃门	3100	3700					1							1	参建施56
M1-03	蓝绿色无框承重玻璃门	3900	3700					1							1	详建施57
M1-04	蓝绿色无框承重玻璃门	3700	3700					1							1	参建施57
M1-05	蓝绿色无框承重玻璃门	1200	3700					2							2	参建施56
M1-06	蓝绿色无框承重玻璃门	1300	3700					1							1	参建施56
M1-07	蓝绿色无框承重玻璃门	2500	3700					1							1	参建施56
M1-08	蓝绿色无框承重玻璃门	1500	3700					2							2	参建施56
M1-10	蓝绿色镀膜玻璃门	1500	3100	京91J604	TM1530							2			2	高改为3100
M1-12	蓝绿色镀膜玻璃门	3000	2400	京91J604	TM3024								2x21		42	
M1-13	蓝绿色镀膜玻璃门	1800	2400	京91J604	TM1824								2x21		42	
M1-14	蓝绿色镀膜玻璃门	2400	2400	京91J604	TM2424								2x21		42	
M1-15	蓝绿色镀膜玻璃门	1800	3100	京91J604	TM1830							2			2	高改为3100
M1-16	蓝绿色镀膜玻璃门	2300	3100	京91J604	TM2430							2			2	高改为3100　宽改为2300
M1-17	蓝绿色镀膜玻璃门	900	2400	京91J604	TM0924								2x21		42	
M2-01	胶合板门	1000	2100	京86SJ601	JM-1021	1		1	4	1	18	14	6x21		165	住宅入户门另设一道安全防护门,用户自理
M2-02	胶合板门	900	2100	京86SJ601	JM-0921			1			1	1			3	
M2-03	胶合板门	900	2100	京86SJ601	JMa-0921			2	3	3					8	
M2-04	胶合板门	1500	2100	京86SJ601	JM-1521					2					2	
M2-05	胶合板门	800	2100	京86SJ601	JMa-0921						20	16	18x21		414	宽改为800
M3-1	防火卷帘门	4350	3000			1									1	
M3-2	防火卷帘门	4200	3000				1								1	
M3-3	防火卷帘门	4000	3000				1								1	
C1	蓝绿色无框承重玻璃窗	1050	2700					2							2	详建施58
C2	蓝绿色无框承重玻璃窗	1700	3700					7							7	详建施56
C3	蓝绿色无框承重玻璃窗	1400	3700					1							1	详建施56
C4	蓝绿色无框承重玻璃窗	1350	3700					2							2	参建施56
C5	蓝绿色无框承重玻璃窗	1800	3700					1							1	参建施56
C6	蓝绿色无框承重玻璃窗	1250	3700					2							2	详建施57
C7	蓝绿色无框承重玻璃窗	1600	3700					2							2	参建施56
C8	蓝绿色无框承重玻璃窗	1900	3700					2							2	参建施56
C9	蓝绿色无框承重玻璃窗	2300	3700					1							1	参建施56
C10	蓝绿色无框承重玻璃窗	2150	3700					4							4	参建施56
C11	蓝绿色无框承重玻璃窗	3100	2800					1							1	参建施58
C12	蓝绿色镀膜隐框玻璃窗	1200	1200					2							2	高窗?从梁底算起

1. 铝合金门采用110系列,铝合金窗长度不大于1800者采用90系列,其余采用110系列,铝合金均为白色.
2. 除另有注明外,所有窗均设于梁底
3.镀膜玻璃均为6厚,承重玻璃厚度均要经过结构计算并经设计院审核后方可施工?

规划设计研究院
门窗明细表(一)
J2000-08　D4　2000.9

图 8-7　图纸目录图例

注 意

由于这些范例文件都使用了特殊的字体文件，所以当用户调用这些文件时，就会因为找不到该字体文件，而需要使用图 8-8 的操作方法来解决(以下同)。

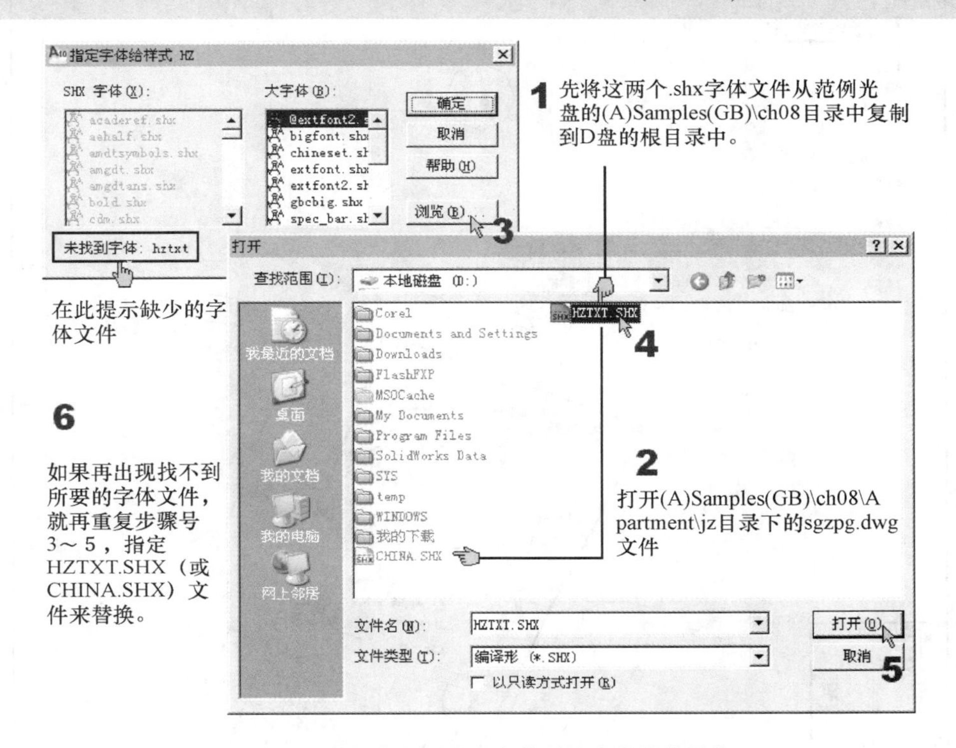

图 8-8　调用本图例图形文件时的字形替换操作

8.4.2　总平面图识图

建筑总平面图是假设在建设区的上空向下投影所得的水平投影图。主要用来表达拟建房屋的位置和朝向，与原有建筑物的关系，周围道路、绿化布置及地形地貌等内容。它可作为拟建房屋定位、施工放线、土方施工以及施工总平面布置的依据。

可参考图 8-9 建筑总平面图图例，该图的识读内容如下(基本的制图标准或惯例，可参考 8.3 节)。

(1)　可以在图中看到图名、比例、图例，以及有关的文字说明(如和面积、容积有关的技术经济指标)。

(2)　了解工程的用地范围、地形地貌和周围环境情况。

(3)　了解拟建房屋的平面位置和定位依据。

(4)　了解拟建房屋的朝向和主要风向。

(5)　了解道路交通及管线布置情况。

(6)　了解绿化、美化的要求和布置情况。

本范例参考文件：(A)Samples(GB)\ch08\Apartment\jz 目录下的 sgzpg.dwg。

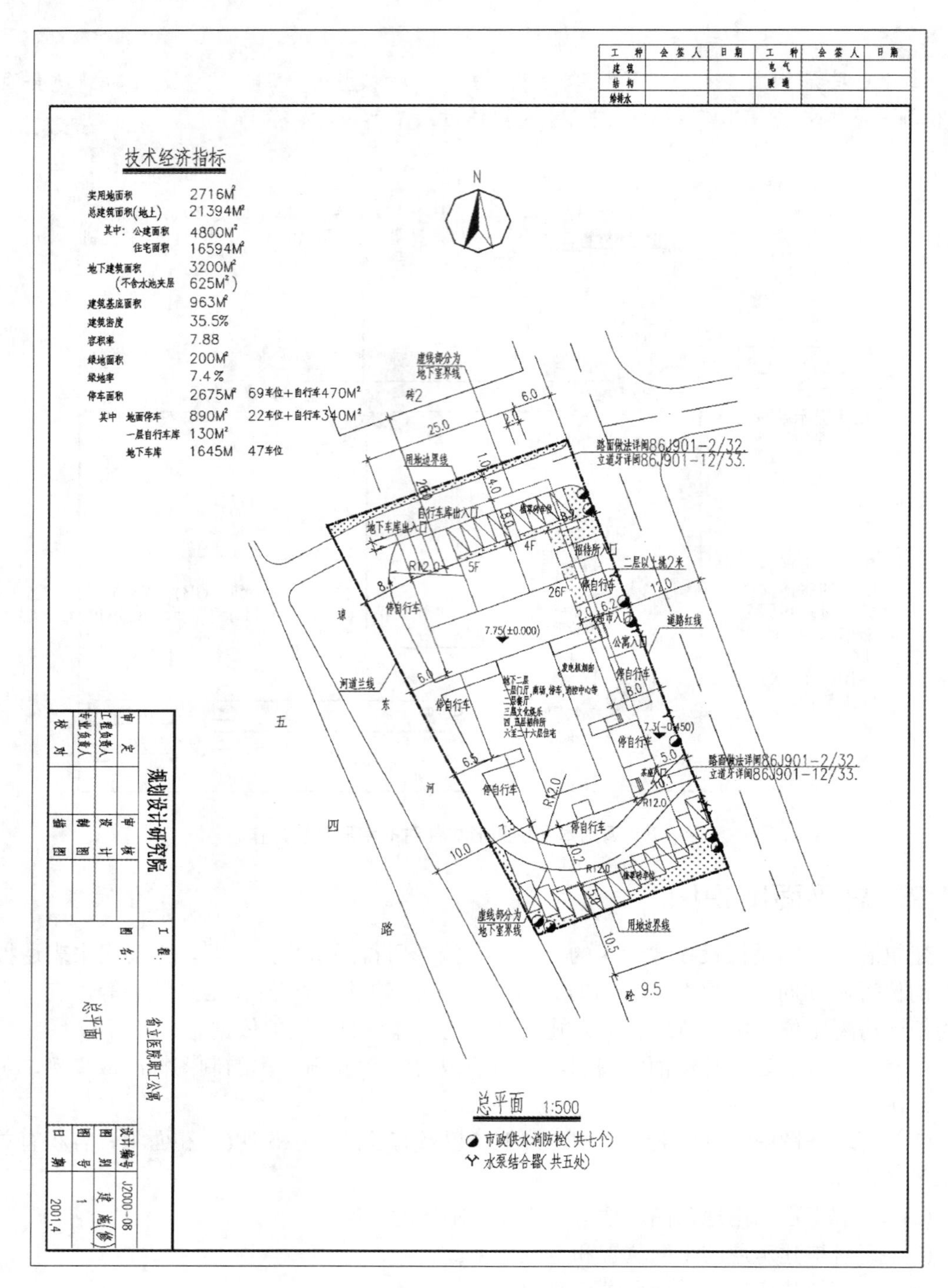

图 8-9　建筑总平面图图例

8.4.3　平面图识图

如图 8-10 所示，假想用一个水平剖切平面沿门窗洞口将房屋剖切开，移去剖切平面及其以上部分，将余下的部分按正投影的原理投射在水平投影面上，所得到的图形就称为“平面图”。平面图主要用来表示房屋的平面布置情况，反映了房屋的平面形状、大小和房间的布置，墙或柱的位置、大小、厚度和材料，门窗的类型和位置等情况。这是施工图中最重要的图形之一。

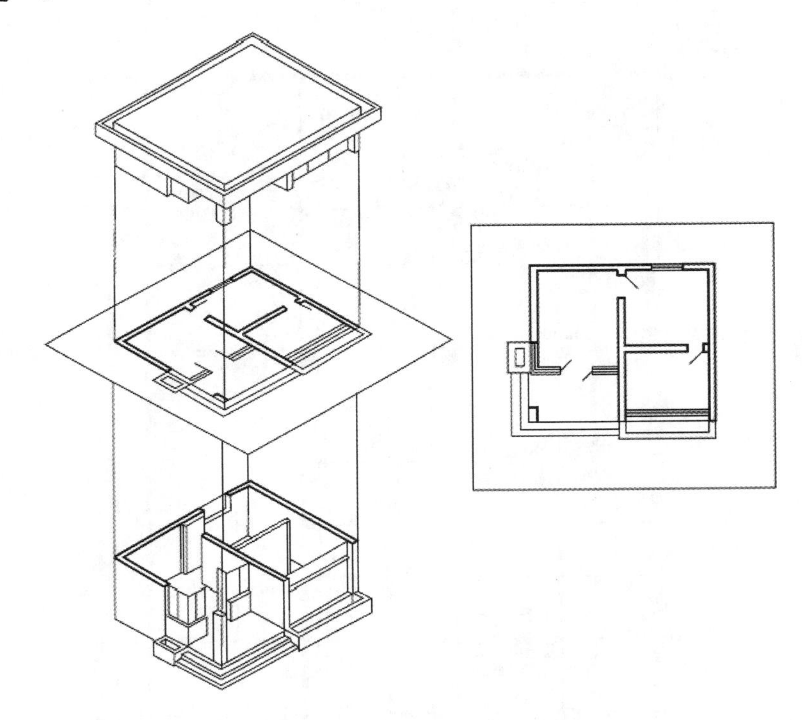

图 8-10 建筑平面图的剖切原理图

建筑平面图的识读内容如下(基本的制图标准或惯例，可参考 8.3 节)。

(1) 了解图名、比例及文字说明。

(2) 了解纵横定位轴线及编号。

(3) 了解房屋的平面形状和总尺寸。

(4) 了解房间的布置、用途及交通联系。

(5) 了解门窗的布置、数量及型号。

(6) 了解房屋的开间、进深、细部尺寸和室内外标高。

(7) 了解房屋细部构造和设备配置等情况。

(8) 了解剖切位置及索引符号。

建筑平面图有下述四种图样。为方便看清图样，可以直接打开范例光盘中：(A)Samples(GB)\ch08\Apartment\jz 目录下的 pp-2.dwg 文件来观察。

1. 地下层平面图

地下层平面图即沿地下层门窗洞口剖切开得到的平面图(见图 8-11)。

2. 底层平面图

底层平面图是指沿底层门窗洞口剖切开得到的平面图(又称“首层平面图”或“一层平面图”)，如图 8-12 所示。

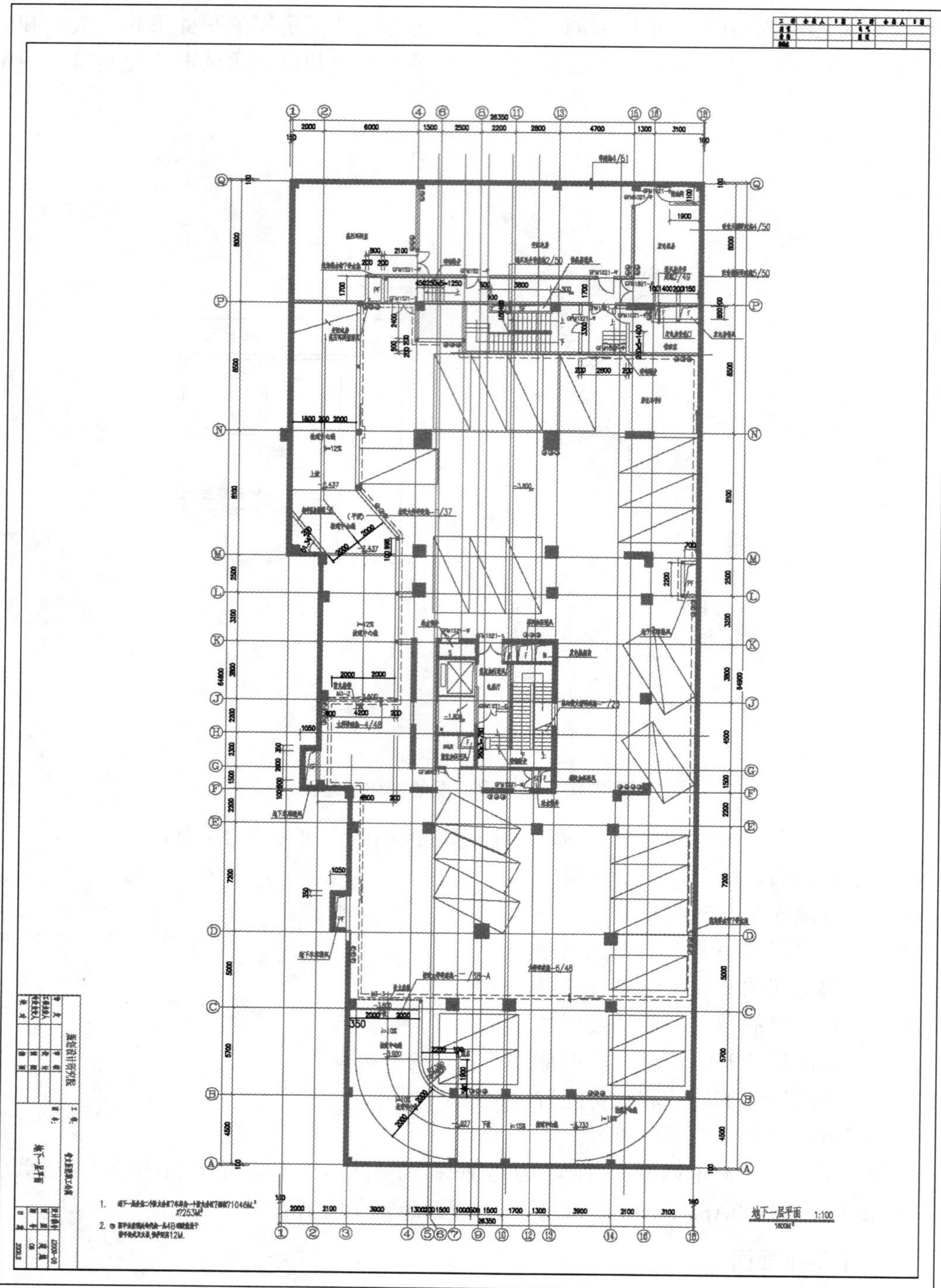

图 8-11　地下层平面图图例

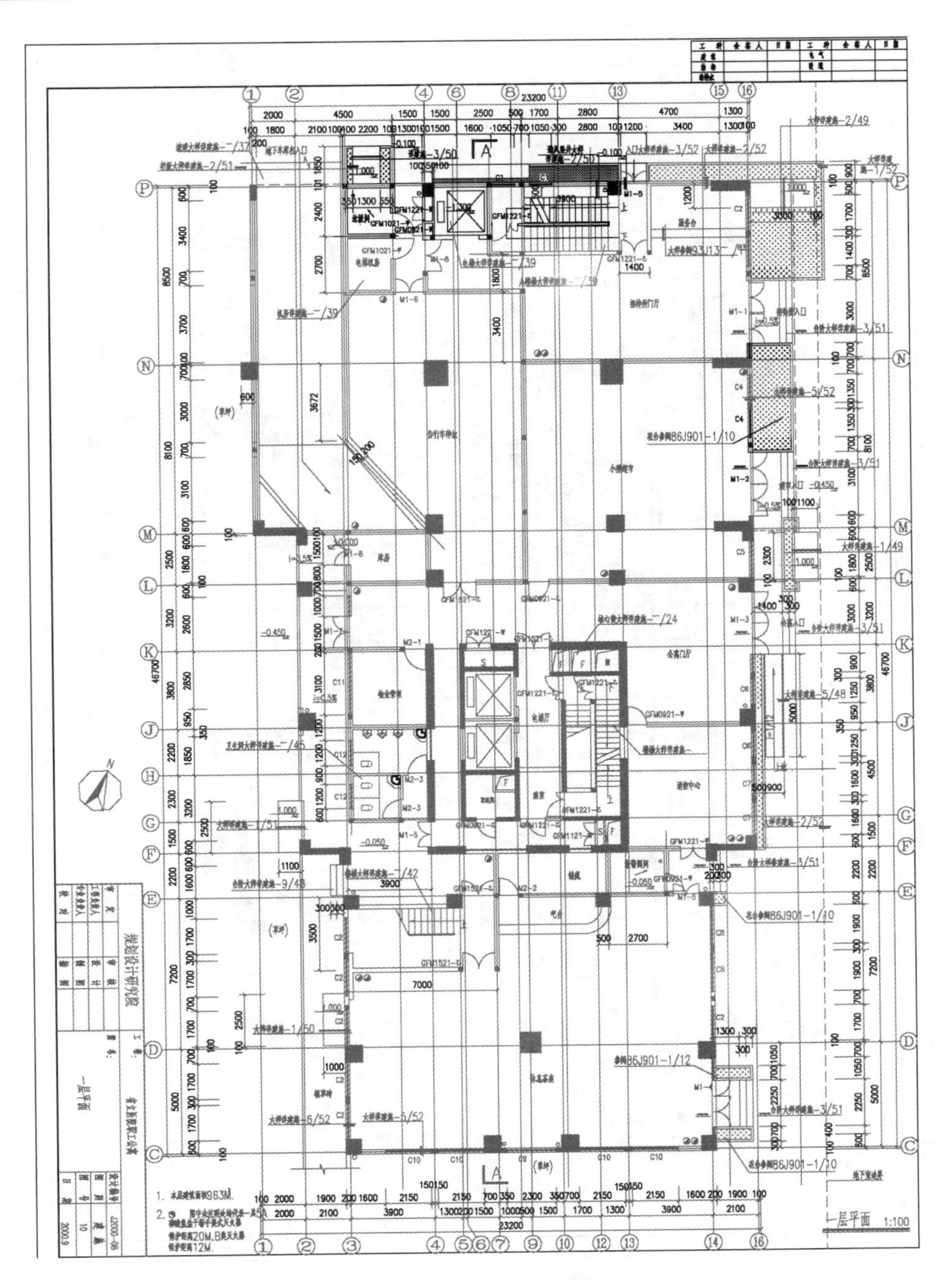

图 8-12　底层平面图图例

3. 标准层平面图

二层平面图是指沿二层门窗洞口剖切开得到的平面图。在多层和高层建筑中，往往中间几层剖开后的图形是一样的，就只需要画一个平面图作为代表层，将这一个作为代表层的平面图称为“标准层平面图”(见图 8-13)。但是如果中间几层里有配置不同的特殊楼层，还是需要独立绘出。

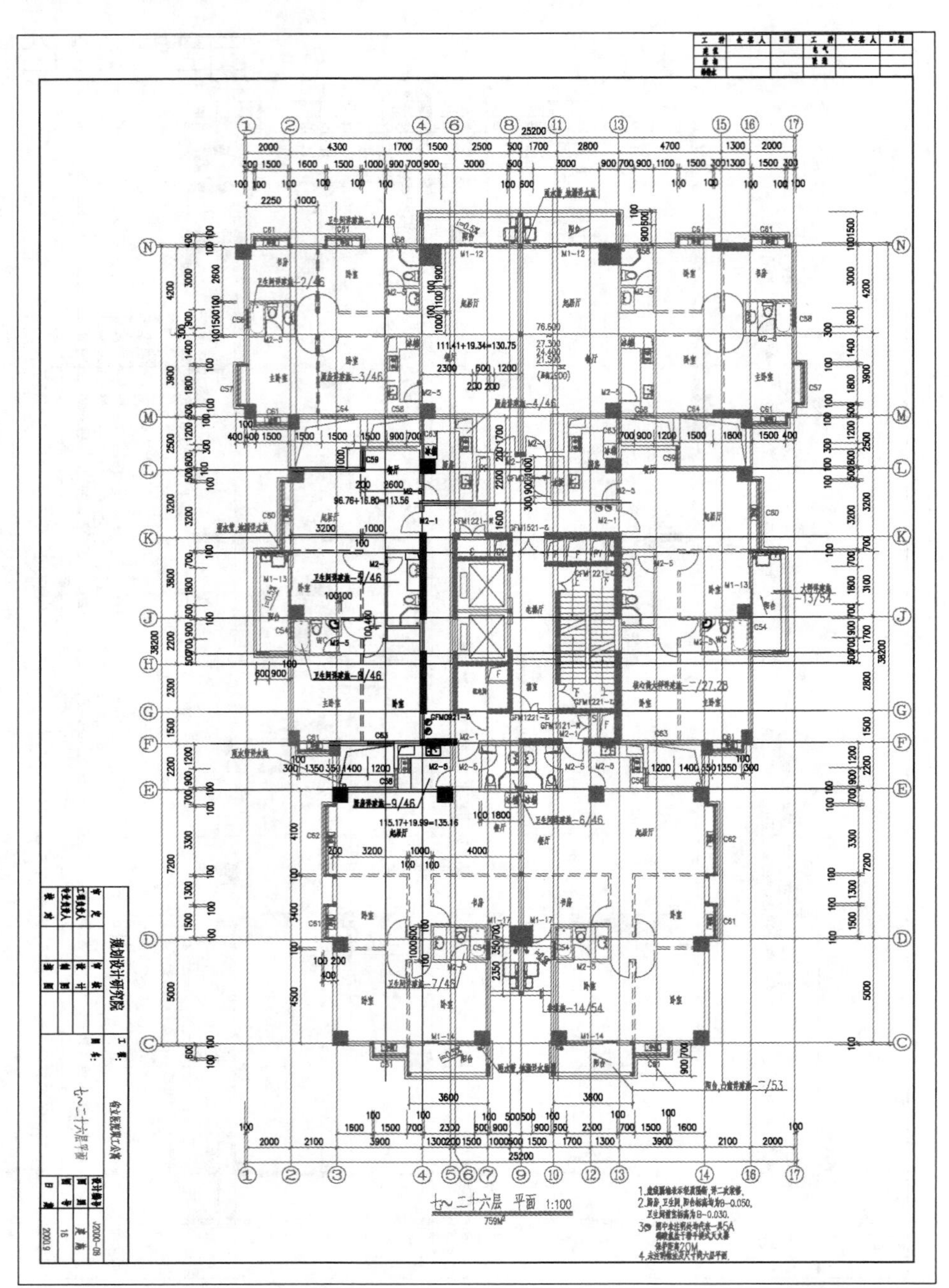

图 8-13　标准层平面图图例

4. 屋顶平面图

而将房屋直接从上向下进行投射得到的平面图称为“屋顶平面图”，也称“屋面平面图”。主要表明屋顶的形状，屋面排水方向及坡度，檐沟、女儿墙、屋脊线、落水口、上人孔、水箱及其他构筑物的位置和索引符号等，如图 8-14 所示。屋顶平面图比较简单，可用较小的比例绘制。

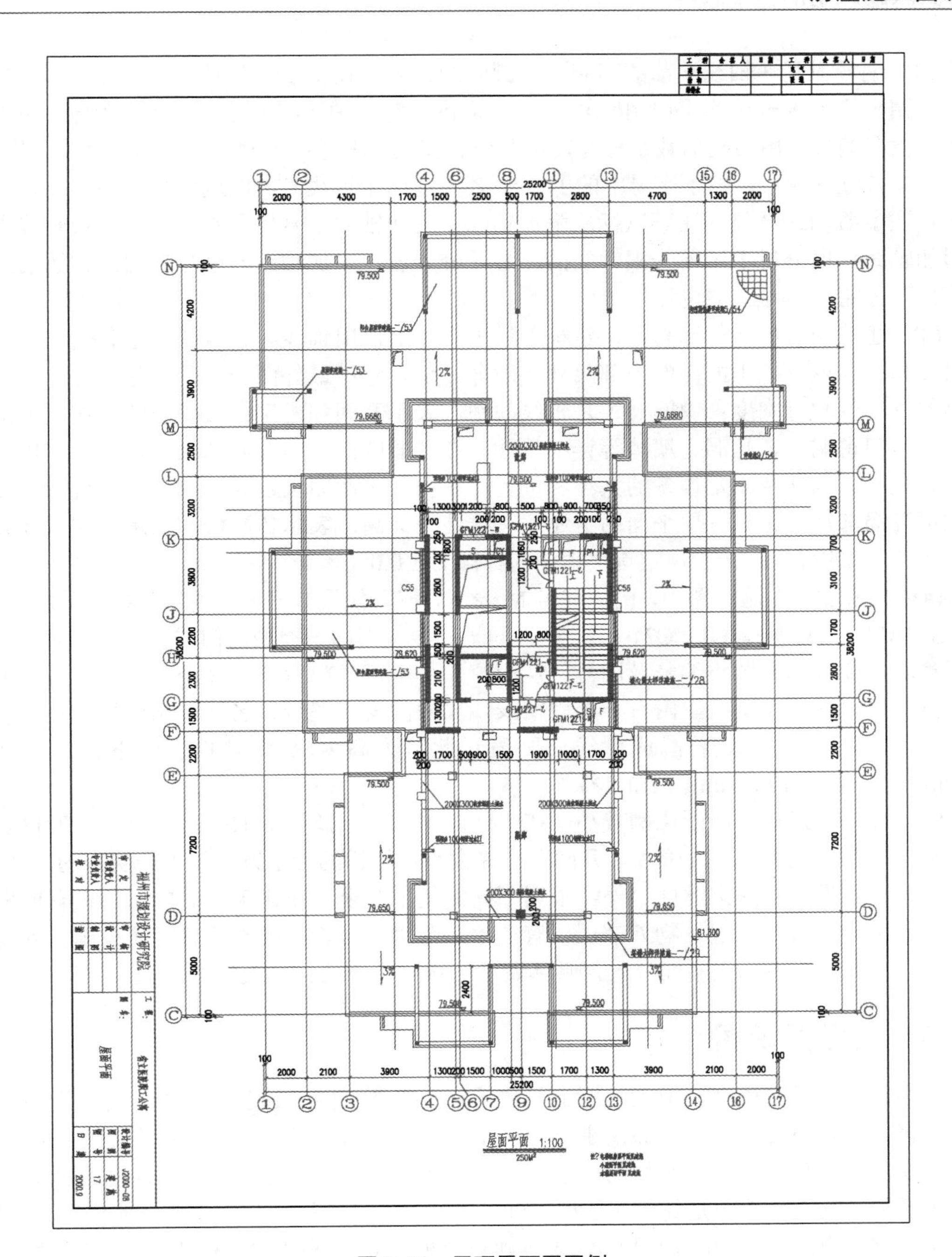

图 8-14　屋顶平面图图例

在前示各图中，我们再提醒你详细的识图重点，如下所述。

(1) 建筑物的朝向及内部布置。建筑物的朝向及内部布置应包括各种房间的分布及相互关系，入口、走道、楼梯的位置等，一般平面图均应注明房间的名称和编号，建筑物主要入口在哪面墙上，就称建筑物朝哪个方向，建筑物的朝向在底层平面图上应画出指北针。

(2) 定位轴线及编号。在建筑工程施工图中，凡是主要的承重构件如墙、柱、梁的位置都要用轴线来定位。根据《房屋建筑制图统一标准》的规定，定位轴线用细点长画线绘制。轴线编号应写在轴线端部的圆圈内，圆圈的圆心应在轴线的延长线上或延长线的折线上，圆圈直径为 8mm，详图上用 10mm。平面图上定位轴线的编号宜标注在图样的下方及左侧。横向编号应用阿拉伯数字标写，从左至右按顺序编号；纵向编号应用大写拉丁字母，从前至后按顺序编号。拉丁字母中的 I、O、Z 不能用于轴线号，以避免与 1、0、2 混淆。除了标注主要轴线之外，还可以标注附加轴线。附加轴线编号用分数表示。两根轴线之间的附加轴线，以分母表示前一根轴线的编号，分子表示附加轴线的编号。通用详图的定位轴线只画圆圈，不标注轴线号。

(3) 建筑物的尺寸与标高。在建筑工程平面图中，用轴线和尺寸线表示各部分的长、宽尺寸和准确位置。平面图的外部尺寸一般分三道尺寸：最外面一道是外包尺寸，表示建筑物的总长度和总宽度；中间一道是轴线间距，表示开间和进深；最里面的一道是细部尺寸，表示门窗洞口、孔洞、墙体等详细尺寸。在平面图内还注有内部尺寸，表明室内的门窗洞、孔洞、墙体及固定设备的大小和位置。在首层平面图上还需要标注室外台阶、花池和散水等局部尺寸。在各层平面图上还注有楼地面标高，表示各层楼地面距离相对标高零点(即正负零)的高差。一般规定首层地面的标高为±0.000。

(4) 门和窗。在施工图中，门用代号 M 表示，窗用代号 C 表示，并用阿拉伯数字编号，如 M1、M2、M3、…，C1、C2、C3、…，同一编号代表同一类型的门或窗。当门窗采用标准图集时，注写标准图集编号及图号。从门窗编号中可知门窗共有多少种，一般情况下，在本页图纸上或前面图纸上附有一个门窗表，表明门窗的编号、名称、洞口尺寸及数量。在平面图中窗洞位置处若画成虚线，则表示此窗为高窗(高窗是指窗洞下口高度高于 1500mm，一般为 1700mm 以上的窗)。

(5) 楼梯。建筑平面图比例较小，在平面图中只能示意楼梯的投影情况，一般仅要求表示出楼梯在建筑中的平面位置、开间和进深大小，楼梯的上下方向及上一层楼的步数。

(6) 附属设施。除上述内容外，根据不同的使用要求，在建筑物的内部还设有壁柜、吊柜、厨房设备等，在建筑物外部还设有花池、散水、台阶、雨水管等附属设施。附属设施只能在平面图中表示出平面位置，具体做法应查阅相应的详图或标准图集。

8.4.4 立面图识图

一座建筑物是否美观，很大程度上取决于它在主要立面上的艺术处理，包括造型与装修是否优美。在设计阶段，立面图主要是用来研究其外形艺术处理的。而在施工图中，它主要反映房屋的外貌和立面装修的一般做法。因此，立面图是建筑设计师表达立面设计效果的重要图纸，在施工中是外墙面造型、外墙面装修、工程概预算、备料等的依据。

了解这个道理后，我们就可以说，表示建筑物外墙面特征的正投影图就称为“立面图”。其中，表示建筑物正立面特征的正投影图称为“正立面图”(见图 8-15)；表示建筑物背立面特征的正投影图称为“背立面图”；表示建筑物侧立面特征的正投影图称为“侧立面图”，侧立面图又分“左侧立面图”(见图 8-16)和“右侧立面图”。但通常也可以按房屋的朝向来命名，如南立面图、北立面图、东立面图、西立面图等。

另外也可按建筑立面图两端定位轴线编号来确定，如①～⑱立面图和 D～A 立面图等。

立面图的识读内容如下(基本的制图标准或惯例，可参考 8.3 节)。

(1) 由图名、比例，明确立面图表达的建筑物哪个侧面，其绘图比例是多少分析建筑立面造型。

(2) 了解外墙面上的门、窗的种类、形式和数量。

(3) 分析立面上的细部构造，如挑檐、雨篷、窗台、台阶等。

(4) 了解外墙面的装饰、装修的做法、材料等。

(5) 查看详图索引符号，配合相应的详图对照阅读。

本范例参考文件：(A)Samples(GB)\ch08\Apartment\jz 目录下的 sg-lm.dwg。

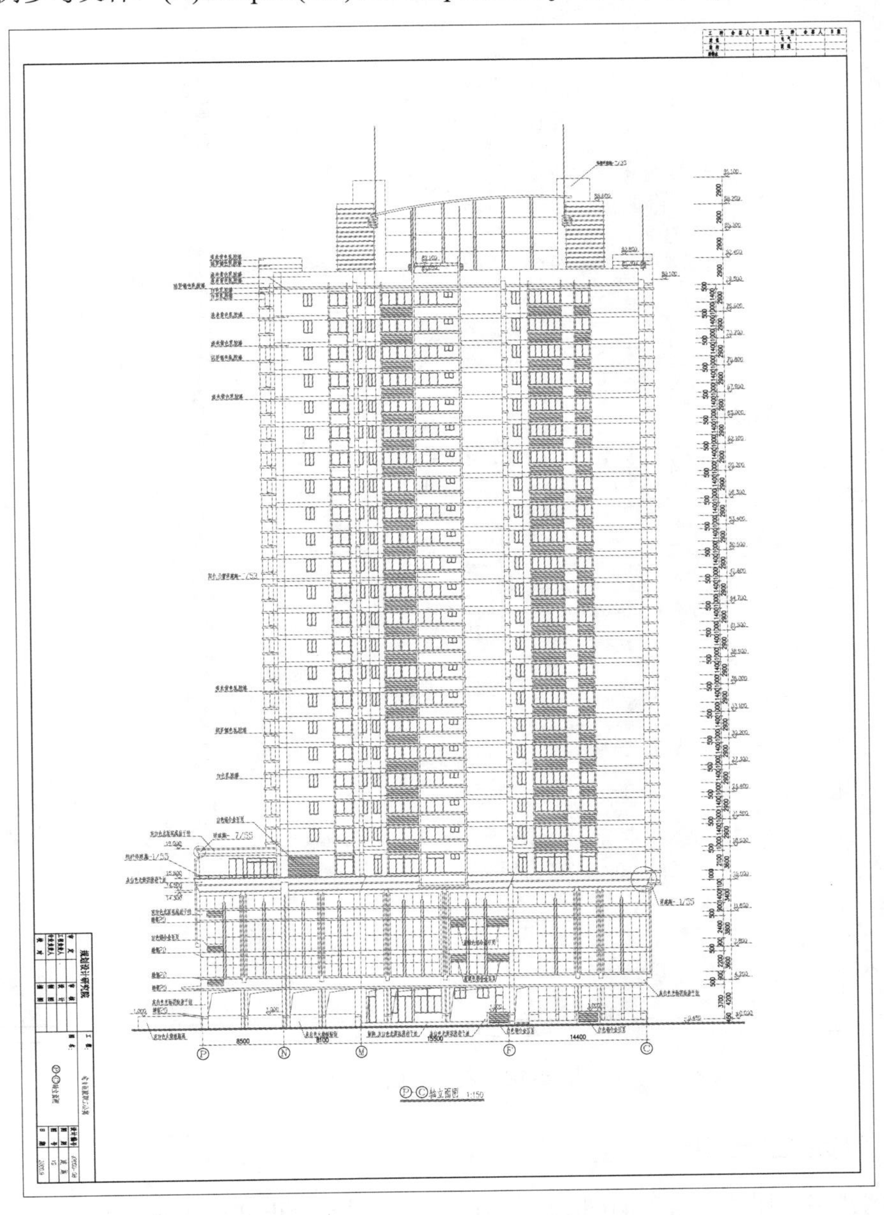

图 8-15 正立面图图例

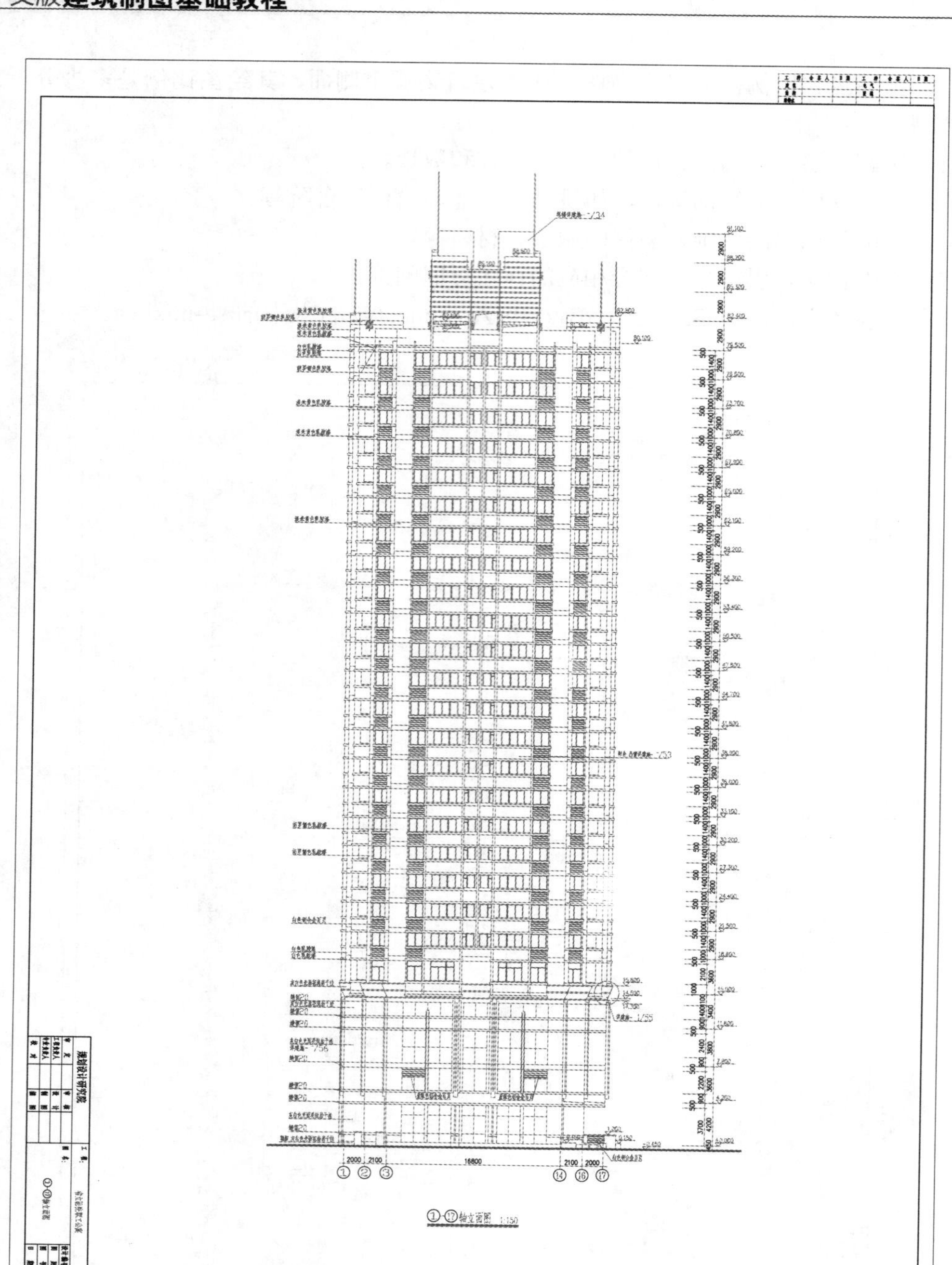

图 8-16　左侧立面图图例

8.4.5　剖面图识图

剖面图是指房屋的垂直剖面图(见图 8-17)。假想用一个正立投影面或侧立投影面的平行面将房屋剖切开，移去剖切平面与观察者之间的部分，将剩下部分按正投影的原理投射到与剖切平面平行的投影面上，得到的图形称为“剖面图”。

用侧立投影面的平行面进行剖切，得到的剖面图称为“横剖面图”；用正立投影面的平行面进行剖切，得到的剖面图称为“纵剖面图”。

剖面图的识读内容如下(基本的制图标准或惯例，可参考 8.3 节)。

(1) 首先读图名、比例和轴线的编号，并与建筑物一层平面图上剖切标注相对应，明确剖切位置和投射方向。

(2) 了解建筑的分层及内部空间组合，结构形式、墙、柱、梁板之间关系及建筑材料。

(3) 了解投影可见的构造。

(4) 了解标高和尺寸、文字说明。

(5) 了解索引符号等。

本范例参考文件：(A)Samples(GB)\ch08\Apartment\jz 目录下的 sg-lm.dwg。

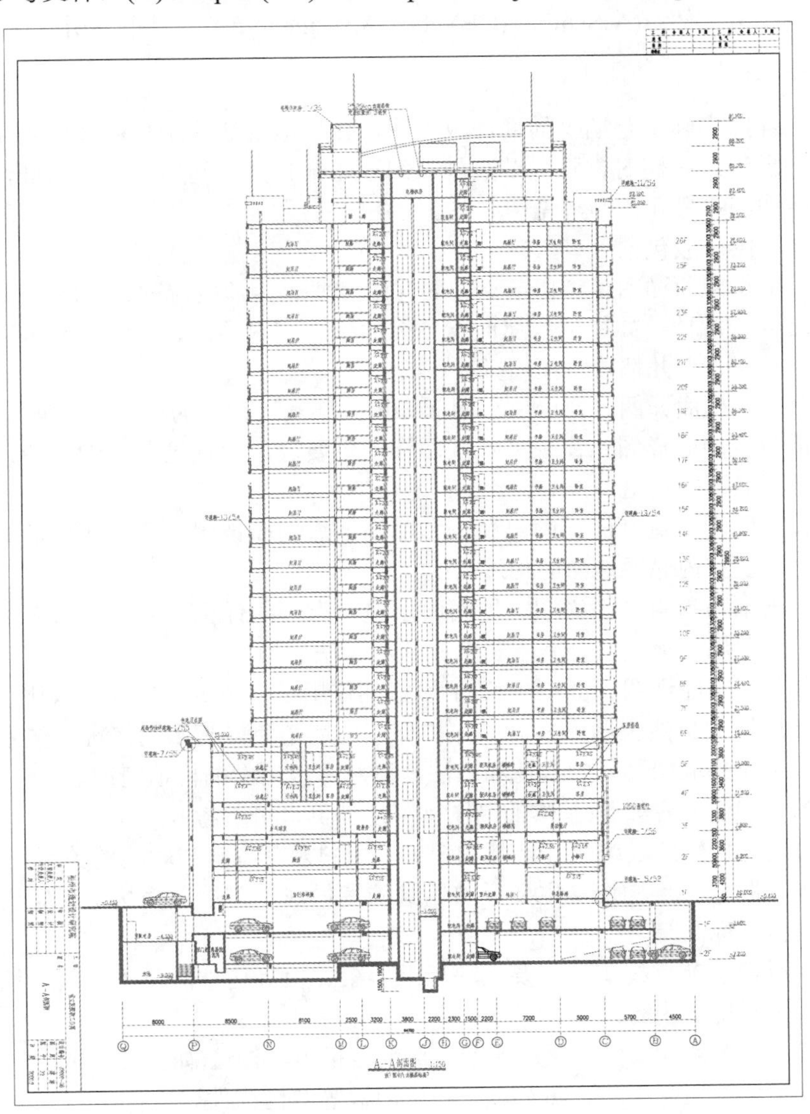

图 8-17 剖面图图例

8.4.6 建筑详图识图

房屋建筑平面图、立面图、剖面图是全局性的图纸，因为建筑物体积较大，所以常采用缩小比例绘制。一般性建筑常用 1：100 的比例绘制，对于体积特别大的建筑，也可采用 1：200 的比例。用这样的比例在平、立、剖面图中无法将细部做法表示清楚；因而，凡是在建筑平、立、剖面图中无法表示清楚的内容，都需要另绘详图或选用合适的标准图。详图的比例常采用 1：1、1：2、1：5、1：10、1：20、1：50 几种。

详图与平、立、剖面图的关系是用索引符号联系的。索引符号的圆圈及直径均应以细实线绘制，圆的直径应为 10mm。索引符号的引出线沿水平直径方向延长，并指向被索引的部位。

本节范例参考文件：(A)Samples(GB)\ch08\Apartment\jz-1 目录下的所有文件。

1. 墙身详图

墙身剖面详图实际上是墙身的局部放大图，详尽地表达了墙身从基础到屋顶的各主要节点的构造和做法。画图时常将各节点剖面图连在一起，中间用折断线断开，各个节点详图都分别注明详图符号和比例，见图 8-18。

墙身剖面详图一般包括以下六种节点。

(1) 檐口节点剖面详图。檐口节点剖面详图主要表达顶层窗过梁、屋顶(根据实际情况画出它的构造与构配件，如屋架或屋面梁、屋面板、室内顶棚、天沟、雨水口、雨水管和水斗、架空隔热层、女儿墙)等的构造和做法。

(2) 窗台节点剖面详图。窗台节点剖面详图主要表达窗台的构造以及外墙面的做法。

(3) 窗顶节点剖面详图。窗顶节点剖面详图主要表达窗顶过梁处的构造，内、外墙面的做法，以及楼面层的构造情况。

(4) 勒脚和明沟节点剖面详图。勒脚和明沟节点剖面详图主要表达外墙脚处的勒脚和明沟的做法，以及室内底层地面的构造情况。

(5) 屋面雨水口节点剖面详图。屋面雨水口节点剖面详图主要表达屋面上流入天沟板槽内雨水穿过女儿墙，流到墙外雨水管的构造和做法。

(6) 散水节点剖面详图。散水(也称防水坡)的作用是将墙脚附近的雨水排泄到离墙脚一定距离的室外地坪的自然土壤中去，以保护外墙的墙基免受雨水的侵蚀。散水节点剖面详图主要表达散水在外墙墙脚处的构造和做法，以及室内地面的构造情况。

墙身详图的识读内容如下(基本的制图标准或惯例，可参考 8.3 节)。

(1) 墙身的定位轴线及编号，墙体的厚度、材料及其本身与轴线的关系。

(2) 勒脚、散水节点构造。主要反映墙身防潮做法、首层地面构造、室内外高差、散水做法、一层窗台标高等。

(3) 标准层楼层节点构造。主要反映标准层梁、板等构件的位置及其与墙体的联系，构件表面抹灰、装饰等内容。

(4) 檐口部位节点构造。主要反映檐口部位包括封檐构造(如女儿墙或挑檐)、圈梁、过梁、屋顶泛水构造、屋面保温、防水做法和屋面板等结构构件。

(5) 图中的详图索引符号等。

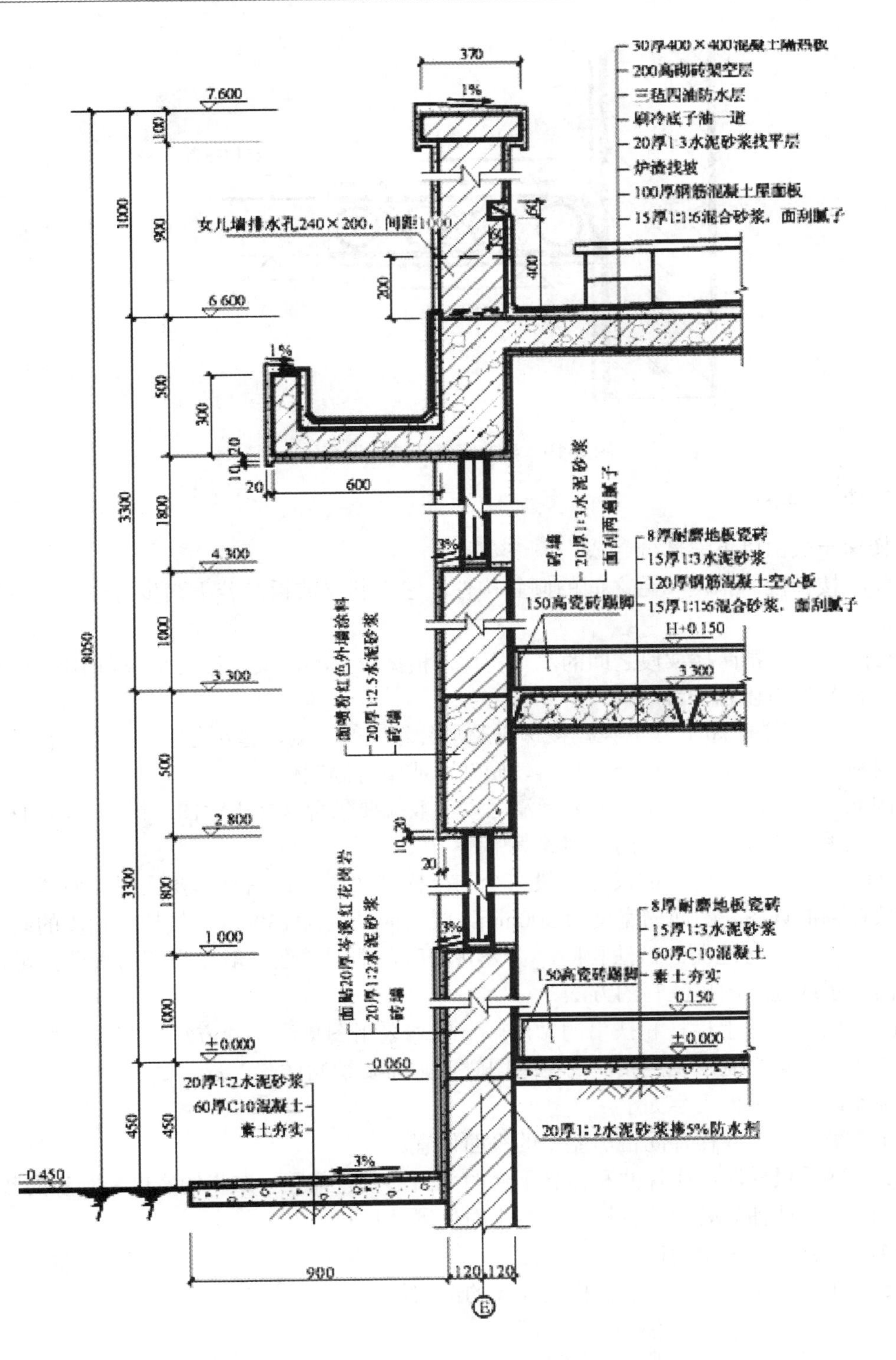

图 8-18　墙身剖面详图图例

注 意

建筑标高和结构标高的区别如图 8-19 所示。

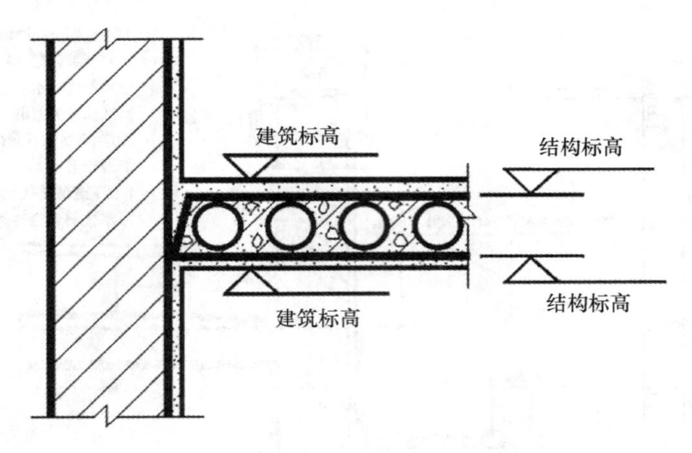

图 8-19 建筑标高和结构标高的区别

2. 楼梯详图

楼梯一般由以下三部分组成。

(1) 楼梯段。指两平台之间的倾斜构件。它由斜梁或板及若干踏步组成，踏步分踏面和踢面。

(2) 平台。指两楼梯段之间的水平构件。根据位置不同又有楼层平台和中间平台之分，中间平台又称为休息平台。

(3) 栏杆(栏板)和扶手。设在楼梯段及平台悬空的一侧，起安全防护作用。栏杆一般用金属材料制作，扶手一般由金属材料、硬杂木或塑料等制作。

因此，要在施工图中将楼梯表示清楚，一般就要包含楼梯平面图、楼梯剖面图和踏步、栏杆、扶手详图等三个部分的内容。其中：

(1) 踏步规格。踏步的尺寸一般在绘制楼梯剖面图或详图时都要注明，如图 8-20(上)所示楼梯剖面详图，踏面的宽度为 300mm，踢面的高度为 150mm。楼梯间踏步的装修若无特别说明，一般与地面的做法相同。在公共场所，楼梯踏面一般要设置防滑条，可通过绘制详图表示或选用图集注写的方法。

(2) 栏杆、扶手栏杆和扶手的做法。一般均采用图集注写的方法。若为新型材料或新型结构而在图集中无法找到相同的构造图时，则需要绘制详图表示。

楼梯详图的识读内容如下。

(1) 了解楼梯或楼梯间在房屋中的平面位置。

(2) 熟悉楼梯段、楼梯井和休息平台的平面形式、位置、踏步的宽度和踏步的数量。

(3) 了解楼梯间处的墙、柱、门窗平面位置及尺寸。

(4) 了解各层平台的标高。

(5) 在楼梯平面图中了解楼梯剖面图的剖切位置。

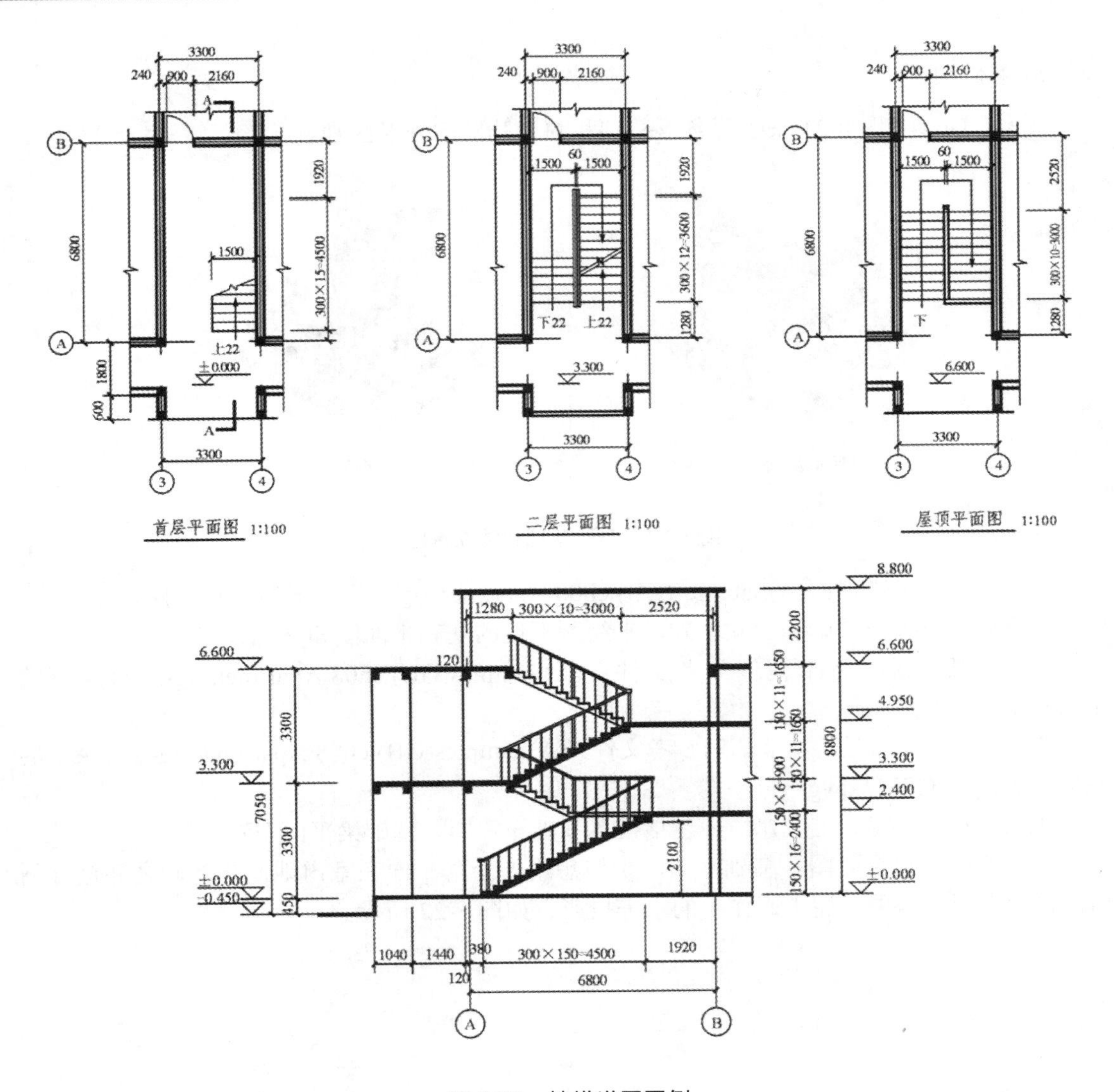

图 8-20 楼梯详图图例

8.5 结构施工图的识图

结构施工图是表示建筑物各承重构件(如基础、承重墙、柱、梁、板等)的布置、形状、大小、材料、构造及其相互关系的图样。结构施工图还反映其他专业(如建筑、给排水、暖通、电气等)对结构的要求。

结构施工图是房屋建筑施工时的主要技术依据。它包含以下基本的图样内容。

1. 结构设计说明

一般为说明图纸难以表达的内容。

2. 基础图

首先，应参考图 8-21 来了解条形基础和独立基础的外形区别。

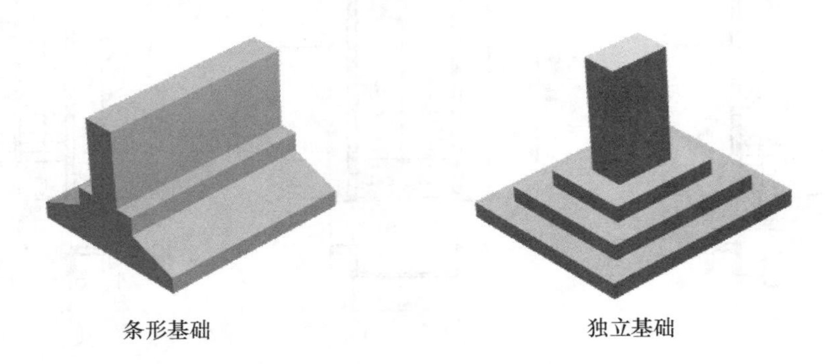

图 8-21　条形基础和独立基础

本节范例参考文件：(A)Samples(GB)\ch08\Apartment\jg-1 目录下的所有文件。

一般会针对条形基础和独立基础，来绘制下述的基础平面图和基础详图。

(1) 图纸目录。本节范例参考文件：(A)Samples(GB)\ch08\Apartment\jg-2 目录下的 mu.dwg。

(2) 结构设计说明。本节范例参考文件：(A)Samples(GB)\ch08\Apartment\jg-2 目录下的 JGSM1.dwg、JGSM2.dwg。

(3) 基础平面图。工业建筑还包括设备基础布置图、基础梁平面布置图等。

① 条形基础平面图。基础平面图是假想用一个水平面在室内地面与基础之间进行剖切，移去上层的房屋和泥土而作出的水平投影，如图 8-22 所示。

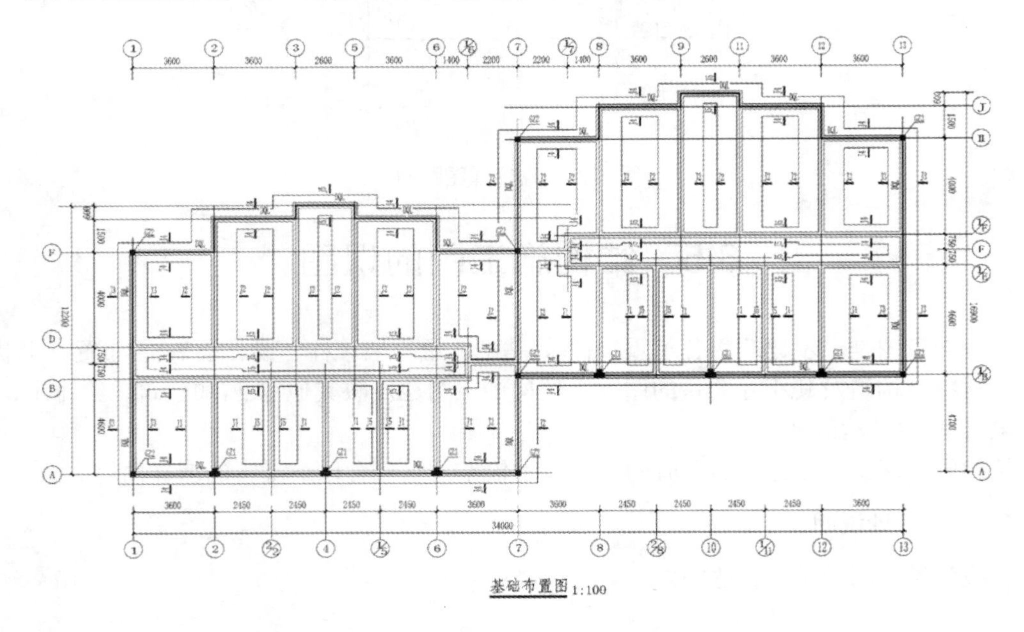

图 8-22　条形基础平面图图例

条形基础平面图识图原则如下。

- 图名(基础代号)、比例。用基础详图的名称去对基础平面图的位置，了解其为哪一基础上的断面。
- 纵横定位轴线编号。了解有多少道基础、基础间的定位轴线尺寸各是多少，并与房屋平面图进行对照，看是否一致。
- 基础的平面布置。了解基础墙、柱以及基础底面的形状、大小及其与轴线的关系。
- 基础梁的位置和代号。可根据代号统计梁的种类、数量及查阅梁的详图。
- 断面图的剖切位置线及其编号(或注写的基础代号)。了解基础断面图的种类、数量及其分布位置，以便与断面图进行对照阅读。
- 轴线尺寸、基础大小尺寸和定位尺寸。了解基础各尺寸间关系。
- 施工说明。了解施工时对基础材料及其强度等的要求。

② 独立基础平面图。原理和绘图方式同条形基础平面图，只是针对的是独立基础。在工业厂房、大中型民用建筑中常采用排架或框架体系，上部荷载主要通过柱子传至基础，柱子下的基础一般各自独立。

(4) 基础详图。根据条形基础和独立基础两种常见类型，它们也都有各自的详图，如下所述。

① 条形基础详图。基础平面图只表明基础的平面布置，而基础各部分的形状、大小、材料、构造及基础的埋置深度等需由基础详图来表达。基础详图一般采用基础的横断面表示，如图 8-23 所示。

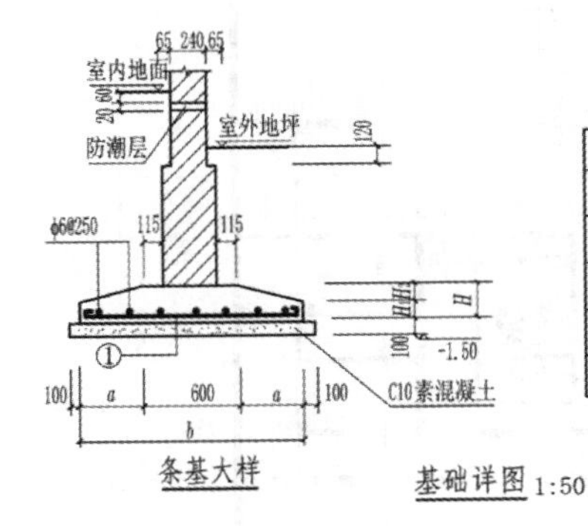

基础	a	b	钢筋①
J_1	950	2500	φ12@100
J_2	700	2000	φ12@150
J_3	350	1300	φ8@130
J_4	150	900	φ8@200
J_5	50	700	φ6@200

基础详图 1:50

图 8-23 条形基础详图图例

条形基础详图识图原则如下。

- 图名(基础代号)、比例。用基础详图的名称去对基础平面图的位置，了解其为哪一基础上的断面。
- 基础断面图中轴线及其编号(若为通用断面图，则轴线圆圈内无编号)。配合找出基础平面图的位置。
- 基础断面形状、大小、材料及配筋。
- 基础梁的高、宽尺寸及配筋。
- 基础断面的详细尺寸和室内外地面、基础底面的标高。了解基础的埋置深度。
- 防潮层的位置及做法。了解防潮层距±0.00 的位置及其施工材料。

- 施工说明。了解基础施工的要求。

② 独立基础详图。原理和绘图方式同条形基础详图，只是针对的是独立基础。

3. 结构平面布置图

结构平面布置图分有下述两种。

(1) 楼层结构平面布置图(见图 8-24)。工业建筑还包括柱网、吊车梁、柱间支撑、连系梁布置图等。此图是用来表示每层的梁、板、柱、墙等承重构件的平面关系，以便了解各构件在房屋中的位置以及它们之间的构造关系。图中包含有各种构件的名称编号、布置及定位尺寸；轴线间尺寸与构件长宽的关系；墙与构件的关系；构件搭在墙上的长度。本节范例参考文件：(A)Samples(GB)\ch08\Apartment\jg-1 目录下的 Pm.dwg。

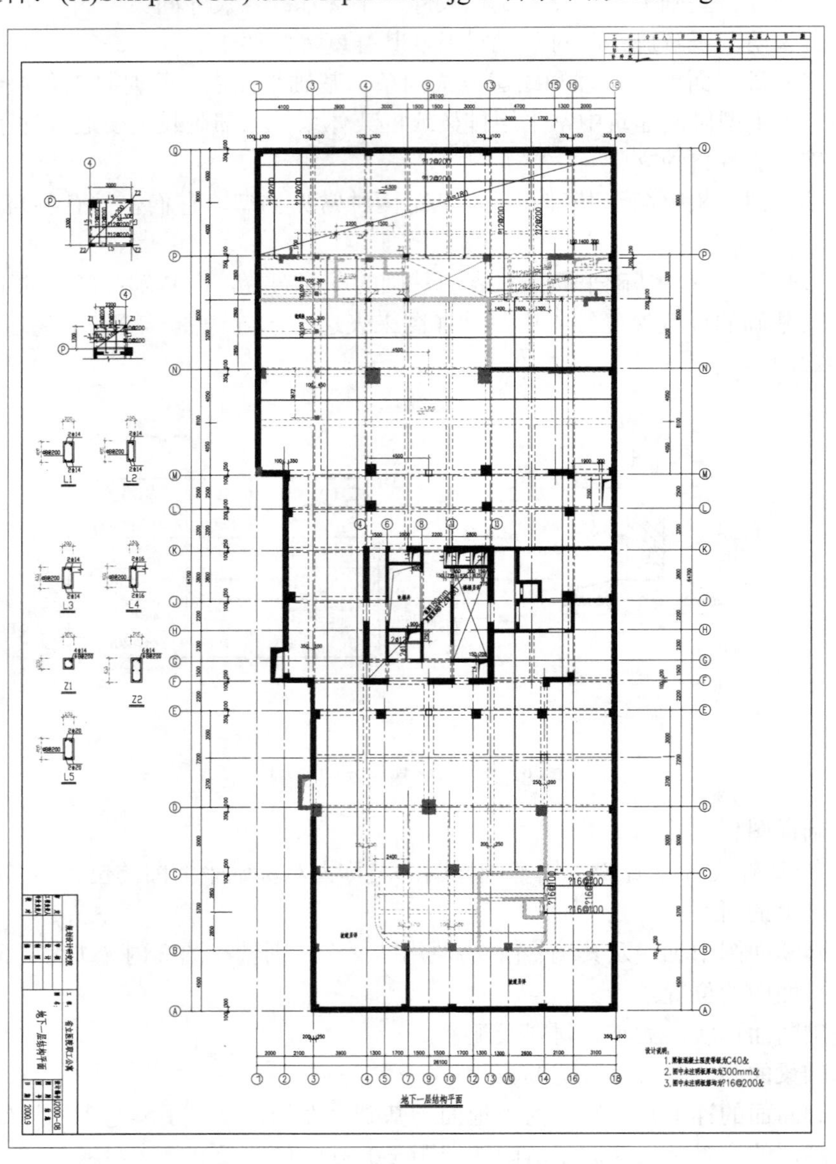

图 8-24　楼层结构平面布置图图例

(2) 屋面结构平面布置图，如图 8-25 所示。工业建筑还包括屋面板、天沟板、屋架、天窗架及屋面支撑系统布置图等。

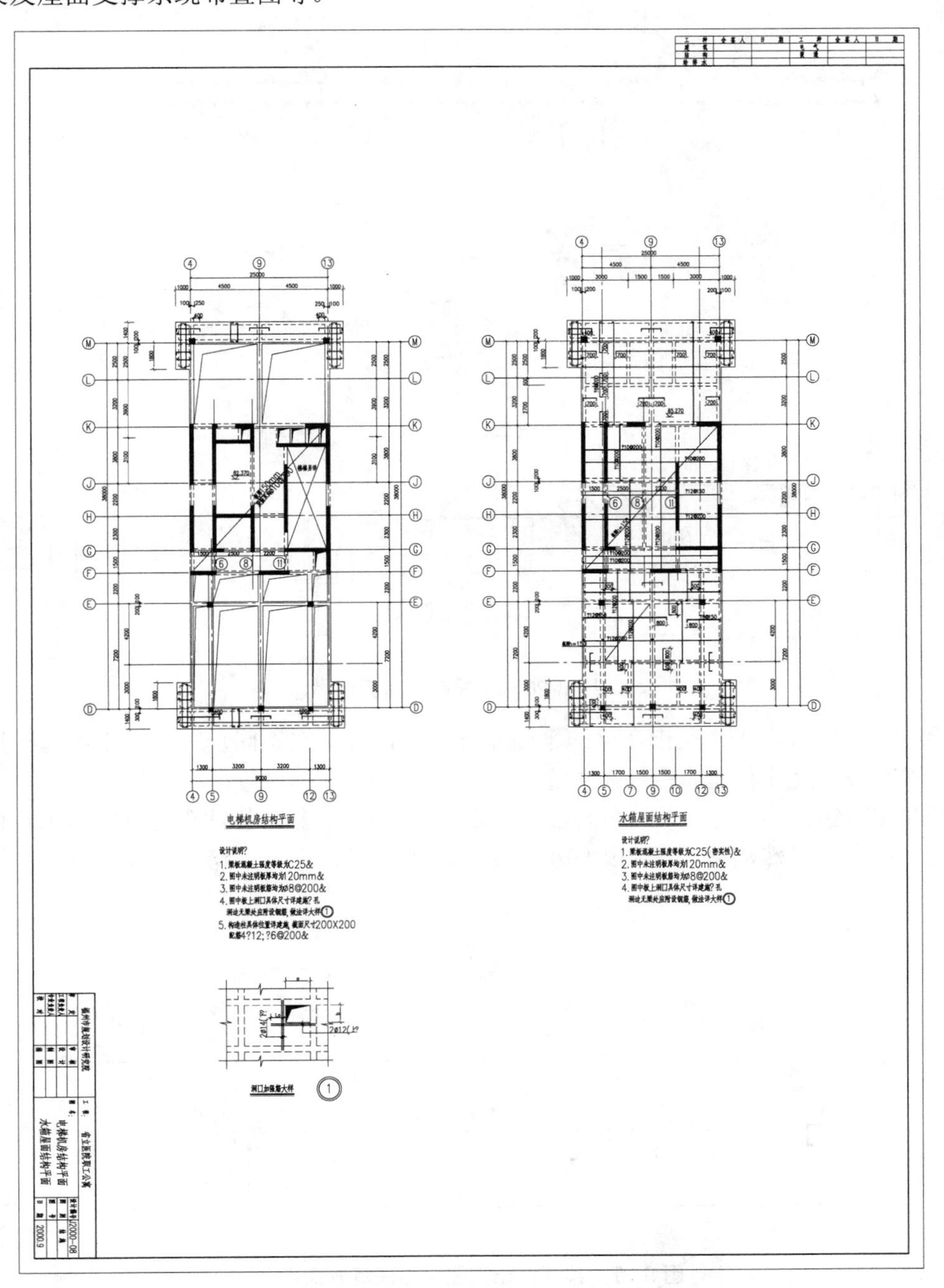

图 8-25　屋面结构平面布置图图例

4. 结构详图

结构详图分有下述四种。

(1) 钢筋混凝土梁、钢筋混凝土板、钢筋混凝土柱等的配筋详图。首先，是图 8-26 所示的钢筋混凝土梁配筋详图。

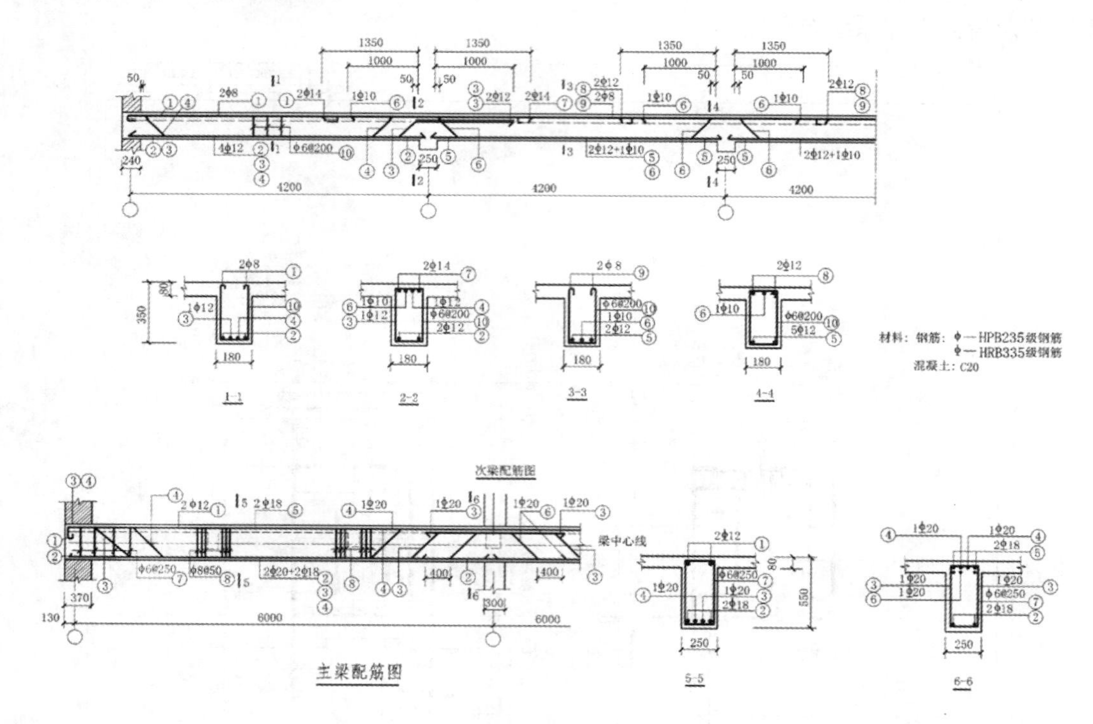

图 8-26　梁配筋详图图例

梁的平面注写方式，是指在梁的平面布置图上，分别在不同编号的梁中各选一根梁，在其上注写截面尺寸和配筋的具体数值。

平面注写包括集中标注与原位标注，如图 8-27 所示。集中标注表达梁的通用数值，原位标注表达梁的特殊数值。图中梁的编号由梁类型代号、序号、跨数，以及有无悬挑代号等组成。

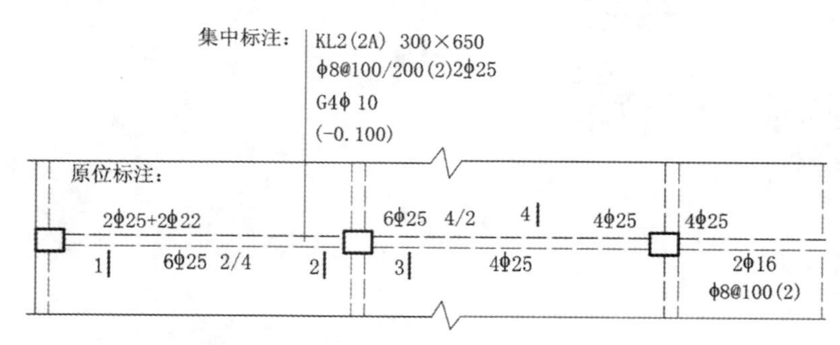

图 8-27　梁平法施工图平面注写方式示例

梁集中标注的内容有以下五项必注值与一项选注值。

① 梁编号如图 8-27 中“KL2(2A)”表示第 2 号框架梁，2 跨，一端有悬挑。

② 梁截面尺寸等截面梁，用 b×h 表示，如图 8-27 所示 300×650 表示宽为 300，高为 650；加腋梁用 $b \times hYC_1 \times C_2$ 表示(C_1：腋长，C_2：腋高)，如图 8-28 所示。

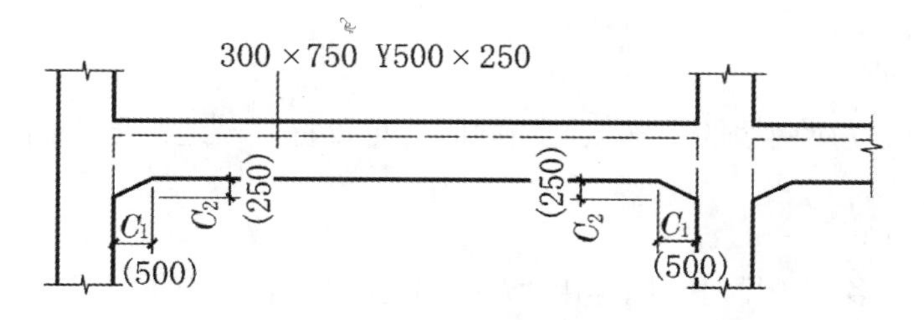

图 8-28 加腋梁截面尺寸注写示意

悬挑梁且根部和端部的高度不同时，用斜线分隔根部与端部的高度值，即用 $b \times h_1/h_2$ 表示，如图 8-29 所示。

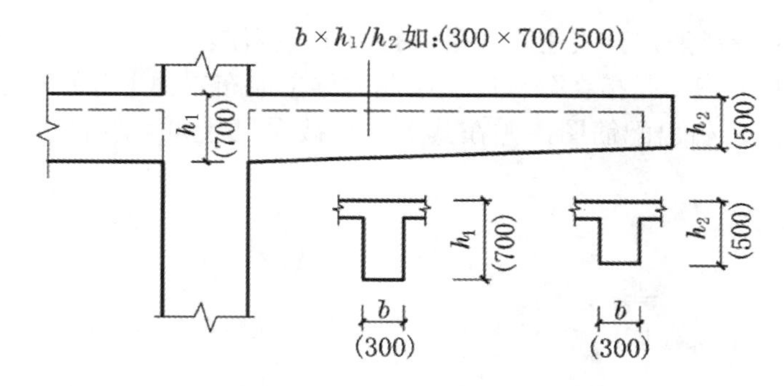

图 8-29 悬挑梁不等高截面尺寸注写示意

③ 梁箍筋包括钢筋级别、直径、加密区与非加密区间距及肢数。如图 8-27 中“ϕ8@100/200(2)”表示箍筋为 HPB235 级钢筋，直径 8，加密区间距为 100，非加密区间距为 200，均为双肢箍。

④ 梁上部通长筋或架立筋如图 8-27 中“2ϕ25”用于双肢箍；但当同排纵筋中既有通长筋又有架立筋时，应用加号“+”将通长筋和架立筋相连，且角部纵筋写在加号前面，架立筋写在后面的括号内，如“2ϕ22+(4ϕ12)”用于六肢箍，其中 2ϕ22 为通长筋，4ϕ12 为架立筋。

⑤ 梁侧面纵向构造钢筋或受扭钢筋。

- 如图 8-27 中“G4ϕ10”表示梁的两个侧面共配置 4ϕ10 的纵向构造钢筋，每侧各配置 2ϕ10。
- 梁侧面配置的受扭钢筋，用 N 开头，如“N6ϕ20”表示梁的两个侧面共配置 6ϕ20 的受扭纵向钢筋，每侧各配置 3ϕ20。

⑥ 梁顶面标高高差，此项为选注值。如图 8-27 中“(−0.100)”表示该梁顶面标高低于其结构层的楼面标高 0.1m。

梁原位标注的内容如下。

① 梁支座上部纵筋。

- 如上部纵筋多于一排时，用“/”将各排纵筋自上而下分开，如图 8-27 中“6ϕ25 4/2”表示上一排纵筋为 4ϕ25，下一排纵筋为 2ϕ25。
- 如同排纵筋有两种直径时，用“+”将两种直径纵筋相连，且角部纵筋写在前面，如图 8-27 中“2ϕ25+2ϕ22”表示梁支座上部有四根纵筋，2ϕ25 放在角部，2ϕ22

放在中部。

- 如梁中间支座两边的上部纵筋相同时，可仅标注一边；但不同时，应在支座两边分别标注。

② 梁下部纵筋。

- 下部纵筋多于一排时，同样用“/”将各排纵筋自上而下分开。
- 同排纵筋有两种直径时，同样用“+”将两种直径纵筋相连，且角筋写在前面。
- 梁下部纵筋不全伸入支座时，将梁支座下部纵筋减少的数量写在括号内，如“6ϕ20 2(−2)/4”，表示上排纵筋为 2ϕ20，且不伸入支座，下一排纵筋为 4ϕ20，全部伸入支座。

③ 附加箍筋或吊筋，直接在平面图中的主梁上标注。

梁截面的注写方式，是指在分标准层绘制的梁平面布置图上分别在不同编号的梁中各选择一根梁用剖面号引出配筋图，并在其上注写截面尺寸和配筋的具体数值，如图 8-30 所示。

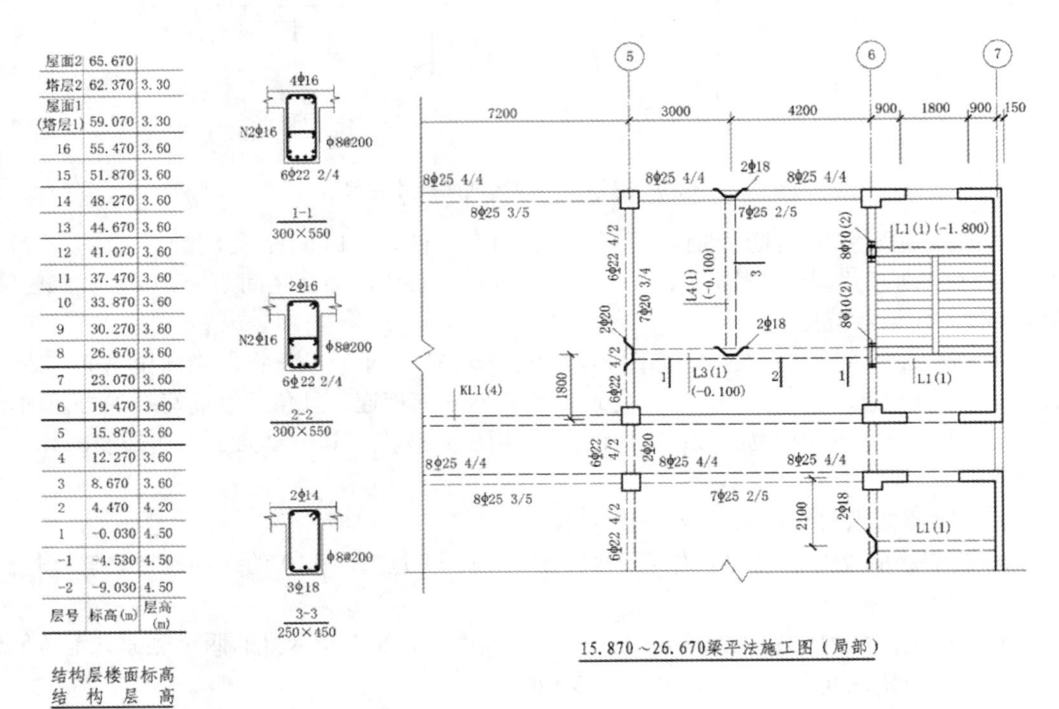

层号	标高(m)	层高(m)
屋面2	65.670	
塔层2	62.370	3.30
屋面1(塔层1)	59.070	3.30
16	55.470	3.60
15	51.870	3.60
14	48.270	3.60
13	44.670	3.60
12	41.070	3.60
11	37.470	3.60
10	33.870	3.60
9	30.270	3.60
8	26.670	3.60
7	23.070	3.60
6	19.470	3.60
5	15.870	3.60
4	12.270	3.60
3	8.670	3.60
2	4.470	4.20
1	-0.030	4.50
-1	-4.530	4.50
-2	-9.030	4.50

结构层楼面标高
结构层高

图 8-30　梁截面的注写方式示意

梁配筋详图的识读顺序如下所述。

① 看图名、比例。了解该梁为哪一根梁配筋图，以及其比例大小。

② 看梁的立面图和断面图。立面图表示梁的长度尺寸，钢筋在梁内上下、左右的配置；断面图表示梁中钢筋上下、前后的排列情况。

③ 看钢筋详图和钢筋表。

再来是图 8-31 所示的钢筋混凝土板配筋详图。

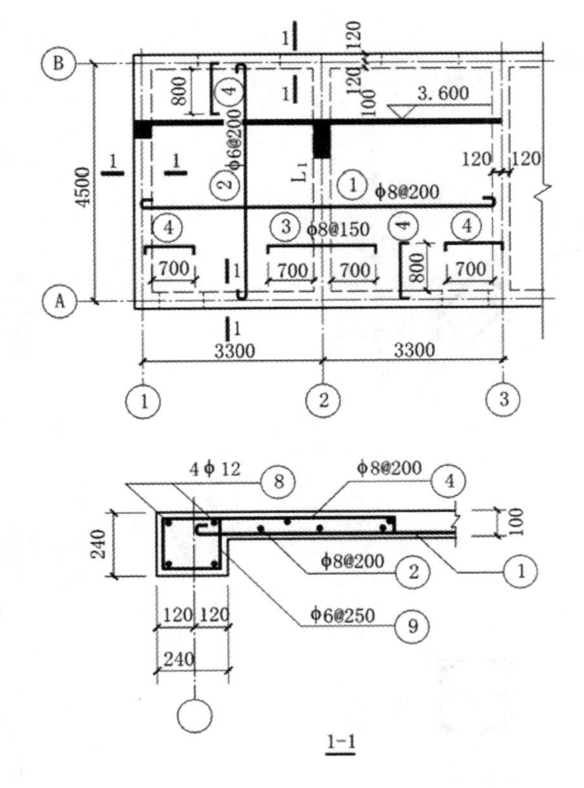

钢　筋　表

钢筋编号	钢筋简图	规格	长度(mm)	根数	备注
①	50　6580　50	φ8	6680	24	
②	50　4480　50	φ6	4580	34	
③	1600　90	φ8	1780	24	
④	700(800)　90	φ8	880 (980)	48 68	

材料：钢筋 φ—HPB235级钢筋。
混凝土C15。
板的混凝土保护层为10mm。

图 8-31　板配筋详图图例

板配筋详图的识读顺序如下所述。

① 看图名与比例。了解该板为哪层、哪一编号板详图，以及其比例大小。

② 看平面图。了解板在四周的支承情况、板内钢筋的布置情况。

③ 看断面图。了解板中钢筋上下位置关系。

④ 看钢筋详图、钢筋表。

最后则是图 8-32 所示的钢筋混凝土柱配筋详图。

柱的列表注写方式，是指在柱的平面布置图上分别在同一编号的柱中选择一个(或几个)截面标注几何参数代号，然后在柱表中注写柱号、柱段起止标高、几何尺寸与配筋的具体数值，且配以各种柱截面形状及其箍筋类型图，如图 8-33 所示。

柱的列表注写包含以下内容。

① 柱编号。柱编号由类型代号和序号组成。

② 各段柱的起止标高。

③ 柱截面尺寸 b×h 及与轴线关系的几何参数数值。

④ 柱纵筋。柱纵筋直径相同，各边根数也相同时，则在“全部纵筋”栏中注写；除此之外，则分别注写。

⑤ 箍筋类型号及箍筋肢数。

⑥ 柱箍筋级别、直径与间距。

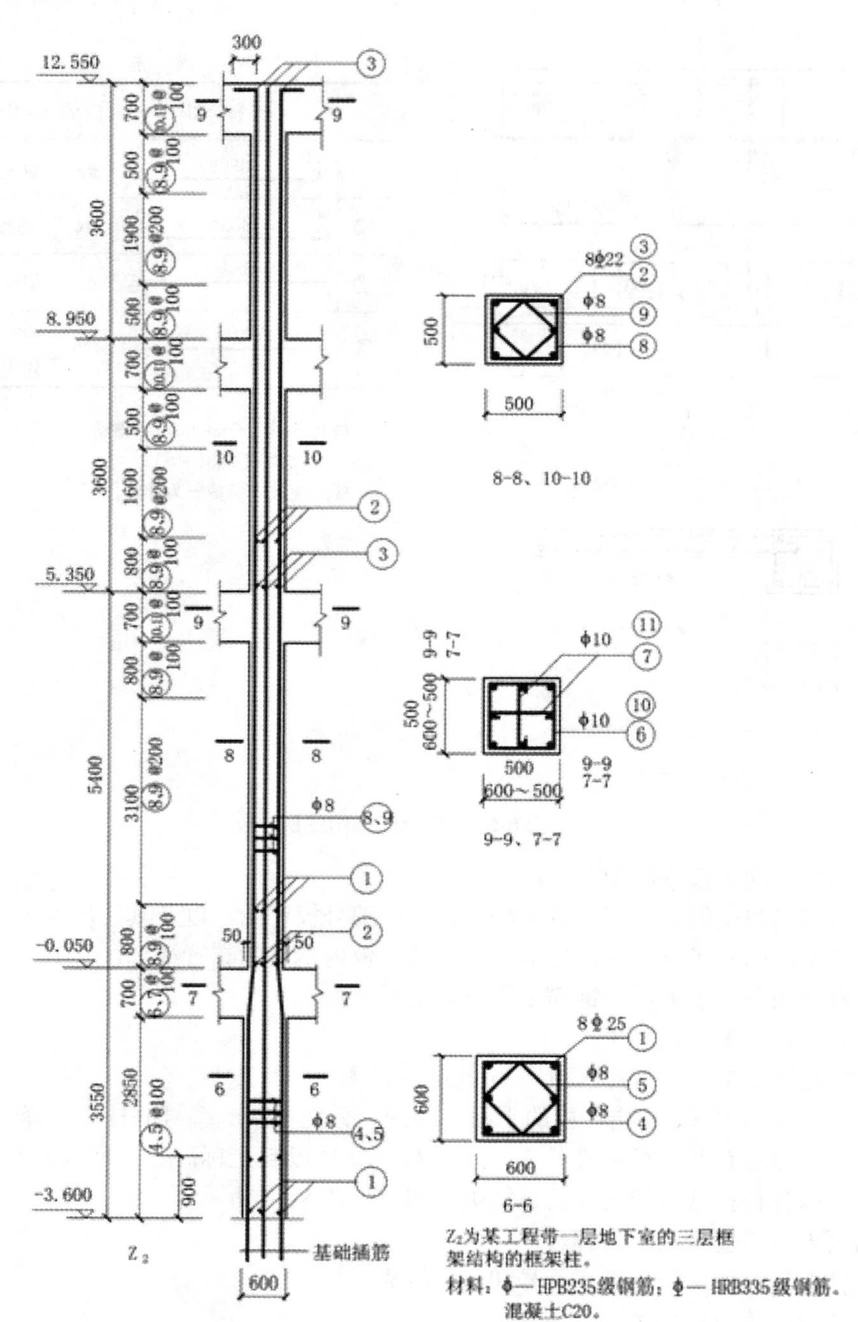

图 8-32　柱配筋详图图例

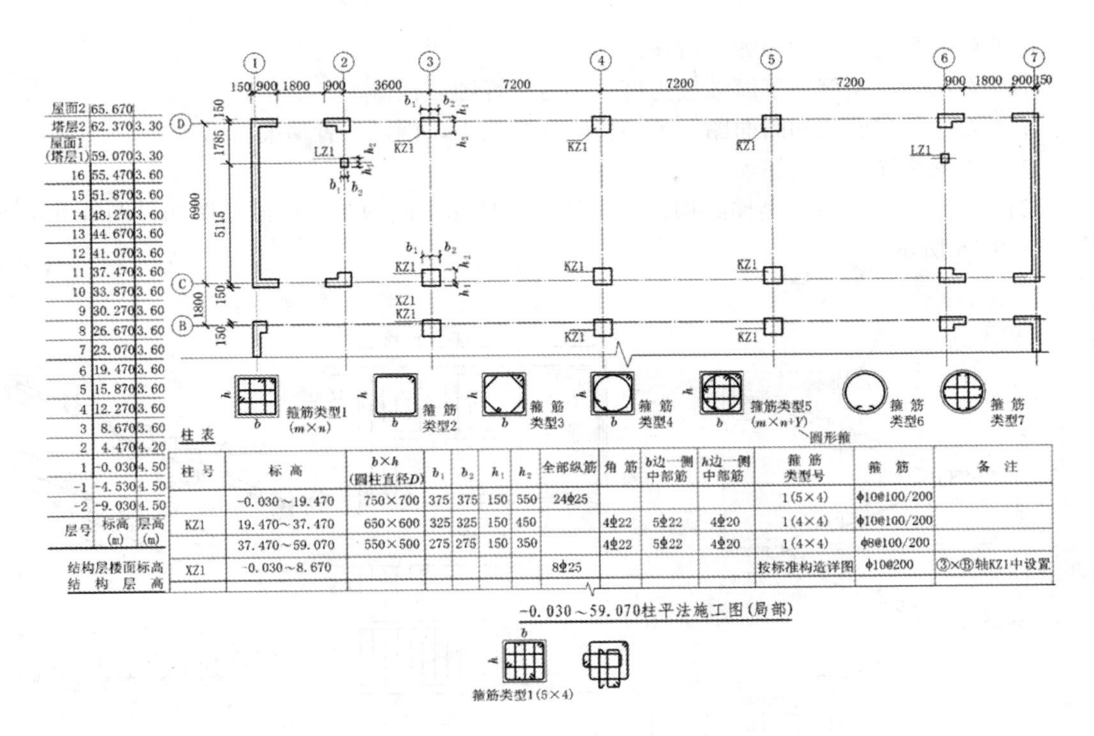

层号	标高(m)	层高(m)
屋面2	65.670	
塔层2	62.370	3.30
屋面1(塔层1)	59.070	3.30
16	55.470	3.60
15	51.870	3.60
14	48.270	3.60
13	44.670	3.60
12	41.070	3.60
11	37.470	3.60
10	33.870	3.60
9	30.270	3.60
8	26.670	3.60
7	23.070	3.60
6	19.470	3.60
5	15.870	3.60
4	12.270	3.60
3	8.670	3.60
2	4.470	4.20
1	-0.030	4.50
-1	-4.530	4.50
-2	-9.030	4.50

结构层楼面标高
结构层高

柱表

柱号	标高	b×h (圆柱直径D)	b_1	b_2	h_1	h_2	全部纵筋	角筋	b边一侧中部筋	h边一侧中部筋	箍筋类型号	箍筋	备注
	-0.030～19.470	750×700	375	375	150	550	24Φ25				1(5×4)	Φ10@100/200	
KZ1	19.470～37.470	650×600	325	325	150	450		4Φ22	5Φ22	4Φ20	1(4×4)	Φ10@100/200	
	37.470～59.070	550×500	275	275	150	350		4Φ22	5Φ22	4Φ20	1(4×4)	Φ8@100/200	
XZ1	-0.030～8.670						8Φ25				按标准构造详图	Φ10@200	③×Ⓑ轴KZ1中设置

图 8-33　柱的列表注写方式示例

柱的截面注写方式，是指在分标准层绘制的柱平面布置图的柱截面上分别在同一编号的柱中选择一个截面，直接注写截面尺寸和配筋具体数值，如图 8-34 所示。

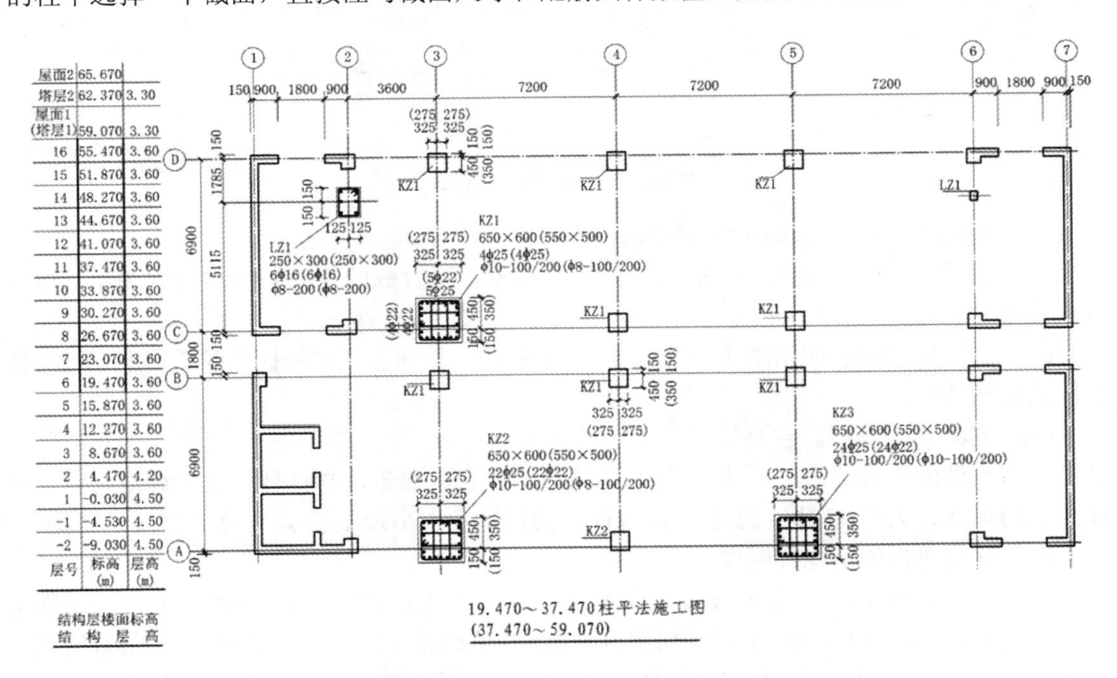

图 8-34　柱的截面注写方式示例

柱配筋详图的识读顺序如下所述。

① 看图名、比例。了解该柱为哪一编号柱详图，比例大小。

② 看柱的立面图和断面图。了解柱的截面大小、钢筋配置情况。

③ 看钢筋详图与钢筋表。

(2) 楼梯结构详图。楼梯结构详图包括各层楼梯平面图、楼梯剖面图和详图等其示意图如图 8-35 所示。

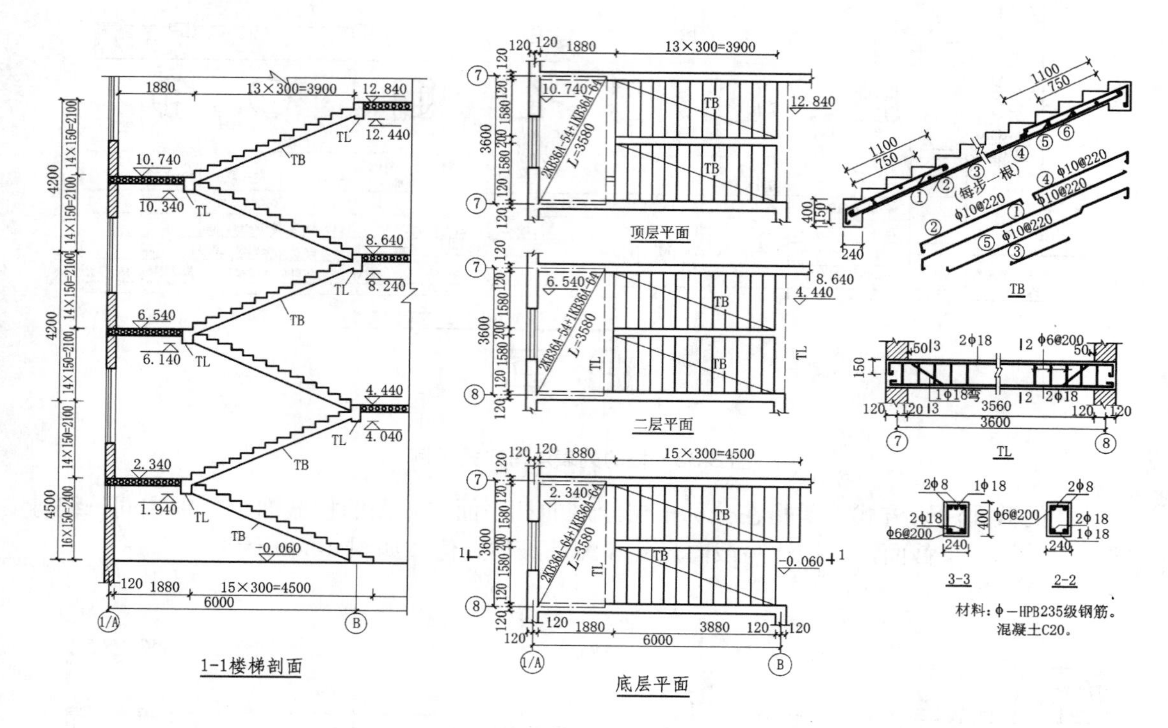

图 8-35 楼梯结构详图图例

楼梯结构详图的识读顺序如下所述。

① 看楼梯结构平面图。了解楼梯梁、梯段板和平台板的平面布置与位置关系，以及各构件编号。

② 看楼梯结构剖面图(配筋图)、详图。了解构件的布置、楼梯板的配筋情况，以及楼梯梁的配筋情况。

(3) 屋架结构详图。它是屋架施工图的核心，用以表达杆件的截面形式、相对位置、长度，节点处的连接情况(节点板的形状、尺寸、位置、数量，与杆件的连接焊缝尺寸，拼接角钢的形状、大小)，其他构造连接(螺栓孔的位置及大小)等，是进行施工放线的依据。

屋架详图包括如下几种图样。

① 屋架正立面图(见图 8-36)。它又是屋架详图的核心部分。为避免图幅过大，通常用两种比例画出。先用 1∶20～1∶30 的比例绘出屋架的几何尺寸，即绘出杆件的轴线(用点画线表示)。再用大一倍的比例(1∶10～1∶15)根据所选杆件的截面，在每一杆件的轴线位置处绘出杆件的截面宽度，尽量使角钢的形心轴与杆件的轴线重合，当不能重合时，允许杆

件的几何轴线到肢背距离取 5mm 的倍数，在节点连接处尺寸的比例同杆件的截面比例(1∶10～1∶15)。

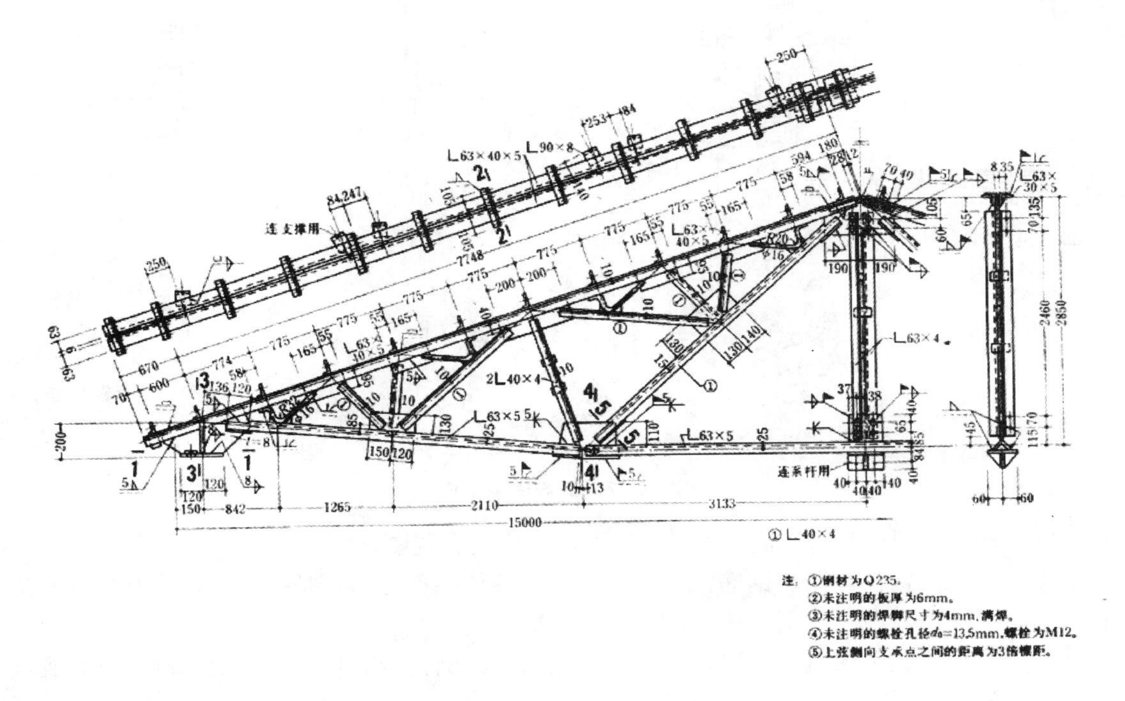

图 8-36　屋架正立面图图例

施工图中的各零件(如杆件、节点板、填板、檩条、支座、加劲肋、拼接角钢等)都要进行详细编号，其次序按主次、上下和左右排列。完全相同的零部件用同一编号，如两个零部件形状和尺寸完全一样，仅因开孔位置或切面等不同，使两构件呈镜面对称时，可采用同一编号而只须在材料表中用正、反字样注明，以示区别。

从图 8-36 中应识读下列内容。

- 首先找出每一杆件的编号及位置、尺寸、数量等。再找每一杆件的编号及相应的截面形式、截面尺寸、相对位置。
- 其次读懂节点处的构造及相关尺寸，具有特点的节点是支座节点、屋脊节点、拼接节点。

② 上下弦平面图及侧立面图。对构造复杂的上、下弦杆，还应补充画出上、下弦平面图，要把屋架与支撑连接的螺栓孔位置标注清楚。一般对于连支撑和不连支撑的屋架可用同一施工图表示，只需在图中注明哪些编号的屋架有此螺栓孔或无螺栓孔即可。图 8-36 画出了屋架上弦平面图，因为还含有中央竖杆及垂直支撑，所以也画了侧立面图。

③ 截面图及节点详图、杆件详图、连接板详图、预埋件详图、剖面图，以及其他详图。节点详图如图 8-37 所示。

(4) 其他详图，如天沟、雨篷详图等。

总体看来，整个结构施工图的正确识读方法如下。

① 先看结构设计说明。

② 再读基础平面图、基础结构详图。

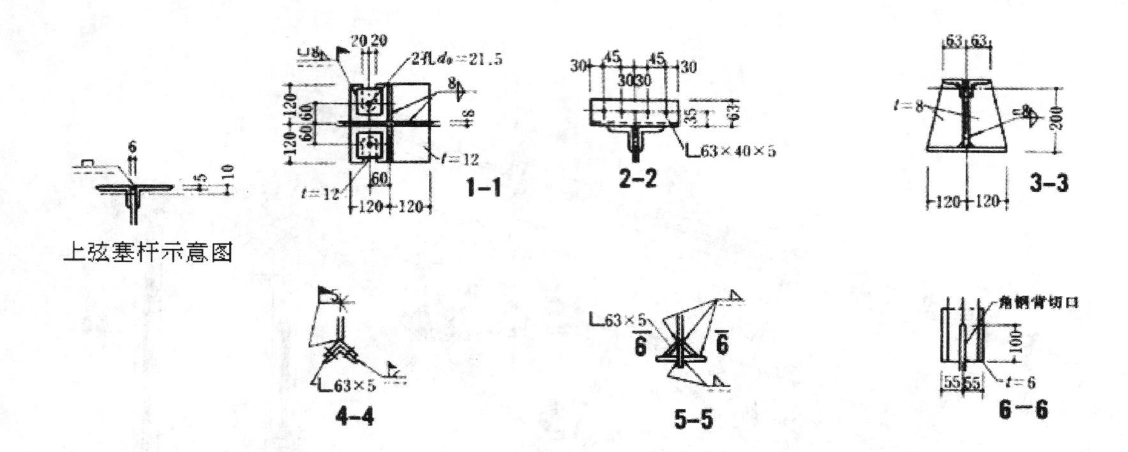

图 8-37 节点详图范例

③ 然后读楼层结构平面布置图、屋面结构平面布置图。

④ 最后读构件详图、钢筋详图和钢筋表。各种图样之间不是孤立的，应互相联系进行阅读。

此外，识读施工图时，应熟练运用投影关系、图例符号、尺寸标注及比例，以达到读懂整套结构施工图。

8.6 设备施工图的识图

设备施工图一般包含：给水排水工程图、采暖通风图与电气工程图等三类。以下分节说明。

8.6.1 给排水工程图

建筑给排水施工图是指房屋外部或内部的卫生设备或生产用水装置的施工图，主要反映用水器具的安装位置及其管道布置情况，如图 8-38 所示。

本节范例参考文件：(A)Samples(GB)\ch08\Villa 目录下的 pm-3.dwg。

整套图的主要组成图样如下。

(1) 设计说明及主要设备材料表。凡是图纸中无法表达或表达不清楚的而又必须为施工技术人员所了解的内容，均应用文字说明。包括：所用的尺寸单位，施工时的质量要求，采用材料、设备的型号、规格，某些施工做法及设计图中采用标准图集的名称等。为了使施工准备的材料和设备符合设计要求，便于备料和进行概预算的编制，设计人员还需编制主要设备材料明细表，施工图中涉及的主要设备、管材、阀门、仪表等均应一一列入表中。

(2) 给排水平面图(见图 8-39)。应包括以下内容。

① 各用水设备的类型及平面位置。

② 各干管、立管、支管的平面位置，立管编号和管道的敷设方式。

③ 管道附件，如阀门、消火栓、清扫口的位置。

④ 给水引入管和污水排出管的平面位置、编号，以及与室外给排水管网的联系。

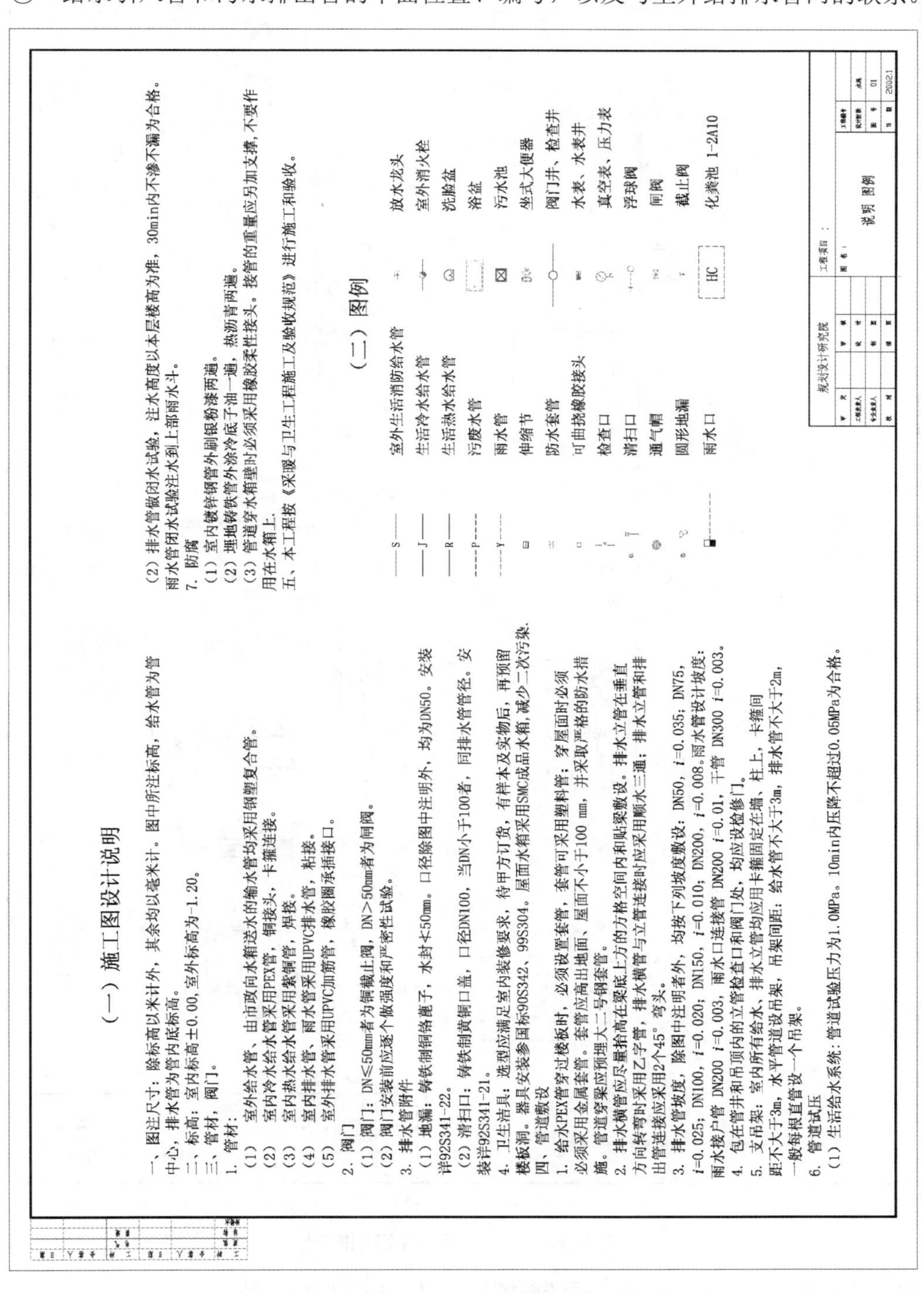

（一）施工图设计说明

一、图注尺寸：除标高以米计外，其余均以毫米计。图中所注标高，给水管为管中心，排水管为管内底标高。
二、标高：室内标高±0.00,室外标高为-1.20。
三、管材，阀门。
1. 管材：
（1） 室外给水管、由市政向水箱送水的输水管均采用钢塑复合管。
（2） 室内冷水给水管采用PEX管，铜接头，卡箍连接。
（3） 室内热水给水管采用紫铜管，焊接。
（4） 室内排水管、雨水管采用UPVC排水管，粘接。
（5） 室外排水管采用UPVC加筋管，橡胶圈承插接口。
2. 阀门
（1）阀门：DN≤50mm者为铜截止阀，DN>50mm者为闸阀。
（2）阀门安装前应逐个做强度和严密性试验。
3. 排水管附件
（1）地漏：铸铁制铜铬蓖子，水封≮50mm。口径除图中注明外，均为DN50。安装详92S341-22。
（2）清扫口：铸铁制黄铜口盖，口径DN100，当DN小于100者，同排水管管径。安装详92S341-21。
4. 卫生洁具：选型应满足室内装修要求，待甲方订货，有样本及实物后，再预留楼板洞。器具安装参国标90S342、99S304。屋面水箱采用SMC成品水箱,减少二次污染.
四、管道敷设
1. 给水PEX管穿过楼板时，必须设置套管，套管可采用塑料管；穿屋面时必须必须采用金属套管。套管应高出地面、屋面不小于100 mm，并采取严格的防水措施。管道穿梁应预埋大二号钢套管。
2. 排水横管应尽量抬高在梁底上方的方格空间内和贴梁敷设。排水立管在垂直方向转弯时采用乙字管，排水横管与立管连接时应采用顺水三通；排水立管和排出管连接应采用2个45°弯头。
3. 排水管坡度，除图中注明者外，均按下列坡度敷设：DN50，i=0.035；DN75，i=0.025；DN100，i=0.020；DN150，i=0.010；DN200，i=0.008。雨水管设计坡度：雨水接户管 DN200 i=0.003，雨水口连接管 DN200 i=0.01，干管 DN300 i=0.003。
4. 包在管井和吊顶内的立管检查口和阀门处，均应设检修门。
5. 支吊架：室内所有给水、排水立管均应用卡箍固定在墙、柱上，卡箍间距不大于3m，水平管道设吊架，吊架间距：给水管不大于3m，排水管不大于2m，一般每根直管设一个吊架。
6. 管道试压
（1）生活给水系统：管道试验压力为1.0MPa。10min内压降不超过0.05MPa为合格。
（2）排水管做闭水试验，注水高度以本层楼高为准，30min内不渗不漏为合格。雨水管闭水试验注水到上部雨水斗。
7. 防腐
（1）室内镀锌钢管外刷银粉漆两遍。
（2）埋地铸铁管外涂冷底子油一遍，热沥青两遍。
（3）管道穿水箱壁时必须采用橡胶柔性接头。接管的重量应另加支撑，不要作用在水箱上.
五、本工程按《采暖与卫生工程施工及验收规范》进行施工和验收。

（二）图例

图例	名称	图例	名称
——S——	室外生活消防给水管		放水龙头
——J——	生活冷水给水管		室外消火栓
——R——	生活热水给水管		洗脸盆
----P----	污废水管		浴盆
----Y----	雨水管		污水池
	伸缩节		坐式大便器
	防水套管		阀门井、检查井
	可曲挠橡胶接头		水表、水表井
	检查口		真空表、压力表
	清扫口		浮球阀
	通气帽		闸阀
	圆形地漏		截止阀
	雨水口	HC	化粪池 1-2A10

图 8-38 给排水系统设计说明图例

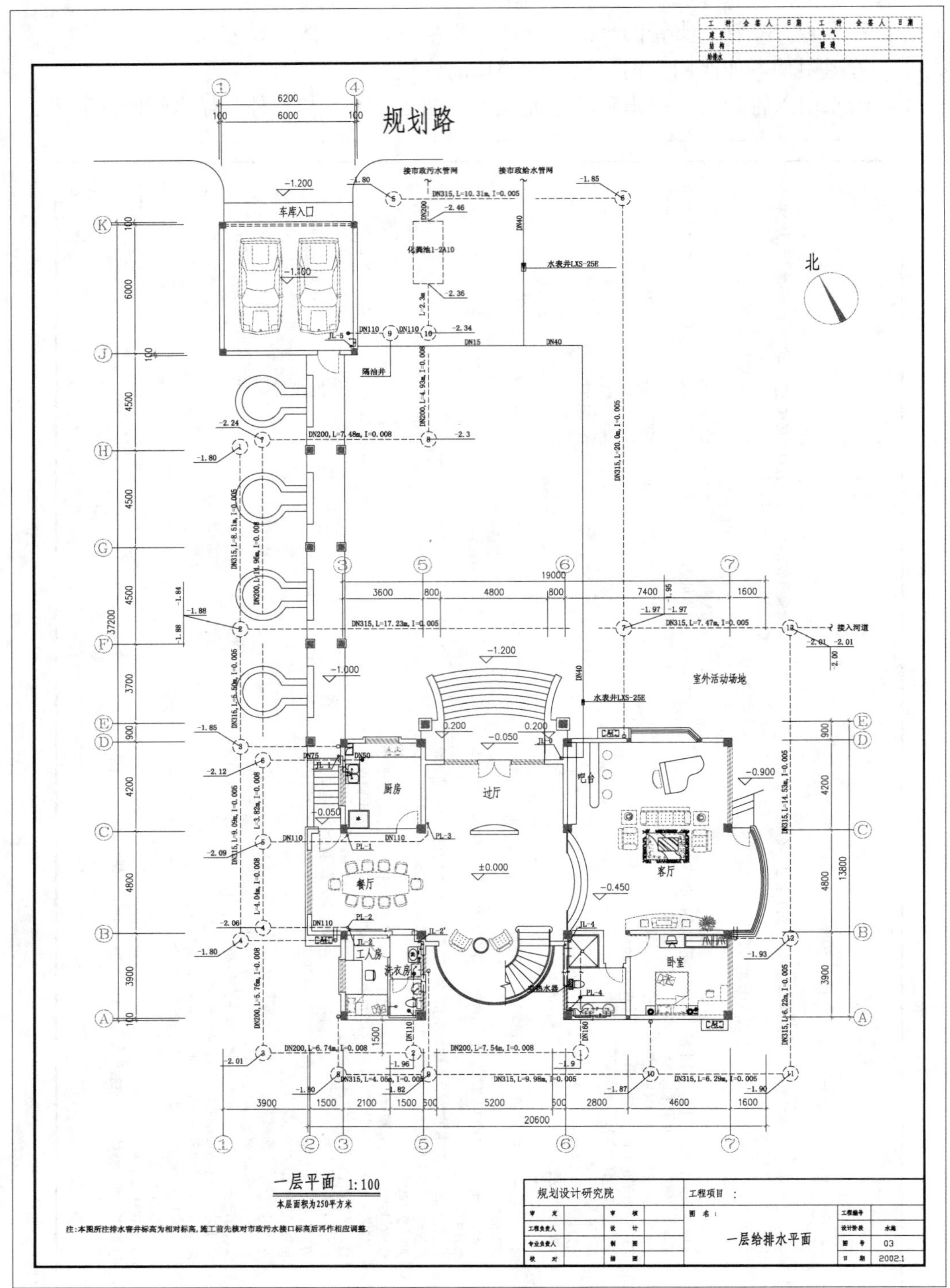

图 8-39　给排水系统平面图图例

(3) 系统轴测图(见图 8-40)。系统轴测图是设备施工图中较特殊的图样。因为使用等轴测线的绘图方式，比较容易清楚表达以下的内容。

① 明管道系统在各楼层间前后、左右的空间位置及相互关系。

② 注有各管段的管径、坡度、标高和立管编号。

③ 给水阀门、水龙头。

④ 存水弯、地漏、清扫口、检查口等管道附件的位置。

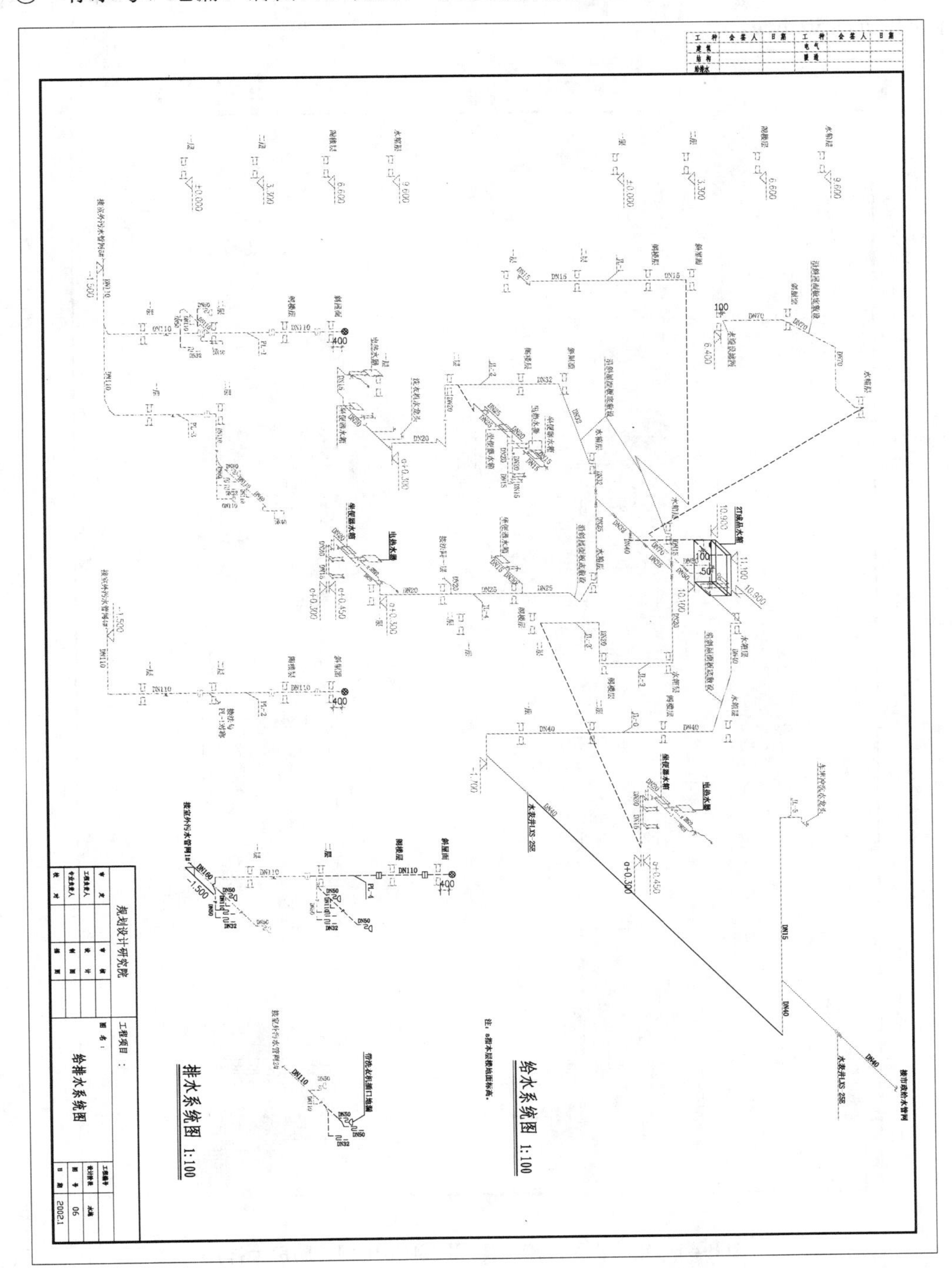

图 8-40 给排水系统轴测图图例

(4) 施工详图(见图 8-41)。凡是在以上图中无法表达清楚的局部构造或由于比例原因不能表达清楚的内容，必须绘制施工详图。施工详图应优先采用标准图，通用施工详图系列，如卫生器具安装、阀门井、水表井、局部污水处理构筑物等，均有各种施工标准图供选用。详见《给水排水标准图集》S1～S4。本范例参考文件：(A)Samples(GB)\ch08\Apartment\jz-1目录下的 aaa-50.dwg。

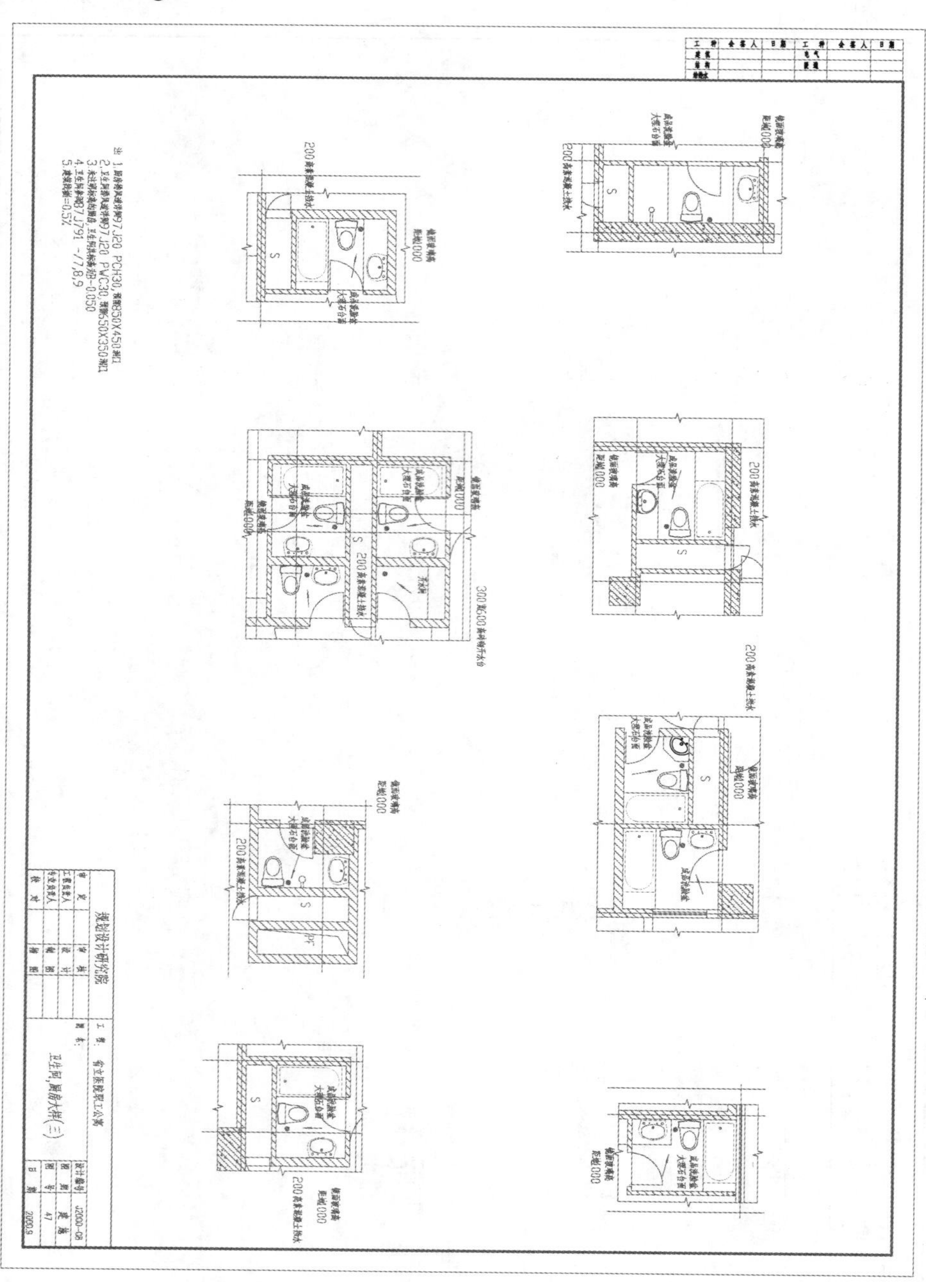

图 8-41　给排水系统施工详图图例(卫生间、厨房大样)

8.6.2 采暖施工图

暖通施工图分为“采暖施工图”和“通风排气施工图”两种。通风排气系统图主要针对写字楼和商场，而暖通多用于我国北方寒冷地区。其中，采暖施工图包含以下两类。

(1) 室外采暖施工图：主要表示一个区域的采暖管网的布置情况。

(2) 室内采暖施工图：主要表示一幢建筑物的采暖工程。

和给排水系统一样，采暖图也包含设计说明、平面图、系统轴测图和详图等，如下所述。

(1) 设计说明。室内供暖系统的设计说明一般包括以下内容：

① 系统的热负荷、作用压力。

② 热媒的品种及参数。

③ 系统的形式及管路的敷设方式。

④ 选用的管材及其连接方法。

⑤ 管道和设备的防腐、保温做法。

⑥ 无设备表时，需说明散热器及其他设备、附件的类型、规格和数量等。

⑦ 施工及验收要求。

⑧ 其他需要用文字解释的内容。

(2) 平面图。具体如图 8-42 所示。

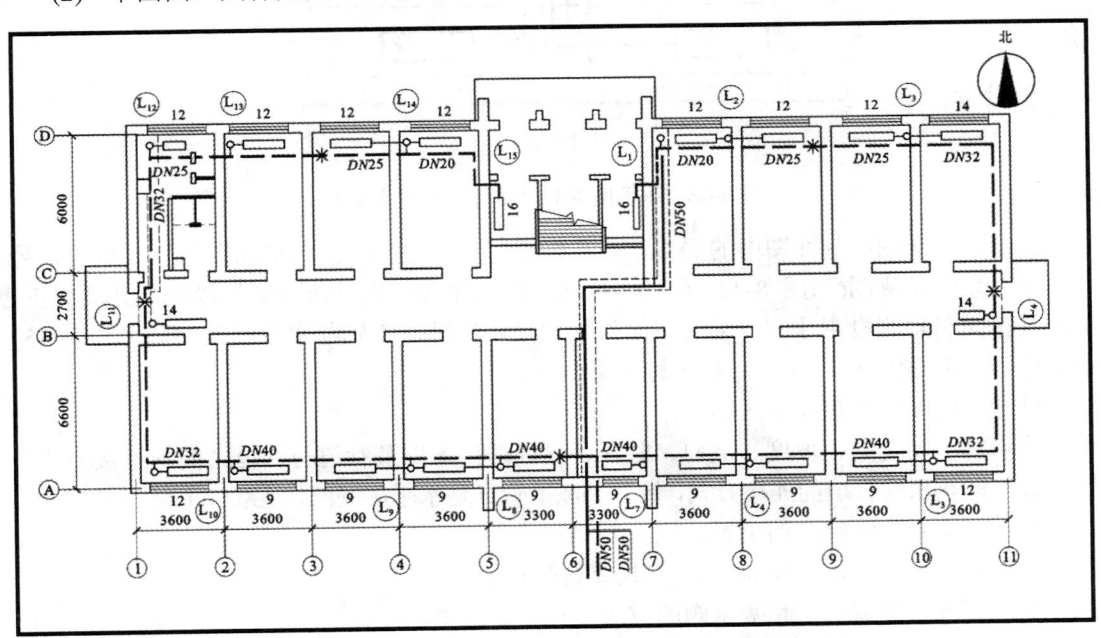

图 8-42 采暖系统的平面图图例

室内供暖平面图表示建筑各层供暖管道与设备的平面布置。包括以下内容。

① 建筑物轮廓，其中应注明轴线、房间主要尺寸、指北针，必要时应注明房间名称。

② 热力入口位置，供、回水总管名称、管径。

③ 干、立、支管位置和走向，管径以及立管编号。

④ 散热器的类型、位置和数量。各种类型的散热器规格和数量标注方法如下。

- 柱型、长翼型散热器只注数量(片数)。
- 圆翼型散热器应注根数、排数，如 3×2(每排根数×排数)。
- 光管散热器应注管径、长度、排数，如 D108×200×4[管径(mm)×管长(mm)×排数]。
- 闭式散热器应注长度、排数，如 1.0×2[长度(m)×排数]。
- 膨胀水箱、集气罐、阀门位置与型号。
- 补偿器型号、位置，固定支架位置。

⑤ 对于多层建筑，各层散热器布置基本相同时，也可采用标准层画法。在标准层平面图上，散热器要注明层数和各层的数量。

⑥ 平面图中散热器与供水(供汽)、回水(凝结水)管道的连接按图 8-43 所示方式绘制。

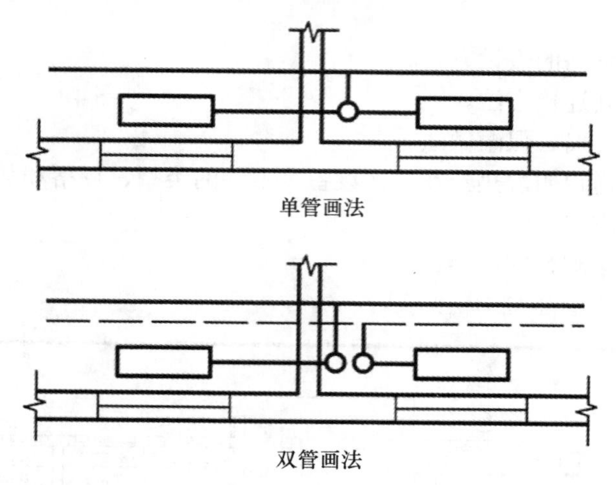

图 8-43 平面图中散热器与管道连接图例

⑦ 当平面图、剖面图中的局部要另绘详图时，应在平面图或剖面图中标注索引符号。

(3) 系统轴测图(如图 8-44 所示)。供暖工程系统图应以轴测投影法绘制，并宜用正等轴测或正面斜轴测投影法。当采用正面斜轴测投影法时，Y 轴与水平线的夹角可选用 45°或 30°。系统图的布置方向一般应与平面图一致。

供暖系统图应包括如下内容。

① 管道的走向、坡度、坡向、管径、变径的位置以及管道与管道之间的连接方式。

② 散热器与管道的连接方式，例如是竖单管还是水平串联的，是双管上分或是下分等。

③ 管路系统中阀门的位置、规格。

④ 集气罐的规格、安装形式(立式或是卧式)。

⑤ 蒸汽供暖疏水器和减压阀的位置、规格、类型。

⑥ 节点详图的索引号。

⑦ 按规定对系统图进行编号，并标注散热器的数量。柱型、圆翼型散热器的数量应注在散热器内，如图 8-45(上)所示；光管式、串片式散热器的规格及数量应注在散热器的上方，如图 8-45(下)所示。

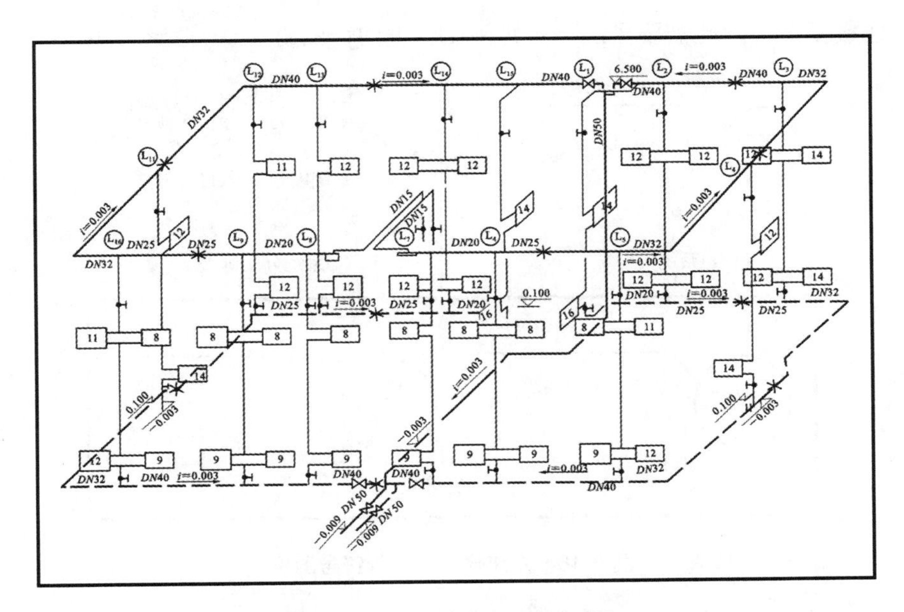

图 8-44　轴测图图例(采暖系统)

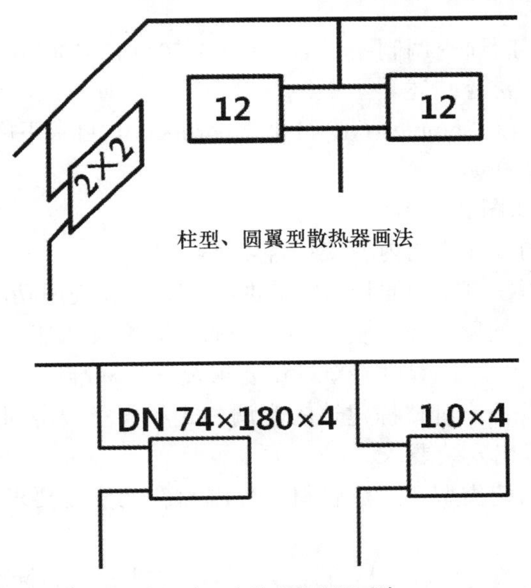

柱型、圆翼型散热器画法

光管式、串片式散热器画法

图 8-45　散热器画法图例

⑧　采暖系统编号、入口编号由系统代号和顺序号组成。室内采暖系统代号为 N，其画法如图 8-46(a)所示，其中图(b)为系统分支画法。

⑨　竖向布置的垂直管道系统，应标注立管号，如图 8-46(c)所示。为避免引起误解，可只标注序号，但应与建筑轴线编号有明显区别。

(4)　详图。在供暖平面图和系统图上表达不清楚、用文字也无法说明的地方，可用详图画出。详图是局部放大比例的施工图，因此也叫大样图。例如，一般供暖系统入口处管道的交叉连接复杂，因此需要另画一张比例比较大的详图。

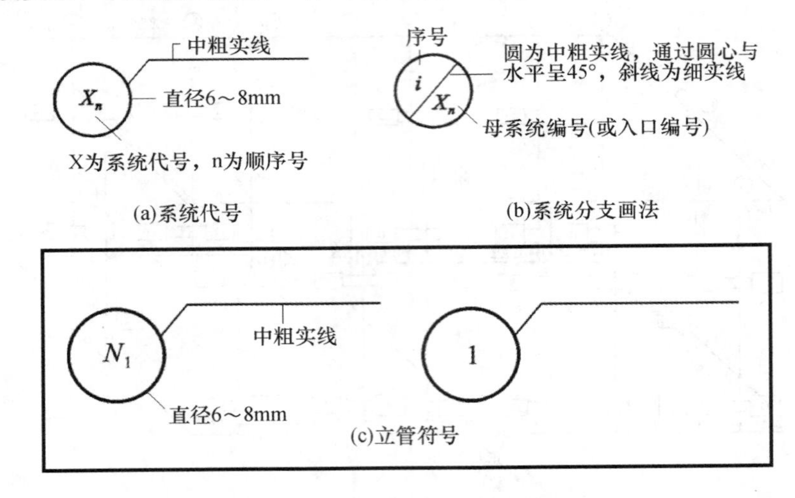

图 8-46　系统代号与立管符号图例

8.6.3　通风排气施工图

本小节将根据国家《暖通空调制图标准》(GB/T 50114—2000)的有关内容，对与通风空调施工图相关的一些规定进行阐述。

本节范例参考文件：(A)Samples(GB)\ch08\Apartment\lt 目录下的所有文件。

整套图的主要组成图样如下。

(1) 设计施工说明(如图 8-47 所示)。

通风与空调施工图的设计说明内容应包含以下项目。

① 建筑概况。介绍建筑物的面积、空调面积、高度和使用功能，对空调工程的要求。

② 设计标准。室外气象参数，夏季和冬季的温湿度及风速。室内设计标准，即各空调房间夏季和冬季的设计温度、湿度、新风量要求及噪声标准等。

③ 空调系统及其设备。对整栋建筑的空调方式和各空调房间所采用的空调设备进行简要说明。对空调装置提出安装要求。

④ 空调水系统。系统类型、所选管材和保温材料的安装要求，系统防腐、试压和排污要求。

⑤ 防排烟系统。机械送风、机械排风或排烟的设计要求和标准。

⑥ 空调冷冻机房。冷冻机组、水泵等设备的规格型号、性能和台数，以及其安装要求。

(2) 平面图和剖面图(如图 8-48 所示)。平面图表示各层和各房间的通风(包括防排烟)与空调系统的风道、水管、阀门、风口和设备的布置情况，并确定它们的平面位置。包括风、水系统平面图，空调机房平面图，制冷机房平面图等。

暖通设计施工说明

一 工程设计概况

本工程为一综合楼,地下2层?地上26层?总建筑面积21394平方米(地下层面积3200平方米)? 其中一?五层建筑面积4800平方米?地下层为停车场及水?电设备用房(含战时一个五级人防单元)?一层主要功能为门厅?茶座?超市?二层为餐厅?三层为娱乐?多功能厅?四?五层为客房?六?二十六层为职工公寓?

暖通专业设计涉及主要内容为?一?三层夏季舒适性空调?四?五层全年舒适性空调?地下层的通风?大楼的防排烟?地下层人防单元的三防通风?

二 设计有关室内外参数

室外计算参数

夏季: tw=35.2 ℃　tw.ps=28.0 ℃　P =996.4 hpa

冬季: tw=4 ℃　W=74% =1012.6 hpa

室内设计参数

房间名称	夏季 温度 ℃	夏季 湿度 %	冬季 温度 ℃	冬季 湿度 %	新风量 m3/h.P
门厅 超市	—25	—255	65		自渗
茶座	—25	—255	65		20
餐厅 娱乐	—25	—255	65		15
客房	—25	—265	—650	>4022	40

三?空调系统

按业主要求仅考虑大楼一?五层舒适性空调?根据建筑功能?平面分布以及使用要求?综合技术?经济?管理诸因素?设计考虑空调采用变频VRV空调系统?每层设置独立VRV系统?茶座?餐厅?多功能厅等人流密度大的房间为满足卫生标准?节省投资和降低能耗?设置全热交换器?室内排风与室外新风进行冷量交换回收后分别排出和送入?门厅?超市考虑人员流动性大?室外空气渗入容易?不设独立新风系统?新风靠自然渗入?免去新风机投资(新风负荷计入室内机)?超市主出入口设空气幕?室内机根据装修情况分别选用不同机型?室外机均集中放置在各层外廊?电梯机房设分体空调器?依工艺要求独立运行?

四?通风

地下层车库采用机械送?排风?依平面情况?每层各设一个送风系统?二个排风系统?发电机房?高低压配电房?泵房设置独立机械送?排风系统?地下一?二层送?排风经专用竖井由地面引入或排出?大楼送?排风系统风量按下列原则确定?车库?设备用房?卫生间按换气次数?发电机房仅考虑其常规通风?按工艺散热?排除余热?室内温度满足国家劳动卫生标准确定?各系统风量详下表?

房间名称	排风指标 次/时	送风指标 次/时
车库	6	自渗
高低压配电房	15	15
发电机房	20	20
泵房	8	8
卫生间	10	10
空调区域		1/2送风量

客房卫生间设通风器?分设二个排风系统?臭气汇集四层排风横干管后从四层屋面排出?厨房因未明确工艺设计?配套通风系统无法考虑?业主今后在委托厨房工艺设计时应同时进行通风系统配套设计?六?二十六层职工公寓内厕排风由建筑专业负责处理?详建施图?

按卫生标准

五?消防防排烟

??地下层

地下层车库设机械排烟系统?排烟量按换气次数 6次/时计?地下层变配电房? 发电机房利用平时排风系统管路配置排烟风机?平时排风?火灾时自动转换为排烟?排烟风机前均设280 ℃自动关闭排烟防火阀?平时常开?

??地上层

为了形成一条安全可靠的火灾疏散通道?楼梯间?前室?合用前室设置独立机械加压送风系统?前室?合用前室每层设自动加压风口一个?并与系统自身风机联锁?系统每三层风口组成一联动单元?火灾时着火层与相邻上下二层同时自动开启?送风口可就地开启?也可消控中心遥控开启?楼梯间每隔二层设一个双层百叶风口?加压风机均设在27层屋面?

六?二十六层内廊设一机械排烟系统?按 120 m²/m .h 确定系统排烟量?每层设一个板式排烟口? 并与系统自身风机联锁?排烟口可以就地开启?也可以由消控中心遥控?排烟风机设在电梯机房屋面?入口设平时常闭?70 ℃自动开启?280 ℃自动关闭的排烟阀? 所有穿排烟系统?空调通风系统均按防火分区设置,风管穿越新风机房处风管与每层水平风管交接处均设70 ℃防火阀?且与自身风机启停联锁?

发生火灾时?大楼消控中心能遥控立即关停所有运行空调通风设备?

六?安装与材料

设备按供货厂家与本设计图纸安装?并应与相关专业密切配合?所有设备基础待设备到货?核对型号?尺寸无误后再行施工?并按设计要求进行隔声?减震处理?设备基础施工时应按要求预留地脚螺栓(二此浇注)?新风机房要求设有可开启的外窗?以保证设计要求的新风量吸取?所有穿墙?板?剪力墙管均应予留套管?套管比相应通过管道(含保温层厚度)大二档?平面套管应高出楼面50- 100 毫米防水? 管道之间缝隙用沥青玛帝脂封死? 施工详?建筑设备施工安装图册?CN42(甲型刚性防水套管)?屋面风机或穿屋面管四周应按设计要求加强防水处理?确保不渗不漏?施工详国标 94T118 和R409?管道穿屋面及地沟顶板防雨措施??防?排烟竖井和排风竖井内壁应随砌随抹?做到壁面光滑?不漏风?确保满足使用要求?施工中应密切配合并提醒土建施工?

风道材料均用镀锌钢板制作?法兰联接?板厚按国标厚度选用?卫生间排风系统板厚按国标提高一档?空调凝结水管采用镀锌钢管?横管DN20?立管DN50?凝结水横管安装坡度不小于0.01?坡向排出口?确保排放通畅?各管道应按国家有关规程设足支吊架?设备?防火阀应单独设支吊架?风管支吊架详国标T607?水管支吊架详国标RD107?

VRV空调系统安装?用材?焊接?试压?检漏?调试应严格按国家相关规程和设备技术要求进行?确保安装可靠? 系统不漏?

本图标高?方形风管为底标高?冷剂管?圆形风管为管中标高?标高以米为单位?平面尺寸以毫米为单位?

七?防腐?保温?消声?隔振

支吊架?相关预埋件安装清洗后内外刷红丹二道?银粉一道防腐?

空调送?排风管(卫生间排风系统除外??VRV空调系统冷剂管?凝结塑?风管,凝结水管保温厚10mm?冷剂管保温厚20mm?

消声器?空调机房?新风

机房均设防火门隔声?

八?附注

因目前工程暂未做具体二次装修设计?因此本设计所提供的设备?风口无论是型号?数量?规格均仅供参考?不能作为定货依据?应在二次装修方案确定后?经设计进一步确认?调整后方可组织订货?以确保满足使用要求?避免投资浪费?

本设计施工说明中未及部分?施工按照?通风与空调工程施工及验收规范?GB50243-97??采暖与卫生工程施工及验收规范?GBJ242?制冷设备,空气分离设备安装工程施工及验收规范?GB50274-98进行?

规划设计研究院				工程: 省立医院职工公寓		
审定		审核		图名: 暖通设计施工说明	设计编号	J2000-08
工程负责人		设计			图别	暖施
专业负责人		制图			图号	02
校对		描图			日期	2000.9

图 8-47　通风系统的设计说明图例

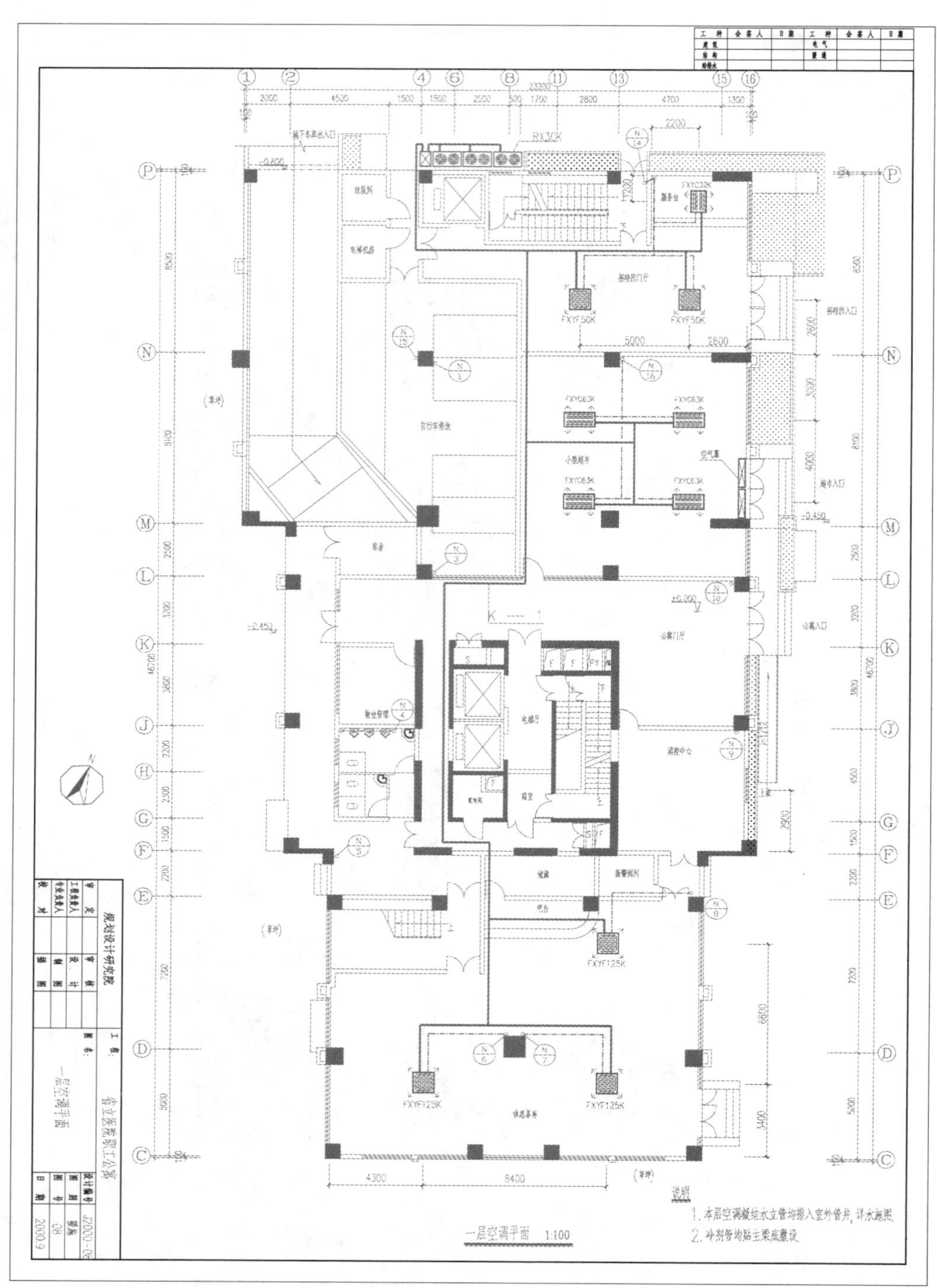

图 8-48 通风系统的平面图图例

剖面图主要表示设备和管道的高度变化情况，并确定设备和管道的标高、距地面的高度以及管道和设备相互的垂直间距。

(3) 系统图(如图 8-49 所示)。表示风管系统在空间位置上的情况，并反映干管、支管、风口、阀门、风机等的位置关系，还标有风管尺寸、标高。与平面图结合可说明系统全貌。

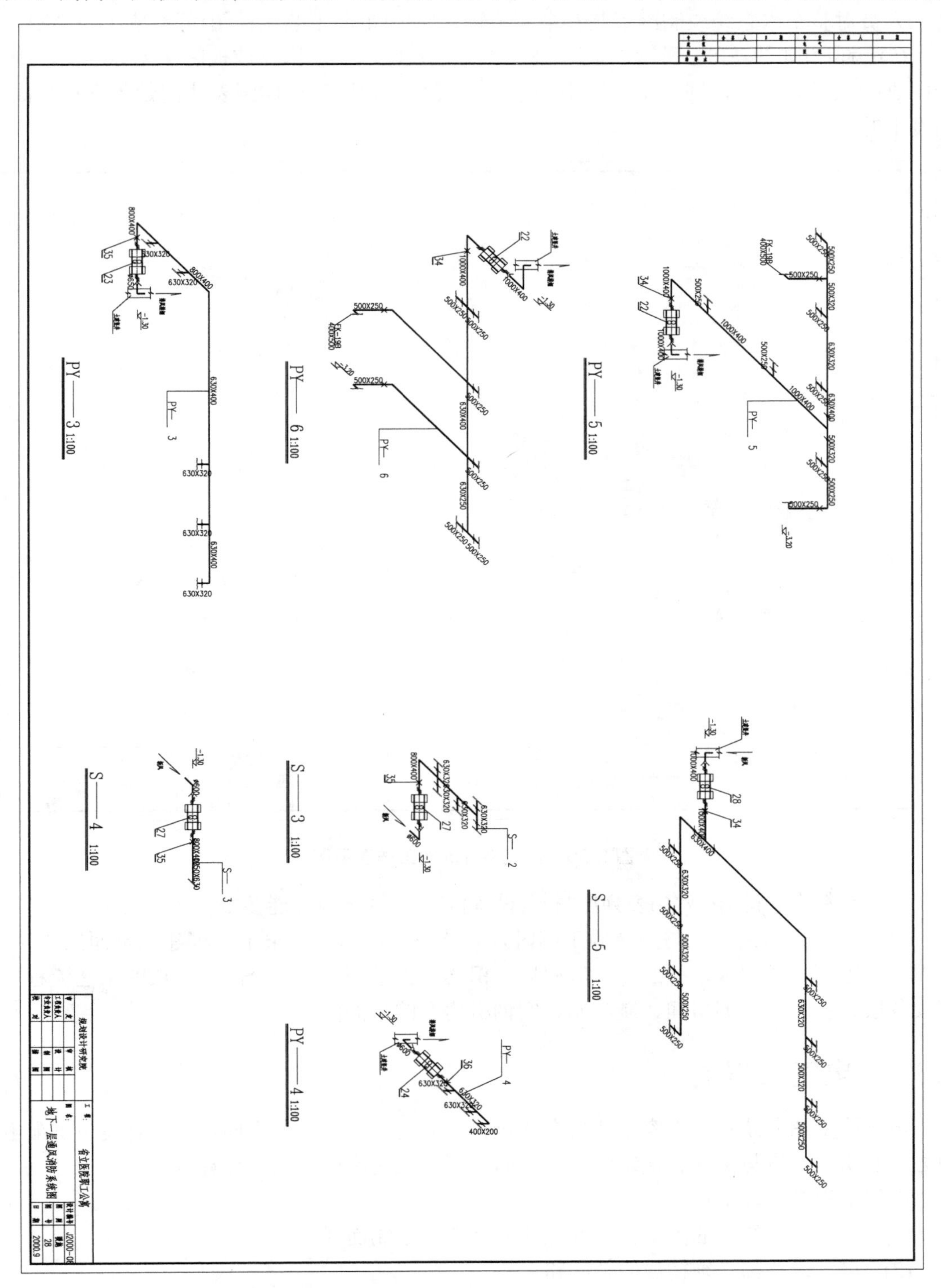

图 8-49　通风系统的轴测图图例

(4) 工艺图(原理图)。一般反映空调制冷站制冷原理和冷冻水、冷却水的工艺流程，使施工人员对整个水系统或制冷工艺有全面了解。原理图(即工艺流程图)可不按比例绘制。

(5) 详图(如图 8-50 所示)。因上述图中未能反映清楚，国家或地区又无标准图，则用详图进行表示。例如，同一平面图中多管交叉安装，须用节点详图表达清楚各管在平面和高度上的位置关系。

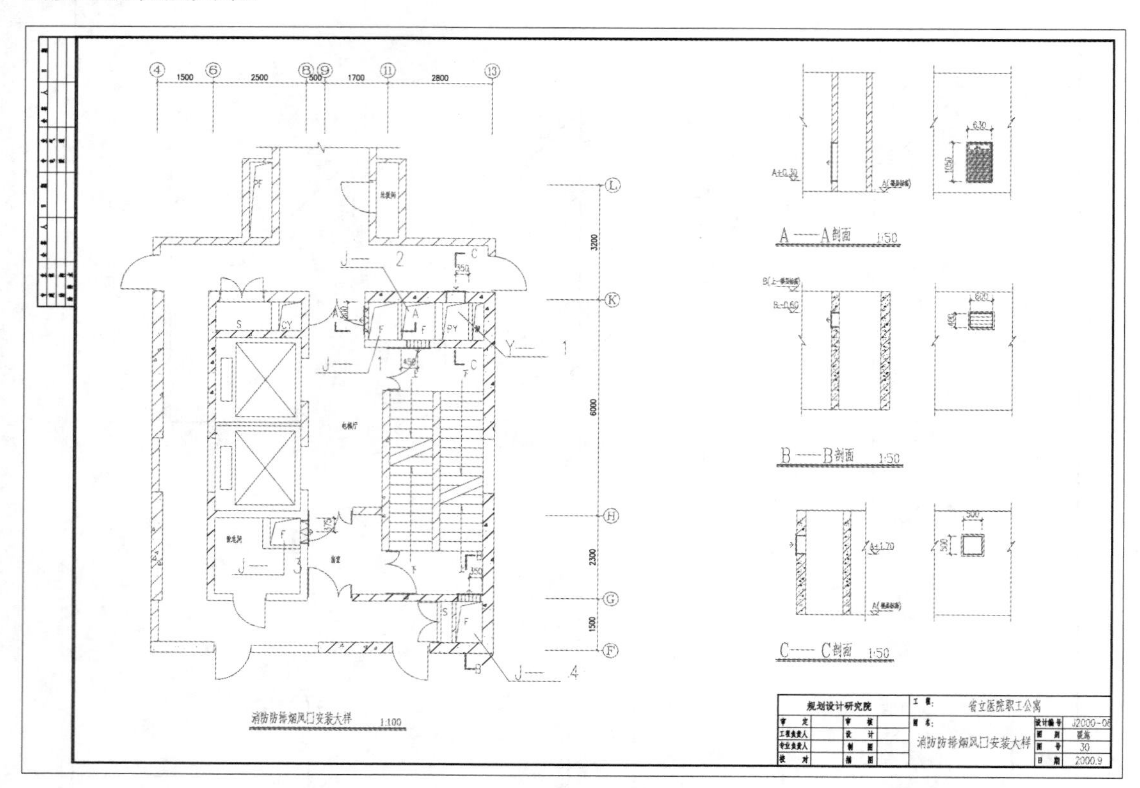

图 8-50 通风系统的施工详图图例

(6) 材料表。材料(设备)表列出材料(设备)名称、规格或性能参数、技术要求、数量等。

总的来说，识读通风与空调施工图时，先读设计说明，对整个工程建立全面的概念。再识读原理图，了解水系统的工艺流程后，识读风管系统图。领会两种介质的工艺流程后，再读各层、各通风空调房间、制冷站、空调机房等的平面图。

8.6.4 电气工程图

电气施工图所涉及的内容往往根据建筑物不同的功能而有所不同，主要有建筑供配电、动力与照明、防雷与接地、建筑弱电等方面，用以表达不同的电气设计内容。

电气工程图有以下特性。

(1) 大多采用统一的图形符号并加注文字符号绘制而成。

(2) 电气线路都必须构成闭合回路。

(3) 线路中的各种设备、元件都是通过导线连接成为一个整体的。

(4) 在进行建筑电气工程图识读时，应阅读相应的土建工程图及其他安装工程图，以了解相互间的配合关系。

(5) 对于设备的安装方法、质量要求以及使用维修方面的技术要求等往往不能完全反映出来，所以在阅读图纸时有关安装方法、技术要求等问题，要参照相关图集和规范。

本节范例参考文件：(A)Samples(GB)\ch08\Factory\ ds 目录下的电气施工图.dwg。

电气施工图由以下的图样所组成。

(1) 图纸目录与设计说明(如图 8-51(左)所示)。包括图纸内容、数量、工程概况、设计依据以及图中未能表达清楚的各有关事项。如供电电源的来源、供电方式、电压等级、线路敷设方式、防雷接地、设备安装高度及安装方式、工程主要技术数据、施工注意事项等。

(2) 主要材料设备表(如图 8-51(右)所示)。包括工程中所使用的各种设备和材料的名称、型号、规格、数量等，它是编制购置设备、材料计划的重要依据之一。

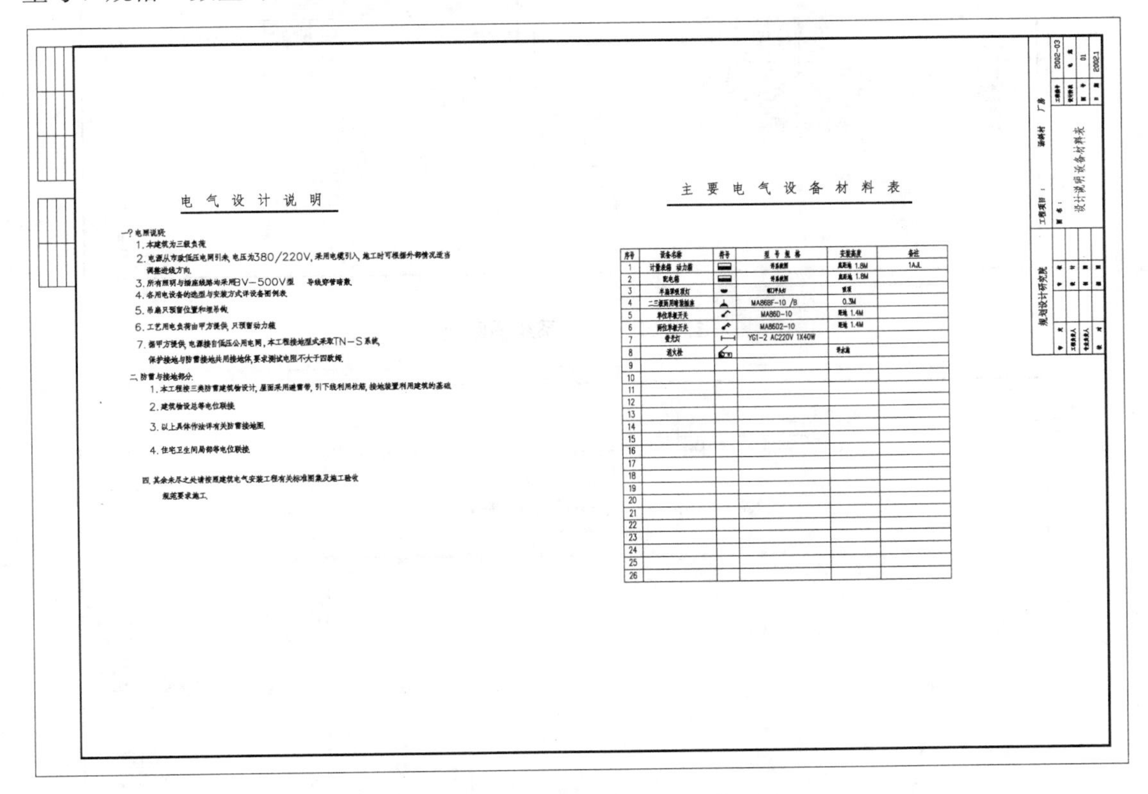

图 8-51 电气设计说明与材料表图例

(3) 系统图(如图 8-52 所示)。如变配电工程的供配电系统图、照明工程的照明系统图、电缆电视系统图等。系统图反映了系统的基本组成、主要电气设备、元件之间的连接情况以及它们的规格、型号、参数等。

(4) 平面布置图(如图 8-53 所示)。平面布置图是电气施工图中的重要图纸之一，如变、配电所电气设备安装平面图、照明平面图、防雷接地平面图等，用来表示电气设备的编号、名称、型号及安装位置、线路的起始点、敷设部位、敷设方式及所用导线型号、规格、根数、管径大小等。通过阅读系统图，了解系统基本组成之后，就可以依据平面图编制工程预算和施工方案，然后组织施工。

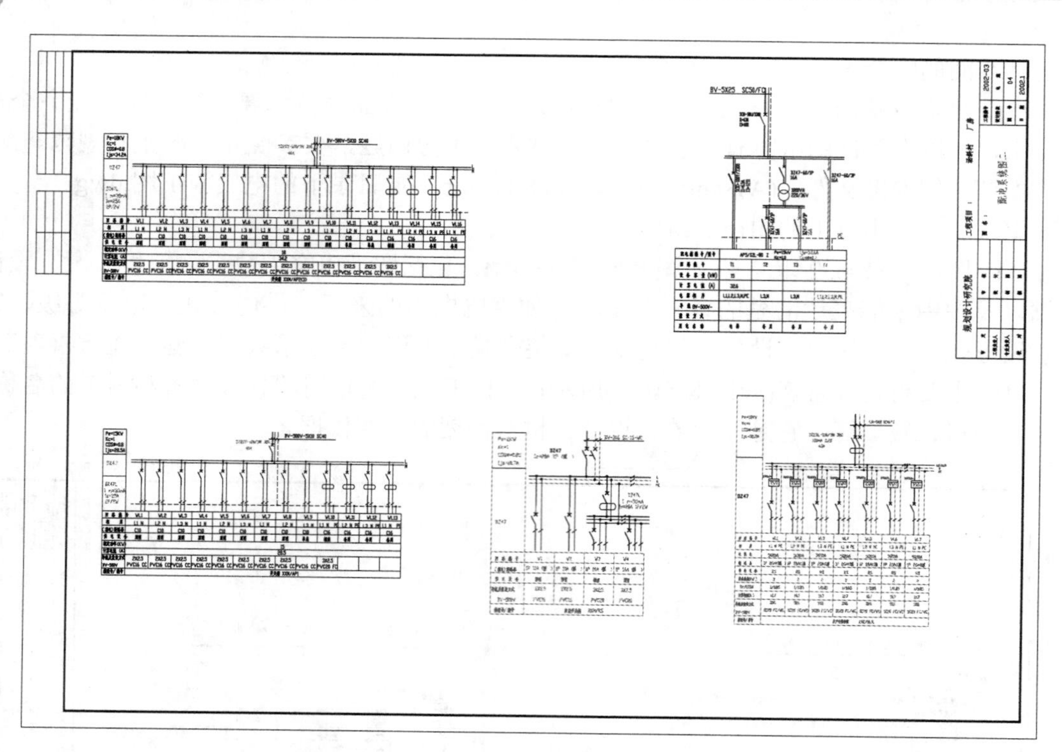

图 8-52　电气系统图图例

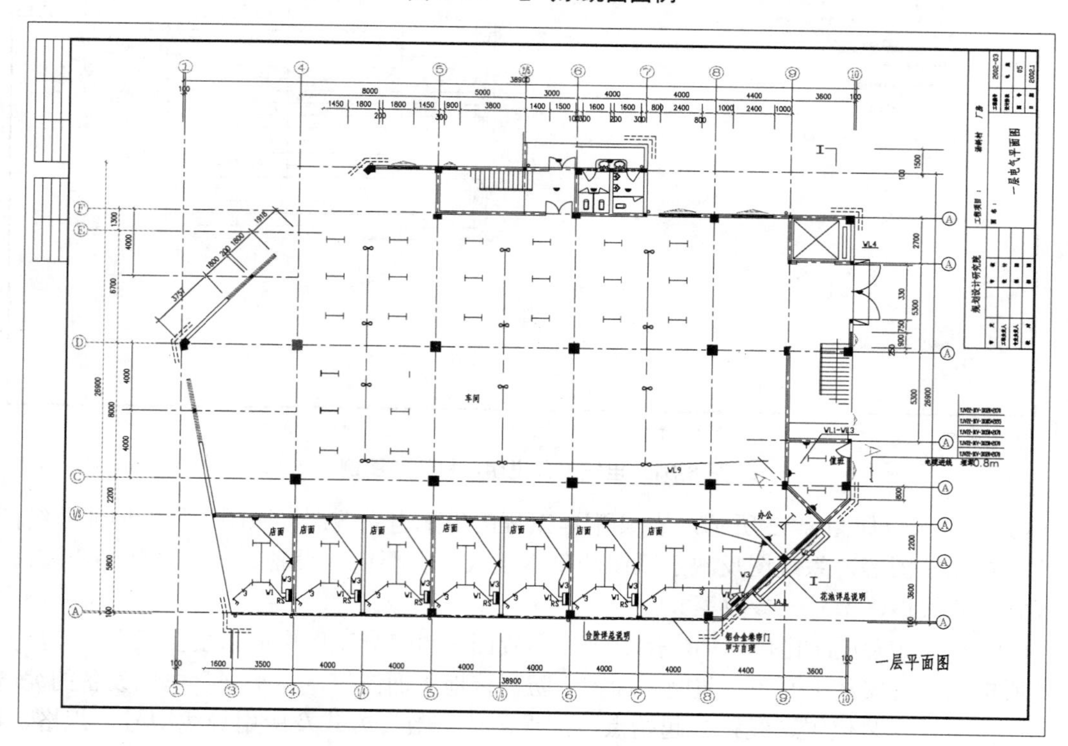

图 8-53　电气平面布置图图例

(5)　接线图。所谓电气系统接线，是示意性地将整个工程的供电线路用单线连接形式准确、概括的电路图，它不表示相互的空间位置关系，表示的是各个回路的名称、用途、容量以及主要电气设备、开关元件，以及导线规格、型号等参数。详见图 8-54。

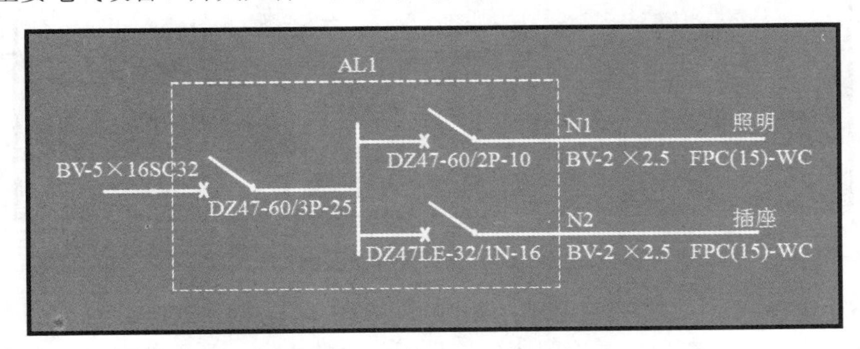

图 8-54　电气系统接线图例

(6) 控制原理图与二次接线图。控制原理图是表示电气设备及元件控制方式及其控制线路的图样，包括启动、保护、信号、联锁、自动控制以及测量等。控制原理图按规定的线段和图形符号绘制而成，是二次配线和系统调试的依据。而二次接线图是与控制原理图配套的图样(注解略)。具体如图 8-55 所示。

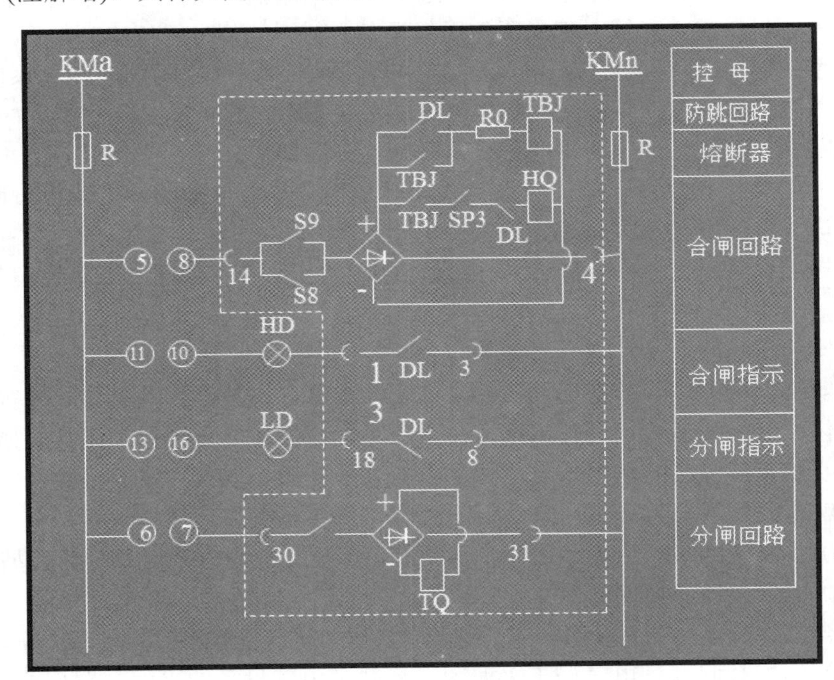

图 8-55　控制原理图与二次接线图图例

(7) 安装大样图(详图)。安装大样图是详细表示电气设备安装方法的图纸，对安装部件的各部位注有具体图形和详细尺寸，是进行安装施工和编制工程材料计划时的重要参考，如图 8-56 所示。

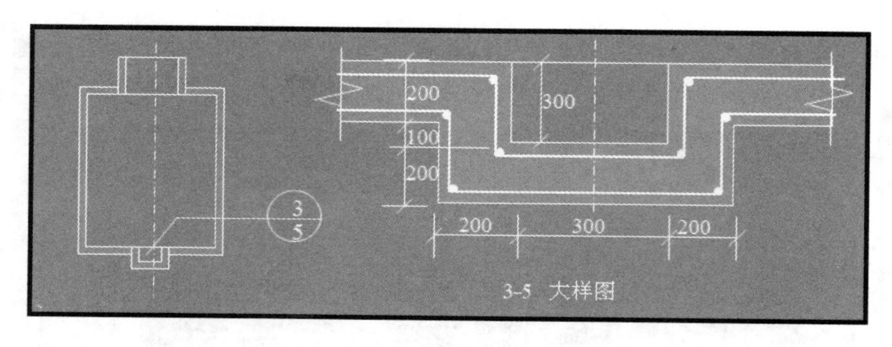

图 8-56 安装大样图图例

现将整个电气施工图的识读方法归纳如下。

(1) 熟悉电气图例符号，弄清图例、符号所代表的内容。常用的电气工程图例及文字符号可参见国家颁布的《电气图形符号标准》。

(2) 针对一套电气施工图，一般应先按以下顺序阅读，然后再对某部分内容进行下述的重点识读：

① 看标题栏及图纸目录。了解工程名称、项目内容、设计日期及图纸内容、数量等。

② 看设计说明。了解工程概况、设计依据等，了解图纸中未能表达清楚的各有关事项。

③ 看设备材料表。了解工程中所使用的设备、材料的型号、规格和数量。

④ 看系统图。了解系统基本组成，主要电气设备、元件之间的连接关系以及它们的规格、型号、参数等，掌握该系统的组成概况。

⑤ 看平面布置图。如照明平面图、防雷接地平面图等。了解电气设备的规格、型号、数量及线路的起始点、敷设部位、敷设方式和导线根数等。平面图的阅读可按照以下顺序进行：电源进线总配电箱干线支线分配电箱电气设备。

⑥ 看控制原理图。了解系统中电气设备的电气自动控制原理，以指导设备安装调试工作。

⑦ 看安装接线图。了解电气设备的布置与接线。

⑧ 看安装大样图。了解电气设备的具体安装方法、安装部件的具体尺寸等。

(3) 抓住电气施工图要点进行识读。在识图时，应抓住要点进行识读具体如下。

① 在明确负荷等级的基础上，了解供电电源的来源、引入方式及路数。

② 了解电源的进户方式是由室外低压架空引入还是电缆直埋引入。

③ 明确各配电回路的相序、路径、管线敷设部位、敷设方式以及导线的型号和根数。

④ 明确电气设备、器件的平面安装位置。

(4) 结合土建施工图进行阅读。电气施工与土建施工结合得非常紧密，施工中常常涉及各工种之间的配合问题。电气施工平面图只反映了电气设备的平面布置情况，结合土建施工图的阅读还可以了解电气设备的立体布设情况。

(5) 熟悉施工顺序，便于阅读电气施工图。如识读配电系统图、照明与插座平面图时，就应首先了解下述室内配线的施工顺序。

① 根据电气施工图确定设备安装位置、导线敷设方式、敷设路径及导线穿墙或楼板的位置。

② 结合土建施工进行各种预埋件、线管、接线盒、保护管的预埋。

③ 装设绝缘支持物、线夹等，敷设导线。

④ 安装灯具、开关、插座及电气设备。

⑤ 进行导线绝缘测试、检查及通电试验。

⑥ 工程验收。

(6) 识读时，施工图中各图纸应协调配合阅读。对于具体工程来说，为说明配电关系时需要有配电系统图；为说明电气设备、器件的具体安装位置时需要有平面布置图；为说明设备工作原理时需要有控制原理图；为表示元件连接关系时需要有安装接线图；为说明设备、材料的特性、参数时需要有设备材料表等。这些图纸各自的用途不同，但相互之间是有联系并协调一致的。在识读时应根据需要，将各图纸结合起来识读，以达到对整个工程或分部项目全面了解的目的。

习　　题

一、是非题

1. 房屋施工图中包含建筑施工图、结构施工图和设备施工图。（　）
2. 定位轴线采用细点划线表示。这条线应伸入墙内 10～15mm。轴线的端部应用细实线画直径为 8 mm 的圆圈，并对轴线进行编号。（　）
3. 定位轴线的水平方向的编号采用大写拉丁字母，从左到右依次编号，一般称为横向轴线；而垂直方向的编号则采用阿拉伯数字自下而上顺序编写，一般称为纵向轴线。（　）
4. 对建筑工程图而言，尺寸单位一律以 mm(毫米)为单位。（　）
5. 所谓“风玫瑰图”，就是根据某一地区多年统计平均的各方向吹风方向来种植玫瑰。（　）
6. 所谓“相对标高”就是将底层室内主要地坪标高定为相对标高的零点，并在建筑工程的总说明中说明相对标高和绝对标高的关系。（　）
7. 建筑总平面图是假设在建设区的上空向下投影所得的水平投影图。主要用来表达拟建房屋的位置和朝向，与原有建筑物的关系，周围道路、绿化布置及地形地貌等内容。它可作为拟建房屋定位、施工放线、土方施工以及施工总平面布置的依据。（　）
8. 在施工图中，门用代号“M”表示，窗用代号“C”表示，并用阿拉伯数字编号，如 M1、M2、M3、…，C1、C2、C3、…，同一编号代表同一类型的门或窗。（　）
9. 一般性建筑常用 1∶200 的比例绘制，对于体积特别大的建筑，也可采用 1∶100 的比例。（　）
10. 详图的比例常采用 1∶1、1∶2、1∶5、1∶10、1∶20、1∶50 几种。（　）
11. 对楼梯的制图来说，楼梯踏步的尺寸是很重要的，但是在平面图中注明即可，一般在楼梯剖面图或详图时都不需要再注明。（　）
12. 结构施工图是表示建筑物各承重构件(如基础、承重墙、柱、梁、板等)的布置、形状、大小、材料、构造及其相互关系的图样。结构施工图还反映其他专业(如建筑、给排水、暖通、电气等)对结构的要求。（　）
13. 暖通施工图分为“采暖施工图”和“通风排气施工图”两种。通风排气系统图主要针对写字楼和商场，而暖通多用于我国北方寒冷地区。（　）
14. 凡是在以上图中无法表达清楚的局部构造或由于比例原因不能表达清楚的内容，必须绘制结构施工图。（　）
15. 系统轴测图是设备施工图中较特殊的图样。因为使用等轴测线的绘图方式，比较容易清楚表达管道或相关零件彼此间的相对位置关系。（　）

二、选择题

1. 所谓“绝对标高”是以我国哪一处，黄海的平均海平面定为绝对标高的零点？（　）

　A. 秦皇岛附近某处　　B. 大连附近某处
　C. 青岛附近某处　　D. 黄岛附近某处

2. 下列哪一个是建筑立面图的作用？(　　)
   A. 在设计阶段，立面图主要是用来研究其外形艺术处理的
   B. 在设计阶段，立面图主要是用来研究其内部装修处理的
   C. 在施工图中，它主要反映房屋的外貌和立面装修的一般做法
   D. 在施工图中，它主要反映房屋平面布置的一般做法
3. 以下哪一个不是楼梯的组成成员？(　　)
   A. 粉刷线　　B. 楼梯段
   C. 平台　　D. 栏杆(栏板)和扶手
4. 以下哪一个属于设备施工图？(　　)
   A. 给水排水工程图　　B. 采暖通风图
   C. 电气工程图　　D. 以上皆非
5. 指北针符号的作用为何？(　　)
   A. 表示房屋周围建筑的朝向　　B. 表示整座建筑物本身的朝向
   C. 表示房屋的朝向　　D. 以上皆是

三、实作题

1. 本章主要的目的还是绘图。当然，不论是描图或抄图都是手段之一。在范例光盘(A)Samples(GB)\ch08 目录下有 01.pdf～08.pdf 等 8 个 pdf 文件，将它们打印出来后，按图在 AutoCAD 中原样画出。

2. 在本书范例光盘的(A)Samples(GB)\ch08\目录下的 Apartment、Villa 和 Factory 三个目录中任选三张不同性质的图，将它们打印出来后，按图在 AutoCAD 中再画一张。

第9章

建筑专业的尺寸标注

建筑的尺寸标注要比机械的尺寸标注单纯许多，所以可以大量节省这部分的学习时间。因此，在本书的最后，我们就要来告诉您有关建筑专业方面的尺寸标注规定和惯例。然后，指导你如何在 AutoCAD 中应用它们。

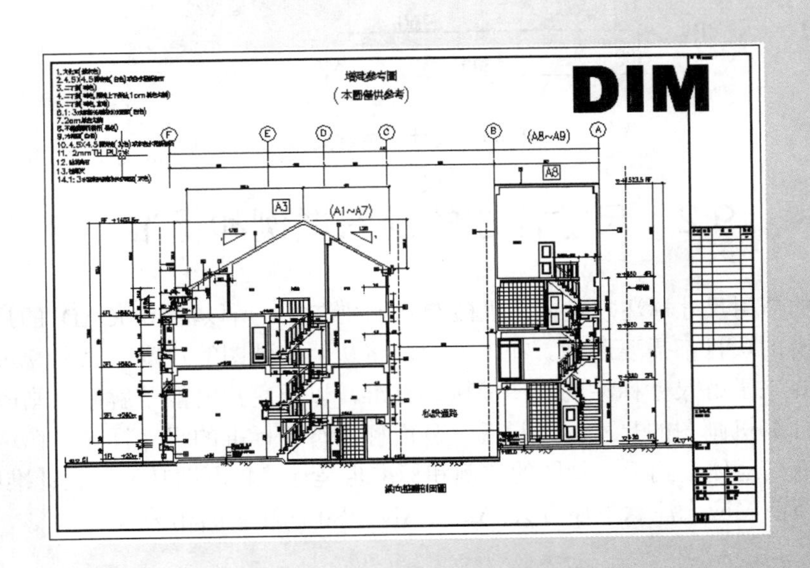

9.1　建筑尺寸标注定义

如果说工程图样是用来表示物体的形状的，那么尺寸标注就是用来决定物体大小和位置的。正确的尺寸标注有利于加工制造、品质检验以及加工时效，所以尺寸标注的技术和方法，在设计制图的过程中是很重要的。

首先，要对“尺寸标注”下一定义。所谓“尺寸”，就是包括长度、角度、锥度、斜度、弧长、直径、半径、面积、体积等数值。将“尺寸”再加以尺寸线和箭头，就可以用来确定尺寸标注的范围、位置以及内容，这就是“尺寸标注”。

其中，“尺寸线”头尾的箭头用来指示尺寸线的起点终点，“尺寸线”上面的数字及其单位则用来决定尺寸的大小，而尺寸线的两端则是和尺寸线垂直的“尺寸延伸线”。此外，引线和注解也是尺寸标注的一种。引线是引导注解说明用的，而注解则是提供图样简单明了的说明文字。详见图 9-1。

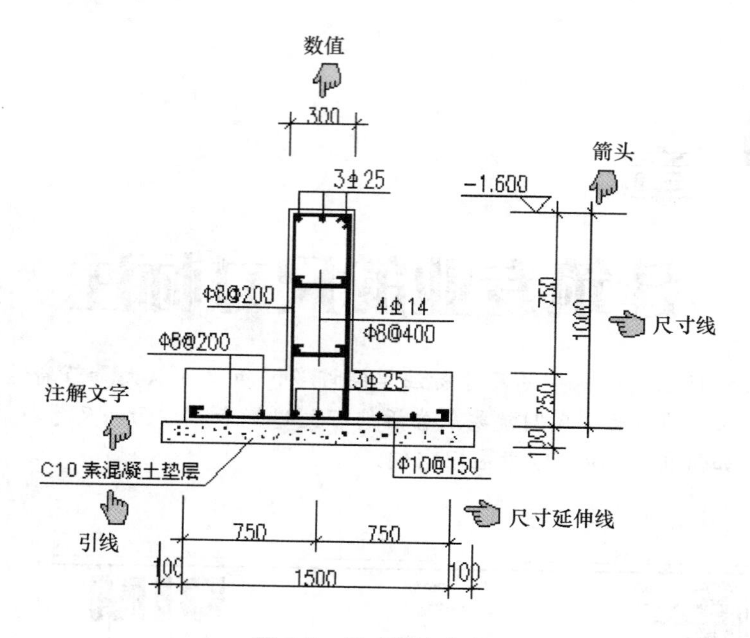

图 9-1　尺寸标注定义

9.2　尺寸标注的画图惯例和标准

建筑专业的惯用尺寸标注规定要比机械专业单纯许多。所以，AutoCAD 的尺寸标注设置，并不是所有的项目都需要用到。在本节中，将从手工画图的角度，以及 AutoCAD 计算机画图的观点来了解尺寸标注的画图惯例和标准，以便用户既能了解手工画图的原来惯例，又能熟悉计算机画图的尺寸标注设置，从而标出符合标准的尺寸标注。在这样的课程中，用户将更深刻地体会到手工画图的惯例和标准也是计算机画图功能的设计准则。

在进入本节前，应先注意下述有关 AutoCAD 尺寸标注上的相关事项。

(1) 在 AutoCAD 计算机画图中，尺寸标注的控制是由尺寸标注变量控制的。这些尺寸标注变量中有数值型变量和开关型变量两种。运行的方式都是直接运行该变量名称，再输入希望的数值和 ON/OFF 即可。

(2) 所有的数值型尺寸标注变量值都必须再乘以 DIMSCALE 尺寸标注变量的值，才是最后的总值。所以，在本节所列出的默认值，都是以“××.××单位”称之。而 DIMSCALE 变量的默认值为 1。

9.2.1 箭头

由于 AutoCAD 在尺寸方面的标注设置比较倾向于规定较复杂的机械专业，但这并不符合建筑专业的惯用。其中，首要就是箭头，所以一开头，我们就要介绍如何将一般的箭头符号改为倾斜线的“建筑标记”。箭头代表的正是尺寸线的起点和终点，需绘于尺寸线的两端。箭头尖端应接触尺寸延伸线(或可见轮廓线、中心线的延伸线)。建筑标记箭头本身长 3～4mm，如图 9-2 所示。

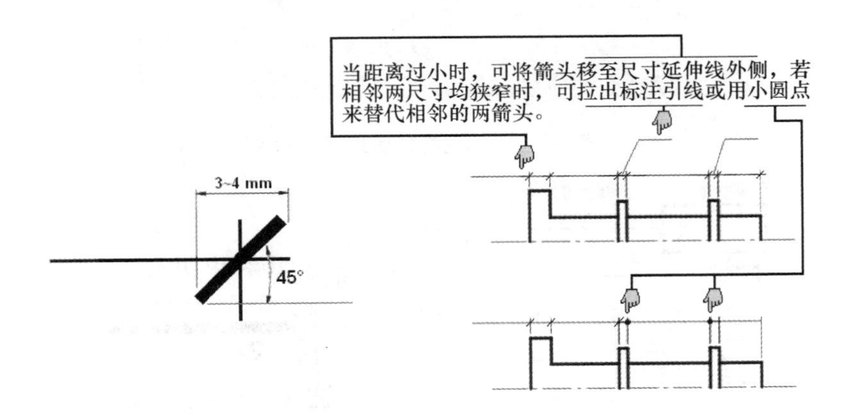

图 9-2 手工箭头画法

在 AutoCAD 中，处理尺寸标注设置的命令是 DIMSTYLE 命令，用来让操作者设置需要的尺寸标注变量。图 9-3 所示的就是调用该命令的初始操作。

本范例参考视频文件：(A)Samples(GB)\ch09\avi 目录下的 DIMSTYLE_2010.avi。

按图 9-2 的规定，将一般箭头设置为倾斜状的建筑标记；首先，按图 9-4 的操作，来新建一个尺寸标注样式。然后，再按图 9-5 所示，切换至“符号和箭头”选项卡来设置箭头样式。

其中，DIMASZ (Arrow AiZe)变量可用来控制尺寸线上箭头的长短。AutoCAD 将以此尺寸的倍数来决定尺寸线及标注文字是否可完全绘于两条延伸线中。注意：在此所设置的箭头尺寸都要再乘以 DIMSCALE 的值才是实际尺寸。

除了图 9-5 的箭头设置以外，图 9-6 的“调整”选项卡设置是和箭头位置有关的设置项。注意：DIMSCALE 就是在此设置的。

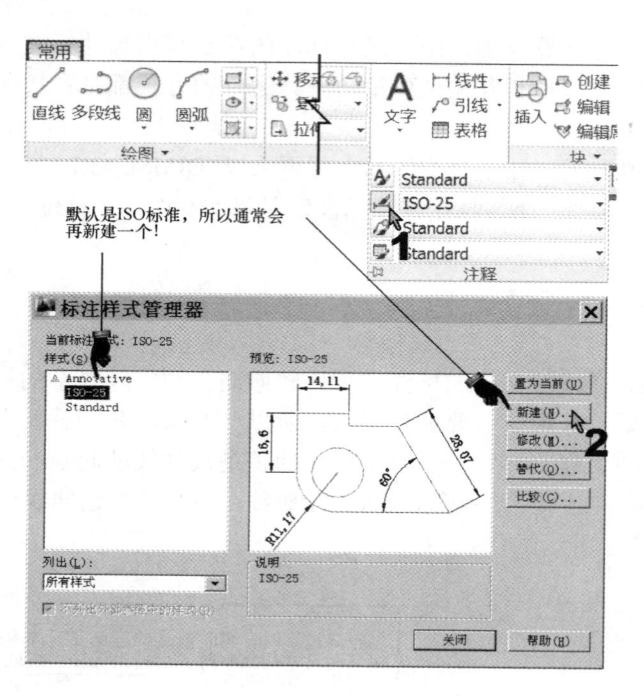

图 9-3 “标注样式管理器”对话框

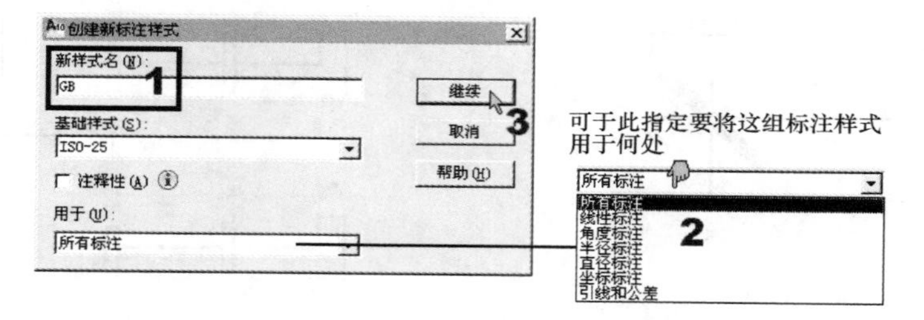

图 9-4 新建一个尺寸标注样式的操作

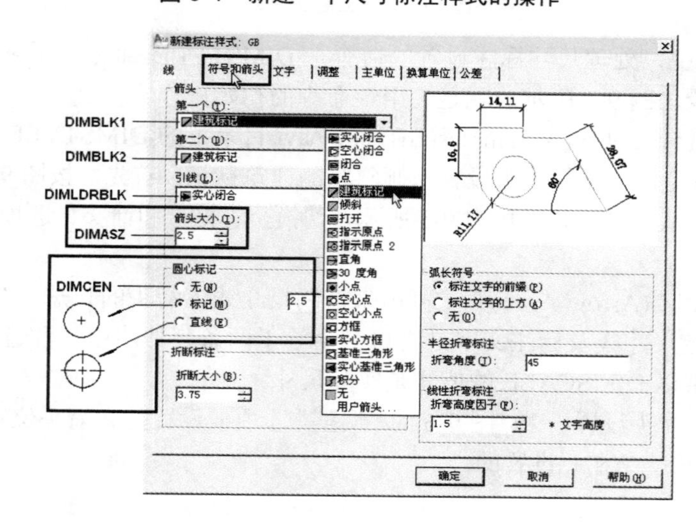

图 9-5 使用 DIMSTYLE 命令来变更箭头样式

注 意

当 DIMTMOVE 变量为 1 时，AutoCAD 将增加一引线来移动尺寸标注文字。

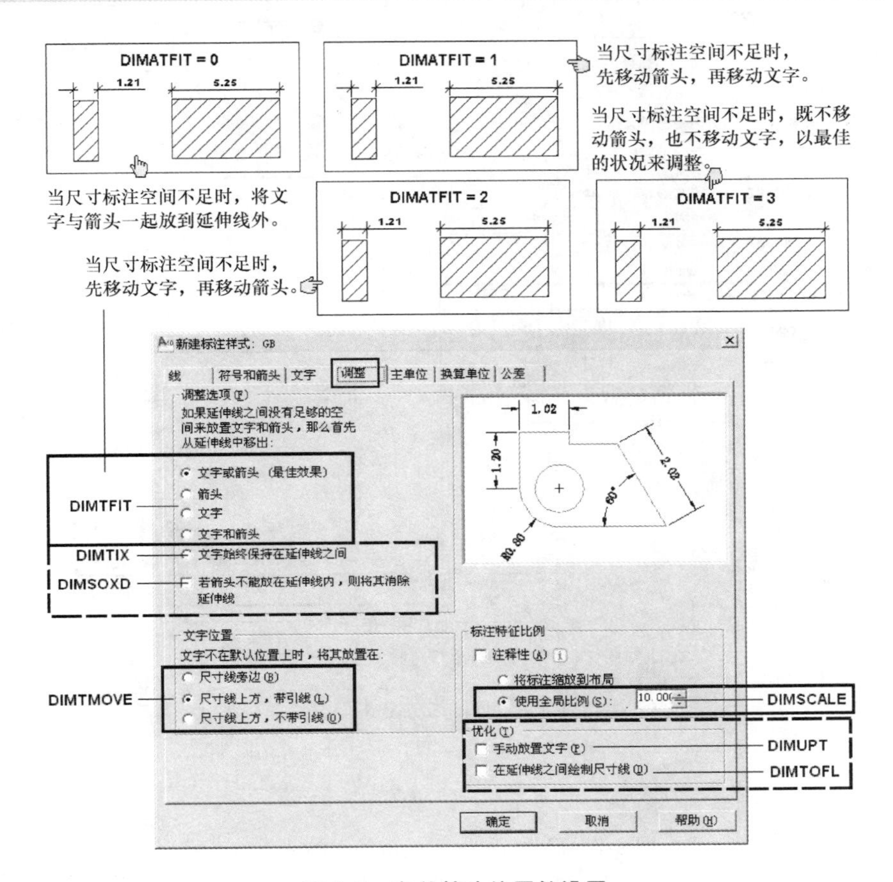

图 9-6　有关箭头位置的设置

9.2.2　尺寸线和尺寸延伸线

尺寸线就是以尺寸延伸线为界，平行于所标注的距离，以细实线画出，距尺寸延伸线末端 2～3mm 的标注线。各尺寸线间的间隔约为字高的两倍，且应均匀。

尺寸延伸线和尺寸线垂直，且延伸于视图轮廓外以细实线绘制，同时必须与轮廓线不相接触，保留 1mm 左右的空隙。如图 9-7 所示，可以在“线”选项卡中设置。

还有一些重要的设置选项如下所述。

(1)　文字高度。图 9-7 上面的 DIMTXT 变量设置处在“文字”选项卡中，如图 9-8 所示。

(2)　单位格式。单位也是要先设置的重要项目。可以在图 9-9 所示的“主单位”选项卡中设置。

完成设置后，只要按如图 9-10 所示，在标注前选择所要的尺寸标注样式名，就可以瞬间转变当前的尺寸标注环境。因此，用户可以仔细规划用于不同场合的尺寸标注样式，以在此切换使用。

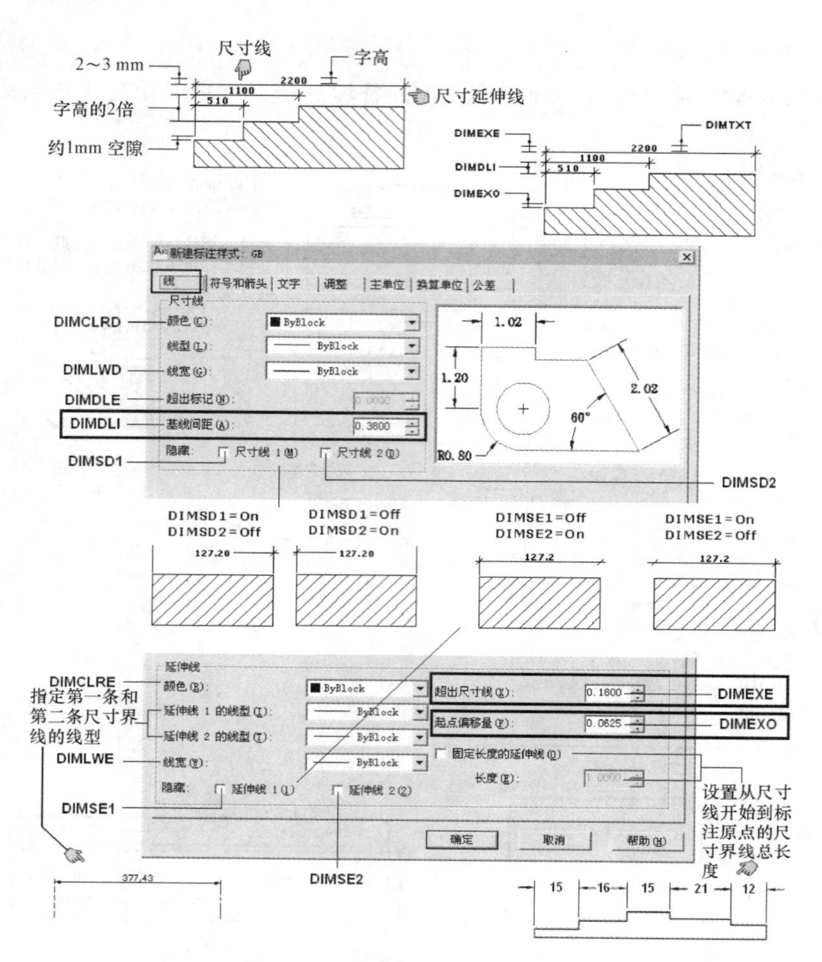

图 9-7　尺寸延伸线和轮廓线间的关系

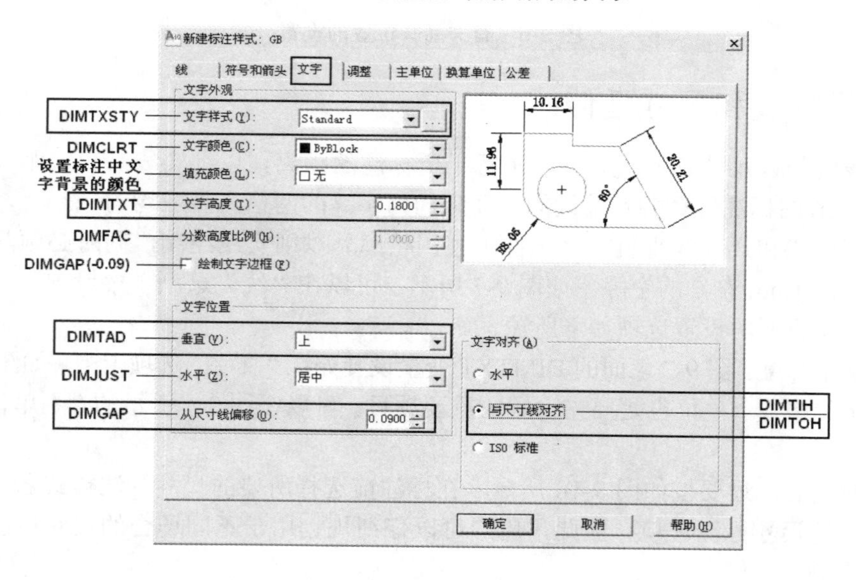

图 9-8　文字高度的设置

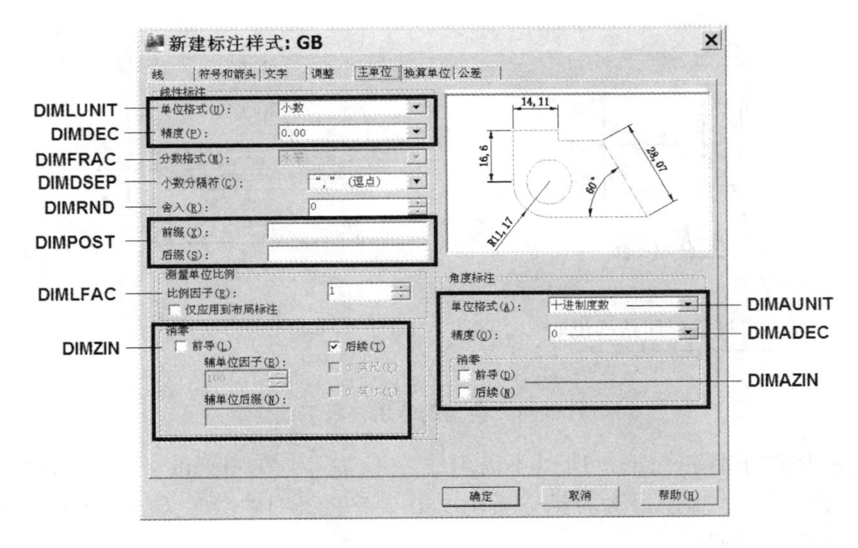

图 9-9　单位格式的设置

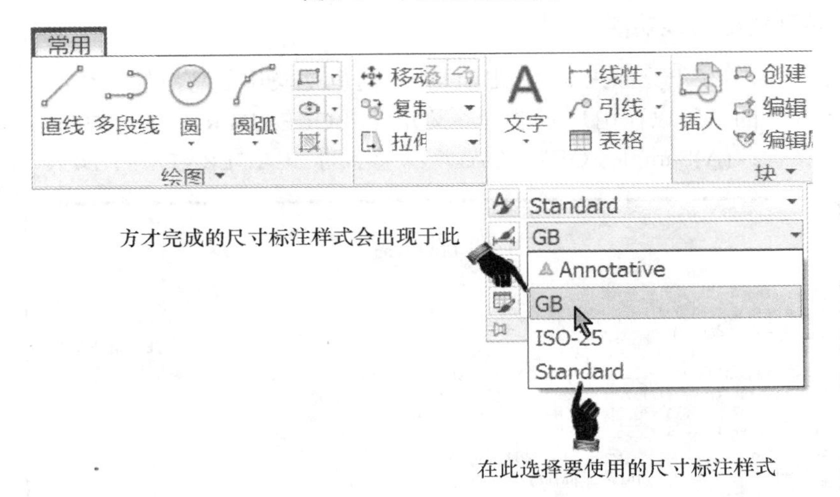

图 9-10　尺寸标注样式的切换使用

9.2.3　引线和注解

引线是在图样上用来导引注解说明的细实线，其倾斜方向应视图线方向而定，图线为水平或垂直者，引线宜画和水平线呈 45° 或 60°，且避免和尺寸延伸线、尺寸线或剖面线平行，其指示端带有箭头，尾端加一水平线，注解就写在水平线上方，水平线应和注解等长。当有数条引线时，为了美观，应平行排列。其标注示例如图 9-11 所示。

在图 9-11 中，所出现的注释称为“专用注释”，这种注释具有针对性，所以需要引线配合。所谓“注释”，就是用简单明了的文字来提供图形某部位所需的资料。凡是不能用视图或尺寸表示的，即可用注释表示。注意：注释文字均应水平写，简明扼要，利于阅读。除了专用注释以外，还有“一般注释”。

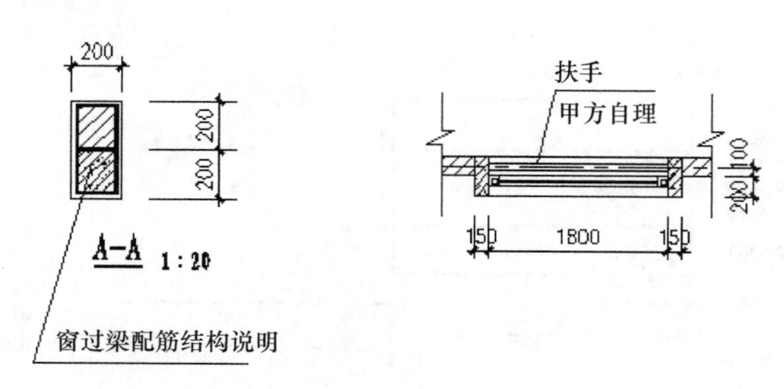

图 9-11　典型的专用注释引线

一般注释适用于整张图形，所以不需引线，但需集中在图纸的下方、标题栏附近，例如，“甲方自理”、“本层最大容纳人数为 250 人”、“图中所示为一具 5A 磷酸铵盐干粉灭火器”等这类的注解字句。

1. AutoCAD 的标引线功能

AutoCAD 的标引线工具原来名为 LEADER，这也是操作最简单的一个；但是显然标引线的需求是多样性的，所以在用户要求下，又开发出 QLEADER 命令，如图 9-12 所示。本范例参考视频文件：(A)Samples(GB)\ch09\avi 目录下的 LEADER&QLRADER_2010.avi。

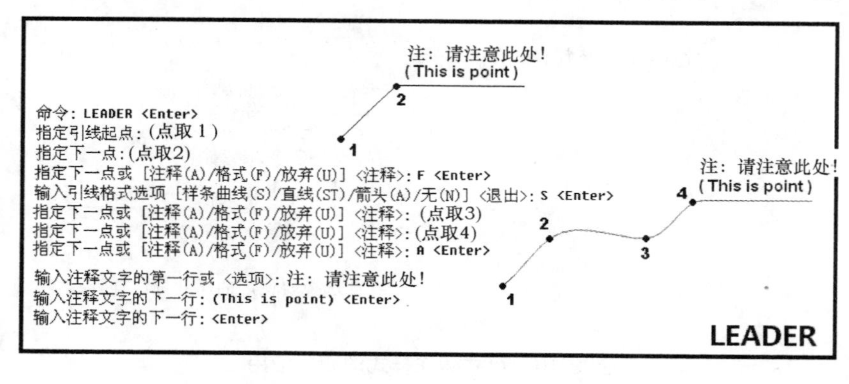

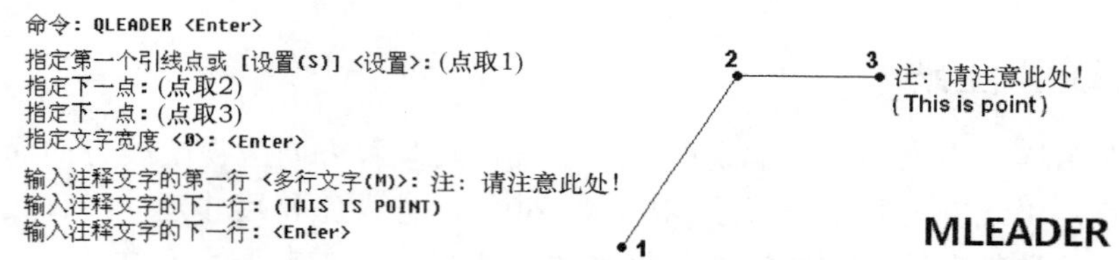

图 9-12　LEADER 和 QLEADER 的引线绘制

2. MLEADERSTYLE(多重引线样式)命令

到了 2008 版，AutoCAD 再度新增了名为 MLEADER 的标引线工具(前述的 LEADER 和 QLEADER 命令也都还保留着)、MLEADERSTYLE 与 MLEADER 工具。

就像文字样式、尺寸标注样式的目的一样，MLEADERSTYLE 命令(如 STYLE 命令)用来设置当前所用的多重引线样式，以及创建、修改和删除多重引线样式。而 MLEADER 命令(如 DTEXT 或 MTEXT)则是实现 MLEADERSTYLE 命令所设置的内容。

图 9-13 所示的，就是 MLEADERSTYLE 工具和 MLEADER 工具所在的位置。

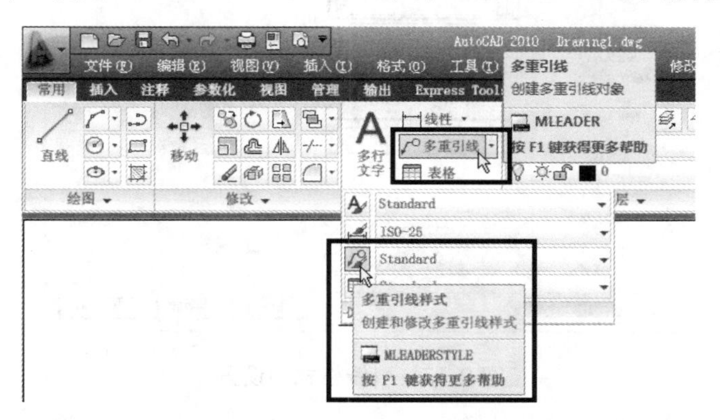

图 9-13 MLEADERSTYLE 与 MLEADER 命令的位置

选择图 9-13 下面那个黑框中的 MLEADERSTYLE 命令。如图 9-14 所示，新建一个名为 New Leader Style1”多重引线样式。然后，再进去看看有哪些设置选项卡。本范例参考视频文件：(A)Samples(GB)\ch09\avi 目录下的 MLEADERSTYLE&MLEADER_ 2010.avi。

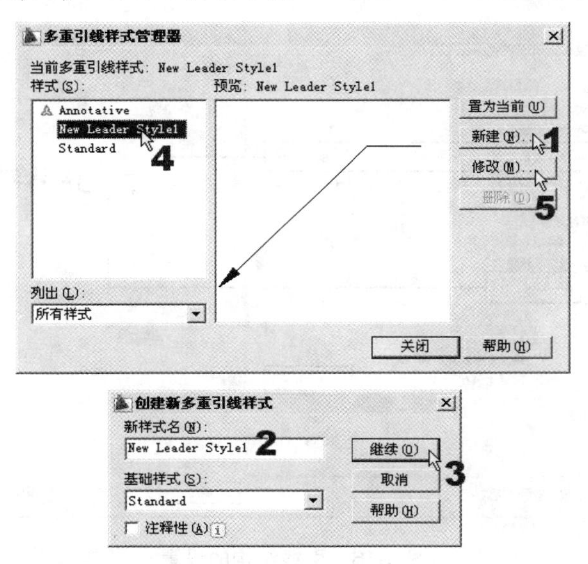

图 9-14 新建多重引线样式

1) 引线格式

“引线格式”选项卡中的项目，都是和引线格式有关的，用户可视需要设置可能需要曲线引线，以及使用不同的线型和颜色。可以再设置另一组使用“样条曲线”或引线线型为非连续线的其他线型。那个“引线打断”选项区中的设置用意同图 9-5 中的“折断标注”区域，只是针对的是引线，如图 9-15 所示。

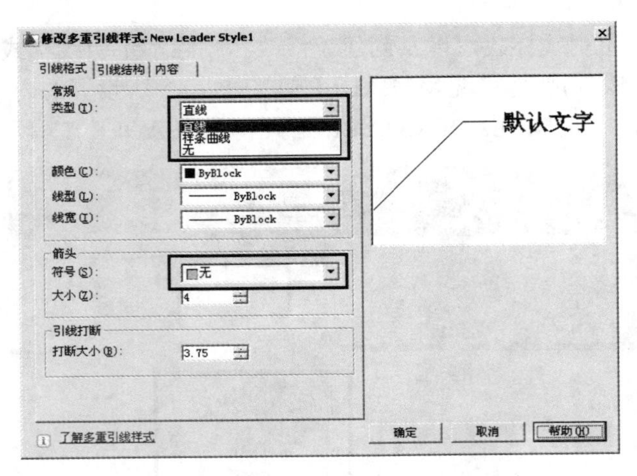

图 9-15 引线格式的设置

2) 引线结构

“引线结构”选项卡中的项目用来设置引线本身的规格。如图 9-16 所示，我们修改了第一段角度的值，以及水平基线的长度。那个比例就是整体比例，和标注样式里的 DIMSCALE 的作用是一样的。如果引线需要好几个转折点，那么将“最大引线点数”设为需要的转折数即可。

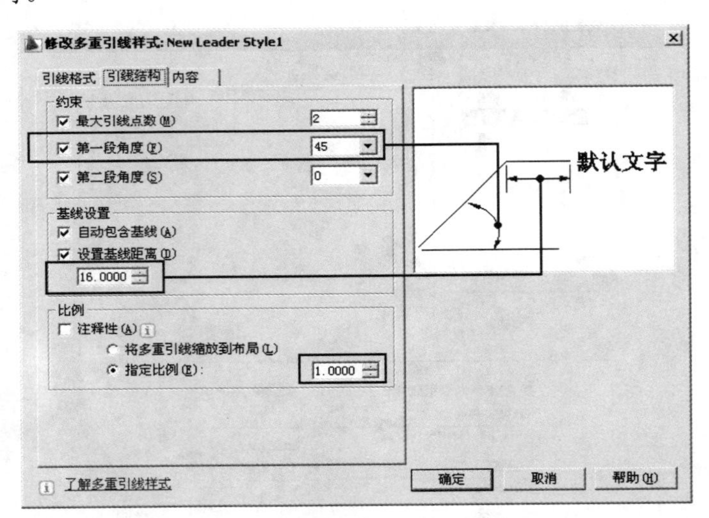

图 9-16 引线结构的设置

3) 引线内容

引线“内容”选项卡中的项目用来设置引线文字本身的属性。显然，它可以用来标注“详图指引球标”(多用于剖面详图中)。如图 9-17 所示，我们主要变更了它的颜色和字高。如果想按如图 9-17 右下那张所示，在“多重引线类型”中选用“块”，并选用不同的块样式，建议再为此增设另一组引线样式。

可以在图框样板文件中重复上述的设置过程，设置几组常用的多重引线样式。

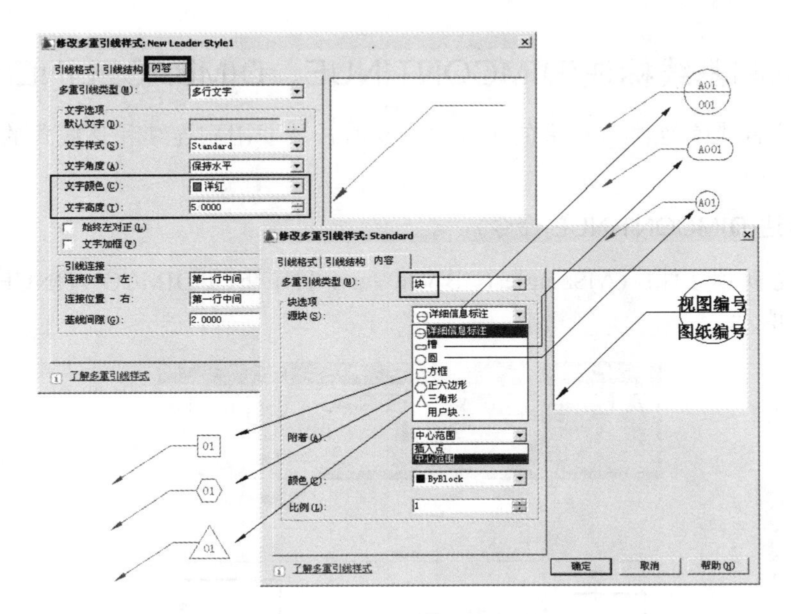

图 9-17　引线内容的设置

9.3　尺寸标注法

下面将介绍如何标注尺寸。所有的计算机画图软件在这个主题上，都是要根据手工画图的。所以，我们会很容易地在 AutoCAD 软件上找到对应的命令。

9.3.1　长度标注(DIMLINEAR、DIMALIGNED 命令)

在针对长度的标注方法上，有水平、垂直和倾斜等状况。其尺寸线和尺寸数值的注入、手工画图的方法，9.2 节已经谈过。图 9-18 所示为这些标注状况在 CAD 画图里的标准实例。本范例参考视频文件：(A)Samples(GB)\ch09\avi 目录下的 DIMLINEAR&DIMALIGNED_2010.avi。

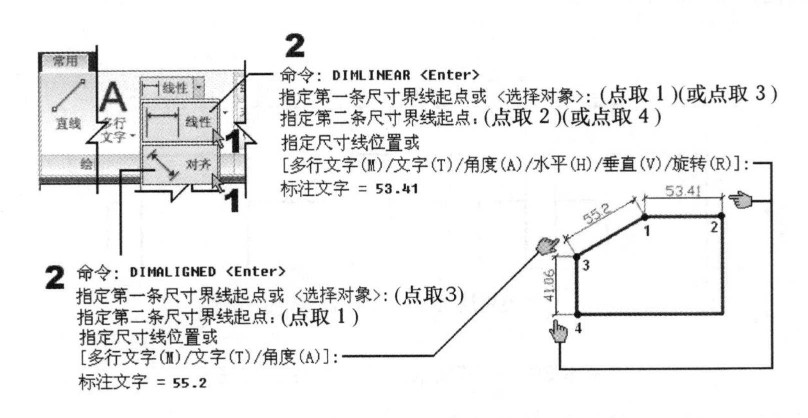

图 9-18　水平、垂直和倾斜的尺寸标注法

9.3.2 连续和基线标注(DIMCONTINUE、DIMBASELINE 命令)

当在一个方向上有连续且众多的尺寸要标注时，就要用到连续和基线式的标注方式。如下所述。

1. 连续标注(DIMCONTINUE 命令)

本范例参考视频文件：(A)Samples(GB)\ch09\avi 目录下的 DIMCONTINUE_2010.avi，操作如图 9-19 所示。

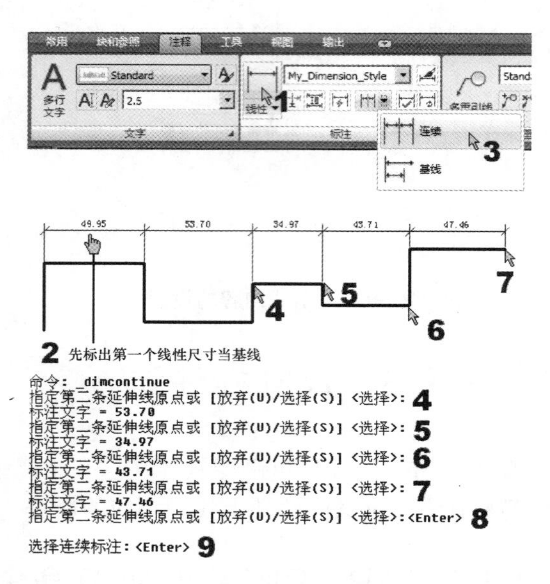

图 9-19 连续标注法

技巧提示

在标注时，如果遇有多个连续狭窄部位在同一尺寸线上，其尺寸数值应分两排高低交错来标注，如图 9-20 所示。

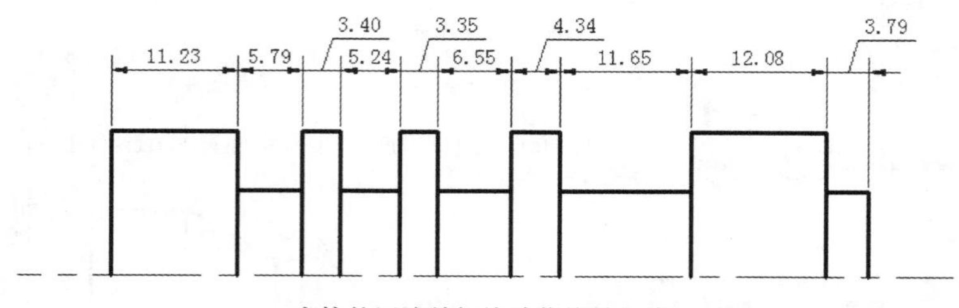

图 9-20 连续狭窄部位的尺寸标注法

之所以可以这样标注，是因为在图 9-6 中，我们已将 DIMTMOVE 变量设为：当文字不在默认位置时，将其放在尺寸线上方，带引线。

可是图 9-20 所示的是机械制图的方式，在建筑制图中的连续狭窄部位的尺寸标注惯例应如图 9-21 所示。

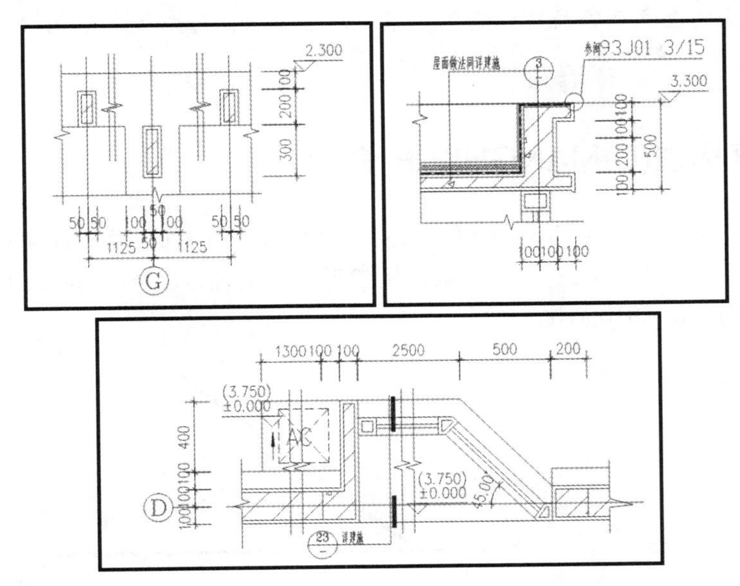

图 9-21　建筑制图中的连续狭窄部位尺寸标注法

所以，应在图 9-6 中，将 DIMTMOVE 变量设为：当文字不在默认位置时，将其放在尺寸线上方，不带引线 (操作参考本范例视频文件)。

2. 基线标注(DIMBASELINE 命令)

本范例参考视频文件：(A)Samples(GB)\ch09\avi 目录下的 DIMBASELINE_2010.avi，操作如图 9-22 所示。

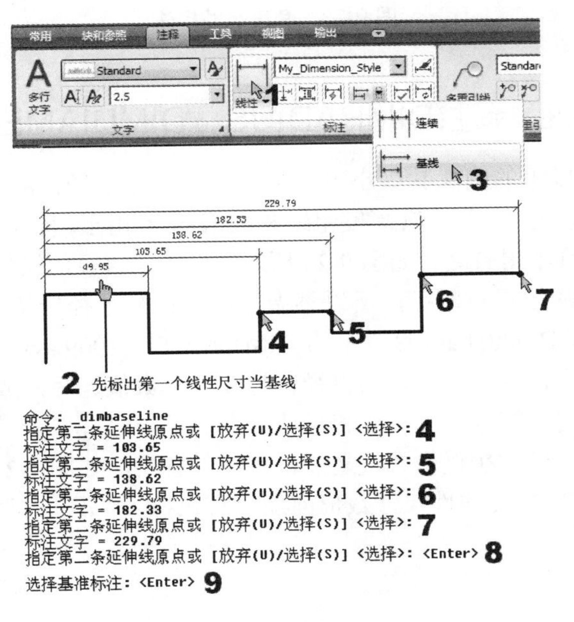

图 9-22　基线标注法

技巧提示

基线表示法的重点在各尺寸线间的上下间距控制。你可以如本范例视频文件所示，使用 DIMSPACE 命令来调整。

9.3.3　角度标注(DIMANGULAR 命令)

角度的尺寸线为一圆弧，圆弧的圆心必为该角的顶点，部位狭窄时可标注于对顶角方向、角度数值方向，如图 9-23 所示。本范例参考视频文件：(A)Samples(GB)\ch09\avi 目录下的 DIMANGULAR_2010.avi。

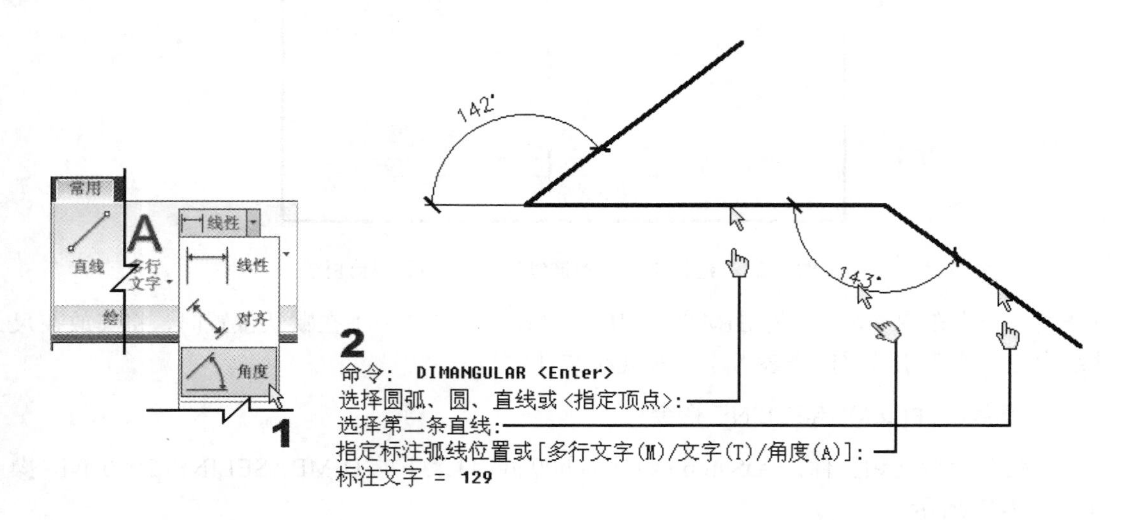

图 9-23　角度尺寸标注

9.3.4　半径和直径标注(DIMRADIUS、DIMDIAMETER 命令)

一般说来，半圆以下的圆弧其大小多以半径表示，而半径标注就是由半径符号和半径数字连写而成。半径符号“R”，其高度粗细和数值部分相同。标注半径时，半径符号应标注于半径数值之前，且不得省略，如图 9-24 所示。半径 / 直径的操作简单，单击圆或弧后，再将尺寸值拉到指定的放置点即可，所以不做视频；但是半径折弯标注的操作，应参考视频文件：(A)Samples(GB)\ch09\avi 目录下的 DIMJOGGED_2009.avi。

圆的大小以直径来标注，它也是由直径符号和直径数值连写而成。直径符号“ϕ”，其高度、粗细与数值相同，符号中的直线和尺寸线大约呈 75°，其封闭曲线为一正圆形。标注直径时，直径符号应标注在直径数值之前，且不得省略，如图 9-25 所示。

说明：要在 AutoCAD 的线性尺寸数值前加上直径符号“ϕ”，可按照图 9-26 所示操作。

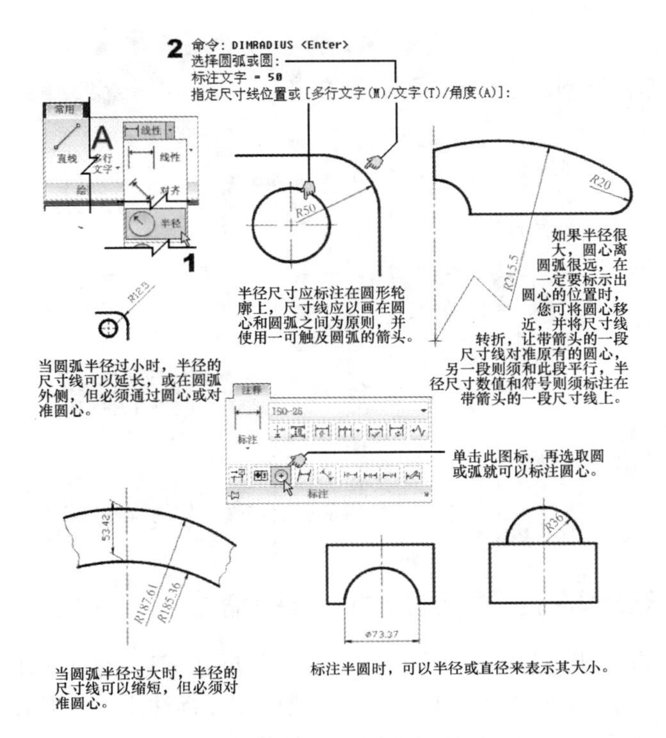

2 命令: DIMRADIUS <Enter>
选择圆弧或圆:
标注文字 = 50
指定尺寸线位置或 [多行文字(M)/文字(T)/角度(A)]:
半径尺寸应标注在圆形轮廓上，尺寸线应以画在圆心和圆弧之间为原则，并使用一可触及圆弧的箭头。
如果半径很大，圆心离圆弧很远，在一定要标示出圆心的位置时，您可将圆心移近，并将尺寸线转折，让带箭头的一段尺寸线对准原有的圆心，另一段则须和此段平行，半径尺寸数值和符号则须标注在带箭头的一段尺寸线上。
当圆弧半径过小时，半径的尺寸线可以延长，或在圆弧外侧，但必须通过圆心或对准圆心。
单击此图标，再选取圆或弧就可以标注圆心。
当圆弧半径过大时，半径的尺寸线可以缩短，但必须对准圆心。
标注半圆时，可以半径或直径来表示其大小。

图 9-24　半径的尺寸标注法

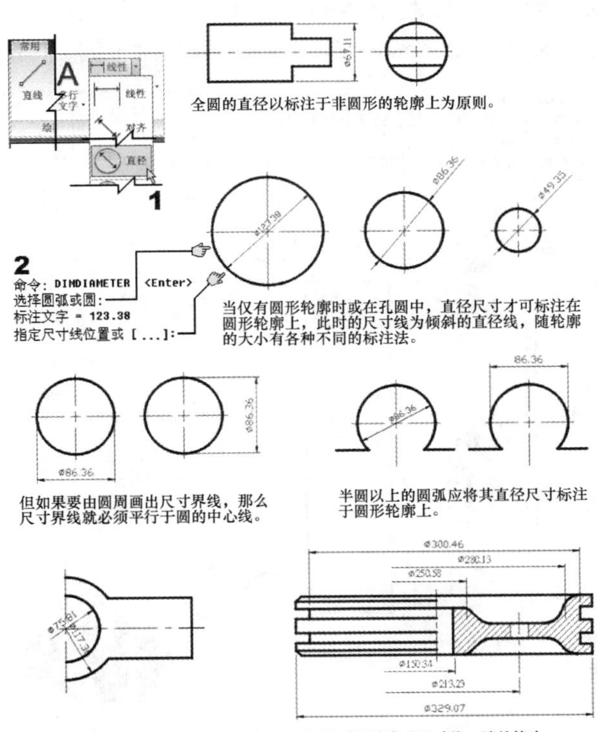

全圆的直径以标注于非圆形的轮廓上为原则。
2
命令: DIMDIAMETER <Enter>
选择圆弧或圆:
标注文字 = 123.38
指定尺寸线位置或 [...]:
当仅有圆形轮廓时或在孔圆中，直径尺寸才可标注在圆形轮廓上，此时的尺寸线为倾斜的直径线，随轮廓的大小有各种不同的标注法。
但如果要由圆周画出尺寸界线，那么尺寸界线就必须平行于圆的中心线。
半圆以上的圆弧应将其直径尺寸标注于圆形轮廓上。
半视图或半剖视图省略的一半，可不画尺寸界线和此尺寸线一端的箭头，但其尺寸线的长度必须超过中心线。

图 9-25　直径的尺寸标注法

说 明

要在 AutoCAD 的线性尺寸数值前加上直径符号“ϕ”，请按图 9-26 所示操作。

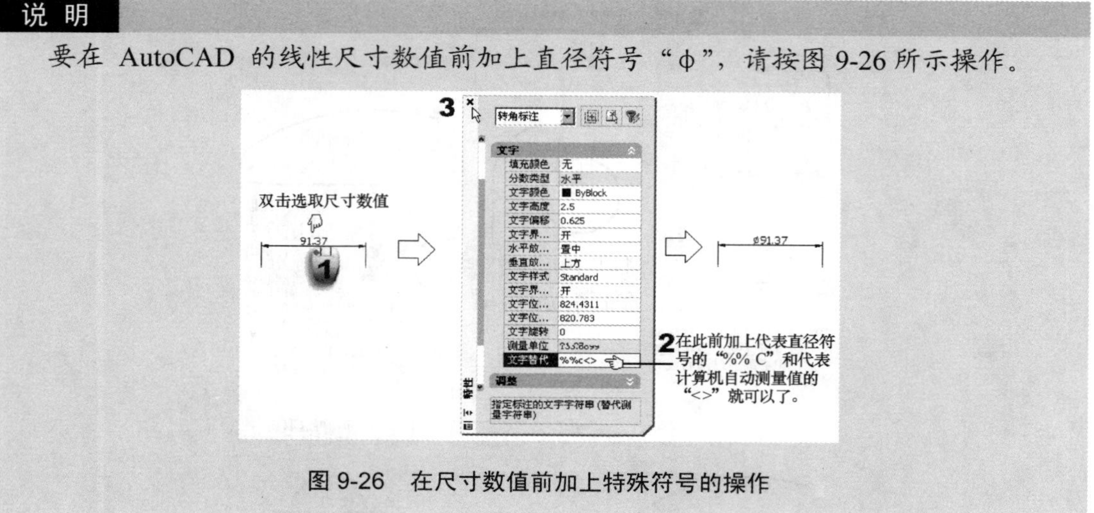

图 9-26　在尺寸数值前加上特殊符号的操作

9.3.5　DIMORDINATE(坐标尺寸标注)命令

对机械专业而言，坐标式标注比较常见于模具尺寸标注上；但对建筑专业来说，如图 9-27 黑框处所示，则用于立面图或剖面图的楼层高度标注上。它是以单条尺寸线来标注图样实际坐标标注的方法。先在图上绘出欲标注的图形。注意：一定要将该图形的 (0,0) 基点，移到实际上的 (0,0) 坐标点上(利用 MOVE 命令)。如此，DIMORDINATE 命令才能准确标注。本范例参考视频文件：(A)Samples(GB)\ch09\avi 目录下的 DIMORDINATE _2010.avi。

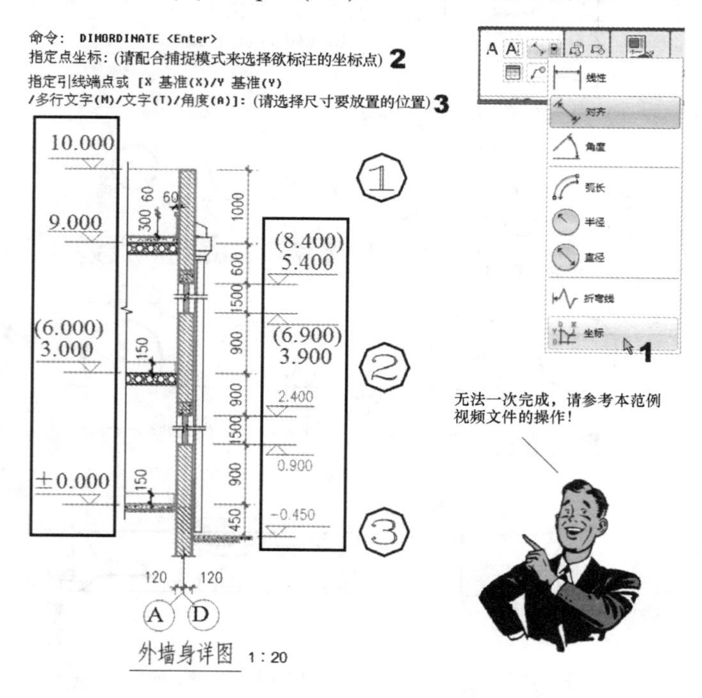

图 9-27　坐标式标注法

技巧提示

(1) 由于 DIMORDINATE 命令每操作一次只能标注一坐标点，所以建议使用 QDIM 命令里的“坐标”选项来标，然后再删除不必要的标注，这样比较快！

(2) 当运行一般快速尺寸标注法(QDIM) 做坐标标注，而导致文字重叠时，可使用 DIMTEDIT 命令处理。

(3) 当运行 DIMORDINATE 命令做坐标标注，而导致尺寸标注文字重叠时，可将重叠文字删除后再重标即可。

(4) 在一般建筑 CADD 软件(如“天正”)中，所有按建筑惯例的尺寸标注都有专门的功能处理，效率更快！使用纯 AutoCAD 来标注建筑图样较耗时费力！

9.3.6 局部放大标注法

局部放大标注，也称“详图标注”。当使用 SCALE 命令将欲放大部位放大后，尺寸标注的值也会随放大比例自动调整，这就不是所希望的了！在这种情况下，如图 9-28 所示，当图形放大 2 倍后，可以将 DIMLFAC (Linear unit scale FACtor)变数设置为 0.5；这样，再做尺寸标注时，系统就会将测量得到尺寸值乘以 0.5，调整回 1∶1 比例时的尺寸值。使用完后，再将 DIMLFAC 的值设回 1 即可。本范例参考视频文件：(A)Samples(GB)\ch09\avi 目录下的 DIMSCALE_2010.avi。

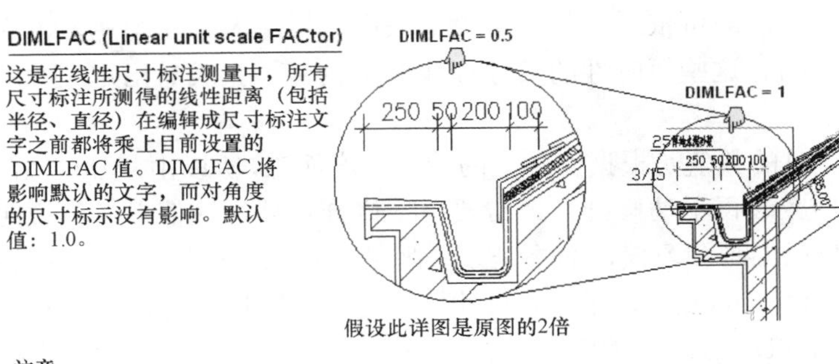

图 9-28 连续狭窄部位的尺寸标注法

9.4 建筑尺寸标注时的注意事项

1. 手工和计算机画图共同注意事项

(1) 尺寸标注应避免重复。
(2) 尺寸标注不可遗漏。
(3) 尺寸标注应力求整齐美观。
(4) 尺寸标注应依对称和等距原则。
(5) 对于同一形式物体的尺寸标注方式应求一致。
(6) 尺寸标注自基准部位依次进行，不应有独立的尺寸标注。

(7) 尺寸宜标注于图形轮廓之外，当有必要增加清晰简明的效果时，可标注于图形轮廓之内。

(8) 尽量不要让任何线条穿过尺寸数值，以免混淆。

(9) 尺寸如有必要标注在剖面内，尺寸数值范围内的剖面线应中断让开。

(10) 尺寸应尽量标注于两图形轮廓之间，唯尺寸延伸线仅自一图形轮廓画出，不可连接另一图形轮廓。

(11) 尺寸线距离图形轮廓外约为数值高度的 2 倍，平行的尺寸线间隔也相同。

(12) 尺寸数值应尽量标注于尺寸线中央上方。数个平行的尺寸数值则需交错标注。

(13) 采用连续尺寸标注时，各尺寸的尺寸线应连成一直线，以方便阅读。

(14) 尺寸标注自图形轮廓外，由小到大，较长的尺寸线应离图形轮廓较远。

(15) 引线的注解说明应置于水平位置。

(16) 不可将尺寸线和图形轮廓上任何线条重叠。

(17) 中心线经常用来表示形状的对称，所以可免除一个位置的尺寸标注。

(18) 尽可能避免以虚线来画尺寸延伸线，或以虚线为尺寸延伸线。

2. AutoCAD 计算机画图注意事项

(1) 一般说来，只要使用图框样板文件，经常性的尺寸标注变量都已设置好。但是当临时性地更改某些尺寸标注变量后，可以选择“标注”下拉式菜单内的“更新”选项，然后指定要变更的尺寸，即可依最新的变量设置来产生标注效果。当然，没有选到要更新的尺寸是不会有影响的。这些暂时性的尺寸标注变量设置，完成对指定尺寸的影响后，应记得将它们改设回来。

(2) 尺寸标注里的数值是根据实际上的轮廓长度而来，所以由 AutoCAD 自动抓取的数值就是实际值，不应该再手动修饰。经常要手动修饰尺寸标注值者，就说明他画图画得不准确，就要检讨自己的画图习惯，而不是去“削足适履地手动修饰尺寸标注值。

(3) 按理说，以 AutoCAD 标出的尺寸标注是“关联性”的，即当尺寸随着标注轮廓一起编辑(如 EXTEND、STRETCH 等)时，尺寸标注内的数值也会随之自动变化。但是有一些牵涉到尺寸标注的惯例，AutoCAD 不一定能满足，此时，在迫不得已的情况下，就要使用 EXPLODE 命令来将尺寸标注炸开，以利单独编辑。当然，这样也就失去“关联性”的功能，所以只在万不得已的情况下，才要动用 EXPLODE(分解)命令。

习　题

一、是非题

1. 尺寸标注就是尺寸线、数值、箭头和尺寸延伸线的集合。（　）

2. 在 AutoCAD 中，所有的数值型尺寸标注变量值就是标注时的实际值。（　）

3. DIMSCALE 变量的默认值为 1，任何有数值的尺寸标注变数都要再乘上此值才是实际值。（　）

4. 当尺寸延伸线和轮廓线的夹角落在 15°以下时，尺寸延伸线可不垂直于尺寸线，而和尺寸线夹 30°的倾斜角度。（　）

5. MLEADERSTYLE 与 MLEADER 工具间的关系，就像 STYLE 和 MTEXT 间的关系一样，只是前者用于画出各式各样的引线。对建筑来说适合画“详图指引球标”。（　）

6. 引线的倾斜方向应视图线方向而定，图线为水平或垂直者，引线宜画和水平线呈 30°或 60°，且避免和尺寸延伸线、尺寸线或剖面线平行，其指示端带有箭头，尾端加一水平线，注解就写在水平线上方。（　）

7. 一般说来，半圆以下的圆弧其大小多以半径表示，而全圆则以直径标注。（　）

8. 在 AutoCAD 的操作里，当更改了某些尺寸标注变量后，可以选择“标注”下拉菜单内的“取代”选项来更新尺寸标注效果。（　）

9. 在 AutoCAD 中所有的尺寸标注变量都可以使用 DIMSET 指令来设定。（　）

10. 尺寸标注上的数值应避免公式的表示而没有标示计算结果。（　）

11. 非必要时，尺寸延伸线应避免交叉，尺寸线的阶层数不宜过多。但可在同一阶层上标注的尺寸，而成为连续尺寸标注者，就可以多层标注。（　）

12. 若遇尺寸延伸线延伸过长或交错造成紊乱，为求清晰，可将尺寸标注于图形轮廓内。（　）

13. 要标注连续狭窄部位的尺寸，我们必须在 DIMSTYLE 命令中将 DIMTMOVE 变量设为：当文字不在默认位置时，将其放在尺寸线上方，带引线。（　）

二、选择题

1. 在 AutoCAD 计算机画图中，尺寸标注的控制是由下述何者控制的？（　）

A. 尺寸标注变量　　B. LISP 标注变量
C. VBA 标注变量　　D. 以上皆可

2. 尺寸线就是以尺寸延伸线为界，平行于所标注的距离，以细实线画出，距尺寸延伸线末端 2～3mm 的标注线。它在 AutoCAD 中是用哪一个尺寸标注变量来控制的？（　）

A. DIMDLI　　B. DIMEXO　　C. DIMEXE　　D. DIMGAP

3. 尺寸延伸线须延伸于视图轮廓外，以细实线绘制，同时必须与轮廓线不相接触，约保留 1mm 的空隙。它在 AutoCAD 中是用哪一个尺寸标注变量来控制的？（　）

A. DIMDLI　　B. DIMEXO　　C. DIMEXE　　D. DIMGAP

4. 在 AutoCAD 中，哪一个尺寸标注变量是用来控制基线标注中两尺寸线间的间距？

( )

A. DIMDLI B. DIMEXO C. DIMEXE D. DIMGAP

5. 在 AutoCAD 中，哪一个尺寸标注变量是用来控制尺寸数值和尺寸线的间距？( )

A. DIMDLI B. DIMEXO C. DIMEXE D. DIMGAP

6. 下示哪一个尺寸标注变量可以用来控制尺寸线两端箭头的符号不一样？( )

A. DIMTAD & DIMBLK1(或 DIMBLK2)

B. DIMASZ & DIMBLK1(或 DIMBLK2)

C. DIMTXT & DIMBLK1(或 DIMBLK2)

D. DIMSAH & DIMBLK1(或 DIMBLK2)

7. 下示哪一个尺寸标注变量可以用来控制尺寸数值在尺寸线的上下位置关系？( )

A. DIMTAD B. DIMASZ C. DIMTXT D. DIMSAH

8. 下示哪一个尺寸标注变量可以用来作为放大详图标注？( )

A. DIMPOST B. DIMLFAC C. DIMATFIT D. DIMASZ

9. 当图中某尺寸未依比例绘制时，应如何标注？( )

A. 在该尺寸数值上方加画一直线 B. 在该尺寸数值上方加画一弧

C. 在该尺寸数值下方加画一横线 D. 在该尺寸数值前方加画圆

10. 一般对皮带轮或齿轮幅只标注外圆和根圆直径，而不标注其( )。

A. 长度 B. 深度 C. 宽度 D. 以上皆是

11. DIMEDIT 命令可以用来对尺寸线做什么样的编辑？( )

A. 倾斜 B. 旋转 C. 缩放 D. 以上皆是

12. 当要改变标注文字或数值的内容，要在哪里运行哪一个命令？( )

A. “绘图”下拉式菜单内的“文字”选项，也就是 DTEXT 命令

B. “修改”下拉式菜单内的“属性”选项，也就是 DDEDIT 命令

C. “修改”下拉式菜单内的“文字”选项，也就是 DDEDIT 命令

D. “绘图”下拉式菜单内的“多行文字”选项，也就是 MTEXT 命令

三、实作题

列举 15 个你认为作尺寸标注时应注意的事项。

附录 A

如何使用本书范例光盘和服务

本附录将为你说明本书范例光盘的内容和使用方式，以及我们所能提供的服务方式。

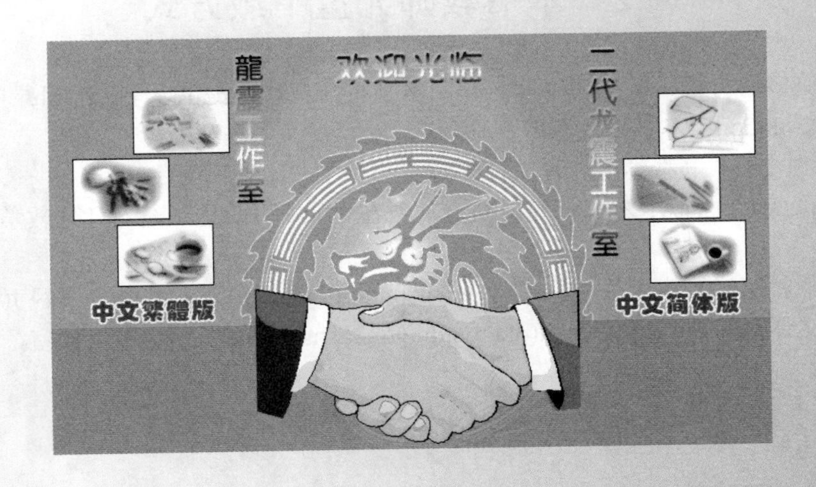

A.1 本书范例光盘的使用方式

(1) 本光盘将提供本书中讲到的范例文件，这在书中相关内容处，会指示要参照的文件名称。

(2) 将本光盘内的所有目录复制到你的硬盘上即可。其目录架构如图 A-1 所示。

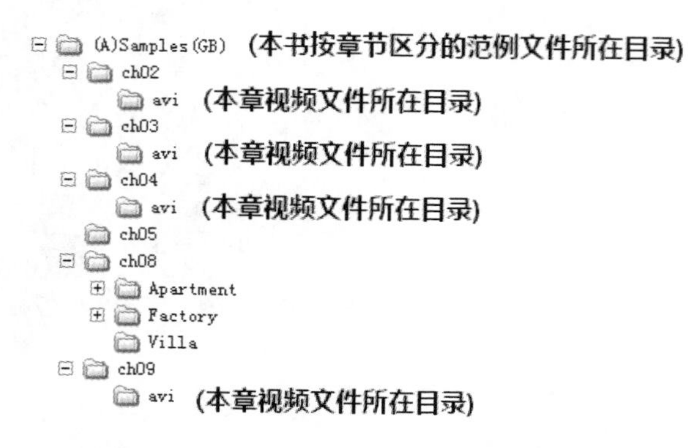

图 A-1　本书范例光盘目录结构

适用软件说明：使用以下软件版本来调用这些范例文件，如果你使用这些软件的低版本，将无法打开这些范例文件。

(1) AutoCAD 2012 版以上的版本 (打开本书提供的 AutoCAD 文件时用)。

(2) Adobe Acrobat Reader 5.0 以上版本 (pdf 格式的阅读器，打开本书提供的 pdf 文件时用)。

注 意

如有范例文件遗漏时，可 E-mail 到 dratek@ms7.hinet.net 告诉我们。我们将于本工作室网站(www.dragon-2g.com)上，本书的习题解答下载处来补充。

A.2 本书教师光盘下载方式

为提供更多的材料给本书的用书老师，本书将为教师们提供以下三个目录的内容。

(1) (A)Solution：本书习题解答文件所在目录。

(2) (A)PPT：本书教学幻灯片文件(PowerPoint 格式)所在目录。

(3) (A)ADD_DATA：本书补充材料文件所在目录，主要是补充幻灯片教学文件和一些术科题库。

用书老师就可以到本工作室网站上(www.dragon-2g.com)，本书的专属网页中下载本书的教师光盘文件。然后，再 E-mail(dragon.dragon2@msa.hinet.net)给本工作室，询问该文件的解压密码。

A.3 本书习题解答下载方式

本书的习题解答可以在本工作室的网站上下载。但授课老师不用担心学生下载后来应付作业，因为有些绘图实作是没有解答的，而专业的部分，我们则在教师光盘中提供充足的题库给老师使用。欲下载习题解答，请连上网络，并进入下示网址：http://www.dragon2g.com。

然后，再按图 A-2 进行点取操作。

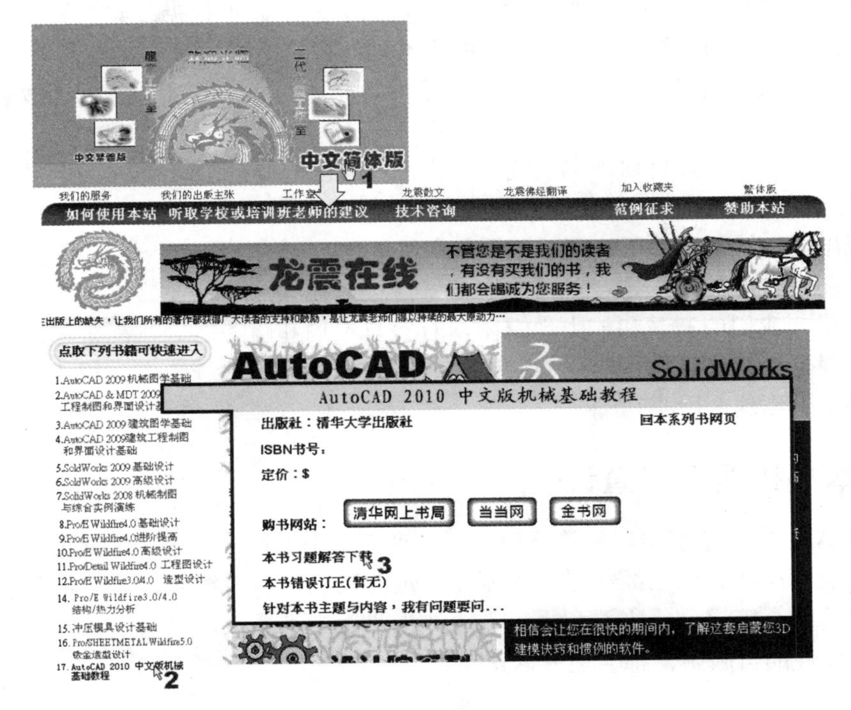

图 A-2　下载习题解答的操作

A.4 本书的网站服务

除了习题解答的下载以外，本工作室的网站还提供了其他重要服务。本节将说明这些服务的细节。

A.4.1 本书技术咨询方式说明

在进入本节主题说明之前，龙震老师要先向各位读者说明：本工作室提供的服务都是免费的，免费对大家来说不是问题，但是我们能长久支撑才更不容易。由于本工作室的龙震工作室的老师们都是兼职性质，平时都有各自的工作，他们无法全天候在线服务，即使轮值都很麻烦。因此，就由工作室创始人龙震老师一个人全年无休地提供技术咨询服务。

而在技术咨询方面，原本我们采用论坛的方式，但是日积月累，很多人捧场，容量一直增加，目前已超过我们所租用的容量，再加上到论坛来的人越来越复杂，有些人上来作生意拉人去他们的论坛，或是恶意在上面散播不好的信息，让我们在出书的庞大压力下，又要穷于去应付这些琐事。所以，目前我们已将论坛关闭，而回到一样可以达到咨询目的而又单纯的 E-mail 提问方式。希望将网站有限的租用空间，用来存放更多有益的信息让读者下载，请大家谅解！

换句话说，现在，你可以直接将问题 E-mail 到 dragon.dragon2@msa.hinet.net 这个邮箱；也可以在图 A-2 中点取“针对本书主题与内容，我有问题要问”，来 E-mail 给我们你的问题。只要收到你的提问信函，我们都会在三天内给你回信。但根据经验，有些时候会因为网络问题，或你租用的邮箱供货商的问题而收不到。在这样的情况下，当三天内无回音时，你可以重发；如果常这样，请选用稳定的邮箱供货商。但你不用怀疑我们会故意不答复你的来信！

而点取图 A-2 中的“针对本书主题与内容，我有问题要问”(“本书习题解答下载”下两列)来提问会有一个好处，那就是：我们会在该网页中告知你本站的新信息，有时候龙震老师出差或出国，答复时间可能延长或不稳定时，也会在该网页中告诉大家。

总之，茹素多年的我一定会坚持将服务做下去，让大家即使要骂人也找得到对象！当然，人非圣贤，我们的智慧和能力也有限，有答复不周和疏漏之处，尚祈你给我们批评指教和体谅，我们会以最谦卑的心用心倾听，再来检讨并谋思改进之道。相信你一定会在本系列的新书中看到这个用心！

A.4.2 本书错误订正查询

点取图 A-2 中“本书习题解答下载”下一列的“本书错误订正”，就可以进入查看该书的错误勘误。虽然我们已经将错误控制在一定的范围内，但绝对无法完全避免；因此，工作室提供的这个管道你一定要利用一下。如果错误尚未登录，还请不吝告知。而这些错误在该书阶段性的再版中，都会逐一修正。

A.4.3 提问精华与技术补充教材

在图 A-2 中每本书的网页下，我们会将读者经常提问的典型问题放在“本书提问精华”栏目中，如果有和本书相关的新信息或新技术，则会放在“本书技术补充教材”栏目中，以方便大家学习。当然，随着时间的消逝，有些我们会将其纳入本书中；一旦纳入书中，就会将其从这个栏目中移走。所以，本栏目一直会保持阶段性的题目。当然，这个栏目一开始是空的，会随着时间而逐步加入！